防震减灾助理员
工作指南

《防震减灾助理员工作指南》编委会　编著

地震出版社
Seismological Press

图书在版编目（CIP）数据

防震减灾助理员工作指南 /《防震减灾助理员工作指南》编委会编著 . —北京：
地震出版社，2015 . 4

ISBN 978-7-5028-4491-2

Ⅰ . ①防… Ⅱ . ①防… Ⅲ . ①防震减灾—指南 Ⅳ . ① P315. 9-62

中国版本图书馆 CIP 数据核字（2014）第 268514 号

地震版 XM3208

防震减灾助理员工作指南

《防震减灾助理员工作指南》编委会 编著

责任编辑：范静泊

责任校对：孔景宽

出版发行： 地 震 出 版 社

  北京市海淀区民族大学南路 9 号　　　　邮编：100081

  发行部：68423031　68467993　　　　传真：88421706

  门市部：68467991　　　　　　　　　传真：68467991

  总编室：68462709　68423029　　　　传真：68455221

  市场图书事业部：68721982

  E-mail：seis@mailbox.rol.cn.net

  http://www.dzpress.com.cn

经销：全国各地新华书店

印刷：北京艺堂印刷有限公司

版（印）次：2015 年 4 月第一版　2015 年 4 月第一次印刷

开本：710×1000　1/16

字数：224 千字

印张：13. 25

书号：ISBN 978-7-5028-4491-2/P（5182）

定价：28. 00 元

我国是全球大陆地震活动最强的地区之一。地震活动具有频度高、强度大、分布广、震源浅的特点，使我国成为世界上地震灾害最为严重的国家之一。有学者指出，目前，我国面临的地震形式十分的严峻，中国大陆地区早已进入第五个地震活跃区，在未来，我们还可能发生7级以上的地震。

地震是一种自然现象，人类当前还无法准确预测地震的发生，也还没有能力阻止地震的发生。但是，通过认识、研究地震和地震灾害发生的规律性，采取切实可行的措施，把综合防御工作做好，地震灾害是可以防御与减轻的。

我国防震减灾工作的方针是"预防为主，防御与救助相结合的方针"。预防为主，就是要把地震事件发生之后一时的、被动的、消极的救灾活动，转变为地震事件发生之前长期的、主动的、积极的、全社会参与的防御行为。

我国历次破坏性地震灾害表明，乡镇、街道等基层政府在防震减灾工作的作用不容忽视。在地震发生之前，乡镇人民政府和街道办事处可组织开展地震科普宣传、自救互救演练等应急准备工作；在地震发生之后，可在第一时间组织紧急救援，能有效减轻人员伤亡和财产损失；在其后过渡性安置中，可组织群众恢复生产生活、维护社会秩序，等等。基于此，我国提出了建立"横向到边、纵向到底"的地震群测群防网络体系，其中的一项重要措施，就是在乡镇设置防震减灾助理员。

目前，绝大多数省市都建立了防震减灾助理员工作体制，在机关、街道、乡镇、学校、企事业单位配置专职或兼职防震减灾助理员，协助单位领导在上级地震主管部门的指导下开展防震减灾各项工作，既发挥了各级政府在防震减灾工作中的职能作用，有效地加强防震减灾工作的领导和管理，又增强了社会公众的防震减灾意识，取得了明显的社会实效，对推动防震减灾工作的健康发展产生了积极影响。

随着防震减灾工作的不断发展，如何提高防震减灾助理员的业务素质和工作能力是一个非常重要的问题，也是非常突出的问题。很多地区都期望加大对防震减灾助理员的培训力度，也进行了这方面的努力和尝试。然而，由于缺乏系统、科学的培训教材，在很大程度上影响了培训效果。

应广大基层地震工作者的强烈要求，我们组织具有丰富实践经验的专家学者编写了这本《防震减灾助理员工作指南》。

本书从防震减灾助理员日常工作的实际过程和可能遇到的问题入手，探讨和归纳了基本工作原则、要求与具体技能，内容全面，深入浅出，规避了复杂的概念和理论，注重通俗性、实用性和可操作性，既可作为各级地震部门对防震减灾助理员培训的统一教材，也是广大地震工作者最实用的参考资料和得力助手。

Contents 目录

上篇 | 理论篇

第一章

防震减灾助理员的基本职责和工作要求

各地区要根据社会主义市场经济条件下的新情况，研究制定加强群测群防工作的政策措施，积极推进"三网一员"建设。在地震多发区的乡（镇）设置防震减灾助理员，形成"横向到边、纵向到底"的群测群防网络体系。

——《国务院关于加强防震减灾工作的通知》（国发 [2004]25 号）

一、我国防震减灾工作的基本思想和原则

为了防御和减轻地震灾害，保护人民生命和财产安全，促进经济社会的可持续发展，于 1997 年 12 月 29 日第八届全国人民代表大会常务委员会第二十九次会议通过了《中华人民共和国防震减灾法》，并于 2008 年 12 月 27 日第十一届全国人民代表大会常务委员会第六次会议进行了修订。《中华人民共和国防震减灾法》规定："防震减灾工作，实行预防为主、防御与救助相结合的方针。"

按照防震减灾的工作方针要求，人民政府及有关部门或者机构在从事防震减灾工作时应当抓住工作中心和核心环节。"以预防为主、防御与救助相结合的方针"，既突出了预防工作是人民政府及有关部门或者机构从事防震减灾工作所必须关注的工作重点，同时又强调了防御与救助两个方面的工作必须相互结合，才能收到减轻地震灾害的效果。

不同的历史时期，国家对地震工作的要求也不同。为适应社会的发展和国家的需要，地震工作也不断地调整着工作内容和重点。新修订的《中华人民共和国防震减灾法》（以下称《防震减灾法》）中这种提法，正表明了我国地震工作进入了全面发展的新阶段。

"以预防为主"的思想，是 1966 年邢台地震后首先由周恩来总理倡导的。根据周总理当时的多次讲话和指示中所强调的基本点，1972 年正式归纳

成"在党的一元化领导下，以预防为主，专群结合，土洋结合，大打人民战争"的地震工作方针。1975年海城地震后，又做了一些修改，强调要"依靠广大群众做好预测预防工作"。实践表明，尽管由于历史条件的限制，上述方针的表述不尽完善，但这个方针的基本精神是正确的，"以预防为主"的核心思想，一直指引着我国地震工作健康地发展。

"预防为主"是人类防御各种灾害的基本思想，是千百年来人类面对各种灾害的经验与教训的高度概括。正如前任联合国秘书长安南所主张的："预防比救援更人道，也更经济。"一次成功的地震短临预报，固然可以大大减轻地震直接破坏造成的人员伤亡和经济损失，但是，如果没有建（构）筑物的科学合理的抗震能力，特别是生命线工程和可能产生严重次生灾害的工程的安全性得不到保障，没有一系列切实可行的临震应急对策和有效的指挥，没有广大公众积极配合和掌握一定的自救互救能力，就不可能把地震造成的损失降到最低限度。而这些，都取决于平时的准备。况且，当今地震预报还处于科学探索阶段，对绝大多数地震还不能做出准确的短临预报。因此，坚持以"预防为主"的指导思想，认真做好震前的防御工作，是减少破坏性地震造成人员伤亡和财产损失的重要手段。

地震救助工作的最根本目的，是在灾害发生后，迅速开展有效的救助活动，抢救伤员，挽救生命，减少财产损失，防止灾害蔓延扩大。它是最直接的减灾行为，是效益最明显的减灾行动。国内外地震灾害和地震救助实践证明，如果救助工作及时恰当，可以大大减轻人员伤亡和财产损失，而且可避免很多不必要的损失，对于减轻地震灾害起着十分重要的作用。因此，"防御与救助相结合"是人类减轻各种灾害的基本要求和保证，我国政府把"防御与救助相结合"与"预防为主"一起确立为我国防震减灾工作的方针是有一定科学道理的。

人类无法控制地震的发生，但可以尝试通过坚持正确的原则和采取某些有效措施，把地震灾害损失降到最低。实践证明，为了做好防震减灾工作，必须要坚持的基本原则主要包括：

1. 与经济和社会协调发展原则

防震减灾事业需要政府部门在人、财、物几个方面大力投入，才能发挥应有的社会功能。在现代社会中，如何从经济和社会总体发展战略上处理好减灾投入与发展投入的关系，是国家在制定经济和社会发展规划时必须加以解决的问题。如果只顾建设，不注意减灾，一旦发生地震灾害，就很容易使建设成果遭受重大损失；脱离实际，投入过于巨大的人力、财力、物力用于防震减灾，也会影响经济发展，也不太现实。所以，对于防震减灾事业，必须进行总体规划，使防震减灾事业的发展同经济和社会发展相协调。坚持经济建设同减灾一起抓，是我国防震减灾的指导思想，必须把防震减灾纳入各级人民政府的经济建设和社会发展的总体规划中去。

2. 依靠科技进步原则

现代社会的一切活动都离不开科技的支撑，防震减灾工作和活动也不例外。因此，《防震减灾法》中明确规定："国家鼓励和支持防震减灾的科学技术研究，推广先进的科学研究成果，提高防震减灾工作水平。"目前，虽然基本建立起了地震监测预报体系，但是由于受到目前科技水平的限制，也存在一定的局限性，尤其是地震短期预报和临震预报成功率还比较低；对多数地震还不能做出准确的预报。所以，加强地震监测预报的科学技术研究，在防震减灾工作中具有特殊的意义。同时，为提高地震应急抢险的效率，尽早尽快可能多地抢救出被压埋人员，减少死亡率，必须研究适用的地震应急救助技术和装备。因此，《防震减灾法》规定，国家对加强地震监测预报、地震应急救助技术和装备等等方面的科学技术研究和开发采取鼓励、扶持的政策，体现了防震减灾工作必须依靠科技进步的原则。

3. 加强政府的领导与政府职能部门分工负责的原则

防震减灾作为一项社会公益事业，必须加强政府的领导，这是政府的一项法定职责。政府职能部门必须通过法律手段，依照法律所规定的职权和职责从事防震减灾工作。政府职能部门所实施的任何超越法律规定或者是不履行法律所规定的职权和职责的行为，都是不合法的，必须予以纠正。《防震减灾法》中确立了政府在防震减灾中的基本法律地位，即各级人民政府应当加强对防震减灾工作的领导，组织有关部门采取措施，做好防震减灾工作。同时，还对政府有关职能部门提出按照职责分工，各负其责，密切配合的要求。这些规定从法律的角度保证了政府对防震减灾工作和活动的领导作用和政府职能部门作用的发挥。

4. 社会公众积极参与的原则

防震减灾作为一项社会公益事业，与每个公民的切身利益紧密相关，同

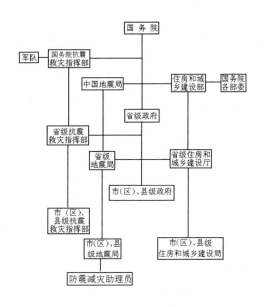

中国地震工作体系

时防震减灾又是一项由公民直接参与的活动，公民的行为与减灾效果有密切的关系。所以，除了政府部门在防震减灾中具有义不容辞的管理职责外，公民都应该具有依法参与防震减灾活动的法律义务。《防震减灾法》明确规定公民在防御和减轻地震灾害中的责任和义务，这是每个公民必须遵守的。其中对公民的规定主要有：任何个人有依法参加防震减灾活动的义务；任何个人不得侵占、毁损、拆除或者擅自移动地震监测设施和地震观测环境；任何个人不得向社会散布地震预测意见，地震预报意见及评审结果；国家鼓励个人参加地震灾害保险，等等。

《防震减灾法》规定："国家鼓励、引导社会组织和个人开展地震群测群防活动，对地震进行监测和预防。"建立专群结合、高效的群测群防体系，对地震天灾的防御具有重大意义，人人都应成为减灾防灾的一员而不是旁观者。当然，防震减灾助理员应该努力发挥更大的作用，在防震减灾工作中扮演更重要的角色。

二、群测群防在防震减灾工作中的意义

地震灾害是自然灾害之首，严重威胁人民生命财产安全和社会经济发展。

最大限度减轻地震灾害，是全人类的共同愿望，全社会共同关心防震减灾工作，是构建安全和谐社会的必然要求。防震减灾工作包括地震监测预报、地震灾害预防和地震紧急救援三大工作体系建设。地震监测预报是基础，地震灾害预防是重点，地震紧急救援是关键。贯彻"以人为本"的理念，营造人类社会文明发展的地震安全环境，保障全面建设小康社会目标的实现，是防震减灾工作的重要任务。地震群测群防工作是防震减灾工作的重要组成部分，是建立健全防震减灾社会动员机制和社区自救互救体系的重要内容。

我国的地震群测群防工作是在 1966 年邢台地震之后起步的。做好地震群测群防工作，对动员全社会积极参与防震减灾工作起着非常重要的作用。温家宝总理曾指示："要认真研究新形势下如何开展地震群测群防工作，进一步发挥群测群防在防震减灾，尤其是在地震短期和临震预报中的作用。"《防震减灾法》明确规定："国家鼓励、引导社会组织和个人开展地震群测群防活动，对地震进行监测和预防。"加强群测群防的工作，可以弥补我国专业地震监测台网的不足，提高群众的防震减灾意识，有利于做好防震减灾工作。

根据以往经验，群测资料在多次成功地震预报中发挥了不可替代的作用。根据地震现场考察，很多中强地震以前，都有不同程度的宏观异常显示，这些宏观异常的收集报送主要靠群众测报队伍。例如，1976 年龙陵 7.3、7.4 级地震，1994 年台湾海峡 7.3 级地震，1998 年宁蒗 6.2 级地震，1999 年岫岩 5.6 级地震和 2000 年姚安 6.5 级地震等，群测点都起到了重要的作用。

实践证明，群测群防为我国成功地预报地震积累了丰富的经验，构成了中国地震工作的一大特色，在地震预报工作中有重要意义。首先，我国幅员辽阔，而专业前兆台网密度不足。地方台、企业台和大量的群众观测点，弥补了专业台网和手段的不足，提高了我国地震的监测预报能力。其次，由于群众观测队伍和掌握地震知识的广大群众分布广、控制范围大，熟悉当地情况，同地方政府联系密切，又接近震区等多种因素，因此群测群防队伍在地震短临预报中发挥着专业队伍难以替代的作用。

群测群防队伍在上情下达和下情上报方面能起到关键作用。特别是在震兆突发阶段，由于临震异常表现十分暂短，只有一两天的时间甚至几个小时，如何在极短的时间内发现、核实、上报异常情况，特别是大量的宏观异常的收集，是至关重要的。因此，地震发生前后，群测群防队伍在当好参谋，组织群众防震抗震方面有着重要作用。

宣传普及地震知识，提高全民的防震减灾意识。无论是建立在学校、工矿企业，还是建立在广大农村、机关事业单位的群测群防点，在进行宏、微观地震前兆观测的同时，也是宣传普及地震知识的重要场所。

为了做好地震群测群防工作，各市、县地震部门应根据本地区地震灾害环境背景，积极推进地震群测群防网络建设，建立相应的地震群测群防网络体系，在地震重点监视防御区和多震区，应全面开展地震宏观异常测报、地震灾情速报、防震减灾科普宣传和社区地震应急、乡（镇）民居抗震设防指导等工作。在少震、弱震地区，应重点开展防震减灾科普宣传、乡（镇）民居抗震设防指导工作。地震重点监视防御区和重点防御城市的社区和多震地区的乡（镇），应该设立防震减灾助理员，建立志愿者队伍，开展防震减灾宣传和地震应急工作。

三、防震减灾助理员的任务和工作内容

我国开展群测群防工作已经有几十年的历史，积累了宝贵的经验。多年的实践充分证明，群测群防工作在减轻地震灾害方面的确发挥了巨大作用。2008 年汶川地震后，国家更加重视群测群防工作，强调要加大推进"三网一员"建设。"三网一员"工作，实际上就是人们常说的"群测群防"。

所谓"三网一员"的"三网"，就是地震宏观测报网、地震灾情速报网、地震知识宣传网；"一员"，就是防震减灾助理员。

防震减灾工作是直接服务于经济建设、关系到社会稳定的重要工作，党和国家历来十分重视。21 世纪初，国家对于防震减灾工作提出了明确的指导方针，就是"三大体系"建设，即地震监测、震害防御和地震应急。2006 年，中国地震局局长陈建民提出了防震减灾工作"3+1"体系建设，即在加强和完善三大体系建设的同时，要推进地震科技创新体系建设。

"三网一员"工作是三大体系建设的具体化，二者是一一对应、相辅相成的。对于"三网一员"的建设，从中央到地方都非常重视。为此，国务院专门印发了文件，即《国务院关于加强防震减灾工作的通知》（国发[2004]25 号）特别要求："各地区要根据社会主义市场经济条件下的新情况，研究制定加强群测群防工作的政策措施，积极推进'三网一员'建设。在地震多发区的乡（镇）设置防震减灾助理员，形成'横向到边、纵向到

底'的群测群防网络体系。"

防震减灾助理员，就是"三员合一"，即在各市（区）、县行政区域内的各个乡（镇）、街道确定的，协助市（区）、县地震工作部门做好本乡（镇）、街道的防震减灾管理工作的干部。这个"员"不一定是乡镇的科技助理或者其他干部，但必须是乡镇政府中的一名正式干部，因为在职干部能够相对固定，责任心要强一些。

防震减灾助理员的职责是：协助市（区）、县地震工作部门做好本行政区的防震减灾管理工作，即负责本行政区内地震宏观测报、地震灾情速报、地震知识宣传、地震应急及房屋安全性指导等方面的工作。

具体地说，防震减灾助理员的职责包括：

（1）做好地震部门委托管理的宏观观测点的日常管理工作，观测和收集动物、植物、地下水、地声、地形变、气象等地震宏观异常现象，认识其正常的变化规律，并记录观测结果。在发现宏观异常后，应及时进行异常的调查核实，确定异常本身是否可靠，同时分析异常原因、规模、出现的区域和时间等特征。

宏观异常调查核实后，要进行异常的识别，判断是否与未来的地震有关联，能否作为确定地震宏观异常的依据。如果确定是地震宏观异常现象，应及时填写《地震宏观异常填报表》，上报市（区）、县地震部门。对突然出现规模较大的、情况严重的异常，除按规定填报外，还应以电话、手机短信、传真、电子邮件等方式，用最快的速度上报市（区）、县地震部门。

（2）在本行政区域内，一旦发生有感地震或破坏性地震，防震减灾助理员应将地震灾情的初步观察结果用最快的速度向市（区）、县地震局和所在乡（镇）、街道人民政府报告，同时填写上报《地震灾情速报登记表》，以便及时组织地震应急工作的开展；必要时，积极协助上级政府地震管理部门做好地震现场考察工作。

（3）当本区域内发生破坏性地震时，指导群众自救与互救，积极协助本级政府做好灾情速报，负责及时调查、上报群众的反映、要求，协助地震部门开展地震灾情评估，为政府科学抢险救灾决策提出合理建议。

（4）负责本行政区内防震减灾知识和国家防震减灾法律法规、方针政策的宣传，在宣传形式上，可结合社区、乡（镇）科普宣传工作，组织开展形式多样、内容丰富的防震减灾科普宣传活动。尤其要利用科普宣传周、普法宣传日、防灾减灾日、国际减灾日等有利时机搞好集中宣传，在群众中广泛普及防震减灾技能，全面提高全民的防震减灾意识和震时自救互救能力，动员社会公众积极参与防震减灾活动，提高群众识别地震谣言的能力，最终达到全面减轻地震灾害的目的。

（5）作为防震减灾助理员，对防震减灾部门内部通报的信息保密，未经许可不得擅自向外传播震情、险情；当地发生地震谣传时，及时向上级地震部门上报，并积极协助本级政府开展辟谣工作，把握正确的舆论导向，平息地震谣传，维护社会稳定。

（6）负责本辖区内的抗震设防管理工作，加强民居（特别是严重缺少抗震意识和抗震知识的农村）建设的抗震设防指导，宣传民居的抗震设防知识，积极为居民点规划提供合理化建议。

（7）按照上级政府的统一部署，及时认真做好本级地震应急预案的编制和修订工作。

（8）依法保护本辖区内地震监测设施、地震观测环境和典型地震遗地、遗迹。

（9）负责本乡镇地震"三网"组建管理工作等事项。

做好新形势下的防震减灾工作，对各级党政和领导干部提出了更高的要求。各乡镇、街道，一定要从贯彻落实科学发展观的战略高度，进一步强化"宁可千日不震，不可一日不防"的意识，切实重视和加强防震减灾工作。要把防震减灾助理员建设列入年度工作内容，加强对防震减灾助理员建设工作的投入和管理。各乡镇、街道要明确防震减灾助理员的职责，制定具体务实的工作制度，对本辖区内的防震减灾助理员，登记造册，建档备案，切实做到人员明确，责任到位。防震减灾助理员也要负起应有的职责，为做好防震减灾工作贡献自己的力量。

四、防震减灾助理员应培养的基本素质和能力

防震减灾助理员的工作内容是十分丰富和繁杂的，承担着管理基层社会公共事务的职能，涉及地震宏观测报、地震灾情速报、地震知识宣传等方方面面，对于整个社区、街道（乡镇）乃至整个城市的正常运转、社会良好秩

序的维持、居民的人身和财产安全的维护，都具有十分重要的作用。为了完成既定的职责，发挥出应有的作用，防震减灾助理员必须培养一定的素质和能力。具体来说，主要包含以下几个方面的内容：

1. 较高的政治素质

一名合格的基层防震减灾工作者，必须具备较高的政治素质，坚持党的基本理论、基本路线、基本政策，能以大局为重，以正确的立场观察、思考和处理问题，能透过现象看本质，是非分明；能具体、灵活地贯彻执行上级的指示。

要有一定的奉献精神和服务意识；任劳任怨，不计个人得失；要有强烈的责任心，对工作认真负责，密切联系群众，关心群众安危；要有较强的行政成本意识，善于运用现代公共行政方法和技能，注重提高工作效益；要乐于接受群众监督，积极采纳群众正确建议，勇于接受群众批评。

2. 依法行政能力

作为防震减灾助理员，要有较强的法律意识、规则意识、法制观念；要熟悉《防震减灾法》等相关法律和法规，按照法定的职责权限和程序履行职责，开展工作；要准确运用与工作相关的法律、法规和有关政策；要积极主动地宣传普及防震减灾相关的法律法规知识，要敢于同违法行为做斗争，努力为防震减灾各项工作的顺利开展营造良好的社会氛围。

3. 一定的专业知识

一名合格的防震减灾助理员，必须具备一定的专业知识和相关的科普知识。比如，地震监测预报、前兆观测、异常落实等，不仅涉及到地震学知识、地质学知识，还要涉及气象学、物理学、生物学等知识。只有深入了解和掌握这些知识，工作起来才能得心应手，开展防灾知识宣传工作才能深入细致，取得实效。

4. 较好的表达能力

因为日常要经常提交请示、总结、报告、汇报材料、工作信息等，防震减灾助理员必须具备一定的表达能力，能够上情下达、下情上报，将自己的思想、意图，或通过口头、或通过书面完整、准确地传递给别人，才能有效地开展工作，解决问题，工作成绩才能得以被正确评估和认可。

表达的技巧很多，从最低的标准讲大致包括：语言完整，通俗易懂，逻辑清楚，首尾相顾，结构合理，节奏适宜，手势得当，声音清晰，还要能够进行即兴发挥，比较顺利地回答问题。

必须注意的是，好的口才不等于口若悬河、滔滔不绝，只要能简明地表达自己的思想就行了。比如，如果想要打报告申请一台新电脑，应该一开始就提出来，而不应该从国际环境角度，大谈信息化的趋势和新技术革命的挑战，这样才能主题明确。

为了增强可读性，公文性报告要有一个明确的要点，最好开门见山，把主要意思放在开头。此外，还要注意有机地组织语言表达自己的观点，使复杂的问题简单化，使读者能迅速地了解你的希望和要求。

5. 组织管理、人际协调能力

现代社会是一个庞大的、错综复杂的系统结构，绝大多数工作往往需要多个人的协作才能完成，基层防震减灾工作也不例外。防震减灾助理员经常要承担一定的组织管理任务，比如组织宣传、讲座、应急演练、发放应急物资等，因此，必须具备一定的组织管理、人际协调能力。

协作、组织能力中最主要的问题是安排人员。比如，要组织一次大型的演练，要做的工作很多，诸如安排场地、布置会场、挑选参与者、邀请嘉宾、组织群众，等等，这一切需要许多人协同努力，对于防灾助理员来说，就有一个考虑针对每个成员的特长，恰当安排适合他们的角色的问题。

人们由于知识、素质、爱好、志趣、经历、背景等不同，导致行为习惯、对问题的看法、处世原则等差别很大。这就要求身为组织者的防震减灾助理员必须能够协调各种人际关系，减少内耗，激励大家求同存异，朝着共同的目标努力。

6. 观察分析、调查研究能力

在现代社会中，无论是决策还是管理，无论是制订计划还是处理各类问题，都需要了解情况。防震减灾助理员日常经常要涉足的宏观测报、灾情速报和地震知识宣传，更是要在充分了解情况的前提下才能做好。学会调查研究，是做好基层防震减灾工作不可缺少的基本功。

为了尽可能搜集到完整、准确的信息，除了对现成的材料进行归纳、整理外，还要运用现场查看、当面询问、电话查访等调查研究方法，进行更深层次的了解和搜集。

在收集信息过程中，必须做到目的要明确。在收集信息之前，必须考虑好为什么收集、干什么用、要达到什么目的？对这些问题要做到心中有数。要确保材料可靠，信息质量高，有相当的可信度和精确度，就要有一套求实的办法。比如为了防止传输错误，应反复核对；尤其重视实地观察，获取第一手材料等。

一般信息都具有三个特性：一是事实性，事实是信息的中心价值，不符合事实的信息就没有价值。二是滞后性，任何信息总是产生、传达在事实之后的。信息再快，也有滞后性。三是不完全性，任何关于客观事实的知识都不可能包揽无余，因此对信息必有所取舍，只有正确的取舍，才可能正确地使用信息。

要学会对信息进行分析研究，辨别真伪，加工整理。有很多信息在产生、传递过程中，由于受各种条件的影响，可能出现虚假或真伪混杂现象。这就需要进行分析、审查、鉴别、筛选、分组、比较、汇总等加工整理。通过"去粗取精"、"去伪存真"的加工整理，剔除其虚假、错误部分，肯定其真实、正确部分。

防震减灾助理员要坚持实践第一的观点，实事求是，讲真话、写实情；要充分利用民间的智慧，掌握科学的调查研究方法；要善于发现问题、分析问题，准确把握事物的特征，积极探索事物发展的规律，预测发展的趋势，积极而及时地向防震减灾主管部门提出解决问题的意见和建议。

7. 应对意外和突发事件的能力

特有的地质构造条件和自然地理环境，使我国成为世界上遭受自然灾害最严重的国家之一。灾害种类多、分布地域广、发生频率高、造成损失重是我国的基本国情。包括地震灾害在内的难以预料和难以控制的自然灾害时有发生，防灾减灾工作形势严峻。而我国广大农村基本上处于不设防状态，应对自然灾害和公共卫生事件的能力尤为薄弱，一旦遭遇大震、大水、大旱和地质灾害等，往往伤亡非常严重。自然灾害、事故灾难、公共卫生事件和社会安全事件等各类突发事件经常互相影响、互相转化，导致次生、衍生事件或成为各种事件的耦合。当今，水、电、油、气、通信等生命线工程和信息网络一旦被破坏，轻则导致经济损失和生活不便，重则会使社会秩序失控或暂时瘫痪。

以上诸多因素，决定了各级防震减灾工作人员必须要具备应对意外和突发事件的能力。按照"统一领导、综合协调、分类管理、分级负责、属地管理为主"的应急管理体制，基层的应急准备水平和第一响应者的应急能力显得尤为重要。

一旦遭遇突发事件，防震减灾助理员往往是启动应急预案后的"第一响应者"。因此，必须具备一定的研判力、决策力、掌控力、协调力和舆论引导力，学会及时、准确、全面地做好突发事件信息报告、研判工作。突发事件的信息要即到即报、及时核实、加强研判、随时续报，"速报事实，慎报原因"，坚决杜绝迟报、漏报、谎报、瞒报。要坚持主动、及时、准确、有利、有序的原则，做到早发现、早报告、早研判、早处置、早解决。在各种突发事件和危机面前，既要冷静，又要勇于负责，敢于决策，敢于担当，整合资源，调动各种力量，有序应对突发事件。而这些素质和能力，要依靠平时的训练和积累。

基层防震减灾工作任重道远，防震减灾助理员要牢固树立宗旨意识、忧患意识、责任意识、大局意识、创新意识、科学意识，加强学习，提高能力，努力为防震减灾事业做出更大的贡献。

五、做好地震宏观异常的监测、核实工作

做好地震部门委托管理的宏观观测点的日常管理工作和地震宏观异常的监测、核实工作，是防震减灾助理员的重要职责之一。国家倡导专群结合，要求防震减灾助理员，也欢迎普通民众发现各种异常现象及时向当地地震部门反映，即使不能确切地判定它是否与地震有关，也没有关系——因为地震部门会派科技人员进一步调查核实。但是，千万不要看到一些看起来像地震前兆的现象，就以为一定会发生地震，到处宣传，闹得满城风雨。因为一些看起来很类似的现象，有可能是别的原因引起的。

在实际工作中经常会发现各类宏观异常出现之后，并没有发生地震，注意观察的话，几乎天天都可在某些地方发现某种宏观异常现象，但破坏性地震并不天天发生。在全国范围内，较多时一般也不过一年发生一两次，少时几年发生一次；对一个地区而言，常常是几十年乃至几百年甚至一两千年，

才会发生一次破坏性地震。这说明，引起宏观异常的原因可能是多种多样的，地震活动只是其中原因之一。

2002年5～6月，四川省凉山州地区出现较多宏观异常现象，在西昌、普格、冕宁、宁南等地共出现80多起，其中到现场落实的就有40多起。这些现象中有泉池水变浑，溶洞水流量剧减，井水自溢自喷，老鼠成群搬家或乱闹，燕子夜宿电线上不归巢，一些不明种属的透明蠕虫（个体长约1厘米，粗约1～2毫米）绞成一股粗2～3厘米、长达几米的绳状群体由地下爬出后"集体"迁移，等等。这些现象，在空间上多沿活动断裂带出现；时间上表现为数量日渐增多，由5月中旬的每天仅1～2起，到5月下旬多到每天8～10起，到6月上旬最多时达每天20起。到6月10日晚10时20分左右，在西昌市的邛海，出现半夜鱼跳"龙门"的非常壮观的异常，在长约3千米、宽超百米的水面上，有成千上万条鱼蹦出水面，最大的蹦起三四米高。当渔船穿过该区查看时，竟然有几百斤鱼落在了船上。于是，有学者提出"未来一周内，在当地有可能发生大于6级地震"的预测意见。但是，随后，预测中的地震并没有发生，各类宏观异常几天后也全部消失。这次异常可能只是一次强烈的地质构造活动的反映。

判定观察和观测到的自然界异常变化是否与未来的地震有关，常被称为"地震宏观异常识别"。它是地震宏观异常测报工作中的重要环节。地震宏观异常有时稍纵即逝，很多具有地震预报意义的宏观异常极易被忽视。许多地震前的宏观异常现象都是震后回想起来的，而在当时并没有在意。

识别宏观异常时，要防止两种倾向。一种倾向是震情不紧时，虽然出现了宏观异常，但不注意、不重视，没有识别出来。在震情紧张时，又容易出现另一种倾向，即把正常变化当作宏观异常看待。震情紧张时，有些人容易"见风就是雨"，缺乏科学的态度。

识别宏观异常，一定要结合当地当时的具体情况，抓住本质的变化。有些宏观异常虽然也很显著，以前从没有见过，但也可能与未来地震无关，而只是由当地当时某些特殊原因造成的。因此，要把识别出的宏观异常判定为地震宏观异常，就要做好异常的核实与震兆性质的判定工作。

对于防震减灾工作者来说，落实宏观异常，要求做到及时、准确和科学。一般地说，落实宏观异常工作，应包括如下几个基本程序：

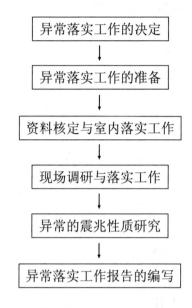

识别宏观异常工作的基本程序

1. 异常落实工作的决定

异常现象的发现与上报，是每个防震减灾助理员的责任和义务。每个防震减灾助理员都应把发现异常动态作为自己的主要工作之一。一旦发现异常动态时，必须及时向上级有关部门报告。有条件的情况下，在力所能及的范围内，也可进行或组织初步的异常落实工作。

被发现的异常，按其性质与显著性等可分为一般异常与重要异常。一般异常指异常幅度或速率不大，初步判定为可能属长期、中期与中短期性质的异常；重要异常指异常幅度或速率很大，初步判定为多具短期、短临乃至临震性质的异常。

一般异常，应按照正常的工作制度逐级向上级报告。当发现重要异常时，除向上级报告之外，还可以越级直接向省地震局或中国地震局监测预报部门报告。

各级监测管理及分析预报部门，接收到下级异常报告并经可靠性的核实之后，必须立即分析其重要性，并分下列三种情况处理：

①被判定为一般异常或震兆意义不明显的异常，先请发现异常与上报异常的单位自行处理或研究，并提出工作指导方案；

②对被判定为具有明确震兆意义的异常，在请发现与上报单位或人员加强监测与密切注视异常过程发展的同时，还要组织有关专家进一步研究与分析其预报意义；

③对被判定为重要或重大异常，但其震兆性质不明者，必须启动异常落实工作程序，组织异常落实工作。

2. 异常落实工作的准备

首先要制定异常落实工作方案。异常落实工作方案由地震监测管理部门牵头，由地震监测预报部门承担，委托具有较丰富的地震前兆监测与分析预报经验的专家或专家小组制定。

工作方案中应明确工作任务、人员组织、时间要求、经费概算等，但重点是明确工作内容、技术途径等技术内容。工作方案，经有关领导审批之后，即可交给异常落实工作人员去实施。

3. 资料核定与室内落实工作

首先要进行异常的再次核实。核实观测数据的读取、传递与处理，动态曲线的绘制，异常的识别等准确无误，确认异常存在的客观性。接着，进行异常成因的分析。根据异常出现的时间、异常的形态特征及同期出现的观测环境、仪器状况和观测情况的变化等，初步分析造成异常的可能原因，提出异常成因的几种可能性。

在落实异常工作时，至少需查阅和准备如下资料：相关的地形图、地质图、观测场地（含井孔、山洞）图件；观测仪器类型、性能指标与运行历史档案资料；异常测项的多年趋势、年变规律、月动态与日动态资料；异常测项的震例资料；工作必须的专著、参考文献、工作手册等；其他有关资料，如必要的水文气象资料、有关的人类活动资料等。

在进行上述工作的基础上，若可判定异常的成因，确认异常为非震兆异常时，可结束异常落实工作；若仍难判定异常的成因，或怀疑为重要的震兆异常时，就要进一步进行现场查实与研究工作。

4. 现场调研与落实工作

异常落实的现场工作，应在异常落实的室内工作基础上，主要调查与研究同现场有关的关键性的问题。根据室内工作中提出的疑点，可开展如下工作：

①观测数据的现场核实与确认；

②仪器性能与工作状态的检查；

③观测人员操作过程的检查；

④重点调查观测环境与观测条件是否变化及其前兆观测产生的影响；

⑤补充收集异常动态影响因素的资料，包括各项气象因素、人类活动因素等一切有关的因素；

⑥在上述工作的基础上，通过定量或定性的分析逐项排除的方法，进一步判定异常的成因或缩小异常成因的可能范围；

⑦对某些异常的成因，虽可初步判定但尚难最终确定时，根据条件与需要组织必要的试验观测、对比观测、重复观测等；

⑧经过现场工作，查清异常的成因并确认其为非震兆异常，或排除一切干扰因素影响的可能性，确认该异常可能具有震兆异常的性质；

⑨在一些情况下，由于问题本身的复杂性与其他主客观条件的限制，一时难以判明异常性质时，可暂时作为震兆性质的异常，并提出进一步工作的建议和具体的工作方案。

5. 异常的震兆性质研究

对被判定为可能具有震兆性质的异常，还要进一步确认其震兆性质。这一工作，可从如下三个方面进行：

①可比性震例的存在。与本观测网点的震例做比较，曾出现过类似的异常并对应地震，则可确认其具有震兆性质，并可认为具有较高的信度；

②与本地区其他网点同类测项的震例相比较，可找到类似的震兆异常实例，可认为其具有震兆性质；

③与国内外同类测项的震例做比较，可找到类似的震兆异常实例，则也可认为其具有一定的震兆性质。

在本网点的其他测项，本地区其他网点同测项或其他测项同期存在震兆性异常时，可认为该异常具有震兆性质的可能性较高。

根据现有的前兆映震理论，对该异常可做出科学的合理解释时，也可认为该异常具有震兆性质的可能性较高。

6. 异常落实工作报告的编写

经过异常落实工作之后，对工作结果分为以下两种情况分别进行处理：对于一般异常或工作较为简单的结果，可填写异常落实工作上报表；对于重大异常或可能具有重要震兆意义的异常和暂时难以判明其性质的异常，要求编写异常落实工作报告。

在异常落实工作上报表中，要写清楚异常测项、异常的基本情况（主要说明异常出现时间、形态、幅度等特征及异常识别的依据等）、异常落实工作的基本情况（主要说明做了哪些工作，如何做的）和异常落实工作的基本结论（要求写明异常的成因，特别要写明异常是否具有震兆性质）。

异常落实工作一经结束，必须立即组织编写异常落实工作报告，报告应由承担异常落实工作的人员负责编写（具体编写要领见第六章第八节）。

六、在地震灾情速报中发挥应有的作用

不难想象，发现灾情越早，越有利于救助生命，特别是从死亡线上挽救那些垂危的生命；获知情况越早，越有利于争取时间采取有效的应急措施，诸如调集急救用血和抢救装备与工具。以往有的地震发生后，由于缺乏及时准确的情况掌握，如震灾区到底需要多少人力支援，需要哪些专业力量参与救助等，使得部署救灾工作增加了盲目性，大大影响了救灾效率。再如，对于急需抢救被埋压人员的各种工具、机械难以及时调集到受灾现场，许多救援人员不得不靠双手去挖掘被埋压者，由于效率低下，眼睁睁地看着一些人失去了生命。假如灾区的防震减灾助理员能充分发挥作用，在破坏性地震发生后，及时将震情和灾情上报给有关部门，就能避免出现这种被动局面。

防震减灾助理员在地震灾情信息速报网络中处于最基层，如同人体神经系统中的神经末梢一样，是地震灾情速报网络的基础。一旦发生地震，出现灾情，防震减灾助理员凭着人熟地熟，不仅可以亲自感受情况，而且可以更深入地调查了解当地情况并向上报告，在速报和应急抢险救灾中发挥一般人难以替代的骨干作用。

地震灾情速报的基本程序是：发生地震要立即向当地政府及地震主管部门报告，了解、掌握多少情况就先报多少，内容先简后详。先用电话、电台口头报告，之后再采用传真或通过网络报送灾情上报表等文字方式报告。

传送途径要有"备份"方案，因为在平时轻而易举的事，震后都可能成为问题。所以，平时要知道哪里还有可用电话，还可以向谁报告，委托邻近的防震减灾助理员迂回上报情况是否会更快，等等。

具体的地震灾情速报程序如下：

1. 初报（第一时间）

地震发生 15 ～ 20 分钟内（夜间可增加 5 ～ 10 分钟，具体以本地《地震灾情速报工作规定》的相关要求为准）。

要点：简述个人感觉。

其内容是感觉到的地震动的程度、人们的反应、助理员所处环境及附近的房屋、景物的变化等。如果可能，还尽可能包括社会及群众的动态和其他危险情况。

地震时人的感觉和器物反应现场调查表

调查人		时间		调查点烈度		
被调查人姓名		年龄	职业	学历	震时所在地	
人的感觉	晃动	强烈、中等、微弱、无感觉				
	抛起	强烈、中等、微弱、无感觉				
器物	抛起物	砖石块、茶杯、水壶、小家具等物件				
反应	抛起距离	_____米				
	搁置物滚落	少量、部分、多数、全部（花盆、花瓶、花罐、书籍等）				
	悬挂物	电灯摆动，墙上挂画、乐器、小型家具掉下来				
	家具声响	轻微、较响、剧烈				
	家具倾倒	原地倾倒、移动____米、滚动____米				
地声	声响大小	强烈、中等、微弱、无地声				
	方向	东、南、西、北、东南、西北、西南、东北				
被调查人震时位置		在室内（第___层楼）、在室外____				

初次速报主要抓住"人的感觉",因为这是最显著最容易判别的情况。初次速报时,了解多少情况就先报多少情况,不必求全以免延误时机,关键是求实、及时。因为首次速报的目的是"让上级最快地得知信息——某某地方的人已经感到地震(或者发生震害)了"。

报告用语:我是××街道助理员×××,现在从××地方向你速报地震有感(或破坏)情况,我所处环境(室内、室外)出现××××感觉,有(无)人员伤亡,房屋破坏;周围景物出现××××现象,详情正在调查中,随后补报,联系方式:××××。随后填写《地震时人的感觉和器物反应现场调查表》)。

2. 续报(第二时间)

地震发生1小时内(具体以本地《地震灾情速报工作规定》的相关要求为准)。

要点:简述当地地震灾害信息。

在初次速报后,防震减灾助理员应对自己负责的区域内的情况进行调查,重点是人员伤亡、房屋破坏和社会影响情况。初步情况调查清楚后,进行后续速报。以后还要不断调查核实和补充新情况,随时上报。人员伤亡是上级领导急需知道的情况,应随时上报,发现多少报多少。后续速报涉及的情况信息将会更加详细一些。

要注意通过自身感觉,询问周围人员,电话询问,现场考察等多种方式尽快广泛收集资料。

速报内容主要包括:周围人员感觉;房屋震害情况;人受伤害情况;室内器物震害现象。

报告用语:目前××人有感,×××地点人员伤亡,房屋出现××破坏现象,室内器物出现×××现象。

3. 再次续报

上次续报1～2小时后(一般震后12小时内,每隔1～2小时;震后12小时后,每隔6小时向上一级灾情速报平台续报地震灾情,具体以本地《地震灾情速报工作规定》的相关要求为准);如有重大灾情、突发灾情,应随时上报。

要点:扩大调查范围,补充、核实地震灾害信息。

速报内容:本行政区内有感或受破坏的范围;统计本行政区内人员伤亡

数量；牲畜受伤害情况；社会影响：地震对社会产生的综合影响，如社会生活秩序、工作秩序、生产秩序的影响情况；经济影响：地震对生命线工程、一般工业与民用建筑物、重大工程、重要设施、设备的损坏或破坏，对当地生产的影响程度以及家庭财产的损失等。

地震灾情上报表

上报单位		批准人		填报人		
灾情截止时间	年　月　日　时		上报时间		年　月　日　时	
联系人		联系方式				
震时感觉						
人员伤亡情况		死亡人数	失踪人数	被掩埋人数	重伤人数	轻伤人数
	造成人员伤亡的主要地点					
	主要原因					
牲畜死亡情况		大牲畜		小牲畜		
	造成牲畜死亡的主要地点					
	主要原因					
建（构）筑物破坏概况						
生命线等工程破坏概况						
次生灾害情况						
室内财产损失情况						
震区人员生活状况						
社会秩序影响情况						
地震灾区救灾情况						
地震地质灾害情况						
各类异常现象						
紧急救援的需求						
其他需说明的情况						

报告用语：此次地震波及我镇××个村，死亡××人，伤××人，倒塌房屋××间，××人无家可归，牲畜死亡××只（头），生命线工程（通讯、供水、供电、交通）遭受破坏情况，群众情绪××××，工作秩序××××。

4. 及时填写和上报灾情上报表

在破坏性地震发生启动灾情速报程序并进行口头速报之后，要及时填写和上报《地震灾情上报表》。需要注意的是，了解多少情况就填写多少，一次速报不必求全，随着事态的发展和了解情况的变化，必要时，可随时填报《地震灾情上报表》。

七、保护地震监测设施和观测环境是一项重要任务

长期以来，由于公众对地震监测设施和观测环境的保护缺乏正确的认识，以及地震监测设施和观测环境的保护没有足够完善的保障机制，我国地震监测设施遭受人为破坏的现象十分严重。据不完全统计，在 20 世纪 90 年代，流动监测标志或监测场地每年被破坏的比例都在 8% ~ 12% 左右，部分地区甚至超过了 20%。为了改变这种状况，2004 年，国务院出台了《地震监测管理条例》。有了好的法规，还要有好的监督和执行，才能使地震监测设施和观测环境得到很好的保护。

做好当地的地震监测设施和地震观测环境的保护是防震减灾助理员的一项重要工作内容。根据《防震减灾法》《地震监测管理条例》等有关法律法规和规章的规定，任何单位和个人都有保护地震监测设施及其观测环境的义务；禁止任何单位或者个人危害、破坏地震监测设施及其观测环境；任何单位或者个人对危害、破坏地震监测设施及其观测环境的行为，都有权检举、控告。防震减灾助理员尤其要积极协助有关部门做好这方面的工作。

地震监测设施是指按照地震监测预报及其研究工作的需要，对地震波传播信息和地震前兆信息进行观测、储存、处理、传递的专用设备、附属设备及相关设施，如各类地震仪及配套设备设施，观测重力场、地磁场、地电场、地应力场等地球物理信息以及地壳形变、地球化学成分等变化的仪器和设备装置、配套设施等。常用的地震监测设施大体可分为三类：

（1）固定台站地震监测设施。每个地震台至少有一种或多种观测手段。就地震观测而言，就有多种地震仪及其一定规模的场地和配套设施，如记录近地震的短周期地震仪、记录远地震的中长周期地震仪和记录大地震的强震仪等，以及与之相配套的各种装置系统。

（2）遥测台（点）地震监测设施。设置在遥测台（点）的仪器设备及附属装置，如观测设备、设施，地震遥测台网的中继站、遥测点观测用房、地震传输设备、供电设备等。

（3）流动观测地震监测设施。通过定期野外观测方式，进行地壳形变、地磁、地电、重力等项目观测的野外标志以及配套设备、设施、观测场地及专用道路等。

地震监测设施能够正常工作所要求的周围环境，就是人们常说的地震观测环境。它是由保证地震监测设施正常发挥工作效能的周围各种因素的总体构成。用于记录地震活动和捕捉地震前兆信息的各类地震观测仪器和设备，需要在能够排除各种干扰因素并准确地接收、记录到真实地震信息的环境下工作。例如，测震仪器（地震仪）记录地震波信号，要求地震台（站）附近一定范围内不能有人为振动源（如爆破、各类机动车辆、各类机械生产的振动等）。否则，就会影响仪器正常工作，或是产生各种干扰掩盖地震信息。

地磁仪、地电仪观测的是地球的磁场、电场信号，要求台址附近一定范围内不能有影响仪器正常工作的人为磁场和电场干扰（如车辆、电缆电器设备、大量铁磁性物体等）。在地壳形变、重力测量点周围一定范围内，不得施工、堆放物品。在地震观测用井（泉）附近或相通含水层，不得大量取水和污染水源等。

地震观测环境具体地又可分为内环境和外环境两类。

所谓内环境，是指仪器工作地点附近的环境，一般指观测系统特别是观测仪器放置处的小环境。为了确保其符合法规和技术标准的要求，一般在观测站点选址建设时就采取了必要措施，力求在观测实施过程中，确保其环境参数的变化在可以控制的技术指标范围内。

所谓外环境，是指观测站（点）以外的周围空间，一般是指人为活动可能对地震观测过程造成不利影响的一定空间范围环境。

在观测站（点）建设过程中，要依据国家法律法规和技术标准的要求，采取必要的规避措施或技术手段来保障观测站（点）符合环境要求。当观测站（点）建成后，如果附近要建其他各种工程设施，其选址和施工必须遵照国家法律法规的规定，符合技术标准的要求，或者退让，或者采取必要的技术手段，使可能的干扰源处于要求的空间范围之外，以保障地震观测在不受各种干扰影响的前提下正常进行。

地震观测环境的保护范围，是指地震监测设施周围不能有影响其工作效能的干扰源的最小区域。地震观测环境应当按照观测手段、仪器类别以及干扰源特性，综合划定保护范围。通常用干扰源距地震监测设施的最小距离，划定地震观测环境保护区。这些最小距离的要求，在相关法律法规、规章和技术标准中予以规定。对于在法律法规、规章和技术标准中没有明确规定的有关地震观测环境保护最小距离的一些干扰源，如建筑群、无线电发射装置等，则由县级以上地震部门会同有关部门按照国家标准《地震台站观测环境技术要求》规定的测试方法和相关指标进行现场实测确定。

除符合相关法律法规规定的建设活动外，禁止在已划定的地震观测环境保护范围内从事下列活动：

①爆破、采矿、采石、钻井、抽水、注水；

②在测震观测环境保护范围内设置无线信号发射装置、进行振动作业和往复机械运动；

③在电磁观测环境保护范围内铺设金属管线、电力电缆线路、堆放磁性物品和设置高频电磁辐射装置；

④在地形变观测环境保护范围内进行振动作业；

⑤在地下流体观测环境保护范围内堆积和填埋垃圾、进行污水处理；

⑥在观测线和观测标志周围设置障碍物或者擅自移动地震观测标志。

一旦发现可能危害、破坏地震监测设施及其观测环境的行为，防震减灾助理员一定要尽快向当地政府、地震部门或公安机关报告。

八、建立制度，招募社区防灾志愿者

一般认为，志愿者是自愿贡献个人的时间和精力的人，在不计物质报酬的前提下为推动人类发展、社会进步和社会福利事业而提供服务的人员。

志愿者自古以来已经存在，古时候的赠医施药可被视为志愿者的雏形。而近年志愿者制度的确立，是为了弥补政府对社会支援的不足，结合政府、商界及民间的力量为社会上有需要的人士服务。

志愿服务最近几年越来越成为一种国际潮流。据了解，世界志愿服务活动的平均参与率在10%，发达国家在30%～40%，而我国的城市人口参与率只有3%。当前，我国的社区服务志愿者活动总体上还处于发展的初级阶段，要共建一支宏大的社区志愿者队伍，政府需要充分发挥主导作用，社区自治组织也要发挥作用，支持和关心志愿者队伍的培育、发展和壮大。

"5·12"汶川大地震应急救援的实践再次告诉我们，面对大震巨灾，经过自救互救培训和没有经过培训的社区居民的表现是大不相同的。在破坏性地震发生后自发的、有组织的现场救助行动，比各自为战、单打独斗的效果和作用要大得多。因此，加快构建社区地震应急工作体系，建立应急救援志愿者队伍，把地震应急工作落实在基层，重心下移、群防共治是当前地震应急工作中值得关注一项重要工作，是促进地震应急工作社会化的重要环节，是防震减灾工作的重大举措，包括防震减灾助理员在内的各有关部门和相关人员应当加强研究，积极推动这项工作的开展。

社区防震减灾志愿者是指以社区为范围，在不为任何物质报酬的情况下，能够主动承担力所能及的防震减灾各项工作而不关心报酬奉献个人的时间及精神的人。防震减灾志愿服务是不以营利为目的，经志愿服务组织安排，由防震减灾志愿者实施的防震减灾救助的公益行为。

为了组织引导全社区的居民积极参与防震减灾有关工作，全面提升社区的防震减灾工作水平，最大限度减轻地震灾害造成的生命和财产损失，防震减灾助理员可以考虑会同社区工作人员，招募和组织一些志愿者，组成防震减灾志愿者队伍。这对于建设地震安全社区是非常有必要的。

社区防震减灾志愿服务的范围主要包括防震减灾知识宣传、地震应急救援、医疗救护等社会公益服务。

社区志愿者参加志愿服务，应通过与社区志愿者组织或服务对象签订服务协议书等形式，明确服务内容、时间和有关的权利、义务。

社区防震减灾志愿者享有以下权利：

参加防震减灾志愿服务活动；

接受相关的防震减灾志愿服务培训；

获得所参加防震减灾志愿服务活动的相关信息；

获得从事防震减灾志愿服务的必需条件和必要保障；

优先获得志愿者组织和其他志愿者提供的服务；

对社区志愿服务组织的工作进行监督，对防震减灾志愿服务工作提出意见和建议，等等。

社区防震减灾志愿者应履行以下义务：

遵守国家法律法规及志愿者组织的相关规定；

遵守社区志愿者管理办法，执行防震减灾志愿者组织的工作决定；承担志愿者组织所安排的工作；

履行志愿服务承诺，传播防震减灾志愿服务理念；

维护防震减灾志愿者组织和志愿者的声誉和形象，自觉抵制任何以志愿者身份从事的盈利活动或其他违背社会公德的活动（行为）；

反映对防震减灾工作的要求和建议；

地震应急期间应遵守保密原则，未经许可，不得对外传播地震信息，等等。

防震减灾助理员应负责或协助社区防震减灾志愿者的日常管理和服务项目实施，建立健全宣传动员、注册登记、理念培训、管理考核等制度，保证防震减灾志愿者队伍的整体素质，把基层防震减灾工作真正落实到实处。

【本章要点】

◇《防震减灾法》规定："防震减灾工作，实行预防为主、防御与救助相结合的方针。"

◇地震群测群防工作是防震减灾工作的重要组成部分，是建立健全防震减灾社会动员机制和社区自救互救体系的重要内容。《国务院关于加强防震减灾工作的通知》要求："各地区要根据社会主义市场经济条件下的新情况，研究制定加强群测群防工作的政策措施，积极推进'三网一员'建设。在地震多发区的乡（镇）设置防震减灾助理员，形成'横向到边、纵向到底'的群测群防网络体系。"

◇地震宏观异常的监测、核实，地震灾情速报，防震减灾宣传，招募和组织社区防灾志愿者，做好当地的地震监测设施和地震观测环境的保护等，都是防震减灾助理员的重要工作内容。为了做好这些方面的工作，防震减灾助理员必须加强学习，努力提高自己的基本素质和能力。

【阅读建议】

（1）请仔细阅读《防震减灾法》和《地震群测群防工作大纲》(中国地

震局关于印发《地震群测群防工作大纲》的通知【中震发防[2005]26号】），想一想，哪些规定对自己开展工作的帮助最大。

（2）如果有条件，建议阅读《地震对策》(地震出版社，1986年9月出版)、《地震群测群防工作指南》(地震出版社，2008年11月出版)等书籍，进一步明确防震减灾助理员的职责和做好各项工作的基本要求和技巧。

（3）建议经常登陆中国地震局（http://www.cea.gov.cn/）和自己感兴趣的省级地震局（如,北京市地震局http://www.bjdzj.gov.cn/）官方网站，了解有关法律法规信息、各种防震减灾信息和相关工作动态。

【思考与实践】

（1）群测群防在防震减灾工作中具有什么样的重要意义？作为防震减灾助理员，你觉得目前工作中存在的主要问题是什么？对于更好地开展工作，你有什么好的建议？

（2）在生活中，有两种较为极端的看法：一是认为群测群防工作就是市县防震减灾工作；二是认为群测群防工作就是非专门地震工作者兼职做的地震测报工作。你觉得该怎么理解群测群防工作？你认为防震减灾助理员的职责有哪些？其中哪些是最重要的？

第二章

防震减灾助理员应掌握的地震科普知识

只有顺从自然，才能驾驭自然。

——英国文艺复兴时期作家、哲学家弗朗西斯·培根

一、防震减灾助理员应掌握的基本概念

防震减灾助理员体制建立后，首先面对的问题就是如何提高助理员的业务水平。学习和掌握一些地震科普知识、地震工程抗震设防、地震法规知识等是非常有必要的。当然，最好的方法之一就是从基本概念开始学。

防震减灾方面的概念很多，为了便于开展工作，防震减灾助理员起码要了解和掌握如下一些最基本的概念：

1. 地震

地震就是因地球内部缓慢积累的能量突然释放而引起的地球表层的振动。它是一种经常发生的自然现象，是地壳运动的一种特殊表现形式。强烈的地震会给人类带来很大的灾难，是威胁人类的一种突如其来的自然灾害。

2. 发震时刻

发生地震的开始时间称为发震时刻。它和地震的发生地点和地震的强度一起被称为地震的三个基本要素。国际上使用格林尼治时间，中国使用北京时间标示。2008 年汶川地震的发震时刻是 5 月 12 日北京时间 14 时 28 分。现代地震目录中给出的地震的发震时刻，通常是通过分析地震所在区域台网记录所计算出来的结果。

3. 地震的强度

对于地震强度的表述方法，主要有两类：震级和烈度。

震级是对地震大小的相对量度。震级通常用 M 表示。震级可以通过地震仪器的记录计算出来，震级越高，释放的能量越多。

同样大小的地震，造成的破坏不一定相同；同一次地震，在不同的地方造成的破坏也不一样。为了衡量地震的破坏程度，科学家又"制作"了另一把"尺子"——地震烈度。地震烈度与震级、震源深度、震中距，以及震区的土质条件等有关。

一般来讲，一次地震发生后，震中区的破坏最重，烈度最高，这个烈度称为震中烈度。从震中向四周扩展，地震烈度逐渐减小。所以，一次地震只有一个震级，但它所造成的破坏，在不同的地区是不同的。也就是说，一次地震，可以划分出好几个烈度不同的地区。这与一颗炸弹爆炸后，近处与远处破坏程度不同道理一样。炸弹的炸药量，好比是震级；炸弹对不同地点的破坏程度，好比是烈度。

4. 震源

地球内部发生地震的地方叫震源，也称震源区。它是一个区域，但研究地震时，常把它看成一个点。

5. 震源深度

如果把震源看成一个点，那么这个点到地面的垂直距离就称为震源深度。同样大小的地震，震源越浅，所造成的影响或破坏越重。

6. 震中

地面上正对着震源的那一点称为震中，实际上也是一个区域，称为震中区。

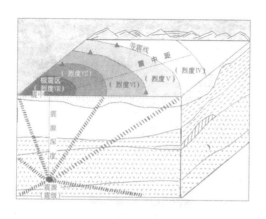

震源、震中和震中距示意图

7. 震中距

在地面上，从震中到任一点的距离叫作震中距。

8. 地震波

地震时，振动在地球内部以弹性波的方式传播，故称作地震波。这就像把石子投入水中，水波会向四周一圈一圈地扩散一样。

地震波按传播方式被分为三种类型：纵波、横波和面波。

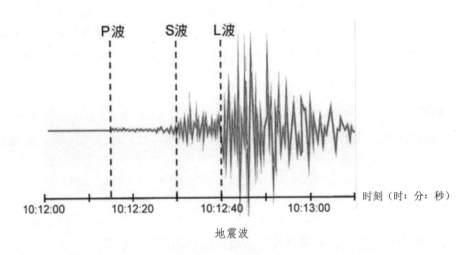

地震波

纵波是推进波，地壳中传播速度为 5.5～7 千米／秒，最先到达震中，又称 P 波，它使地面发生上下振动，破坏性较弱。

横波是剪切波：在地壳中的传播速度为 3.2～4.0 千米／秒，第二个到达震中，又称 S 波，它使地面发生前后、左右抖动，破坏性较强。

面波又称 L 波，是由纵波与横波在地表相遇后激发产生的混合波。其波长大、振幅强，只能沿地表面传播，是造成建筑物强烈破坏的主要因素。

二、地球的圈层结构和地壳运动

我们生活的地球是由不同物质和不同状态的圈层组成的球体。分为外部圈层和内部圈层。地球的外部圈层是指包裹着地球厚度超过 1000 千米的大气圈，由海洋水、陆地水和大气水构成的水圈，和由动植物及微生物构成的生物圈。

地球内部圈层是指从地表到地心的各圈层，还可进一步划分为三个基本圈层，即地壳、地幔和地核。

对于地球外圈中的大气圈、水圈和生物圈，以及岩石圈的表面，一般用直接观测和测量的方法进行研究。而地球内圈，目前主要用地球物理的方法，例如地震学、重力学和高精度现代空间测地技术观测的反演等进行研究。地球各圈层在分布上有一个显著的特点，即固体地球内部与表面之上的高空基本上是上下平行分布的，而在地球表面附近，各圈层则是相互渗透甚至相互重叠的，其中生物圈表现最为显著，其次是水圈。

地震波探测发现，在地下33千米（大陆上）处地震波传播速度明显加快，在2900千米处，纵波速度突然下降，横波完全消失。这种波速突然变化的面叫不连续面，前者是奥地利地震学家莫霍洛维奇于1909年首先发现的，为纪念他，称莫霍面；后者是美籍德国人古登堡在1914年最先发现的，被称作古登堡面。现在，人们通常以莫霍面和古登堡面为界面，将地球内部分为地壳、地幔和地核三个圈层。如果把地球内部结构做个形象的比喻，它就像一个鸡蛋，地核就相当于蛋黄，地幔就相当于蛋白，地壳就相当于蛋壳。

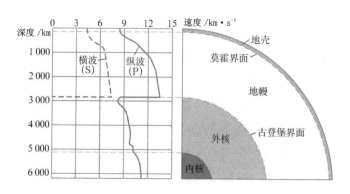

地震波速度与地球内部构造

地壳是由坚硬的岩石组成的固体外壳，平均厚度只有17千米，体积占地球的1%，质量占地球的0.8%。地壳厚度各地不同，总的说来，大陆壳厚大洋壳薄。大陆地壳的厚度平均为33千米，因地形不同而有差异，平原、盆地地区小，山地高原地区大。大洋地壳厚度平均仅5～8千米，太平洋中最薄处不足 5 千米。

地幔是介于地表和地核之间的中间层，厚度将近 2900 千米，主要由致密的造岩物质构成，这是地球内部体积最大、质量最大的一层。它的物质组成具有过渡性。靠近地壳部分，主要是硅酸盐类的物质；靠近地核部分，则同地核的组成物质比较接近，主要是铁、镍金属氧化物。地幔又可分成上地幔和下地幔两层。

从地壳以下至 1000 千米深处为上地幔，地震波速度增加快、变化大，上地幔顶都是以橄榄岩为代表的岩石层，它和地壳岩层结成一个整体，称为地球的岩石圈。岩石圈厚度约 100 千米，世界上大多数地震发生在这里。

岩石圈以下至 400 千米处，由于放射性元素蜕变，大量释放热能，局部岩层呈熔融状态，称软流层，它可能是岩浆的发源地之一。1000 千米深度以下，地震波速度平缓增加，称下地幔。古登堡面以下的地核在高温高压下，物质具有巨大的密度。下地幔温度、压力和密度均增大，物质呈可塑性固态。

地核是地球的核心部分，位于地球的最内部，半径约有 3470 千米，主要由铁、镍元素组成，密度较高，地核物质的平均密度大约为每立方厘米 10.7 克，温度非常高，有 6680℃。它可再分为内核和外核。由地震波的传送推断，外核是融熔的。从源自其他行星核心的铁陨石来推测，地核也是由铁和镍组成。地球磁场的自激发电机理论，也需要一个液态金属外核的存在才能成立。至于内核，则极有可能是固态铁。

地球内部的情况是十分复杂的，地震波在地球内部传播的速度，既有明显的质变，又有许多细微的量变，每一点变化都意味着物质组成或状态在改变，地球深处的奥秘，人类还知之不多，有待进一步探索。

地壳自形成以来，地表形态、物质组成和内部结构不断地发生变化。由于自然界的原因引起地壳变化的作用，称地质作用。有些地质作用进行得很快、很激烈，如地震、火山爆发、山崩、泥石流等，可能瞬间造成地面剧变；有些进行得很缓慢，不易为人们所察觉。

地质作用按其能量来源，可分为内力作用和外力作用。内力作用的能量来自地球本身，主要是地热能，内力作用表现为地壳运动、岩浆活动、地震等形式。外力作用的能量来自地球外部，主要是太阳能和重力能。它们使大气、水和生物发生变化，引起地壳表层物质的破坏、搬运和堆积，形成各种地形，破坏地壳的平衡——如河口形成三角洲平原，石灰岩山区形成溶洞，内陆干旱区形成沙漠，地下形成煤和石油，形成石灰岩、砂砾岩等。

地壳运动类型是复杂多样的，根据运动的性质和方向，可分为水平运动和升降运动。水平运动是指组成地壳的岩层沿平行于地球表面的方向运动，它使岩层发生相对位移和弯曲变形，常常造成褶皱山系。升降运动是指组成地壳的岩层做垂直于地球表面的方向运动，它使岩层发生隆起和凹陷，使地面发生高低起伏和海陆变迁，"沧海桑田"正是这种运动的写照。地壳的升降运动在同一时期不同地点，有的地方在上升，有的地方在下降；同一地点不同时期，有时上升，有时下降，几经沧桑的现象是屡见不鲜的。

岩浆是在地下深处生成的富含挥发性成分的高温黏稠的硅酸盐熔融体，温度可达 1300℃，具有极大的活动性和能量，由于处于高温高压状态而与环境保持平衡。当岩层中出现破碎带时，局部压力降低，岩浆就向压力减小的方向流去，或侵入地壳上部，或直接喷出地面形成火山喷发。岩浆的这种自地下深处向地壳上部的上升活动称岩浆活动。

地壳运动、岩浆活动使地壳局部地区积聚能量，当长期积累的能量急剧释放并以地震波形式传播引起地面震动时，就会引发地震。

三、构造地震与常见的地震成因学说

地震按发生成因可分为三类：天然地震（自然界发生的地震，含构造地震、火山地震、塌陷地震）、诱发地震（矿山冒顶、水库蓄水等人为因素引起的地震）和人工地震（爆破、核爆炸、物体坠落等人类的工程活动而引起的地震）。

构造地震是指地下岩层在地应力作用下发生构造变动产生的地震。

地壳岩层因受力达到一定强度而发生破裂，并沿破裂面有明显相对移动的构造称断层。断层是构造运动中广泛发育的构造形态。它大小不一、规模不等——小的不足一米，大到数百、上千千米，但都破坏了岩层的连续性和完整性。地壳中断层多如牛毛，断层的规模包括长度、深度和断距各不相同，并且是从小到大逐渐成长壮大的。在一定范围内，在形成和发展过程中有一定内在联系的大大小小的断层组成断裂带。

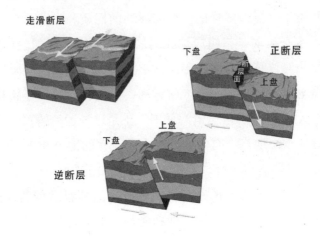

断层示意图

　　并不是所有断层都与地震活动有关，断层不活动则不会有地震发生；同时，由于震源在地下有一定深度，地面断层也很少与当地地震有明显联系。只有那些至今仍在进行上升、下降或沿水平方向移动的活动断层，特别是深大活动断层才会发生地震。大地震时地面都有错动的表现。如，1906 年美国旧金山发生 8.3 级地震，沿圣安德列斯断层产生了 435 千米的地表破裂。

　　构造地震数量多、破坏性强、影响范围广，世界上 90% 的地震都是构造地震，由它释放的能量占全部地震释放总能量的 90% 以上。

　　地震是地壳运动的表现，可以观测到与之相伴产生的岩层破坏、断裂和位移。但包括地壳在内的地球岩石圈，厚度仅约 100 千米，而地震震源可达 300 千米以下。同时，地球内部的温度是自表及里逐渐升高，压力也是逐渐增大，在高温、高压条件下，岩层的刚性会逐渐转化为柔性，柔性的物质是不容易发生断裂的。岩浆冷却凝结成岩石，岩石自然也能熔化成岩浆，这种转化在地球内部进行会产生什么样的效应，与地震的发生有没有关系呢？因此，关于地震的成因，就有种种推想和假设。历史上曾有水动说和气动说，现代关于地震成因的学说最重要的有三个，即：断层说、岩浆说和相变说。

　　断层说认为，断层运动是地震的成因。比如，用力压迫弹簧，弹簧便发生变形并积累了能量。当力突然解除时，弹簧立即回跳，不停地释放能量，直至恢复原状，人们将这种现象称为弹性回跳。构成地壳的岩层也是弹性体，若无强大的压力，岩层不至于断裂。事实上，地质作用每时每刻都在进行着，由于地壳物质的不均匀性和地壳运动的不均匀性，在一些地域积累了弹性应变，岩层发生差异运动。一旦应变超过弹性限度，岩层便发生剧烈错动断裂，同时将积累的能量突然释放出来，就如被压制的弹簧回跳一样，岩层剧烈的弹性回跳，激起震源周围岩层的弹性波动，即地震波。岩层回跳后恢复到原来状态，但断层两侧形成了永久性的相对位移，这就是一些大地震后可以观测到地面破裂错动的原因。按这一学说，地震能量的来源是岩层中积累的应变能，地震波来源于断层面，是因为多数地震都是发生于地球岩石圈中的浅源地震。这一学说是有大量科学根据的，对地震的监测预报有实用性，因此得到很多地震工作者的认同。

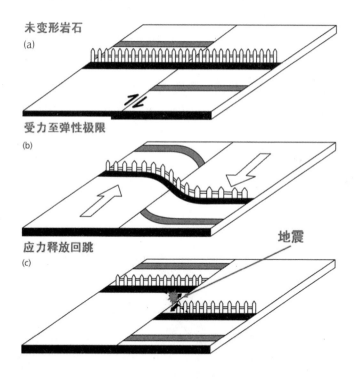

断层说（弹性回跳）示意图

岩浆说认为，地震是由岩浆冲击引起。地下岩浆具有高温、高压的巨大能动力，从地幔侵入地壳上部时，体积膨胀加之热力作用，挤压围岩，使受岩浆冲击的那部分不稳定地壳，发生破裂，引发地震。这样看来，断层是地震的结果而不是引发地震的原因。按这一学说，地震能量来源于岩浆的热能、动能和化学能。观测表明，火山喷发前、喷发时和喷发后确有地震伴随，我国云南也发现地球深处岩浆冲击围岩形成的地震。但世界上多数地震与火山或岩浆活动并不相关。因此可认为，这一学说在局部地区是适用的，主要在现代火山活动地区，而且震级也不太高。

相变说认为，地震是因为岩层在地下体积突然变化而发生的。这一学说认为，在地下一定温度压力下，物质可以从一种结晶状态突然转变为另一种结晶状态，伴之以体积的突然变化，产生巨大能量。随着温度降低，气态水转变为液态水、固态水，是相变；点燃爆竹的引信，引发内部的固体火药爆炸使爆竹作响，也是相变。同理，各类炸弹包括核弹的爆炸，都是应用相变产生的能量，核电站发电也是应用核燃料（铀等）的相变产生的能量。因而发生地震，其能量来源于矿物的结晶能。但一般认为对浅源地震来说，发生相变的条件似乎不足；对深源地震来说，相变引起是有可能的。

近年来，随着科学技术的发展和遥测遥感技术、电子计算机的应用，推动了地震成因的研究，又出现了一些地震活动的新学说，但是都没有得到学者的广泛认同。由于地震源于地下深处，无法直接观察，地震的真实成因之谜，至今仍未完全揭开。

四、地球的板块构造与地震的分布

地球的外层（岩石圈）并非整体一块，而是分裂成许多巨大的块体，这

全球板块构造分布图

就是地质学家们所称的"板块"。陆地上为大陆板块，海洋为海洋板块。全球共有六大板块，即太平洋板块、欧亚大陆板块、印度板块、美洲板块、非洲板块和南极洲板块。此外，还有一些更小规模的板块，如澳洲板块、纳斯卡板块、菲律宾板块、科科第亚板块、加勒比板块、阿拉伯板块等。板块的边界是板块间相对运动的部位，但运动的方式有所不同，如俯冲、走滑、扩张和碰撞等。

板块边界是重要的地震活动带。例如，围绕太平洋四周频繁发生强烈地震，即通常所说的环太平洋地震带。南美板块和非洲板块之间的大西洋中脊是另一条地震带，不过，地震的震级一般不高。沿着欧亚板块与非洲板块、阿拉伯板块、印度板块之间边界带，也是一条强震密集带，它与环太平洋地震带的不同之处是，这里的地震主要发生在大陆上，由于它跨越欧亚两洲，所以称之为欧亚地震带。环太平洋地震带和欧亚地震带是地球上两条主要的地震带，全球 90% 的地震发生在这两条地震带上，只有 10% 的地震发生在大西洋中脊地震带上。

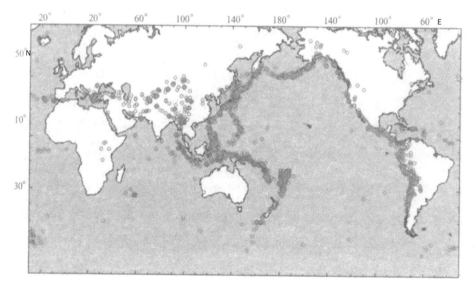

全球地震带分布图

我国的大地构造位置正好处于两条全球性地震带的交会部位（其中台湾属于环太平洋地震带，新疆、西藏的西部属于欧亚地震带），加上太平洋板块、菲律宾板块向北西方向的俯冲和印度板块向北的推挤，导致了我国频繁、强烈的地震活动。

我国的地震活动分布很广，几乎所有的省份都遭受过地震的破坏。根据已经整理的地震目录，全国32个省、自治区、直辖市（含台湾省）历史上都遭受过5级以上地震的袭击；30个省、自治区、直辖市（除浙江省、贵州省外）都发生过6级以上地震；20个省、自治区、直辖市发生过7级以上地震。

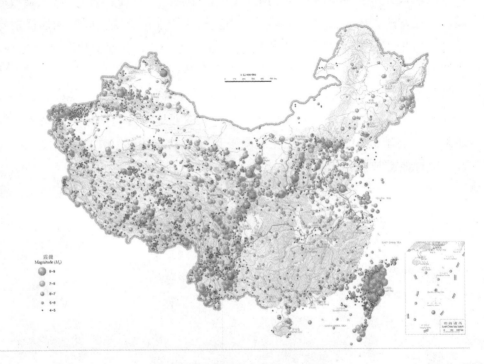

中国地震震中分布图

研究发现，我国的地震活动分布也是有一定的规律的，它们往往集中发生在某些地区或某些地带上。我国的地震区（带），大致划分成郯城—营口地震带、华北平原地震带、汾渭地震带等23个地震区（带）。

各地震带的大地震发生方式有单发式和连发式之分。单发式以一次8级以上地震和若干中小地震来释放带内积累的能量；连发式在一定时期内以多次7～7.5级地震释放其绝大部分积累的能量。地震带内显示的各种不同的地震活动性与该地带地壳介质性质、构造形式和构造运动强弱有关。地震带一般被认为是未来可能发生强震的地带。

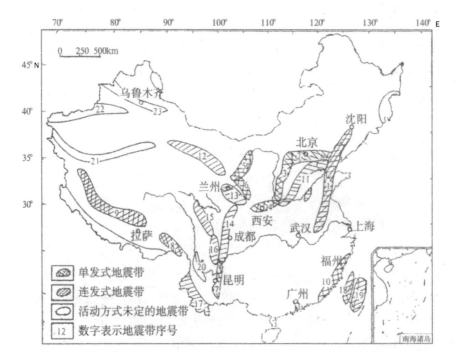

中国的地震区（带）图

五、我国地震灾害的特点和严重程度

我国地震灾害十分严重。据统计，全球大陆地区的大地震中，约有1/4～1/3发生在我国。1900年至今，我国死于地震的人数已超过了70万人，约占同期全世界地震死亡人数的一半。

造成我国地震灾害严重的原因，首先是地震又多又强，而且绝大多数是发生在大陆地区的浅源地震，震源深度大多只有十几至几十千米。

其次，我国许多人口稠密地区，如台湾、福建、华北北部、四川、云南、甘肃、宁夏等，都处于地震的多发地区；约有一半城市处于基本烈度Ⅶ度或Ⅶ度以上地区。其中，百万人口以上的大城市处于Ⅶ度或Ⅶ度以上地区的达70%；北京、天津、太原、西安、兰州等大城市均位于Ⅷ度区内。

我国地震灾害严重的另一个重要原因，就是经济不够发达，广大农村和相当一部分城市，建筑物的质量不高，抗震性能差，抗御地震的能力低。

地震造成的危害，不仅取决于地震的强度、震源深度及地震本身的其他要素，还与震中位置、发震时间、地质背景及受灾地区的工程、水文地质和地貌条件、与建筑物的结构、材料及施工等情况有关，并因上述各因素的不同组合造成种类不同、形式各异的灾害。和其他自然灾害相比，地震灾害的确有很多独特的特点：

1. 瞬间突发性

通常，震源的形成十分短暂。内陆大地震的破裂面长度大约从几十千米（如炉霍 7.6 级、通海 7.7 级地震等）到几百千米（如昆仑山口西 8.1 级地震等）；地震破裂的扩展速度大约每秒几千米。这样，一次 7 级、8 级地震的震源的形成，一般只需几十秒，最多到一百几十秒。而且，由于地震波传播速度很快，也是每秒几千米，比破裂扩展速度还要快一点，内陆强震严重破坏主要在几千米到几十千米的范围里。从地震发生到城市建筑物开始振动，在大多数情况下，也只需几秒到十几秒的时间。建筑物在经受如此巨大的震动时，经不住几个周期（震中距为几十千米的地震波周期一般仅零点几秒），作用力已超过建筑物的抗剪强度，遭到破坏，甚至倒塌。因此，不少灾害突然发生，都会让人感到祸从天降，不知所措。

2. 灾害重，社会影响大

强震释放的能量是十分巨大的。一次 5.5 级中强震释放的地震波能量，大约相当于 2 万吨 TNT 炸药所能释放的能量。或者说，相当于二次大战末美国在日本广岛投掷的一颗原子弹所释放的能量。而按地震波能量与震级的统计关系，震级每增大 1 级，所释放的地震波能量将增大约 31.6 倍。一次 7 级、8 级强震的破坏力之大，可想而知。

如此巨大的地震能量瞬间迸发，危害自然特别严重。相对于其他自然灾害，死亡人数之多，是地震灾害更为突出的特点。

地震由于突发性强、伤亡惨重、经济损失巨大，它所造成的社会影响，也比其他自然灾害更为广泛、强烈，往往会产生一系列的连锁反应，对于一个地区甚至一个国家的社会生活和经济活动会造成巨大的冲击。它波及面比较广，对人们心理上的影响也比较大，这些都可能造成较大的社会影响。

3. 地震灾害分布具有不均匀性

我国强震频度西部显著高于东部，而造成死亡人数超过万人的地震，以华北与西北的东部居多。青藏高原及其附近荒无人烟的断裂带发生的大地震，也不会造成大量人员伤亡或巨大经济损失。死亡人数超过 20 万的 4 次地震（1976 年 7 月 28 日唐山 7.8 级地震、1920 年 12 月 16 日海原 8.5 级地震、1556 年 1 月 23 日华县 8 级地震和 1303 年 9 月 25 日山西洪洞 8 级地震），都发生在华北（或者说，古代的中原地区及其附近）。因为这里历史悠久，从古代就人口密集，经济、文化发达，遭遇大地震，则灾害就特别严重。

4. 次生灾害种类繁多

地震瞬间释放的巨大作用力不仅可能直接摧毁建筑物，造成严重的灾害，还可能引发很多种类的次生灾害，如滑坡、泥石流、火灾、水灾、瘟疫、饥荒等。由于生产设施和交通设施受破坏造成的经济活动下降，甚至停工停产等间接经济损失，以及因为恐震心理、流言蜚语及谣传引起社会秩序混乱和治安恶化造成的危害等，也可列为地震次生灾害。

5. 灾害程度与社会和个人的防灾意识有关

众多震害事件表明，在地震知识较为普及、有较强防灾意识的情况下，可大幅度减少地震发生后造成的灾害损失；否则，一旦遭遇地震，则会明显加重灾情，并造成很多本不该发生的或完全可以避免的人身伤亡。1994 年 9 月 16 日台湾海峡 7.3 级地震，粤闽沿海震感强烈，伤 800 多人，死亡 4 人。此次地震，粤闽沿海地震烈度为Ⅵ度，本不该出现伤亡，伤亡者中的 90% 因缺乏地震知识，震时惊慌失措、争先恐后、拥抢奔逃而致伤致死。如广东潮州饶平县有两所小学，因学生在奔逃中拥挤踩压，伤 202 人，死 1 人；同次地震，在福建漳州，中小学都设有防震减灾课，因而临震不慌，同学们在老师指挥下迅速避震于课桌下，无 1 人伤亡。因此，加强防震减灾宣传，提高人们的防震避震技能具有非常重要的意义。

六、绝大多数浅震都和活动的大断裂带有关

断层是在地球表面沿一个破裂面或破裂带两侧发生相对位错的现象。它是由于在构造应力作用下积累的大量应变能在达到一定程度时导致岩层突然破裂位移而形成的。破裂时释放出很大能量，其中一部分以地震波形式传播出去，造成地震。有的断层切割很深，甚至切过莫霍面。越来越多的地震实

例让人们相信，强震与断层活动关系密切。一方面，大地震总会在地表造成破裂，形成新的断层；另一方面，这些强震往往发生在早已存在的活动断裂带上。

我国多年来的地震地质研究表明，绝大多数浅震都和活动的大断裂带有关，至少表现在以下几个方面：

1. 强震带和地壳大断裂带位置相符

研究表明，绝大多数强震震中都坐落于大断裂上或其附近，绝大多数强地震带都有相应的地表大断裂带。

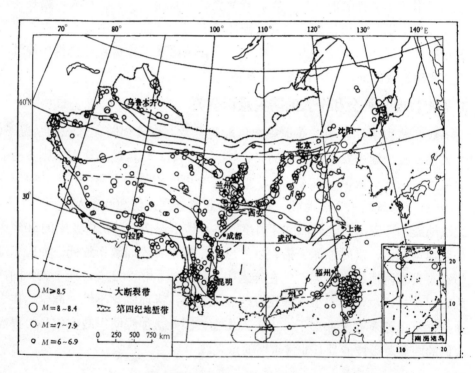

我国的强震和大断裂分布示意图

据统计，我国大陆大于或等于7级的90多次历史强震，其中有80%以上地震震中位于规模较大的断裂带上；我国西南地区Ⅷ度及Ⅷ度以上强震，绝大多数发生在断裂带上。这一事实有力地证明了地震的分布和存在的断裂有着密切的成因联系。例如，1668年山东莒县—郯城发生的8½级地震及历史上5次大于7级的强震，都是发生在郯城—庐江断裂带上；又如，1725～

1983 年间发生在四川甘孜、康定一带的大于或等于 6 级的地震达 22 次，大于或等于 7 级的地震就有 9 次（其中包括 1973 年四川炉霍 7.9 级地震），都是沿着现今仍在强烈活动的鲜水河断裂带分布。强震带和地壳大断裂带位置相符，很直观地给出地震是断裂活动结果的印象。

2. 地震破裂带的性质往往与主要活动断裂一致

也就是说，强破坏性地震所产生的地震破裂带的位置、产状和位移性质，往往与当地主要活动断裂一致。

大地震发生时常沿着控制该地震的断层在地表形成破裂带，这种伴随地震而出露于地表的断层也叫地震断层。例如，华北地区北北东向的 1976 年唐山地震的地震断层和 1966 年邢台地震的地震形变带的性质和位移方向（右旋走滑量为 0.80 米，垂直形变量为 0.44 米），与该区北北东向活动断裂为右旋走滑正断层完全一致；而北西西向的海城地震断层却具有左旋走滑特征，与该区北西向活动断层性质也一致。在我国一般大于 6.5 级或 7 级以上的地震，都有明显的地表断层出现。地震产生的地表破裂反映了震源深部物质运动的方式。它与当地主要断裂构造一致，说明地震是原断裂重新活动和继续发展（侧向或向深处发展）的结果。

3. 震中的迁移活动与主要构造带相一致

研究发现，强地震带上震中的迁移活动往往与该地主要断裂带或主要构造带相一致。

震中迁移是指强震按一定空间规律相继发生的现象。许多研究成果表明，震中迁移主要是沿着构造带进行的。比如，有史以来发生在四川甘孜—康定一带的大于或等于 5 级地震 30 多次，在地震发生时间顺序上明显沿鲜水河断裂带自南而北，自北而南迁移。

由于地壳运动产生的应力突破了断裂带上的某处岩石强度，发生重新破裂和位移，引发了地震，该处的应力得到释放；接着，处于应力场中的原断裂进行应力调整，继而在另一处所形成新的应力集中点，通过积累达到再次引发地震的程度。该断裂作为能量积累释放的一个单元，制约着地震沿该断裂在不同部位有序地发生，形成地震的迁移现象。这种迁移现象说明了地震发生和断裂带的密切联系。

地表到地壳深处有许多大大小小的断层，它们是在漫长的地质史中逐步形成的。与地震活动有关的是有新活动的那些断层。这里所说的"新活动"，是用地质年代的尺度来衡量的，其长度绝非人类活动的尺度能比拟的。所谓有新活动的活断层，是指现今在持续活动的断层，或在人类历史时期或近期地质时期曾经活动过，极有可能在不远的将来重新活动的断层。

地震破坏建筑物的主要原因，一方面来自地震波在地面形成一个很大的地震运动加速度，建筑物抵御不了这种巨大运动而遭受破坏；另一方面是断层活动引起的地表错断，直接对地面建筑物造成严重破坏。

研究地震灾害情况发现，许多沿活断层带上的建筑物遭到了十分严重的破坏；而离开活断层的建筑，则相对安全得多。建筑要考虑避开可能发震的活断层，这种可减轻地震灾害的经验非常简单，却常常被忽视，从而重演了一次次血的教训。

开展城市活断层探测与地震危害性评估工作，确定活动断层的准确位置，评估预测活断层未来发生破坏性地震的可能性和危害性，对城市新建重要工程设施、生命线工程、易产生次生灾害工程的选址，科学合理地制定城市规划和确定工程抗震设防要求，减轻城市地震灾害具有重要意义。

根据国家的有关规范，在城市规划建设中，电厂、医院一类的重大工程、生命线工程都会特意避开这些活断层，并必须经过地震安全性评价。现在大型住宅小区的兴建也开始考虑规避活断层的问题，并且这样的理念正在向一般的民居建设普及。人们的防震意识以及建筑物的抗震能力，较之于"无常"的大自然，是更可以和更应该把握的。

七、我国对地震预报的发布特别慎重

严格地说，地震预报不能简单地理解为对未来破坏性地震发生的时间、地点和震级及地震影响的预测，而是政府向社会公告可能发生地震的时域、地域、震级范围等信息的行为。

地震预报技术是从地震监测、大震考察、野外地质调查、地球物理勘探、室内实验研究等多方面对地震发生的条件、规律、前兆、机理、预报方法及对策等的综合技术。

当前，通过地震活动性规律、地震前兆异常、宏观异常以及其他手段预测地震，只是一种间接的预测方法。地震可能引起这些地震前兆异常和宏观异常，但是出现相关的异常并不一定要发生地震，因为自然界有更多的其他原因也能造成类似的异常现象。目前没有哪一种异常现象能够在所有地震前都被观测到；也没有任何一种异常现象一旦出现之后，就必然要发生地震。所以，在目前开展地震预测探索的实践中，是综合考虑所有情况，采用合理的技术途径，对明显的异常进行动态跟踪和会商的地震预测方式。

地震预测的途径与方法大致可分为以下四种：

地震地质方法预测——根据地震与地质构造的关系，估计强地震可能发生的地区与震级大小；

地震统计方法预测——从已经发生的地震记录中去探索可能存在的统计规律，估计未来可能发生地震的地区范围、时间范围和震级大小范围；

相关性方法预测——利用地震活动的相关因素进行外推的预测；

地震前兆方法预测——在现有对地震前兆认识的基础上，通过观测获得数据，根据多次地震积累的经验分析判断，给出未来地震的时间、地点和震级大小的预测。

鉴于地震预测预报对社会的巨大影响，以及目前地震预测预报的现实能力和社会期望之间存在着很大的差距，在总结长期实践经验的基础上，我国建立了一套科学严谨的地震预测预报工作模式。主要包括"提出地震预测意见→形成地震预报意见→评审地震预报意见→发布地震预报"几个环节。

提出地震预测意见，就是对某一地区未来可能发生地震的时间范围、空间范围和震级大小范围进行估计和推测，是以客观的地震监测资料为依据，以地震预测的科学方法技术为手段。震情会商是目前集体提出地震预测意见，并形成地震预报意见的工作方式。会商时，各学科的专业技术人员对提出的各种地震预测意见和所依据的异常现象进行综合分析研究，形成地震预报意见，并根据时间长短分为长期（10年以后）、中期（2年以后）、短期（3个月以后）和临震预报（10天左右）意见。

成功的地震预报应具备三个条件：一是科学上的准确——即科学、合理、明确地预测出发生地震的时间、地点和震级大小；二是程序上的严密——即规范严谨地按照观测、预测、会商、评审、发布等环节要求去运作，每个程序环节都必须有以法律为保证的权威性和严肃性；三是社会公众的参与——即地震预报发布后，社会积极响应，公众合理有序地应对。

在地震预测方法理论没有成熟之前，地震预测可能成功，也可能失败。所以，我国建立了地震预报评审制度。在地震预报意见形成之后，要专门组织各方面专家进行评审，对意见的科学性、合理性进行审核，并确定预报的发布形式，评估地震预报发布后可能产生的社会和经济影响，提出地震预报发布后的对策措施等。《防震减灾法》规定，地震预报由省级以上人民政府发布。因此，真正的地震预报是通过广播、电视、报纸或者其他正规途径发出的。一般认为，我国目前确定10年期左右的地震重点监视防御区的做法属于长期地震预报，确定1年期地震重点危险区的做法属于中期地震预报，时间尺度为月的属于短期地震预报，时间尺度为日的属于临震预报。

发布地震预报，既是一个科学问题，更是一个复杂的社会问题。地震预报的发布有着广泛而重大的社会影响。准确的地震预报，可以极大地减少人员伤亡，减轻灾害损失。据估算，海城地震成功预报，避免了约10万人死亡，减少了数十亿元的经济损失。但如果在发出短临地震预报的期间，所预测的地震没有发生，同样也可能造成社会混乱、经济损失和人员伤亡。正是由于地震预测的不成熟和发布地震预报后可能造成广泛而深远的社会影响，因此，国家对地震预报权限做了严格规定，除了政府，任何单位或个人，包括地震部门的研究单位或工作人员，都不允许向社会透露、散布有关地震预测的消息。

八、形式多样的常见地震宏观异常

多数学者倾向于认为，地震是有前兆的。一些较大地震发生之前，在未来的震中及其外围地区，会出现各种各样平时未曾出现过的很可能与地震活动有关的自然现象，也就是人们常说的地震异常或地震前兆。

地震异常分为地震微观异常和宏观异常，地震宏观异常指地震前出现的，不用仪器设备也可观测到的非常明显的异常现象。比如，平时清澈的井水忽然变浑了；往常乖巧的小狗突然狂叫不止；冬眠的蛇在冰天雪地中爬出了洞……这些现象是一种自然现象，却与平常的表现区别十分明显，那么，它极有可能就是地震宏观异常。

之所以说是"可能"，就是说，即使发生了这样一些现象，也不是百分之百的会发生地震，这些现象的发生还可能有另外的原因。比如，井水变浑，也可能是人为的扰动；小狗狂叫，也可能是生病等原因。因此，要特别注意区别出现的宏观异常现象是不是地震宏观异常，这对于防震减灾助理员做好相关工作是非常重要的。

地震宏观异常种类纷繁，形式多样，到目前还没有统一的标准，但我们可以对一些常见的地震宏观异常进行粗略的分类：

1. 地下流体异常

常见的是地下水异常、地下气体异常和地下油气异常。

1975年2月4日海城地震之前，先后发现467口井水位有升降变化；此外，出现井水翻花冒泡、变浑、变味、变色、浮油花等总共449起。

常见的地下水异常表现为：水位升降、物理性质（如，温度升降）、化学成分异常（如，变色变味等）；常见的地下气体异常表现为：气体溢出、翻花冒泡、燃气火球；常见的地下油气异常表现为：石油产量异常、深井喷油异常。

大地震之前，震区范围的地下含水岩石在构造运动的过程中，受到强烈的挤压或拉伸，引起地下水的重新分布，出现水位的升降和各种物理性质和化学变化，使水变味、变色、混浊、浮油花、出气泡等。由于地下水与河流之间存在互相补给的关系，震前地下水的变化，也会引起河水流量的变化。震前地下水发生的异常变化，是一种很重要的地震前兆现象。

2. 动物异常

1975年2月4日，辽宁海城7.3级地震前，观察到很多动物异常——比如，2月2日，盘锦某乡一群小猪在圈内相互乱咬，19头小猪的尾巴被咬断；2月4日震前，千山鹿场梅花鹿撞开厩门，冲出厩外；岫岩县石岭村一头公牛傍晚狂跑狂叫；岫岩县清峰村一只母鸡，在太阳落山时飞上树顶，就是不下来进窝，等等。

据统计，目前已发现地震前有一定反常表现的动物有130多种，其中反应普遍且比较确切的有蛇、鼠、鸡、鹅、鸭、猫、狗、猪、牛、马、骡、羊、鸽、鸟、鱼类等近40种。

应该说明的是，动物异常的原因很复杂，很多时候与是否发生地震没有任何关系。所以在观察宏观变化时，一定要注意识别真伪，并及时向地震部门报告。

3. 植物异常

植物和动物一样，是一个具有生命活力的机体。在丰富的地震史料中，确实记载了不少有关植物在震前的异常现象。1668 年山东郯城大地震前，史书上就曾记载："十月桃李花，林擒实。"意思是说，我国北方十月份桃树、李树竟然繁花盛开，果实累累。显然，这是一种奇异的现象。1852 年我国黄海地震前，也曾有"咸丰元年竹尽花，兰多并蒂，重花结实"，"咸丰二年夏大水，秋桃。李重华，冬地震"的记载。另外，史料上还有震前"竹花实"、"自冬及春，桃李实，群花发"等描述。近几十年我国发生的一些地震，也留下了一些有关震前植物异常现象的记载。

4. 地球物理场异常

1966 年苏联塔什干发生地震，一位工程师听到左方传来发动机隆隆的响声，同时闪现出耀眼的白光，晃得睁不开眼，接着地震来了，地震过后，光也就暗下来了。这就是典型的地光异常。

此外，地球物理场异常还可能表现为：电磁场现象异常、地声，等等。有学者认为，根据地声的特点，能大致判断地震的大小和震中的方向。一般来说，如果声音越大，声调越沉闷，那么地震也越大；反之，地震就较小。

5. 地质现象异常

从多年来的大地测量结果中发现，我国几次较大的地震：如 1966 年邢台地震、1969 年渤海地震、广东阳江地震、1970 年云南通海地震、玉溪地震，等等，震前都有地形变活动。地质现象异常一般表现为地裂缝、滑坡、坍塌，等等。

我们已知道，地下断层的活动是大多数地震发生的直接原因，大地形变测量能够监视断层的活动，配合其他方法，如地声可监视断层微破裂，等等，就有可能准确地判定断层活动的状态。沿着这个思路，大地形变测量能为地震综合预报提供极有用的判断依据。

6. 气象异常

1503 年 1 月 9 日，江苏松江地震，有震前有风如火的记载；1668 年 9 月 2 日，山东莒县地震，有震前酷暑方挥汗、日色正赤如血的记载……

地震前，尤其是大震前，往往会出现多种反常的大气物理现象，如怪风、暴雨、大雪、大旱、大涝、骤然增温或酷热蒸腾等。与此相应的温度、气压、温度的变化，会使人体感到不适。

地震宏观异常极其繁杂，对地震有着良好的预警作用。在地震的预测预报中，地震宏观异常是一项重要的临震指标。就目前的水平而言，现在拥有的地震预测预报方法绝大多数只能对地震孕育、发生的背景和趋势提供依据，对地震短临预报却力不从心。地震短临预测预报的成功与否，对是否能减轻地震灾害起着决定性的作用；而短临地震前兆的确定，又是实现地震短临预报的最关键的问题。与其他地震预测预报方法相比，地震宏观异常的优势恰恰在于它的临震显示作用。地震宏观异常绝大数多出现在地震前十几小时至几分钟，因此，在地震多发区、地震重点监视防御区和已发布地震预报的地区，及时发现、收集、分析、核实地震宏观异常是实现地震临震预报的有效手段。

九、准确识别动物异常能否作为地震前兆？

必须注意的是，很多动物在地震前有明显的异常反应，可作为地震宏观异常，但动物异常行为并不都是地震宏观异常，诸如气候的突变、饲养状况的改变、环境污染等外界条件的改变，以及动物本身的生理变化、疾病等，也可以引起动物的异常。

1987年2月9日，有人发现，四川省广元市朝天镇的铁龙桥下，出现数以千计的癫蛤蟆聚会奇观。这些大小不一的动物，互相追逐，在桥墩周围的浅水中嬉戏，交配、产卵，这一现象持续2天之久。然而，经落实，这是与当年气候变化有关。当年气候比前一年同期偏高，从而导致穴居动物提前复苏出洞、交配。因此，排除了这是地震前兆现象。

那么，该怎么准确识别动物异常能否作为地震前兆呢？

1.蚂蚁和蜜蜂前兆异常的识别

昆虫类中，蚂蚁与蜜蜂具有群体生活习性，因而容易发现其异常。

蚂蚁的日常行为主要是垒巢与寻找食物。夏季，当天气转阴，即将下雨时，气压变低，温度升高，湿度增大，蚂蚁会成群结队地往高处搬家，到高处垒巢，向高处运食，其规模浩浩荡荡，这种现象一般不是地震宏观异常。然而，在旱季出现这种情况，则要考虑有可能为地震宏观异常。有时在严冬季节，蚂蚁们惊慌搬家，甚至往人身上乱爬，也可能是地震宏观异常。

蜜蜂一般天天早出晚归，忙于采蜜。当发现成批成群地早出晚不归时，就要注意是否为地震宏观异常。然而，有时蜜蜂得了流行病，成群幼蜂在箱内死亡，或蜂箱内钻进了有害的其他昆虫时，会出现晚不归的情况，甚至成千上万只蜜蜂远走高飞，不愿回巢。因此，发现蜜蜂不归时，要仔细观察与分析其生存条件是否发生了变化。在确定没有发生变化的前提下，才能考虑可能出现了地震宏观异常。

2. 鱼类异常的识别

常见的鱼类行为异常是鱼"浮头"、"跑马病"、"跳水"、"蹦岸"等。

鱼浮头在鱼塘中较为常见，多为鱼缺氧而浮出，特别是天气闷热、阴云密布、气压低时，水中氧气含量减少，鱼不得不浮上表层，从空气中呼吸氧气。然而，不同的鱼对缺氧的忍耐程度不同，一般鲫鱼最强，鲤鱼次之，鲢鱼再次，鳊鱼最弱。因此，不同的鱼浮头的时间也不同。如果在晴朗多风的季节，各类鱼同时大规模浮头，甚至跳出水面，蹦到岸上，有可能是地震宏观异常。一般说来，泥鳅对地震的反应较为灵敏，应特别予以注意。

跑马病指成群的鱼向岸边狂游的现象。这种现象多为鱼塘内鱼的密度过大，饵料严重不足引起，一般不是地震宏观异常。如果鱼塘内的水没有被污染，也不严重缺氧或缺饵料，出现成群的鱼浮头、跑马、跳跃、蹦岸，甚至大量死亡时，要特别注意，或许有可能是地震宏观异常。另外，无论是鱼塘、水库，还是江河湖海中，如果发现鱼特别容易上钩进网，捕鱼量大大增加，甚至在海中平时不易捕捞到的深水鱼也被捕到，这种不寻常的现象要考虑可能是地震宏观异常。

3. 蛙类和蛇类动物异常的识别

青蛙是最常见的两栖类动物，其地震宏观异常多表现为反季节搬家。青蛙是冬眠的，如果在冬季发现青蛙活动，则可能是地震宏观异常。在青蛙繁殖季节，有雄蛙爬在雌蛙背上，好像"大蛙背着小蛙逃难"的现象；还有些雨蛙、树蛙有爬树现象，均为蛙类正常生活习性，不是地震异常。

爬行类中最常见的是蛇，蛇的地震宏观异常多为冬眠季节爬出洞。有时，非冬季发现成群的蛇集体搬家，也可能是地震宏观异常。

4. 鸟类异常的识别

鸟类中以鸡、鸭、鹅、鸽的异常为多见。

鸡在天气将要阴雨时，往往不愿进窝，甚至高飞上树；有时鸡窝中出现黄鼠狼、蛇等动物或天空有猛禽飞过时，鸡会惊叫，乱跑乱飞，这些都是外界干扰引起的假异常。但成群的鸡无缘无故地鸣叫，乱跑乱飞，飞上房顶，飞上树梢，甚至高空长飞等，有可能是地震宏观异常。

鹅、鸭是喜水家禽，平时喜水善游，安详从容，如果突然惊飞下水或惊叫上岸，甚至赶不下水等，可能是地震宏观异常。

鸽子不进窝，或窝中乱飞乱叫，甚至冲破网笼远飞离去等，有可能是地震宏观异常。有时飞来一些不合时令的候鸟，或出现从未见到的野鸟，有时成群的野鸟在林中悲叫不止，也可能是地震宏观异常。

5. 哺乳类动物异常的识别

哺乳类动物中以鼠、狗、猫与大牲畜的异常为多见。

鼠类一般夜间活动，胆小怕人。如果大群老鼠旁若无人地在白天活动，惊慌失措，成群搬家，甚至把小鼠搬到有人的住室或床上等，就要考虑可能是地震宏观异常。夜间，成群的老鼠在屋内外乱跑乱叫，甚至跑到人身上，也可能是地震宏观异常。

狗一般见到生人或受到惊吓时才狂叫。如没有特殊情况发生，狗成群地满街疯跑，乱嚎狂吠，乱咬人，甚至连主人也咬，或不停地扒地嗅味，流泪哀叫等，就可能是地震宏观异常。

猪的习性是贪吃贪睡，性情懒惰，如果无缘无故地不吃食，不睡觉，甚至刨地拱圈，越栏而逃，惊恐乱跑等，可能是地震宏观异常。

发现牛、马、骡、驴等牲畜惊慌不安，不进厩，不吃料，惊车嘶叫，挣断缰绳逃跑等，也要考虑有可能是地震宏观异常。但要注意的是，这些牲畜在发病时或发情时，也可能会有类似的表现。

十、地下水异常现象不一定和地震有关

地下水泛指埋藏和运动于地表以下不同深度的土层和岩石空隙中的水，在地表表现为井水、泉水。地下水是水资源的重要组成部分，由于水量稳定，

水质好，是农业灌溉、工矿和城市的重要水源之一。

在较强地震发生前，地下水（包括井水和泉水）常常会出现明显的异常现象。一般在较大范围内出现不同的异常现象：有的井水水位迅速上升，溢出地面；有的井水则急剧下降，甚至井水干涸。在没有井的地方，有的会出现冒水。有泉水的地方，泉水有的会断流；有的水面上飘浮油花、冒气泡、水打转儿、变浑、有怪味、翻泥沙等；有的井水味由甜变苦，或由苦变甜；有时水温升高。

1966年3月8日河北邢台6.8级地震前，50多个市县发现地下水异常。主要是井水位大幅度升降：震中区及其邻近地区以上升为主，而外围则以下降为主，多在震前1～2天出现。

1975年2月4日辽宁海城7.3级地震前约1个月，开始出现地下水异常，共241例，震前几天集中出现在海城、盘锦等地，井水有升有降，以升为主，井水打旋、冒泡、变浑、变味等现象也多见。

1976年7月28日河北唐山7.8级地震前，在河北、山东、辽宁、吉林、江苏等广大地区发现几百起地下水宏观异常，还有废井喷油、枯井喷气等异常现象。

地下水处于运动状态，因此，含水层中地下水与岩土颗粒之间发生各种各样的物理作用与化学反应。由于含水层的埋藏深度与岩性不同，地下水运动速度有差异，物理作用与化学反应的类型与强度也不等，导致不同含水层中的地下水具有不同的物理特性与化学组分，表现出颜色、味、嗅、透明度等不同。由于地下水储存并运动于地下深处，可把地震活动的信息带到地面上来。因此，很多地震前可以发现有些井水与泉水的物理化学特征发生明显的变化。这种变化，就是地下水的地震宏观异常。

在空间分布上，震前地下水异常点大都沿相关构造带展布，或呈象限性分布，临震前有从四周逐渐向震中高烈度区靠拢的趋势。

地下水出现异常现象，并不意味一定会和地震有关系，在实践中一定要注意分析和甄别。下面是有关学者总结的一些非震异常产生原因及鉴别方法：

1. 水位流量的变化

水位与流量的正常动态，主要受气候变化影响而具有周期性。其周期变化有多年的、一年的和昼夜的几种，特别对浅层水来说，表现更为明显。

地下水动态每年有一个高水位期和低水位期，我们要搞清水位流量发生的突然变化，必须将该井孔或本地区的正常规律调查清楚。这样，才能在对比中发现影响该井动态的异常原因。

造成地下水位、流量变化的原因一般有以下几种：

一是气象因素。主要受降雨影响，尤其是浅井，如果含水层里补给源较近，土质又多为砂土，降水时间稍长，水位、流量就会有很大反应。深水井一般离含水层补给源较远，上面往往能够覆盖较厚的隔水层，由当地降雨造成的补给比较困难，但降雨水体对地面形成的附加应力作用，可以使深井水位变化。此外，气压作用对水位也有影响，在低气压过程中，反应灵敏的承压井水位可能上升。

二是人为因素。人为因素对地下水的动态影响是重要方面，落实异常时必须特别重视。常见的人为因素有：地下水开采矿床输干等造成的水位下降，以及工农业季节开采造成的年度水位变化；水库放水、农田灌溉、油田回灌造成井水位的异常变化；井水管道、自来水管道的堵塞、破损等造成的水位、流量变化；人为工程改变了天然地下水动态，出现水位涌高及工程损坏等。

三是震后效应。一次大地震后，在震中区常因地震裂缝沟通造成地下水量、水质的变化。在大地震影响区，因面波造成的断层活动及地表土层形变使含水层连通或堵塞，造成的水位变化；遥远地震波造成的水震波效应，形成水位快速波动与水面振荡及发响等，都不是地震前兆，而是震后效应。

井水位异常有多种可能性。井水位在某一时段内下降过大的异常，常见于北方地区。当发现某一井水位下降幅度过大或下降速率过快时，可以从以下几个方面调查分析：首先进行测量，把井水位下降的时间、幅度或速率等特征记录下来。其次，分析是否与天气干旱有关，特别要注意以往的干旱年份是否出现过类似情况。调查该井附近是否有新井抽水或旧井增大抽水量，分析抽水井引起该井水位变化的可能性——如两井是否为同层水，两井间距的大小，抽水时间与井水位下降时间的关系等，必要时可做抽水试验进行验证。如果分析结果否定了上述影响因素，则可怀疑这种异常与地震有关。接着调查以往地震前该井是否有过类似的异常，如果所在地区没有发生过较大地震，则可参考其他地区的井在地震前是否有过类似的异常，若有，则可认为是地震宏观异常，倘若没有，暂可不确定是地震宏观异常，但要继续关注其变化。

2. 井水发响、翻花冒泡

地震前井水的翻花冒泡，一般是地下深处的气体上涌引起的。冒出的气体具有特殊的组分，有时温度还比较高，其规模与强度都较大，有时还伴随响声，这很可能是宏观异常。

但有时见到的井水翻花冒泡，与地震无关，它一般在小规模、局部范围内出现，冒出来的气体多是空气或地表浅层产生的气体。在一些平原区或湖泊发育地区，地下浅处岩层中往往含有较多的有机质，如草木死亡后的堆积层，它们腐烂时会放出一些气体，如沼气等。这些气体，平时释放很弱，很分散，人们一般感觉不出来，但当气温特别高或岩层所处的环境发生某些变化时，它们就突然从某一口井中集中释放出来，导致井水翻花冒泡，严重时井水面上出现旋涡与"呼隆呼隆"的响声。

井水发响较为常见，常出现于春或初夏，一般与地震无关，多为上部含水层的水落入井水面引起。如一个地区有多层含水层，一口井揭露出两三个含水层，而主要出水层在下层时，如果上层水由于干旱或长期开采而成为无水的"干层"之后，当春季融雪水渗入上层或初夏第一场大雨渗入到上层时，上层由"干层"变成"水层"，层中的水将流向井中，但因井水主要为下层水，水面位于下层出水处，由上层流入井的水落入井中下层水面时会发出响声。这种现象，在井口用多节电筒等照射井壁与井水面仔细观察后，不难核实。

3. 井水发浑

井水发浑变色等现象，要具体情况具体分析，并非都是地震宏观异常。

夏季井水发浑，多由井壁坍塌引起。暴雨季节，或由井口倒灌了地表的混浊水，或是含水层接受大量降雨渗入补给后水流变大、水流速度加快，把含水层内平时无法携带的微粒带入井水中，也可使井水发浑。

前些年，某地一口井，一度井水变黑、变味、变浑，引起一些人的恐慌，认为可能是地震宏观异常，但经核实后否定。原来该井所在地的地下水流的下方新打了几口井，由于连续抽水浇田，地下水位大幅度下降，含水层内水流速度加大，开始只是把含水层内的砂粒带进井水中，后来含水层松动，牵动顶部含黑色淤泥质的黏土隔水层，将黑色富含有机质的黏土颗粒也带入井中，使井水发浑变黑且有了怪味。

有些深井水变浑变色与水泵有关。水泵的叶轮通常是铝制的，当叶轮发生故障或磨损过大时，叶片被磨出很多细小的铝粒，悬浮在井水中，且随水流进自来水，使水变浑且呈灰黑色。

有些井水变浑与井管滤砂网因使用太久而破损有关。一般松散土层中的抽水井，在地下含水层深度段上一般都设有滤水管，其外包有金属制的滤砂网。滤砂网陈旧破损时，失去滤砂功能，使含水层中的细小砂粒流入井水中，导致井水发浑变色。当砂粒中含有较多云母片时，还会使井水闪闪发光。

4. 水质、水温的变化

地震前井、泉水温度突升，是由于含水层及其邻层受力状态发生变化，特别是微裂隙的产生或沟通深部含水层的断层破碎带松动，使深层热水上涌引起，但这种异常并不多见。

与地震无关的地下水的水质变化，大部分是由于各种污染（物理污染、化学污染、生物污染等）造成的，如变色、变味、出油，等等；由于震后效应的影响，也可能引起井水的变味、变浑。

平时常见的井水温度突升，往往是由于冬季供暖水管破裂引起暖气水渗入浅层含水层，或井内泵头机械磨损与动力电漏电等引起的，特别是泵头机械摩擦引起的井水升温现象较多见。当井水长期被开采，井中水位逐渐下降，降到泵头附近时，部分泵头露出水面，水泵处于干磨状态，产生大量摩擦热，使抽上来的水温明显升高，显然和地震没有任何关系。

十一、准确的地震预报仍然是世界性的科学难题

我国是世界上唯一的广泛开展地震预报工作并应用于实践的国家。通过几十年的努力，积累了一定的经验。自1966年邢台地震至今，我国大陆地区共发生6级以上地震200多次，在一些有利的情况下，对某些类型的地震做出过一定程度的预报，成功的比例不过百分之几（有学者指出，全球预报地震的准确率只有20%多），主要属于研究性质的，对近年来几次造成严重损失的强烈地震都没能做出准确预报。这说明一个问题：目前地震预报的整体水平仍然很低。地震预测预报不仅是中国的难题，也是世界科学难题。在规律认识不清、监测限于地表、只能做经验性判断的情况下，要实现确定性的地

震预测预报，还有一定的困难。因此，我国的地震工作方针进行了适当调整，国家地震科学技术发展纲要（2007～2020年）所确定的指导思想是：建设地震科技创新体系，实施监测预报、灾害防御、应急救援三大工作体系，旨在从多种途径上进行防震减灾。美国、日本、俄罗斯等多地震的发达国家，也把地震预报放在长远研究方向上，当前的工作重点则放在综合防震减灾方面。

有学者把我国目前的地震预报水平的状况概括为：我们对地震孕育发生的原理、规律有所认识，但还没有完全认识；我们能够对某些类型的地震做出一定程度的预报，但还不能预报所有的地震；我们做出的较大时间尺度的中长期预报已有一定的可信度，但短临预报的成功率还相对较低。

那么，地震预测预报究竟难在哪里呢？原因可能有以下几个方面：

1. 地球内部的"不可入性"

地震震源位于地球内部，而地球和天空不同，它是不透明的。人类现在钻探的深井最深也只有十几千米，可地震发生的震源有可能深得多。对于震源的真实情况，以及地震的孕育过程，无法直接观察。对于根据已有知识做的理论推测和模拟实验研究，也只能用地表观测来检验。同时，由于地震在全球地理分布不均匀，震源主要集中在环太平洋地震带、欧亚地震带和大洋中脊地震带，因此，地震学家只能在地球表面很浅的内部设置稀疏不均匀的观测台站。这样获取的数据很不完整也不充分，难以据此推测地球内部震源的情况。因此，到目前为止，人类对震源的环境和震源本身特点，了解还很少。

当前，对地下震源变化的认知，往往只能通过地表的地震前兆探测来推测，包括地震、地形变、地下水、地磁、地电、重力、地应力、地声、地温等不同的科学观测手段。我国民间流传通过水质变化、动物迁徙等前兆现象判断地震的方法，还无法确定是确切的地震前兆。实际上，目前不仅没有任何一种震前异常现象在地震前被观测到，也没有一种震前异常现象一旦出现后必然发生地震。

2. 地震是小概率事件，经验积累只能慢慢来

全球平均每年发生7级以上地震只有十七八次，而且大部分在海洋里。我国是大陆地震最多、最强的国家之一，平均每年也只有1次左右，而且在

过去 100 多年里，有 1/3 的 7 级以上强震发生在台湾省及其邻近海域。我国大陆地区的强震又有 85% 发生在西部，其中有相当比例发生在人烟稀少、缺乏台站监测能力的青藏高原。

地震活动类型与前兆特征又往往与地质构造及其运动特征有关，也就是说，具有地区性特点。在一个有限的特定构造单元里，强震复发期往往要几十年或几百年，甚至更长。这样的时间跨度与人类的寿命、与自有现代仪器观测以来经过的时间相比，要长得多。

作为一门科学的研究，必须要有足够的统计样本，而在人类有生之年获取这些有意义的大地震样本是非常困难的。迄今为止，对大地震前兆现象的研究还处在对各个具体震例进行总结研究的阶段，缺乏建立地震发生理论所必需的经验规律。

3. 地震物理过程的复杂性

地震是在极其复杂的地理环境中孕育和发生的。地震前兆的复杂性和多变性，与震源区地质环境的复杂性和孕育过程的复杂性密切相关。从技术层面上来讲，地震物理过程在从宏观至微观的所有层面上都很复杂。大家都知道，地震是由断层破裂而引起的。仅就断层破裂而言，其宏观上的复杂性就表现为：同一断层上两次地震破裂的时间间隔长短不一，导致了地震发生的非周期性；不同时间段发生的地震在断层面上的分布也很不相同。其微观上的复杂性则表现为：地震的孕育包括"成核"、演化、突然快速破裂和骤然演变成大地震的过程。以上地震物理过程的复杂性及彼此之间关联的研究深化，将有助于人类对地震现象认识的深化。

一个多世纪以来，地震预报是世界各国地震学家最为关注的内容之一。1973 年美国纽约兰山湖和 1975 年中国海城地震的成功预报，曾使地震学界对地震预报一度弥漫着乐观情绪。然而，运用经验性的地震预报方法却未能对 1976 年中国唐山大地震做出短期和临震预报。此后，地震学家预报的圣安德烈斯断层上的帕克菲尔德地震，以及日本东海大地震都没有发生（前者推迟了 11 年，于 2004 年 9 月 28 日才发生；后者则直到 2011 年 3 月 11 日才发生），这又使地震学家备感挫折。

美国科学家们曾提出"地震是不可预测"的学术观点，认为目前在世界范围内还没有任何方法能够有效地进行地震的短临预报。也就是说，还不能准确地预报几天到一两个月内地震发生的时间、地点和强度。这种观点在科学意义上大体是符合实际的，但不是绝对的。事实上，世界各国的地震学家们从来就没有停止过对地震预报的探索，并且不断地取得了不同程度的进展。

我国是开展地震预报较早的国家，也是实践地震预报最多的国家。我国的地震预报水平世界领先，特别是在较大时间跨度的中期和长期地震预报上已有一定的可信度。就世界范围来说，地震预报仍处于经验性的探索阶段，总体水平不高，特别是短期和临震预测的水平与社会需求相距甚远。地震预测预报仍然是世界性的科学难题，可能还需要几代地震工作者的持续努力。

我们说地震预报是世界难题，并不是要"知难而退"，为放弃开展地震预报研究寻找借口，而是要明确问题和困难所在，找准突破点，以便有的放矢地加强观测、加强研究，努力克服困难，知难而上，积极进取，探寻地震预报新的途径。

十二、地震预警系统是一项整体的社会工程

我们知道，地震纵波（P 波）传播的速度大于横波（S 波）和面波（L波）的速度，而电磁波的传播速度（30 万千米／秒）远大于地震波速度（不到 10 千米／秒）。地震预警技术就是利用 P 波和 S 波的速度差、电磁波和地震波的速度差，在地震发生后，当破坏性地震波尚未来袭的数秒至数十秒之前发出预警预告，从而采取相应措施，避免重大的人员伤亡和经济损失。比如，关闭或调整核电站、煤气管道、通信网络等生命线管网；通知正在驶向震害区域的火车停车；取消飞机着陆；封闭高速公路；关闭工厂生产线；医院暂停手术；人员撤离到安全地带，等等。

从字面上理解，"地震预警"绝对不是"地震预报"，二者具有本质的区别：地震预报是对尚未发生，但预测可能发生的地震事件发布通告；而地震预警则是灾害性地震已经发生，对即将可能蔓延的地震灾害抢先发出警告并紧急采取应急行动，防止造成大的损失。要实现地震预警，需要建立一套专门的技术系统——地震预警系统。

因为精准的地震预报一直是世界难题，能够提供几秒或几十秒逃生时间的地震预警系统便被地震多发的国家关注。

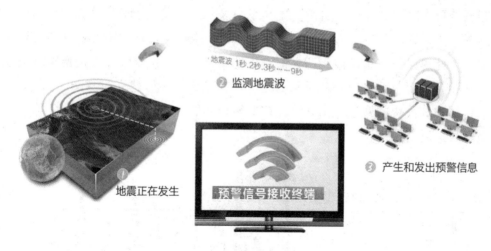

地震预警系统示意图

例如，墨西哥城于1991年8月建立了向公众发布地震警报的地震预警系统。1995年，格雷罗地区发生7.3级地震，地震预警系统在地震波到达墨西哥城前72秒发出地震警报，为地震紧急处置赢得了宝贵时间，大大减少了墨西哥城的人员伤亡和经济损失。

再以"5·12"汶川大地震为例，如果该地区建立有地震预警系统，并且能够在地震波到达北川、青川等地区之前，提前数秒至数十秒发出预警，这些灾区的人员伤亡和经济损失或许不致如此惨重。

按照4.5千米每秒的平均速度计算，假设2008年四川建立起了地震预警台网，那么，2008年汶川地震发生瞬间（由于电波传播速度为每秒30万千米，警报在地面传递所需时间几乎忽略不计），如果汶川立即鸣响500千米范围内的警报系统，那么：

距离汶川93千米的都江堰（3069人遇难），可以提前20秒获得预警；

距离汶川130千米的北川（8605人遇难），可以提前29秒获得预警；

距离汶川166千米的绵竹（11098人遇难），可以提前37秒获得预警；

距离汶川200千米的青川（4695人遇难），可以提前44秒获得预警。

日本地震预警普及委员会统计的数据显示，提前5秒的预警，能够减少损失10%～15%；如果提前10秒、20秒，损失减少更为可观。

根据震中与预警目标区（城市或重大工程场地）的距离远近，地震预警又可分为异地震前预警和本地 P 波预警两类。异地震前预警是指地震发生在距预警目标区 60 千米以外的区域，布设在震中附近的监测装置（强震仪）在地震发生后，向预警目标区发出电磁信号。由于电磁波比地震波传播要快得多，因此可以抢在地震波到达之前发出地震警报。本地 P 波预警是指地震发生在距预警目标区 20 ~ 60 千米的区域，在预警目标区建立监测网，利用 P 波传播比 S 波快的原理，由 P 波的初期振动来估计震级、震中、方位角等地震参数，发出预警。

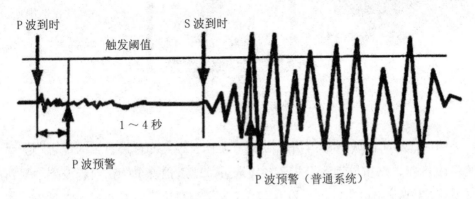

本地 P 波预警原理图

需要注意的是，对于发生在距预警目标区 20 千米以内地区的直下型地震，除了可以安装由 P 波触发的自动控制装置外，已没有时间对人员发出预警。在震中距 20 千米以内的地区，被认为是地震预警的盲区。

地震预警系统的基本硬件组成如下图所示：

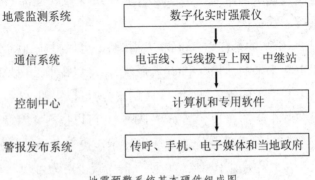

地震监测系统	数字化实时强震仪
通信系统	电话线、无线拨号上网、中继站
控制中心	计算机和专用软件
警报发布系统	传呼、手机、电子媒体和当地政府

地震预警系统基本硬件组成图

美国、日本、墨西哥是最早应用地震速报与预警的国家。日本是目前世界上地震预警工作取得减灾实效最多、应用最广泛的国家。在 20 世纪 50 年代后期，日本国家铁路就沿铁路干线布设了简单的报警地震计，当地震动的加速度超过给定阈值时发出警报，指令列车制动。

近年来，包括中国在内的越来越多的国家开始尝试应用这项技术，而且，地震预警系统已被应用到不同的领域。

由于中国是世界上遭受地震灾害最严重的国家，所以中央政府对防震减灾事业极为关注。在《国家地震应急预案（国办函［2005］36 号）》中对地震预警支持系统和地震预警级别及发布做出了规定。目前，中国除继续重视对地震预测预报的研究之外，在一些地区和某些部门已经建立了地震预警系统。

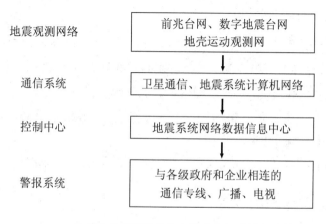

地震分级预警系统的支持系统组成图

对于是否需要地震预警系统，科学界仍未能形成一致的看法。支持的学者认为，这是一个很棒的想法，可以减少地震灾害的损伤；不支持的学者认为，这套系统成本高昂、功能有限，前途并不光明。

部署地震预警系统，是一项整体的社会工程，并不是一个简单的技术问题，需要综合考虑科技因素、经济因素和社会因素。

十三、临震不慌，沉着应对，科学避震

唐山等地震的事实告诉我们，当强烈地震发生时，在房倒屋塌前的瞬间，只要应对得体，就会增加生存的机遇和希望。据对唐山地震中 974 位幸存者的调查，有258人采取了应急避震行为，其中188人获得成功，安全脱险，成功者占采取避震行为者的72.9%。

像唐山地震这么惨烈的灾难人们都有逃生的希望，对于那些破坏力相对较弱的地震，我们更有理由相信，只要掌握了一定的避震知识，临震不慌，沉着应对，就能够有效应对。

1. 有震感时立即关火，失火时立即灭火

大地震时，稍有不慎很容易引发火灾。因此，是否有效防火，是能否将地震灾害控制在最小程度的重要因素。从平时就应养成即使是小的地震也要注意防火的习惯。

2. 该跑才跑，不该跑就躲

目前多数专家普遍认为，震时就近躲避，震后迅速撤离到安全的地方，是应急避震较好的办法。这是因为，震时预警时间很短，人又往往无法自主行动，再加之门窗变形等，从室内跑出十分困难；如果是在楼里尤其是三层以上，跑出来几乎更是不可能的，所以不能盲目跑动，不能跑时就要躲避到安全的地方准备逃生。

但若在平房里，发现预警现象早，室外比较空旷，则可力争跑出避震。

3. 在相对安全的地方避震

避震时一定要选择好适合的地点：室内结实、不易倾倒、能掩护身体的物体下或物体旁，开间小、有支撑的地方；室外远离建筑物，开阔、安全的地方。

4. 采取最科学的姿势

趴下，使身体重心降到最低，脸朝下，不要压住口鼻，以利于呼吸；蹲下或坐下，尽量蜷曲身体；抓住身边牢固的物体，以防摔倒或因身体移位，暴露在坚实物体外而受伤。

5. 尽量保护身体重要的部位

保护头颈部：低头，用手护住头部和后颈；有可能时，用身边的物品，如枕头、被褥等顶在头上；保护眼睛：低头、闭眼，以防异物伤害；保护口、鼻：有可能时，可用湿毛巾捂住口、鼻，以防灰土、毒气。

6. 努力避免其他伤害

不要随便点明火，因为空气中可能有易燃易爆气体充溢。无论在什么场合（如，街上、公寓、学校、商店、娱乐场所等）都要注意避开人流，不要乱挤乱拥，因为拥挤中不但不能脱离险境，反而可能因跌倒、踩踏、碰撞等而受伤。

十四、根据不同情况采取不同的避震对策

从地震发生到房屋破坏大致有三个阶段：地面微动—颠簸，地大动—摇晃，房屋倒塌。这些过程时间短暂，一般只有12秒左右。这种震动破坏的时间差，也就是大震预警。从开始出现预警现象到房屋倒塌过程所经历的时间，称之为自然预警时间。从唐山地震调查看，自然预警时间少则数秒（熟睡中被震醒者），多则十几秒，少数20秒以上（震时清醒者）。在20秒以内的占83%，平均预警时间为13.6秒，并随着烈度的增高而递减，通常认为预警时间约为10～20秒。自然预警时间虽然短暂，一般人不可能像运动员那样在极短时间里跑过上百米的距离，但充分利用这段宝贵时间，主动应急避震，是可以获得生存机会的。

地震时，室内的人如何应急避震，不同的国家对民众的指导方向不同，有些建议甚至相互矛盾。在日本的《地震手册》避震知识十条中，第一条就是："要躲在坚固的家具下。"这是由于日本的现代建筑多系抗震结构，地震多在数十秒后结束，天花板不会整体压下。墨西哥的专家则主张，无论如何都要立即撤到屋外。他们认为，与人命相关的是天花板塌落，一旦天花板被震落，再坚固的桌椅也不起作用。在我国，经过大量震例调查，认为震时就近躲避，震后迅速撤到安全地带，是应急防护的较好办法。所谓就近躲避，就是要因地制宜，根据不同情况采取不同对策。

1. 平房避震

平房的建筑结构差异很大，有传统的砖木结构，有新建的山墙架梁结构、预制板搁山墙平顶结构，也有各种简易建筑，抗震性能不一。居住在平房中的人们，地震时要因地制宜，果断行动，是躲是逃，应相机而行。如位于门窗附近，屋外无障碍或危房，地势较开阔，应立即冲出室外。若无法逃出，

则应就近避震。

室内的床（炕）沿下，坚固的家具附近，内墙的墙根、墙角，开间小的厨房、卫生间、储藏室等在房屋倒塌后，往往形成三角形空间，是人们能得以幸存的安全地点，也就是因地制宜的避震空间。附近没有支撑物的床上、地板上，则是室内最不利的避震场所。

室内避震也要讲究恰当的姿势，通常有下蹲式和伏倒式。下蹲时应使自己的身体尽量地蜷缩，躲避在坚固的床下或桌下。采用这种方式时要注意用一条胳膊护住头部和眼睛，防止被尖锐物和粉尘所伤；一手握牢支撑物，防止在晃动中脱离保护。

俯伏卧倒时，位置应贴近炕沿或床沿，双臂交叉于胸前，两肘接触地面，防止心脏受伤；闭上眼和嘴，用鼻子呼吸，防止被尘埃窒息。无论采取哪种姿势，目的都是要保护头部，降低高度，使坠落物被挡隔，保证自身安全。

2. 楼房避震

住在楼房中的人，遭遇地震时，绝对不能一时冲动，跳楼逃避或涌向走道楼梯夺路奔逃。这类盲目避震的做法，必然会造成无谓的伤害。应该说，发生唐山地震那样的罕见大震，住在楼房中的人，危险性也很大，万一大楼倒塌，即使采取就近避震措施，也会造成一定伤亡。但钢筋混凝土结构的防震建筑，有很强的刚性，也有相当的韧性，地震中一般的破坏过程是：填充墙先倒，接着柱脚弯裂或扭断，最后柱顶破坏。一次地震彻底倒塌的是极少数，完全倒塌主要是主震后的强余震造成。因此，相对来说，就近躲避较为安全，可以把伤亡减少到最低限度。

楼房中的室内避震空间与平房中的避震空间是相似的。坚实的家具下，墙角过道处，都较为安全；开间小、跨度小、承重墙多、管道支撑点多的卫生间、厨房间等，都是抗震性能较好的避震场所。楼房在倒塌的过程中总会存在一定的空隙，这些空隙以有支撑物的地方为多，这些空隙位置也是最安全的生存空间。

室内避震也要注意离开墙体的薄弱位置，它们是楼道、楼梯口、阳台、外墙、门窗附近等，因为这些地方不是作为主要承重的部位，整体性较差，地震时容易开裂倒塌。

就近躲避仅是临时之举，震后应迅速撤到安全地带。

3. 公共场所的应急避震

车站、影剧院、商场、地铁、教室等公共场所建筑物跨度大，人员集中，地震时最容易引起慌乱。而一旦形成慌乱，则人群乱冲乱撞，相互拥挤践踏，易导致人员伤亡的恶性事故发生。因此，除了专人维持秩序外，每个人都要保持镇静，就近择物躲藏。即地震发生时伏而待定，然后迅速有序地撤离。

在影剧院、体育馆中，除极少数靠近安全门的人，可迅速冲出室外，多数人较好的办法是躲在排椅下，前排的人可躲在乐池中。一个坐椅的抗压力不大，几十排坐椅结合在一起，抗压能力就成几十倍的增强。这些建筑物的跨度虽大，但几十排坐椅结合在一起，抗压能力就成几十倍的增强。

商场中，地震时商品可能散落很多，影响通行，人群也可能涌向出口处，这时要注意千万别卷入人流。万一已被卷入，要努力站稳，别摔倒，伺机向没有障碍的通道躲避。较为理想的避震地点，是蹲在大柱子或大件商品旁边，避开玻璃柜窗、广告牌和吊灯。在楼上的人，应逐步向底层转移。

在教室和机关办公室中的师生和工作人员，地震时，在一二层楼房或平房紧挨门的人可冲出室外，靠墙的人可紧挨墙根；多数人应躲避在课桌、讲台、办公桌下，也可迅速进入开间小、支撑点多的地点暂避，必须杜绝乱跑、拥挤等盲目避震现象。

在车间生产的工人，因场所环境各异，地震时，必先切断次生灾害源，如切断电源，熄灭火种，关闭有害气体阀门，停止加温加压等，再迅速躲避在各类机械设备或支撑柱下。

地震瞬间，捕捉住短暂的生存机遇，快速、合理地行动，可最大限度地保存自己，是防震减灾的技能之一，也是实现防震减灾的重要途径。

【本章要点】

◇我国地震灾害十分严重，作为防震减灾助理员，学习和掌握一些地震科普知识、地震工程抗震设防、地震法规知识等是非常必要的。

◇构造地震数量多、破坏性强、影响范围广。我国多年来的地震地质研究表明，绝大多数浅震都和活动的大断裂带有关，

◇地震预报技术是从地震监测、大震考察、野外地质调查、地球物理勘探、室内实验研究等多方面对地震发生的条件、规律、前兆、机理、预报方法及对策等的综合技术。目前，准确的地震预报仍然是世界性的科学难题，

发布地震预报，既是一个科学问题，更是一个复杂的社会问题。

◇目前，地震预警比地震预报更为可行，临震不慌，沉着应对，根据不同情况采取不同的科学避震对策是非常重要的。

【阅读建议】

（1）如果有条件，建议阅读《探秘地球100问》（上海科学技术文献出版社，2007年8月出版）、《小谚语 大道理——地震必读》（地震出版社，2012年2月出版）、《青少年防震减灾知识读本》（科学普及出版社，2010年10月出版）和《地震知识百问百答》（地震出版社，2008年5月出版）等书籍。

（2）建议经常登陆中国地震信息网（http://www.csi.ac.cn/publish/main/）、福建省数字地震科普馆网（http://www.fjdspm.com/）和内蒙古数字地震科普馆网（http://www.nmea.gov.cn:8080/），了解地震资讯，学习防震减灾科普知识。

【思考与实践】

（1）如果有条件，建议参观附近的防震减灾科普教育基地、地震监测台，深入了解地震科普常识、地震监测预报的原理和方法。想一想在科学避震方面，哪些是最重要的？哪些知识还需要进一步探索？在监测手段方面，有哪些可以改进的地方？

（2）建立自己的地震异常宏观观测手段，自制或购买一些简单的观测工具和简易仪器，并坚持进行观测和地震异常现象的分析研究。

第三章

防震减灾助理员应掌握的震害防御知识

灾前预防，不仅比灾后救援更人道，而且更经济。

——第七任联合国秘书长科菲·安南

一、一旦发生破坏性地震往往会引起各种灾害

2008年5月12日14时28分，四川汶川—北川一带突发8级强震，大地颤抖，山河移位，满目疮痍……这是新中国成立以来发生在我国境内破坏性最强、波及范围最大的一次地震。此次地震重创约50万平方公里的中国大地。震中烈度最大达XI度，造成69227人遇难，374643人受伤，失踪17923人。地震所造成的直接经济损失超过8000亿元人民币。

实际上，造成重大损失的地震在全球并不少见，不管是国内还是国外，都屡有发生。比如，1976年7月28日的唐山地震，造成24.2万人死亡，16.4万人重伤，倒塌房屋530万间，直接经济损失100亿元以上……

据考证，地面破坏程度最大的地震，是1964年美国阿拉斯加安克雷奇市8.5级大地震。这次地震的震中位置在城东130千米左右的威廉王子湾，震动持续了4分钟。城市的主干道被一条宽50厘米的裂缝分成两半，一半下沉了约6米。阿拉斯加南海岸的悬崖滑入了海中。地震发生后，海啸随之而来，把一艘艘船只抛向内陆深处。地震使地表水平位移最大达到20米，震源断层位移最大达到30米，被公认为是当今地面破坏、地壳变动最大的地震。

震级最高的地震是1960年的智利大地震。当年从5月21日开始的一个月里，在智利西海岸连续发生了多次强烈地震，其中5月22日发生的矩震级为9.5级，成为迄今为止震级最高的地震。这次罕见的地震过后，从智利首都圣地亚哥到蒙特港沿岸的城镇、码头、公用及民用建筑或沉入海底，或被

海浪卷入大海，仅智利境内就有 5700 人遇难。地震后 48 小时引起普惠火山爆发。地震形成的海浪以每小时 700 千米的速度横扫太平洋，15 小时后，高达 10 米的海浪呼啸而至袭击了夏威夷群岛。海浪继续西进，8 小时后，4 米高的海浪冲向日本的海港和码头。在日本岩手县，海浪把大渔船推上了码头，跌落在一个房顶上。这次海啸造成日本 800 人死亡，15 万人无家可归。

地震史上死亡人数最多的地震是 1556 年的中国陕西华县大地震。据史书记载，1556 年 1 月 23 日，陕西华县发生 8 级地震。这次地震造成的死亡人口之多，在古今中外地震史中实属罕见。据史料记载："压死官吏军民奏报有名者 83 万有奇，其不知名未经奏报者复不可数计。"这次地震重灾区面积达 28 万平方公里，分布在陕西、山西、河南、甘肃等省区；地震波及大半个中国，有感范围远达福建、两广等地。

引起最大火灾的地震是 1923 年的日本东京大地震。是年 9 月 1 日上午 11 时 58 分，伴随着一阵方向突变的怪风，地下发出了雷鸣般的巨响，大地剧烈摇晃起来，建筑物纷纷坍塌，同时引起了熊熊大火。东京这一古老的城市木屋居多，街道狭窄，消防滞后，结果使东京遭受了毁灭性的破坏。大火整整烧了三天三夜，直至无可再烧，全城 80% 的死难者被吞噬于震后的大火中，全城 36.6 万户房屋被烧毁。火灾尚未停息，海啸引起的巨浪又接踵而至，摧毁了沿岸所有的船舶、港口设施和近岸房屋。这次大地震摧毁了东京、横滨两大城市和许多村镇，14 万多人死亡、失踪，10 多万人受伤，财产损失高达 28 亿美元。这是现代地震史上除我国海原地震和唐山地震之外伤亡最多的一次震灾。

可见，一次破坏性地震，往往会引起各种灾害，主要表现在如下几个方面：

1. 地震的直接灾害

地震首要伤害的是生命，其次是建筑物与构筑物的破坏、交通和道路设施的损坏、通讯设施和电网设施的损害，以及可能会引发出次生灾害——如火灾、水灾、疾病蔓延等。破坏性地震发生时，地面剧烈颠簸摇晃，直接破坏各种建筑物的结构，造成倒塌或损坏；也可以破坏建筑物的基础，引起上部结构的破坏、倾倒。建筑物的破坏导致人员伤亡和财产损失，形成灾害。这种直接因地面颠簸摇晃造成的灾害，称为地震的直接灾害。

地震的直接灾害图

2. 地震的次生灾害

地震还会间接引发火灾、水灾、毒气泄漏、疫病蔓延，等等，称为地震的次生灾害。例如，地震时电器短路引燃煤气、汽油等会引发火灾；水库大坝、江河堤岸倒塌或震裂，会引起水灾；公路、铁路、机场被地震摧毁，会造成交通中断；通讯设施、互联网络被地震破坏，会造成信息灾难；化工厂管道、贮存设备遭到破坏，会形成有毒物质泄漏、蔓延，危及人们的生命和健康；城市中与人民生活密切相关的电厂、水厂、煤气厂和各种管线被破坏，会造成大面积停水、停电、停气；卫生状况的恶化，还能造成疫病流行，等等。

特别是人口稠密、经济发达的大城市，现代化程度越高，各种各样的现代化设施错综复杂，次生灾害也越严重。所以，大城市特别应该重视对次生灾害的防御。

3. 地震造成的其他破坏现象

大地震对自然界的破坏是多方面的，如大地震时出现地面裂缝、地面塌陷、山体滑坡、河流改道、地表变形，以及喷沙冒水、大树倾倒等现象。

如果大地震发生在海边或海底，还会形成海啸。狂涛巨浪发出飓风般的呼啸声，向四周海岸冲去，造成巨大损失。

地震灾害的发生往往会破坏人类赖以生存的自然资源和生态环境，使灾区资源减少，生态环境恶化。

4. 地震恐慌也会带来损失

地震灾害对于区域经济的发展短期内是一个沉重的打击，打乱了灾区的发展规划，也会使投资者对于该区域的固定资产投资安全性有所担忧。

重大地震灾难在给人们生命造成巨大伤害的同时，也给灾区人们的心理、精神造成严重损伤，引起社会心理的巨大震荡。

破坏性地震的突发性和巨大的摧毁力，造成人们对地震的恐惧。有一些地震本身没有造成直接破坏，但由于人们明显感受觉到了，再加上各种"地震消息"广为流传，以致造成社会动荡而带来损失。这种情况如果发生在经济发达的大中城市，损失会相当严重，甚至不亚于一次真正的破坏性地震。

如唐山地震后，地震谣言、谣传此起彼伏，我国东部地区大范围内群众产生普遍的恐震心理，在长达半年多的时间里，很多人不敢进屋居住，最多时约有4亿人住进防震棚，打乱了正常的生产、生活和工作秩序，给国家经济生活造成重大影响。

由于缺乏知识，轻信谣言，人们会因恐慌而停工、停产、停课；会到银行大量提款；会因成群外逃"避震"造成交通堵塞；甚至会引起交通事故、跳楼避险或互相挤踏造成伤亡。像北京、上海这样的现代化大都市，如果发生地震恐慌，仅停工一天，就会造成数亿元的经济损失。这类因地震恐慌而造成的社会"灾害"，越来越引起人们的广泛关注。

二、我国特有的防震减灾对策和经验

目前人类尚无法控制地震灾害的发生，因此力争在破坏性地震发生前能有较好的应对对策、地震后能够迅速地开展应急救援，使地震灾害造成的损失降到最低。国外的防震减灾工作开展的较早，地震工程对策和社会对策较多。因此，国外的地震灾害损失得以较大程度的减轻，尤其是美国和日本这两个多震的发达国家。而我国起步较晚，主要借鉴国外先进的地震工程对策和社会经验，逐渐积累起我国特有的防震减灾对策与经验，使得现有的防震减灾能力大大提高。

总结我国和世界各国应对地震灾害和震后恢复重建的工程与社会对策和经验，主要包括如下几个方面的内容：

1. 提高地震预测预警的科学准确性

世界各国对"地震预测"的研究都处在小概率探索阶段，无法做到地震的准确预测，但是依然要加强地震预测的研究，采取多种手段不断提高预测准确性。地震准确预测至今还无法实现，我们只能把目标转向地震发生后短短几秒到几十秒的时间内，希望能够在这段时间内发生警告，力求把生命和财产损失减至最低，即地震预警。在当前的地震预警系统中，系统通过大地震发生之后，强破坏性地面运动到来之前的几秒到几十秒时间内发布预警信息，可以在很大程度上降低地震破坏造成的人员伤亡和财产损失。我国已经开展了地震预警系统研究，并应用到不同的领域。目前已积累了一些成功的经验，为今后的科学研究和减灾实践奠定了良好的基础。

2. 民众的防震减灾意识是减轻震害的首要条件

无数次地震灾害表明，防震减灾意识的强弱对震害程度具有决定性影响。民众防震减灾意识强，灾害损失就可能较小；反之，则地震灾害必然加重。美国洛杉矶市在 1994 年圣费尔南多 6.6 级地震发生时，由于全面改善了建筑物的抗震设计，对老旧建筑进行了加固改造，并不断提高公众对地震的忧患意识，因此，建筑物震害较轻。而在此前的 1989 年旧金山 6.9 级地震中，由于防震意识懈怠、建筑物的抗震设防烈度过低、建筑施工质量低劣和缺乏抗震宣传和教育，致使在大震发生时人们惊慌失措。由此可见，民众的防震减灾意识非常重要。在我国，由于防震减灾宣传活动普及程度有限，而且受到经济发展水平的影响，民众的防震减灾意识还有待加强。

3. 建立相关法律体系是顺利开展防震减灾工作的重要保证

世界各国对建立防灾减灾方面的相关法律体系都十分重视，特别是美国和日本都建立了比较完善的法律体系。美国分别颁布实施了《灾害救济法》《地震灾害减轻法》和《美国联邦政府应急反应计划》，连同《联邦政府对灾害性地震的反应计划》《国家减轻地震灾害法》和《联邦和联邦资助或管理的新建筑物的地震安全》实施令，共同形成了较为完善的减轻地震灾害法律法规体系。日本的地震法律体系也比较完备，日本的地震法律体系包括基本法和一般法两种，涵盖了灾害预防、灾害应急对策以及震后恢复等领域，将防震减灾和灾后重建过程全部纳入法制轨道，并在实施过程中对各项法律不断进行修订和完善。

我国自 1998 年起实施《防震减灾法》，并于 2008 年重新修订，为防御和减轻地震灾害，保护人民生命和财产安全，促进经济社会的可持续发展提供了法律依据。另外，还颁布了《地震监测设施和地震观测环境保护条例》《破坏性地震应急条例》《地震预报管理条例》《地震安全性评价管理条例》等一系列配套法律法规，为实现我国防震减灾事业的法制化管理奠定了坚实基础。

4. 建立完善的防震减灾体系是降低灾害损失的重要一环

美国主要抗震思路是"防"，并不断完善以"工程抗震—防震减灾科学研究—地震监测—提高社会防震减灾意识"四位一体的防震减灾体系。日本则建立起防震减灾和重建的责任体制，组织和协调不同部门的防震减灾工作，建立防震减灾计划体系，制订相应计划，在各层次落实防震减灾的重大措施。而目前我国城市地区的防震减灾体系已经较为完善，使得地震区城市的综合防震减灾能力得到较大水平的提高。但仅依靠城市自身的力量是难以胜任防震减灾重任的。以往的震害表明，广大农村的防震减灾工作非常不完善，因此必须尽快建立城乡相结合的以村镇为基础、以城市为重点的地震防灾体系，并要符合当地实际情况，加强防震减灾工作。这对于保障国民经济的顺利发展和人民的生命安全，减少地震灾害损失，具有极为重大的意义。

5. 提高自救互救能力，实施高效、有序的应急救援措施

减轻地震灾害是防震减灾工作的中心目标。突发性地震灾害，从开始到结束往往只有几秒到几十秒时间，能否在有限的时间内开展自救互救和应急救援活动，直接关系到地震灾害损失的大小。日本全国经过多次地震的教训，对地震时的自救互救和应急救援有了深刻的认识，各级政府通过各种方式宣传自救互救知识和方法，教育市民开展自救互救，并在震后第一时间开展应急救援工作。而美国多年来始终重视对公众进行地震知识教育，提高地震灾害中自我保护的能力，成立地震应急救援队，参与国内和国际的地震救援工作。在这些发达国家，城市社区建设成熟，服务完善，在地震应急救援工作中有着举足轻重的作用。

我国在总结历次地震应急救灾经验的基础上，参考发达国家地震应急救灾的经验和做法组建了地震应急救援队，这支队伍在破坏性强震救援中发挥了很大的作用。目前，很多省市都已经建立起了专业化、高素质的应急救援队伍，这将是实现地震应急救灾高效有序的强有力保障。相对于发达国家，

我国城市社区建设刚刚起步，因此在城市社区建设中必须加强社区地震应急自救能力建设，进而提高全社会的地震应急救援水平。进行有效的地震应急自救互救知识和技能的培训，也将有利于提高地震应急救援的有效性。

6. 研究分析建筑物震害状况，有效提高其抗震能力

根据不同的震害状况，采取相应的抗震能力的技术措施，是提高震害防御能力最有效的手段之一。研究分析生命线系统的震害，也能有效提高其抗震能力。震后生命线工程的震害主要表现在：高架公路的破坏、桥梁的破坏、煤气管网破坏、供水管网破坏和地下结构物破坏。美国和日本等国家的情况表明：每次大地震后，交通生命线系统在抗震设防水准、地震作用、地震反应计算分析方法、延性设计和抗震设计方法等方面不断进行补充并相互借鉴。根据不同的生命线工程的受灾特点，采取必要措施改善结构的抗震能力，从而减轻地震灾害。

我国的很多经验和对策都是借鉴了发达国家的经验和对策，并根据我国特有的现状，投入较大人力、物力、财力，从而促进我国防震减灾水平的不断发展，逐渐与国际接轨。

三、城市防震减灾工作的基本思想和途径

《国家防震减灾规划（2006～2020年）》指出，中国50%的国土面积位于Ⅶ度以上的地震高烈度区域，包括23个省会城市和2/3的百万人口以上的大城市。随着现代化城市建设的不断推进，广大城市地区面临的地震形势日益严峻。

城市抗震减灾规划的基本目标是：当遭遇到常遇地震时，城市一般功能正常；当遭遇相当于抗震设防烈度的地震时，城市一般功能及生命线工程基本正常，重要工矿企业能正常或者很快恢复生产；当遭遇罕遇地震时，城市功能不瘫痪，要害系统和生命线工程不遭受严重破坏，不发生严重的次生灾害。为了提高城市的综合防震减灾能力，减轻地震灾害，我国已经颁布了《防震减灾法》《城市规划法》和《城市抗震减灾规划管理规定》，提出了"预防为主，防、抗、避、救相结合"的方针，这些都为现代城市防震减灾工作提供了法律及政策保证。

为了做好城市防震减灾工作，应从如下几个方面来努力：

1. 采取切实可行的防震减灾措施，因地制宜编制好城市防震减灾规划

这些措施主要包括：城市抗震设防标准、建设用地安全性评价与要求、防震减灾措施必须列为城市总体规划的强制性内容，作为编制城市详细规划的依据；充分考虑市、区级避震疏散通道及避震疏散场地和避难中心的设置，特别是一些人员高度密集区及大型社区、大型住宅小区尤为重要，同时要有人员紧急疏散的具体措施；城市基础设施的规划建设要有科学性，对生命线系统及消防、供油系统、医疗等重要设施的规划布局要合理。对一些盲目规划、建设不合理的项目应采取积极措施予以调整与补充；对地震可能引起的火灾、水灾、爆炸、放射性辐射、有毒物质扩散等次生灾害，要有足够的防范对策；对重要建（构）筑物、超高建（构）筑物、人员密集的教育、文化、体育等设施布局、间距和外部通道要有明确、细致的要求，对现有城市的不合理布局应采取积极措施予以纠正。

2. 全面提高城市地区的工程结构和生命线工程的抗震性能

城市建筑的工程结构主要分为多层混合结构、单层混凝土厂房结构、混凝土框架结构、钢结构、隔震与消能减震结构和高耸结构等。相应的新建工程要严格执行《建筑抗震设计规范》要求；对危、旧房屋及工程设施要按照《建筑抗震鉴定标准》和《建筑抗震加固技术规程》的要求进行全面系统的抗震鉴定与加固；鼓励基础隔震及消能减震等新技术在城市重要建设工程中的应用，以提高工程结构抗震安全性。

生命线工程也是城市地区安全和防灾的重要内容。城市交通、通讯、给排水、燃气、电力、热力等系统称为生命线工程。当地震发生后，这些系统若出现问题，整个城市将会出现混乱或瘫痪。按城市防震减灾规划要求，地震时一般生命线系统工作要基本正常，因此，生命线系统的建设要避开发震断裂带及危险地段，同时要提高抗震设防等级标准。

3. 加强地震监测台网建设，努力提高地震预报水平

地震监测预报是防震减灾的基础。较为准确的短临预报可以减少人员伤亡和财产损失。要针对城市的实际和特点，建立和完善适应城市环境的地震监测台网，加大台网密度，提高监测台网的监控能力。

4. 加强城市地震背景研究、震害预测和抗震设防工作

开展城市基础地震地质探测工作，查明城市地下有无地震活动断层及软土地基、砂土液化分布等潜在的隐患，并制定好城市防震减灾规划，才能保障城市的可持续发展。同时震害预测是城市抗震减灾对策规划的一项重要基础工作。开展地震危险性、建筑物震害易损性分析，人员伤亡、经济损失预测，做好城市基础探测工作，并根据城市的发展变化，对震害预测实现动态跟踪管理，可为各级政府和有关职能部门高效、有序地实施抗震救灾提供科学的依据。

5. 加强地震应急组织管理，制定地震应急预案

地震应急工作在防震减灾工作中占有重要地位。制定相应的地震应急预案（包括破坏性地震应急预案和强烈有感地震应急预案），是做好地震应急工作的一个重要环节。破坏性地震应急预案是在"以预防为主"的工作方针指导下，事先制定的为政府和社会在破坏性地震突然发生后采取紧急防灾和抢险救灾的行动规划。

6. 加强地震应急、救助技术和装备的研究开发工作

地震发生后，拯救生命是我们义不容辞的责任，然而面对现代建筑的废墟，如果没有先进的应急救助技术和装备，将大大延缓抢救被压埋人员的进程，必然造成伤亡人数的增加。

7. 加强城市防震减灾宣传教育，提高市民的防震减灾意识

针对大城市人口分布集中，建立和完善防震减灾宣传教育网络，按照"主动、慎重、科学、有效"的原则，重点加大对社区地震知识、防震避险、自救互救知识和技能方面的宣传力度，以提高人们对地震心理承受能力和鉴别地震谣言的能力。

四、重视抗震设防，提高建设工程抵御地震破坏的能力

地震对建筑物的破坏是非常普遍的，而建筑物的破坏会造成大量人员伤亡和财产损失。据统计，地震中95％的人员伤亡都是因建筑物破坏造成的，因此，为使建筑物具有一定的抗震能力，就必须在设计、施工中按抗震设防

要求和抗震设计规范进行抗震设防，以提高抗震能力，这是营建安居工程、保证工程安全的长远大计。

我国《建筑抗震设计规范》中提出了"小震不坏，中震可修，大震不倒"的抗震设防目标。

抗震设防主要对建（构）筑物而言，是加强建（构）筑物抗震能力或水平的综合性工作。

抗震设防工作贯穿于工程建设、城乡建设的全过程。建设工程的抗震设防，是指各类工程结构按照规定的可靠性要求，针对可能遭遇的地震危害所采取的工程和非工程性措施；而抗震设防要求，是为了更好的规范抗震设防工作的实施。确定抗震设防要求，即确定建筑物必须达到的抗御地震灾害的能力。

《防震减灾法》规定，新建、改建、扩建各类建设工程，应按国家有关规定达到抗震设防要求。

抗震设防是加强建（构）筑物抗震能力或水平的综合性工作。新建工程抗震设防工作应在场地、设计、施工三个方面严格把关，即由地震部门审定场地的抗震设防标准，设计部门按照抗震设防标准进行结构抗震设计，施工单位严格按设计要求施工，建设部门检查验收。

工程建设场地地震安全性评价是抗震设防工作的一项重要内容。

工程建设场地地震安全性评价是指对工程建设场地进行的地震烈度复核、地震危险性分析、设计地震动参数的确定、地震小区划、场址及周围地质稳定性评价及场地震害预测等工作。其目的是为工程抗震确定合理的设防要求，达到既安全，建设投资又合理的目的。

实践证明，同一地震灾害现场，设不设防，灾害大不一样。唐山地震把一座工业城市毁于一旦，造成24.2万多人死亡，除震级高，没有短临预报外，一个重要的原因，就是不设防。以前对唐山市的地震基本烈度定低了，只有Ⅵ度。按当时的建筑规范，Ⅵ度区不设防。不过，也有极少数的建筑物没有倒塌，比如，有一家面粉厂，当初建造时误拿新疆乌鲁木齐面粉厂（Ⅷ度）的图纸设计施工，就没倒。另外，唐山市凤凰山钢筋混凝土柱承重凉亭，建于基岩上，除柱端开裂外，基本完好。唐山市钢铁公司俱乐部，也基本完好。这说明，即使像唐山7.8级这样的大地震，如果有恰当的抗震设防，也会显著地减轻灾害损失。

包头钢铁厂在 1977～1992 年，使用经费 4000 万元，共加固厂房、民用建筑 173 万平方米。在 1996 年 5 月 3 日的包头 6.4 级地震中，全厂建筑破坏轻微，大部分完好无损，震后第三天就恢复了生产。而与包钢一墙之隔的包头稀土铁合金厂，因经费困难，各类房屋、烟囱都没有经过加固，地震时全厂建筑都受到中等以上破坏，半年后才恢复生产。

地震灾害的惨痛教训让人们深刻地认识到，加强抗震设防，把房子盖得结实，远比盖得漂亮和盖得高大更加重要。因此，一定要严格执行抗震设防标准，把房子盖得足够结实，把桥梁、水坝等各种建设工程建得足够坚固，才能提高建设工程抵御地震破坏的能力，当地震来袭时不被破坏或者受影响程度很轻，从而达到减少人员伤亡和财产损失的目的。

灾后按抗震设防要求加固或重建的房屋再次经受地震，人员伤亡和经济损失明显减轻。一般地说，在发生过强震的地区再次发生同样强度的地震，甚至震级稍低的中强震，都会因为上一次强震已把许多房屋结构震松了，在原有破坏的基础上叠加破坏，灾害往往更加严重。可是，如果在一次地震后，吸取教训，按抗震设防要求重建家园或加固还可用的房屋，情况就可能大不一样。

1966 年 3 月 8 日和 22 日，河北邢台先后发生 6.8 级和 7.2 级地震，震中烈度达 X 度，造成 8000 多人死亡，3.8 万多人受伤，毁坏房屋 500 多万间，直接经济损失 10 多亿元人民币。震后重建时，邢台地区提出，建筑物必须"基础牢、房屋矮、房顶轻、施工好、连接紧"的要求。1981 年邢台发生 5.8 级地震，新建的抗震房基本完好无损。

1989 年 10 月 19 日山西大同—阳高发生 6.1 级地震，震中烈度Ⅷ度，造成 16 万余间房屋受损，其中 1 万多间房屋倒塌，死亡 15 人，伤 145 人，经济损失约 3.65 亿元人民币。震后，在世界银行支持下震区重建家园。由于大多数房屋已按地震基本烈度加固或重建、新建，1991 年 3 月 26 日原地再次发生 5.8 级地震，这些房屋基本完好，个别出现细小裂缝。少数未加固或重建的老旧房屋受到不同程度破坏，个别倒塌。只有 1 人因破窗外逃被玻璃划破股动脉血管造成死亡，另有 1 人重伤，伤亡人数显著减少。经济损失约 5800 万元人民币，也比 1989 年 6.1 级地震的经济损失明显减轻。

对比设防与未设防的不同结果，抗震设防的必要性和重要性是非常明显的。在我国综合实力大大增强之际，树立以设防为主的防震减灾意识，从理论与实践、观念与能力方面强化防范危机的综合素质非常重要，作为基层防震减灾工作人员，更是应该大力宣传抗震设防的积极作用。

五、隔震和减震技术也能有效地提高抗震能力

地震动能够引起地面上房屋以及各种工程结构的往复运动，产生惯性力。当惯性力超过了结构自身抗力，结构将出现破坏。这就是大地震造成房屋破坏、桥梁塌落以及其他众多工程设施损毁的根本原因。

在过去，人们往往是通过提高设防烈度来提高建（构）筑物的抗震能力。现今，随着科学技术的飞速进展，在抗震方面也有了许多创造和进步。人们可以采用结构控制、智能平衡减震以及基底隔震等技术，有效地提高工程或建（构）筑物的抗震能力，其中基底隔震是相对比较成熟的技术。

隔震是将工程结构体系与地面分隔开来，并通过一套专门的支座装置与地面相连接，形成一个隔离层，以此改变工程结构体系的动力特性，阻隔地震动能量向上传输，减小结构的地震反应程度。

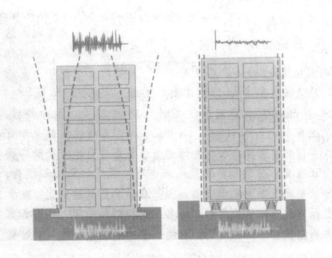

基底隔震技术减震原理示意图

抗震是硬抗，地震来了地面晃动，房屋跟着晃动，就会引起房屋倒塌。为了抗震，就要加大建筑物的断面，加粗钢筋，使房屋建得很牢固。而隔震减震技术是采用"以柔克刚"的办法，设一个柔软层，将地震隔离掉。

在 1994 年美国加州的北岭地震时，那里遭受强烈震撼，不少房屋遭到破坏并引起多处火灾，人们惊慌失措，社会动荡不安。然而，在南加州大学医院的两幢大楼里，人们却没有任何感觉，楼里的医务人员和病人看到楼外的人们慌慌张张地四处奔跑，还感到迷惑不解呢！原来，这两幢大楼建筑时运用了基底隔震技术，在大楼的基座上安置了用橡胶以及钢、铅制成的隔震垫（由于这种隔震垫主要由橡胶制成，所以又叫橡胶垫）。正是由于隔震垫吸收了大部分地震波的能量，因而建筑物受到的震动就很小，保障了建筑物的安全。

隔震技术具有很多优点：一是安全性好。据有关专家介绍，采用了隔震装置的建筑物，能够极大地消除结构与地震动的共振效应，显著降低上部结构的地震反应，在强震作用下基本上不会遭到摧毁；二是成本低，比传统的抗震成本节省 5% ~ 20%；三是应用广泛，几乎所有的建筑物，新的和老的，重要的和一般的，都可以采用。

目前，常用的隔震技术依机理可以分为以下三类：

1. 柔性隔震

利用叠层橡胶支座、软钢支座等装置具有的柔性，加大结构体系的水平自振周期，避开地震动的高频卓越频段，减小结构体系地震反应。这类支座具有水平弹性恢复力。

2. 摩擦隔震

利用金属摩擦板、聚四氟乙烯（特氟龙）滑移层和滚球或滚轴等装置的水平运动性能，借助适当小的摩擦系数，限制、减小上部结构承受的地震剪力。单纯的滑动隔震装置或滚动隔震装置的支座不具有恢复力。

3. 摆动隔震

利用摩擦摆和短柱摆等装置的曲面运动性能，加大结构体系的自振周期。这类支座具有因自身重量而产生的恢复力。此外，悬吊隔震与摆动隔震具有相同的机理。

实际使用的隔震装置，可能是具有不同机理的隔震技术的组合，而且隔震支座多与阻尼器、抗风装置和限位装置结合使用。

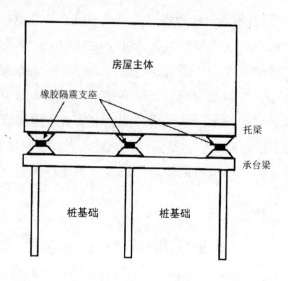

橡胶隔震支座安装示意图

减振又称为消能减振，是通过增加工程结构自身的阻尼，消耗结构振动能量，减小结构的地震反应程度。阻尼是衡量结构耗能程度的一个物理指标。比如，将一把钢尺的一端固定，敲击其另一端，两端之间的往复振动往往可以持续很长时间。这是由于钢尺的阻尼很小。如果这把尺子的材质是橡皮泥，则敲击后就不会发生往复振动。这是由于它的阻尼过大。正常情况下，工程结构可以视为小阻尼弹性体，以房屋为例，在地震作用下房屋各楼层由下至上振动幅值逐渐增加，即使地震动停止了，各楼层的振动仍会持续几秒或几十秒。如果房屋结构自身的阻尼足够大，则地震动引起的振幅就小，而且会很快衰减掉。这就在很大程度上避免了地震动持续作用下的迭加效应，大大降低了结构的地震反应程度。通过安装消能减振装置，适度增加结构的阻尼，可以有效改善结构的地震反应性能。

六、提高农村住宅和公共设施的抗震设防水平

《防震减灾法》规定，县级以上地方人民政府应当加强对农村村民住宅和乡村公共设施抗震设防的管理，组织开展农村实用抗震技术的研究和开发，推广达到抗震设防要求、经济适用、具有当地特色的建筑设计和施工技术，培训相关技术人员，建设示范工程，逐步提高农村村民住宅和乡村公共设施

的抗震设防水平。要想真正做好这项工作，防震减灾助理员就一定要努力发挥出自己应有的作用。

在我国，有超过一半的人口生活在农村，大多数的人防震意识淡薄，缺少避震常识。我国的乡镇建筑受着所处自然环境条件及传统文化、风俗习惯的影响，带有强烈的地方色彩，结构型式和建筑材料往往是因地制宜和就地取材，一般建筑特别是住房，都没有经过正规的设计和施工，没有充分考虑抗震性能。

多次惨痛的教训说明，在乡镇造成地震时大量人员伤亡的主要根源在于这些布局、构造不合理，没有考虑抗震基本要求，建造质量低劣的房屋大量破坏倒毁。因此，本着减轻地震灾害的原则，同时考虑国力有限的实情，在不增加或少增加投资的情况下，提高乡镇住房的抗震性，应成为当前乡镇抗震对策所追求的目标。

当前，我国乡镇抗震对策的规划目标是：当遭遇相当基本烈度的地震时，乡镇要害系统不致破坏，人民生活能得到基本保障。乡镇建设抗震设防标准是：在地震基本烈度达Ⅶ度以上的乡镇地区，即应采取措施，考虑对策。在受到设防烈度的影响时，房屋不致严重破坏，经一般修理仍可继续使用；而在较大地震时，房屋不致倒毁伤人。

目前在乡镇建设中，还缺乏因地制宜的乡镇建筑的工程抗震设防规定。由于乡镇工程抗震专业人员的缺少，再加上乡镇建设速度很快，许多建筑物乃至整个乡镇未能按工程抗震要求设计和建造。这样，就会造成低估或高估地震危险性，不能合理利用土地和选择不适宜的抗震设防方法，等等，造成不应有的经济损失。因此，建设、地震等有关部门主要应抓好对地震区乡镇建设的指导这一环节。比如，编印通俗资料和挂图，普及工程抗震知识，培训人员，提供标准设计及加固构造图纸，举办房屋设计竞赛等。此外，还应组织对地震区乡镇进行调查研究，并提出适合当地农民生活习惯的各种有效的抗震措施。

从发展的观点看，乡镇抗震所考虑的深度和广度应向城市抗震防灾水平靠拢。具体地说，乡镇抗震对策应包括如下要点：进行乡镇地震危险性评定；进行乡镇地震小区划，给出乡镇不同区域内给定值的年超过概率的地震动工程参数的分布；进行有效的土地利用规划，农村建设应避开不稳定山坡、陡崖、古河道、回填或流砂、陷坑等不利地区或地段；制定乡镇工程抗震设计规范和施工规程，按抗震设防标准进行抗震设计和建造；按地震小区划给出的地震动工程参数，降低乡镇易损性组成部分，并考虑设置有足够抗震能力的可用于地震避难的场所；易燃、易爆和有毒气体工厂应远离乡镇居民点，制定有毒物品、危险物品的安全化具体措施；综合乡镇群体建筑物的特点和当地建筑材料，设计一批符合各种抗震设防标准要求规格化的乡镇建筑。

在进行农村建筑时，要注重强化建筑的抗震措施：

1. 场地选择要恰当

选择地势平坦、开阔，上层密实、均匀或稳定基岩等有利的地段；不宜在软弱土层、可液化土层、河岸、湖边、古河道、暗埋的滨塘或沟谷、陡坡、松软的人工填土，以及孤突的山顶或山脊等不利地段建房；不应在可能发生滑坡、崩塌、地陷、地裂、泥石流以及有活动断裂、地下溶洞等危险地段建房。在这些危险地段上，即使把房屋建得很坚固，一旦遭受地震灾害，也很容易墙倒屋塌，甚至造成毁灭性灾难。

2. 地基要做稳做牢

在软弱土层等不利地段建房，基础沟槽必须宽厚，槽底要均匀铺设灰土并分层夯实，用水泥浆砌砖或石料混凝土做好基础，还可用加桩等技术加固地基。对于一般的软土地基，应设置大脚，预防不均匀沉降。如果是建楼房，应设置地圈梁，以防不均匀沉降对上部结构的影响；在盐碱地地区建房屋，应加强基础防潮、防碱、排水等措施，防止碱、潮对构件的腐蚀作用，以避免降低强度。

3. 房屋结构布局要合理

建设房屋时，要避免立面上突然变化，平面形状也宜简单、规则，墙体布置得均匀、对称些，使房屋具有良好的抗震性能。对于砖瓦房，房屋不宜过高，一般是一间一道横墙，硬山搁檩条，双坡四出檐式；楼房采用内廊式平面，纵横墙较密，加上墙体间咬砌搭接，房屋的整体性就好；横墙支撑纵墙，限制纵墙的侧向变形，同时还承受屋顶、楼层和纵墙等传来的地震力，在房屋抗震上起着很大的作用。墙壁上开洞，会削弱墙的强度和整体性，因此应尽量少开洞或开小洞。开洞要均匀，不要在靠近山墙的纵墙上或靠近外纵墙的横墙上开大洞。

4. 屋顶部分尽量轻

在地震区建房，应优先采用轻质材料做屋顶。虽然围护墙是房屋的非承重部分，但地震时笨重围护墙的倒塌，同样会造成重大的灾害。地震区需要采用轻质的围护墙和隔墙，尤其高烈度区的木骨架承重房屋，可以采用下部做重的墙、上部做轻质墙的方法。屋顶上的附属物，如女儿墙、高门脸儿等，既笨重又不稳定，在Ⅵ度左右地震中就会大量破坏，甚至造成人员伤亡，因此，地震区应当尽量不做或少做这类装饰性的附属物。如果必须建造时，就要做得矮些和稳固些。

5. 墙体要有足够的强度和稳定性

选择墙体的材料时要考虑强度和耐久性；注意墙体砌筑形式和方法，必须采取加强措施，各类砌体中的块材在砌筑时都必须上下错缝。纵墙与横墙、内墙与外墙结合要牢靠，墙体之间互相依靠，更好地发挥抗震作用。尽量采用一系列构造措施提高房屋结构的延性和刚度，除注意纵横墙、内外墙间的拉接外，宜增设钢筋混凝土构造柱和圈梁，以提高房屋的抗震能力。

6. 确保施工质量

墙、柱要错缝咬砌，土坯、砖石块体应错缝咬砌，才能保证良好的整体性；灰浆要饱满，适当加水泥、石灰，以提高灰浆强度和粘结力；木构件良好结合，可有效地提高其抗震能力。

依据上述措施，进行民居建设，才能确保乡村地区地震安全，减少地震给农村居民带来的生命财产损失。

此外，还要注重制定乡镇生命线工程抗震设计规范，尽量做到生命线工程抗震化；积极开展乡镇居民工程抗震和减轻乡镇地震灾害的宣传和教育活动。

七、抗震鉴定与加固是减轻地震灾害的重要途径

地震时建筑物的破坏是造成地震灾害的主要原因。我国现有建筑物有的是旧时代修建的，或相当一部分在《工业与民用建筑抗震设计规范-TJ11-74》颁布前设计建成，未考虑抗震设防；有些虽然考虑了抗震，但由于原定的地震基本烈度偏低，并不能满足相应的设防要求。唐山地震以来建筑抗震鉴

定加固的实践和震害经验表明，对现有建筑按现行设防烈度进行抗震鉴定，并对不符合鉴定要求的建筑采取对策和抗震加固，是减轻地震灾害的重要途径。

《防震减灾法》规定实行以预防为主的方针，减轻地震破坏，减少地震损失，对现有建筑进行抗震能力鉴定与加固。对于已经建成的建设工程，未采取抗震设防措施或者抗震设防措施未达到抗震设防要求的，应当按照国家有关规定进行抗震性能鉴定，并采取必要的抗震加固措施。这些建设工程包括：

重大建设工程；

可能发生严重次生灾害的建设工程；

具有重大历史、科学、艺术价值或者重要纪念意义的建设工程；

学校、医院等人员密集场所的建设工程；

地震重点监视防御区内的建设工程。

现有建筑抗震加固前必须进行抗震鉴定，因为抗震鉴定结果是抗震加固设计的主要依据。建筑抗震鉴定和加固的设防标准比抗震设计规范对新建工程规定的设防标准低。因此，不可按抗震设计规范的设防标准对现行建筑进行鉴定；也不能按现有建筑抗震鉴定的设防标准进行新建工程的抗震设计，降低要求。加固方案应根据抗震鉴定结果综合确定，可包括整体房屋加固、区段加固或构件加固。

加固设计时应遵循以下原则：一是优先采用增强结构整体抗震性能的方案；二是改善构件的受力状况（如框架结构经加固后宜尽量消除强梁弱柱不利于抗震的受力状态）；三是加固或新增构件的布置宜使加固后结构质量和刚度分布较均匀、对称；四是加强抗震薄弱部位的抗震构造措施；五是新增构件与原有构件之间应有可靠连接；六是新增的抗震墙、柱等竖向构件应有可靠的基础；七是女儿墙等易倒塌伤人的非结构构件不符合鉴定要求时，宜拆除或拆矮。

根据我国近30年的试验研究和抗震加固实践经验，常用的抗震加固方法有以下几种：

1. 增强自身加固法

增强自身加固法是为了加强结构构件自身，使其恢复或提高构件的承载能力和抗震能力，主要用于修补震前结构裂缝缺陷和震后出现裂缝的结构构件的修复加固。

2. 外包加固法

指在结构构件外面增设加强层，以提高结构构件的抗震承载力、变形能力和整体性。适用于结构构件破坏严重或要求较多地提高抗震承载力的建筑物。

3. 增设构件加固法

在原有结构构件以外增设构件，是提高结构抗震承载力、变形能力和整体性的有效措施。在进行增设构件的加固设计时，应考虑增设构件对结构计算简图和动力特性的影响。

4. 增强连接加固法

震害调查表明，构件的连接是薄弱环节。这种加固方法适用于结构构件承载能力能够满足，但构件连接差的情况。其他各种加固方法也必须采取相应的措施增强其连接。

5. 替换构件加固法

将原有强度低、韧性差的构件用强度高、韧性好的材料来替换，替换后须做好与原构件的连接。

通过上述措施进行建筑结构的抗震鉴定与加固，使得现有建筑在其后续使用年限内达到或具有相应的抗震设防目标。后续使用年限50年的现有建筑，具有与国家现行标准《建筑抗震设计规范》相同的设防目标；后续使用年限少于50年的现有建筑，在遭遇同样的地震影响时，其损坏程度略大于按后续使用年限50年鉴定加固的建筑。

八、在装修房屋时千万不能忽视地震安全

在家庭装修中，现代人都特别重视污染问题，而往往在不知不觉中忽视安全问题。由于一些住户不懂房屋结构，为了扩大房屋的使用空间，随意拆改墙体的现象非常严重。装修中，砸掉承重墙是极其危险的做法。尤其是在遇到地震的情况下，其弊端就易暴露。如果一楼的一户居民把承重墙大面积拆除，将导致该楼的抗震性能减弱和负荷应力出现异常，如果发生地震，楼体很可能发生整体坍塌。

因此，在家庭装修中务必要重视地震安全问题，除了一定不要随意拆改承重墙体、拆改房屋结构构件，还要注意如下几个方面：

1. 拆除非承重墙也要特别慎重

在很多人的观念中，一直都有这样的看法，房内的承重墙不能拆，可是非承重墙却可以拆。这其实是一大误区。事实上，并不是所有的非承重墙都可以随意拆改。所谓非承重墙，就是指由钢筋混凝土的柱阵框架组成的房屋内，楼板由横直阵支撑，阵由柱支撑，柱由地基支撑。这种结构通常在室内可见柱阵。在柱阵间的墙身多数用空心砖或普通砖块充塞，这种墙一般为非承重墙。

许多人认为，非承重墙并不承重，但实际情况并非如此。因为相对于承重墙来说，非承重墙是次要的承重构件，但同时它又是承重墙极其重要的支撑。对于一栋楼来说，一个家庭拆除非承重墙或在墙上打个洞没有太大问题，但如果整栋楼的居民都随意拆改非承重墙体，将大大降低楼体的抗震力。

2. 不要在墙上打洞

进行居室装修，不得随意在承重墙上穿洞、拆除连接阳台和门窗的墙体，也不要随意扩大原有门窗尺寸或者另建门窗。这种做法会造成楼房局部裂缝和严重影响抗震能力。

3. 吊灯、吊柜等悬挂物必须固定稳妥

瑰丽豪华、熠熠生辉的水晶灯，高悬在酒店、宾馆、大厦的厅堂，不但有令人目眩的照明效果，而且以它特异的造型，精致的用材和玲珑的晶珠，营造出让人心旷神怡的意境。

然而，吊灯悬挂在人们头上，吊钩的承重力十分重要，根据国家标准，吊钩必须能够挂起吊灯 4 倍重量才能算是安全的。因此，装饰客厅时，对吊灯的承重能力必须加以检查测试。在施工中，要注意避免在混凝土圆孔板上凿洞、打眼、吊挂顶棚以及安装艺术照明灯具。

除了头顶上的吊灯，吊柜的安装也需要注意悬挂的稳妥性。很多橱柜公司只注重表面设计，却忽略了吊柜安装时的悬挂方法和吊挂上柜所需功能的完善工作。吊柜的上部左右角各有一个吊码，没有用吊码吊挂上柜，存在严重的质量隐患。

4. 不要随意增加地面铺装材料的总重量

有专家指出，地面装饰材料的重量不得超过 40 公斤／平方米。普通居民的楼房地面在装修时不要全部铺装大理石，因为大理石比地板砖和木地板的重量要多出几十倍，如果地面全部铺装大理石，就有可能使楼板不堪负重。

九、采取有效措施预防和减轻地震次生灾害

城市是周围地区的政治、经济和文化中心，人口集中，工商业发达，极易产生地震次生灾害，且种类多、损失严重。专家指出，城市地震次生灾害是地震次生灾害最重要的方面。

城市地震次生灾害主要有火灾、毒气污染、细菌污染、放射性污染、环境污染、瘟疫、冻灾，等等。

专家认为，城市地震次生灾害是普遍的、严重的。有些地震的次生灾害损失并不次于震害的直接损失，甚至历史上还曾出现过由于次生灾害造成小震大灾的例子。

1906 年 4 月 18 日，美国西部太平洋沿岸城市旧金山发生一次大地震，震级 8.3 级。由于烟囱倒塌、堵塞及火炉翻倒，全市 50 多处起火。由于大部分消防站被震坏，警报系统失灵；马路被倒塌的房子堵塞，自来水管被破坏，水源断绝；火势蔓延，温度不断升高，有些本来耐火的建筑，因内部温度达到燃点而自燃起火。火灾造成的损失，比地震直接破坏的损失高 3 倍。

近几十年来，在我国城市附近地区连续发生的海城、唐山等地震，也出现了很多次生灾害，造成了一定的损失。由此看来，在地震灾害中，城市次生灾害是极为严重的。为了减轻地震灾害，要特别注意防止城市次生灾害的发生。

预防城市地震次生灾害的工作重点是：工程设防、抗震加固、设置保护性设施、做好防治次生灾害的思想和物质准备。

1. 工程设防

对于预防地震次生灾害，有关部门要从城市规划、场址勘探、工程设计、施工和管理等方面采取相应对策。应根据城市总体规划，按照防止次生灾害的要求，调控工业布局，把不适宜在居住区的工厂外迁。凡是生产和储存易

燃、易爆、有毒物品、细菌以及放射性物质等易于产生次生灾害的工厂、仓库和货场，必须严格按照有关规定，与居民区保持足够的隔离地带。对于人口密集、商业集中的地区，应限制建造木结构房屋。

对于一般易于产生次生灾害的重要建筑，如天然气加压车间、液化石油气贮配站、弹药库、火柴库、化工企业的塔和罐以及控制系统等，应提高设防标准，房顶必须用轻质材料建成轻顶。对于存放和处理放射性物质、细菌的单位以及信息网络数据中心等机构，要按特殊、重点设防类别提高设防标准，加强抗震和安全措施。对于计算机信息储存系统，不仅要做到抗震，还应建抗异地容灾备份。

对于易于产生次生灾害的重要建筑和设施（如管道等），在选址时要注意避开地裂缝、滑坡、喷砂冒水等砂土液化严重的不利地段，若某些建（构）筑物或设施、设备必须位于这些地段时，应做好地基处理。进行设计时，就要考虑抗震措施。例如，一般在阀门、法兰盘、弯头、三通或旁通管道连接处等应力集中部位加强防震措施。再比如，架空管道容易被建筑物倒塌砸坏，因此在设计时，应尽量考虑采用地下管道的形式铺设。如果必须架空铺设时，应采用性能较好的支座及延性较好的管道结构。此外，根据实际情况，还要考虑一些特殊的防止次生灾害袭击的措施。例如，对于被木结构房屋包围的中高层建筑物，要安装防火百叶窗、门，防止火焰、浓烟、毒气进入建筑物内部。

2. 抗震加固

抗震加固包括建筑加固和设备加固，是指对已有建设工程进行抗震鉴定并加固，增设保护性设施。要有计划地对容易产生次生灾害的重要单位进行建筑物及设备的抗震鉴定，根据鉴定结果进行分类，进行搬迁或进行加固，并根据实际情况，有针对性地设置保护性设施。设备加固是防止次生灾害发生的重要对策之一。根据已往地震震害调查经验，对动力蓄电池、变压器、贮油、贮气以及化工企业的各种塔、罐及架空管道，化验室、实验室的药品存放架等实施加固，可以有效减少次生灾害的发生。

3. 设置保护性设施

设置保护性设施是防止地震次生灾害的另一个重要方面，如电力企业的发电机组加设顶盖；送变电线路设置自动跳闸保护装置；化工企业配置备用冷却设备、事故放窄槽等备用设施；储油、储气系统安装自动切断、自动放散装置；城市地铁等轨道交通安装自动减速停车装置等。根据保护对象的特点，设置强地震动预警控制系统，必要的时候，会自动关闭各种设备。

4. 在思想和物质方面做好准备

进行地震次生灾害预测，是制订防震减灾计划的基础。要根据城市地质条件和地面现状等基础资料和易于产生次生灾害的单位情况，估计一旦发生地震，可能产生的次生灾害种类、分布和危险程度，制定备震方案。

进行防范次生灾害的思想和物质准备，防震减灾宣传和基础知识的普及教育，是动员民众抗御地震次生灾害的重要对策。防震减灾助理员要采取各种方式，宣传地震次生灾害种类、产生原因、危害性以及预防和抢救方法，做到家喻户晓。对专业救援力量、志愿者、企业员工要重点教育，进行技术培训和必要的技能训练，开展模拟演习。通过宣传和教育，使各级组织、社会公众清楚，一旦地震来了，应该做什么，应该怎样去做。

【本章要点】

◇一次破坏性地震，往往会引起包括人员伤亡、建筑毁坏在内的各种灾害。目前人类尚无法控制地震灾害的发生，但是我们可以努力在破坏性地震发生前能有较好的应对对策，地震后能够迅速地开展应急救援，使地震灾害造成的损失降到最低。

◇为了提高城市的综合防震减灾能力，减轻地震灾害，我国提出了"预防为主，防、抗、避、救相结合"的方针。其中，重视抗震设防，提高建设工程抵御地震破坏的能力是一个非常重要的方面。对现有建筑按现行设防烈度进行抗震鉴定，并对不符合鉴定要求的建筑采取对策和抗震加固，是减轻地震灾害的重要途径。除了抗震技术，隔震和减震技术也在积极探索和发展中。

◇逐步提高农村村民住宅和乡村公共设施的抗震设防水平也是一项重要工作，在这项工作中，防震减灾助理员应发挥积极的作用。

◇城市地震次生灾害是普遍的、严重的。预防城市地震次生灾害的工作重点是：工程设防、抗震加固、设置保护性设施、做好防范次生灾害的思想和物质准备。

【阅读建议】

（1）如果有条件，建议阅读《地震安全性评价管理条例》（中华人民共和国国务院令［第 323 号］）、《建设工程抗震设防要求管理规定》（中国地震局令［第 7 号］）和《房屋抗震知识读本》（中国建筑工业出版社，2008 年 10 月出版）、《农村民居抗震指南》（地震出版社，2006 年 7 月出版）等书籍。

（2）建议经常登陆各省市防震减灾信息网中的"震害防御"板块（如，http://www.eqsc.gov.cn/zzfy/，http://www.tseq.gov.cn/dzj/article1/zaihaifangyu/index.htm 等），了解震害防御资讯，学习抗震设防知识。

【思考与实践】

（1）常用的防震减灾的对策和经验有哪些？你觉得哪些最有效？哪些是可以改进的？作为防震减灾助理员，你对提高本行政区域内的震害防御能力有什么好的想法和建议？

（2）用木块、硬纸板、细钢丝等材料设计制作一个多层建筑模型，在框架尺寸确定的情况下，考虑如何用最少的材料制作出顶板荷载最重、侧向承受冲击力最大的模型。想一想制作这样的模型关键点在哪里？如何把你的模型应用到生活实践中？

下篇 | 实践篇

第四章
防震减灾助理员如何协助建设地震安全社区

　　你可以通过在家中进行"地震隐患排查"来寻找地震中可能出现的隐患。你需要做的只是巡视你的房间，设想地震时房中会发生什么，用你的常识来进行预测、找出隐患。

——美国紧急事务管理局《地震安全手册》

一、提高社区自救和互救能力能最大限度减少人员伤亡

　　地震灾害具有很强的瞬间突发性。但是，再大的地震，直接被砸死的只是一部分人，顷刻间坍塌下来的废墟里，总还有存活的生命。因为废墟中总有断墙残壁，或没有完全砸碎的结实家具与比较大的预制板，或其他构件，组成一些支撑起来的相对安全空间，可以让幸存者存活下来。例如，有人在唐山地震现场考察估计，地震瞬间被压埋了63万多人，最后公布的死亡人数为24.2万多人。因此，可推测，被压埋的人中约有60%得救了。

　　多次抗震救灾事实表明，震后被压埋群众的抢救工作，绝大部分还是依靠群众的自救和互救完成的。1966年3月8日邢台地震时，452个村庄的90%以上房屋倒塌，有20.8万人被压埋在废墟中。震后，灾区群众广泛开展自救、互救工作，震后仅3个小时，就有20万人从废墟中被救出。无疑，广泛进行宣传、培训和抗震防灾演习，可使广大民众了解、掌握自救、互救的要求和技巧，这必将大大减少地震中的伤亡人数。

　　许多地震救援现场的经验说明，救出来的时间越早，被救幸存者存活的可能性越大。有专家根据几次地震救援记录，得到如下图所示的被救人的存活率随时间递减的关系。

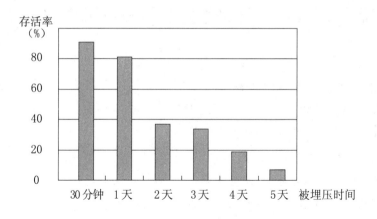

被埋压者救出时间与存活率的关系图

从图中可以看出，地震发生的第 1 天被救出的幸存者 80% 以上可能活下来；如果在震后半小时内获救，存活率可超过 90%；第 2、3 天救出来，还有 30% 以上的存活可能性；第 4 天存活率已不到 20%；第 5 天，只有百分之几的存活率了。越往后，存活率越低。一周以后，被挖出来的人，经抢救，也有奇迹般活下来的，但这是极个别现象。

这些统计数据和事例说明，首先，强震发生后的紧急救援应该是越快越好，抢救生命的主要任务应该在前几天完成；其次，尽最大的努力，精心抢救，后几天也可能有希望出现奇迹，再救活个别人。当然，紧急救援最好由社区内的人员来实施。

社区，是居住于一定地域的具有归属感、守望相助的人们组成的活动区域。我国城市社区，一般是指居民委员会辖区。作为社会管理与建设的基础，社区是防灾减灾机制的基本单元。

灾难发生时，往往导致道路中断等情况，社区常常亟需外来救援，而时间就是生命。社区要具备自救和自保的防灾功能，在灾后的第一时间，受灾者就能够依靠自己的能力生存，并把居民转移到安全的地方去。这就要建立起相对独立运作的区域型防灾体系，包括设立社区紧急避难场所和医疗救护基地，有简单的应急物资储备，能够自己运作起来，以赢得黄金的救命时刻，最大限度避免人员伤亡。不同社区之间，也要建立安全协调机制，提高自救和互救的能力。要想达到这一目的，就要充分发挥防震减灾助理员的作用。

二、创建地震安全社区是做好防震减灾工作的重要途径

防震减灾既是专业性较强的工作，同时又是一项极为复杂的社会事业。我国 40 多年来的防震减灾工作经验表明，想要有效地减轻地震灾害，关键是各级政府的领导和社会各界的广泛参与。其根本原因是，虽然地震活动本身是一种自然现象，但由于地震的突发性、严重的破坏性和巨大的影响范围，它带来的后果绝不会局限于某个人、某个单位、某个小区，而往往影响到广大的区域，涉及整个社会。这就决定了要想做好这项工作，必须有政府和社会的共同努力。事实上，即使是一次地震谣传，也可能导致一个地区社会的恐慌不安，扰乱社会的秩序，给社会政治和经济发展、人民生活造成严重影响。面对社会性的恐慌不安，甚至是动荡，只有在政府的强有力的领导下，调动各有关职能部门，特别是要把管理社会的各部门调动起来，社会各界都参与进来，才可能稳定社会，消除消极的影响。在这种情况下，单靠地震部门是无能为力的。至于遭遇到破坏性地震，引起的后果就更为严重，没有政府的指挥领导，不把全社会的力量都充分调动起来，后果就不堪设想。

社区是社会的细胞，是社会构成的重要组成部分，社区安全是社会稳定和谐的基石。随着经济社会的不断发展，城市化进程不断加快，流动人口迅速增多，城市人口更加密集，社区安全工作在社会建设和发展中的地位日渐凸显。而地震安全社区建设是社区安全的一个重要方面，是地震部门服务社会的一项重要内容。

2008 年 5 月 12 日，汶川发生 8.0 级大震，牵动我们亿万中国人的心，更为我们敲响了生命安全的警钟。随后的 2010 年 4 月 13 日，青海玉树发生 7.1 级地震；2011 年 3 月 11 日，日本发生 9.0 级地震。这些发生在我们周边的 7 级以上大地震警示我们，采取有效措施更好地抗御地震灾害的重要性和迫切性。

"以政府为主导、部门支持、街道实施、整体规划、资源共享、长效运作、全员参与"为具体工作思路，建设地震安全社区，是加强社区防震减灾综合能力，强化震后自救、互救能力，坚持以人为本，维护社区地震安全环境、服务民生的重要举措。

社区防震减灾，其本质就是使最基层的社会结构单元要具备"自救"和"互救"的基本防灾意识和技能。一旦城市发生地震灾害，往往导致道路、交

通、通讯、水、电、煤气等中断。在这种严重危机情况下，受灾的社区如不具备基本的自救互救意识和能力，往往等不及外来救援，就会带来更加严重的次生灾害。因此，社区需要建立能独立运作的区域型防灾体系。如下图所示。

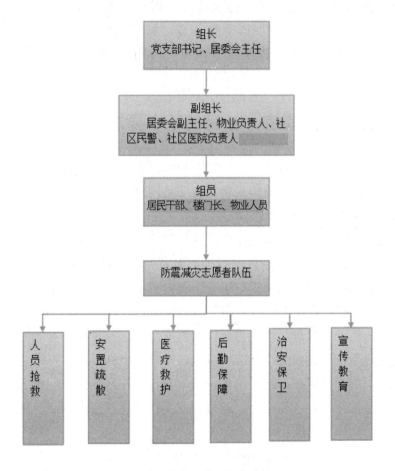

社区地震应急工作组织体系图

开展地震安全社区建设意义重大：一是可以带动全市宣传普及"防灾减灾，从社区做起"的社区安全理念，树立和弘扬地震灾害预防文化，逐步形成应对地震灾害的社区动员机制；二是地震安全社区建设能够使社区安全管理和应急管理的组织体系和工作机制、志愿者队伍进一步完善健全，社区抗御地震灾害的功能更加完备，使社区应对地震灾害及其他突发事件的能力显著增强；三是地震安全社区建设中宣传公众参与、公众收益的理念，既能丰富和提升社区的服务，也能增进社区的和谐。

2009年国务院防震减灾联席工作会议要求，"要大力推进城市地震安全社区示范工作"。2012年，中国地震局也提出了开展地震安全（示范）社区建设的相关要求。

为了争创地震安全社区，防震减灾助理员应该争取各级领导的支持，获得必要的工作经费和相应的条件保障，制订具体的计划和方案，按照建设地震安全社区的基本要求（下节内容将详细介绍），有条不紊地开展工作。

三、掌握建设地震安全社区的基本要求

根据防震减灾面临的新形势、新任务和新要求，不论是保障和改善民生，维护社会和谐，还是提升地震灾害综合防范应对能力，地震安全社区建设都是一项非常重要的基础性工作。

必须指出的是，建设地震安全社区的目的，并不是为了使某一社区在遭遇任何强度的地震时，不受任何损失；而是为了通过地震安全社区的建设，使该社区和以前相比，显著提高承受地震灾害的能力，面对强震，尽可能地减轻人员伤亡和财产损失。

作为防震减灾助理员，要想做好地震安全社区建设有关方面的工作，首先应把地震系统的地震安全社区（或地震安全示范社区）和国家减灾委员会办公室推动的"全国综合减灾示范社区"建设工作区别开来。相比之下，综合减灾示范社区的要求更全面；而地震安全社区建设更加专业，在某些方面的要求更加具体和细化。

根据唐山、汶川、玉树、海地、智利等国内外地震灾害特点和救灾经验，减轻社区地震灾害损失的关键是房屋不倒、居民会逃、组织有序。因此，建设地震安全（示范）社区应重点考虑"房屋结实、群众明白、组织到位"等三个方面的主要问题，参考全国减灾社区建设标准和中国地震局、各省市地震局有关方面的文件和标准，根据我们的实际工作经验，提出如下地震安全（示范）社区建设基本要求：

1. 组织到位

①建立组织机制，成立社区防震减灾领导管理机构，制订符合社区条件、体现社区特色、切实可行的防震减灾目标计划和实施方案；组织本社区内的

居民、学校、医院、企事业单位等开展地震应急演练；制定本社区的地震应急预案。

②组建防震减灾志愿者队伍，按照实战的基本要求，定期开展学习培训和应急演练活动，保障队伍的战斗力。

③社区备有必要的应急物资，如破拆工具设备、铁锹、担架、灭火器等救援工具；喇叭、对讲机等通讯设备；手电筒、应急灯等照明工具；常用药物和爆炸材料；帐篷等住宿设施，等等。在条件允许情况下，最好与社区内的商场、超市等签订紧急征用应急物资协议。

④建立社区与公安、医疗机构的应急救助联动机制。

⑤建立社区应急避难场所。场所内划定救助、安置、医疗等功能分区，制定所有楼宇的应急疏散方案及线路图，在避难场所、关键路口等设置醒目的应急标志或指示牌，采用多种方式使居民了解疏散线路。

⑥组织开展宣传教育活动。调动各种资源，采取专家讲座、座谈会、播放音像专题片、文艺表演等多种形式，对社区居民进行防震减灾安全教育，提高其减灾意识。通过单项或综合性地震应急演练，提高居民避震和自救、互救技能。

⑦社区居民、志愿者积极开展震情、灾情的搜集、上报等工作。

2. 房屋结实

①排除危房。有条件的地区，通过对地震地质环境、断裂分布特征、地震活动性、场地特征等方面的分析了解，增强对该地区地震背景的认识，摸清情况，做到心中有数。

②社区新建筑物达到抗震设防要求。开展社区房屋建筑情况的调查及安全性评估工作。通过研究场地条件、了解周边地下断裂影响和建筑物建设及使用状况等内容，给出社区建筑物地震安全综合性评价意见及建议。争取各方面的支持，加固改造，提高辖区内建筑的抗震能力。

③对可能因地震引发次生灾害的危险源定期排查并进行风险评估，积极消除潜在安全隐患。

3. 群众明白

①居民愿意参与、参加社区组织的各种防震减灾活动，居民与社区组织联系较紧密，及时报告可能的异常情况。

②居民掌握防震减灾基本知识，具有防灾减灾意识和一定的避震自救、互救技能，了解紧急避险疏散方案。

③居民家庭配备有家庭应急包，包内包括逃生绳、收音机、手电筒、哨子、灭火器、常用药品等防震减灾器材和救生工具。

四、编制科学实用的乡镇（社区）地震应急预案

编制并实施地震应急预案，是建设地震安全社区的一项重要工作，是为保障地震应急工作高效、有序地进行，最大限度地减轻地震造成损失的有效途径。实际上，对于那些抗震能力较差、而又不能在地震发生之前全面完成抗震加固任务的城市和乡镇而言，编制一个切实可行的应急预案，并保证应急预案在地震发生后顺利实施，就成为减轻地震灾害最为有效的措施。

地震应急预案是设想在破坏性地震发生后，各部门应采取的行动，包括各级指挥人员的岗位及指挥的内容，抢险队伍的成员，所需物资、器材的品种及供应地点、运输方式等的方案。一旦地震发生后，只要各方面能按应急预案所设计的方式迅速到位并有序开展工作，就不会产生混乱的局面，从而最大限度地减少地震损失。

实践证明，突发事件的第一现场通常在基层，基层社会的应急能力是全部应急的基础。基层社会是地震突发事件信息报告的责任主体，来自灾害现场的信息是准确判断灾害级别的重要因素，直接影响应急指挥决策。

基层社会是灾害先期处置工作的主体，地震灾害的突发性要求基层社会必须就地开展自救和互救，要配合政府、有关部门现场救援的现场组织、道路引领、后勤保障、秩序维护工作。因此，构建乡镇、街道、社区等基层社会组织的地震应急预案，完善我国"横向到边，纵向到底"的预案体系，提高基层社会处置突发事件的能力意义重大。

对地震灾害认知程度的逐步加深，催生了地震应急措施的逐步完善。各级政府在健全应急工作体系的同时，乡镇、社区等基层组织机构的应急预案也在逐步建立。但是，也应看到，由于种种原因，目前还有一些少基层组织的地震应急预案存在着实用性不足、操作性不强等问题，亟需修订、完善和提高。

1. 乡镇（社区）地震应急预案的内容和要素

《防震减灾法》第四十七条规定，地震应急预案内容应包括：组织指挥体系及其职责，预防和预警机制，处置程序，应急响应和应急保障措施。还规定，地震应急预案应当根据实际情况适时修订。

在乡镇、社区等基层组织机构，应急预案被作为处置突发事件的规范性文件，应当具有明确的组织、指挥、协调制度和行动程序，应当具有具体性、制度性和可操作性。这是乡镇、社区地震应急预案区别于省、市、县（区）级别的应急预案的地方。

社区地震应急预案就是在分析评估潜在的地震危害、事件后果及其影响程度的基础上，对社区机构的职能、人员配置、教育培训、技能演练、设施装备、物资保障、救援行动、指挥协调等方面做出的具体安排。

它涵盖预防、处置、救援和演练四个要素：

预防——充分重视地震事件对社会的影响，分析影响后果，采取有效措施防止或降低灾害发生的可能性。

处置——对已发生的灾害有应急处置程序和方法，能进行快速处置或进行有效控制，防止蔓延，甚至将灾害消除在萌芽状态。

救援——采用预定的现场抢险救援方法，控制或减少灾害损失。

演练——定期的演练有助于熟悉应急预案，掌握应急行动规程，完善应急预案，提高应急能力。

2. 编制乡镇（社区）地震预案的基本要求和结构

乡镇（社区）的地震应急预案应做到要素完整、职责明确、程序清晰、措施得当；与当地政府突发公共安全事件总体应急预案紧密衔接；根据辖区灾害风险点的实际情况、防灾能力以及应急物资配置状态，有针对性地确定可行的应急行动规程。达到地震发生后，能迅速开展自救、互救，妥善安置居民，稳定社会秩序的目的。

通常，编制乡镇（社区）地震预案可参考如下结构：

①目的与意义：为开展本乡镇（社区）现有条件下的地震应急，达到减灾的目的。高效有序地组织指挥、协调和救灾工作。作为本乡镇（社区）的应急行动指南。

②区域概况：本乡镇（社区）所辖区域的地理环境、人口分布、资源配

置、生命线设施等基本情况。

③风险评估：受地震影响，可能出现的灾害现象。

④防灾能力：对乡镇（社区）建（构）筑物、生命线工程的抗震能力、次生灾害源分布及控制能力的简述。

⑤资源配置：乡镇（社区）应急物资配置、应急通道及场所配置状况；自我救助能力，志愿者能力及其配置情况；可能得到的救援力量及物资来源。

⑥指挥机构：明确乡镇（社区）震时指挥机构（通常包括指挥部办公室、抢险救灾组、医疗救护组、人员疏散组、通讯联络组、治安保卫组、交通运输组、工程抢修组、后勤供应组等）的组成人员及其职责。

⑦相关图件：这是图形化的环境状况说明文件。包括：

社区总体平面布局图——标明安全区、缓冲区和危险区，以及疏散通道和避难场所、现场指挥部位置、现场医疗和应急物资供应点，清晰标明各个建筑物内人员疏散的路线图。

风险点位置图——在社区平面图上标明各个风险点具体位置。

应急功能图——直观表达社区应急功能与相关机构之间的关系。

⑧明确本预案的启动时机或者条件。一般而言，应急预案在乡镇（社区）受地震波及影响时应当立即启动（具体可根据震级和影响程度确定响应的等级）。

3. 乡镇（社区）地震应急预案的编制过程

在地震部门的指导下，防震减灾助理员牵头，由社区管理者、社工、物业管理者，以及专家组成专门的编制工作团队。

先收集本区域及邻近地区地震活动背景资料，熟悉历史地震的影响情况，掌握可调配、可使用的应急物资资源，开展社区受灾风险点调查，分析社区应急能力，对在编预案进行效果评估。然后，根据防震减灾思路、关注点、防灾目的、预期效果等实际情况，设计预案框架，着手文本编写。

文本初稿完成后，应广泛征求预案所涉及的单位（部门）、社区居民、业主委员会、市（区）县地震局、行政主管部门和专家的意见，进一步修改完善，形成预案审核稿。

有关主管部门应组织预案审核稿的评审工作。评审通过后的预案应当公布。

乡镇（社区）地震应急预案应当向所在地政府主管部门上报备案。辖区政府主管部门汇总后向市（区）县地震局上报备案。

4. 确保地震有效性应考虑的问题

预案的作用和意义几乎没人怀疑，但并不等于编制和修订完成的一份预案就完全有效、有用。预案的有效性是个必须考虑的问题。为了使地震应急预案能够切实发挥功效，需要注意如下几点要求：

①预案的内容要有针对性。不仅要充分考虑本乡镇（社区）的基本情况，还要估计不同气象、地理条件、不同规模地震灾害造成的直接、间接损失、次生灾害及社会影响；估计灾后应急资源和力量。

②预案要经过培训和演习。对于人们普遍不太熟悉的地震应急来说，适应地震应急涉及人多、面广等特点，让乡镇（社区）人员尽快掌握应急技能，培训和演习无疑是一种根本途径。

③预案保障要合理，注重可操作性。首先地震应急预案要随着机构设置发生变化及时变更并修订；其次，确定地震应急行动任务的分工，更需注重从操作环节或者工作步骤上明确，要做到信息的及时沟通，保障应急及时、有序、高效；再次，现代办公、通信、信息处理等技术手段是应急预案启动和运行的另一个操作平台。

五、建设应急避难场所，增强社区防震减灾能力

我们都不希望灾难在身边发生，然而，说不定哪一天灾难就会突然降临。如何有效预防灾难，将可能造成的损失降到最低？发生地震时，可利用附近地势空旷、没有垮塌危险的建筑物作为临时避难场所。国外城市一般利用地下工程、学校教室、体育场馆和影剧院作为避难场所，同时利用公园和绿地搭建临时避难的帐篷。有的国家事先还修建了一批专门的地震避难场所。自2003年我国大陆首个应急避难场所——北京元大都城垣遗址公园建成并实际应用，在地震应急避难场所建设方面，我国也取得了很大进展。人们越来越深刻地认识到，未雨绸缪，规划建设应急避难场所，是每个城市和社区必不可少的举措。

应急避难场所是具有一定规模的平坦用地，配套建设了应急救援设施

（设备），或地震后相关设施可以进行相应功能转变，储备应急物资，设置标识，能够接收受灾市民疏散避难，并确保避难市民安全，避免震后次生地质灾害和火灾等危害，以及方便政府开展救灾工作的场所，主要包括公园、绿地、体育场馆、学校操场、广场等室外开放空间。

按照利用时间的长短，地震避难场所可分为紧急避难、短期避难两类。应急避险是在主震强烈发生时使用的，只要能确保人身安全，不被震倒和被倒塌房屋碰到就行，要求因陋就简，就近利用。如北京市规划的紧急避难场所人均有效用地标准仅 1.5～2.0 平方米。而短期避难场所是针对主震结束后余震不断的情况下，当地政府或国家统一修建的临时住房尚未建成时为满足短期生存需要而建的，至少要具备睡觉、休息、取水、上厕所等功能。

加强社区应急避难场所的规划与建设，是提高社区综合防灾能力、减轻灾害影响、增强社区防震减灾能力，创建地震安全社区的一项重要工作。

1. 避难场所建设应配套的基本内容

一般应急避难场所，尤其是大型长期（固定）避难场所配套建设包括的主要内容有：除划定棚宿（居住）区外，还要有较完善的所有"生命线"工程要求的配套设施（设备）：配套建设应急供水（自备井、封闭式储水池、瓶装矿泉水或纯净水储备）、应急厕所、救灾指挥中心、应急监控（含通信、广播）、应急供电（自备发电机或太阳能供电）、应急医疗救护（卫生防疫）、应急物资供应（救灾物品贮存）用房、应急垃圾及污水处理设施，并配备消防器材等，有条件的还可以建设洗浴设施，设置应急停机坪。

2. 应急避难场所的规划与建设原则

规划与建设应急避难场所，应考虑如下原则：

①以人为本。以居民的生命财产安全为准绳，充分考虑市民居住环境和建筑情况，以及附近可用作避难场所场地的实际条件，建设安全、宜居的城市应急避难场所。

②科学规划。应急避难场所的规划作为城市防灾减灾规划的重要组成部分，其规划应当与城市总体规划相一致，并与城市总体规划同步实施。建设应急避难场所要合理制定近期规划与远期规划。近期规划要适应当前防灾需要，远期规划要通过城市改造和发展，形成布局合理的应急避难场所体系。

③就近布局。规划应急避难场所，应坚持就近方便的原则，尽可能在居

民区、学校、大型公用建筑等人群聚集的地区安排应急避难场所,使市民可就近及时疏散,并努力使各区都能够达到人均避难场所面积标准。

④安全性原则。规划避难场所要充分考虑场地安全问题,这事关受灾市民的生命安全问题。避难场所要注意所选场地的地质情况,避让地质灾害地区、泄洪区等,选择地势较高且平坦空旷、易于排水、适宜搭建帐篷的地形,还要注意将场地和疏散道路安排在建筑倒塌范围外,并且远离化学品、易燃易爆品仓库等。

⑤可操作性原则。要充分考虑地震等灾害发生时受灾人员应急疏散避难的需要,紧密结合本地可以利用作为应急避难场所的公园绿地、体育场馆、学校操场、各类广场和空地的现状,以及连接上述场所道路的现状,划定避难场所用地和与之配套的应急避难通道,并使其具有可操作性,易于设置、使用及管理。

⑥可通达性原则。应急避难疏散通道的通达与否非常关键,这一点对于设置大型避难场所尤为重要。因此,在规划社区应急避难场所时,应力求建设好与避难场所连接的疏散通道,使社区居民在发生地震等灾害时,可以在最短时间内迅速到达避难场所。应急避难场所附近还应有方向不同的两条以上通畅快捷的疏散通道。要努力确保疏散通道畅通和确保救灾道路畅通。

⑦平灾结合,一所多用。应急避难场所应为具备多种功能的综合体,平时作为居民休闲、娱乐和健身的活动场所;配备救灾所需设施(设备)后,遇有地震、火灾、洪水等突发重大灾害时作为避难、避险使用,二者兼顾,互不矛盾。

应急避难场所应具有抵御多灾种的特点,即在突发地震、火灾、水灾、战争等事件时,均可作为避难场所。但多灾种运用时,应考虑具体灾害特点与避难需要的适用性,注意应急避难场所的区位环境、地质情况等因素的影响。

3. 应急避难场所的建设方式

应急避难场所建设可采取以下方式:一是体育场馆式应急避难场所,指赋予城市内的大型体育场馆和闲置大型库房、展馆等应急避难场所功能。二是人防工程应急避难场所,指改造利用城市人防工程,完善相应的生活设施。三是公园式应急避难场所,指改造利用城市内的各种公园绿地、学校操场、广场等公共场所，加建相应的生活设施。四是城乡式应急避难场所，指利用城乡结合部建设应急避难场所。五是林地式应急避难场所，指利用符合疏散、避难和战时防空要求的林地。

4. 如何管理和使用应急避难场所

防震减灾工作要坚持预防为主、防御与救助相结合。国内外历次震害表明，科学规划、合理建设城镇应急避难场所，不但能够在灾时为受灾人员提供积极防护，而且在灾后较长的一段时间，能够起到应急指挥、医疗救助、卫生防疫、凝聚人心、维护稳定的重要作用。

对避难场所要进行严格规范的管理。避难场所的所有权人或者管理人（单位）要按照规划要求安排所需设施（设备）、应急物资，划定各类功能区，并且设置标志牌。避难场所的所有权人或者管理人（单位），要经常对避难场所进行检查和维护，保持设备和功能完好，以保证其在发生地震时能够有效利用。已确定为避难场所用地的，不论是何类何等，在地震发生时，都应无偿对受灾群众开放。

应急避难场所在突发灾害事故时的紧急启用，由区县、街道（镇）、社区或相关单位按照预案组织实施，应急避难场所的权属和管理单位要积极配合。

应急避难场所所在地的区县、街道（镇）、居委会（村）及相关单位，要预先组织编制《应急避难场所启用预案》，并将预案的有关内容公布告知相关单位和居民群众。防震减灾助理员要根据预案，经常组织社区和基层单位等开展应急疏散演练，使广大群众熟悉应急避难场所和应急疏散通道，提高应对突发灾害事故的能力。

六、建立和训练社区应急救援志愿者队伍

社区是发展管理社会的基本单位和主要依托，也是满足市民需求、保障市民利益，组织群众参与，整合社区资源的基本单位。同样，对于保护人民生命财产安全的防震减灾工作来说，社区组织也是一种基本单位和主要依托。因此，把防震减灾工作纳入社区、建立应急救援志愿者队伍，把地震应急准备工作落实到基层，是地震后成功地实现自救互救的可靠保障，对于最大限度地减少人员伤亡、减轻灾害损失具有特别重要的意义。

目前，在各级政府的领导支持下，我国已经建立了国家地震紧急救援队，部分省、自治区、直辖市也建立了省级地震紧急救援队，但对于一次严重破坏性地震和造成特大损失的严重破坏性地震来说，这些队伍尚不能满足地震紧急救援的需要。因此，建立社区地震应急救援志愿者队伍是很有必要的，它是专业地震应急救援队伍重要的补充。

社区应急救援志愿者队伍

1. 应急救援志愿者队伍的宗旨和任务

社区地震应急救援志愿队伍本着自愿参加、自我管理、自我约束、自行运转的原则，由社区居民委员会、社区内有关企事业单位和志愿参与防震减灾等社会公益事业与社会保障事业的人员组成。

社区地震应急救援志愿者队伍坚持"建设安全社区、守卫自身生命"的宗旨，倡导"保护自己，救助他人"的理念，通过组织地震应急救援志愿者服务活动，学习防震减灾知识和地震应急救援技能，增强客观认识地震、主动防御灾害的防震减灾意识；开展地震基本知识、自救互救知识宣传，提高防震减灾意识，维护社区稳定；参加地震应急救助及社区其他各种志愿服务活动，积极推动安全、和谐社区的建设。

灾难来临时，作为社区地震应急救援的骨干队伍开展包括自救互救、抢险、人员疏导、卫生防疫、物资发放、治安保卫等应急工作；平时，做好包括队伍建设、设备器材、培训演练、地震科普知识和防震减灾知识宣传等准备工作。

2. 应急救援志愿者队伍的管理和个人装备

社区地震应急救援志愿者队伍人数可按社区人口比例确定，应建立组织，确定召集人。队员中要有一定比例的具有医疗、消防、建筑、水、电等相关技能的技术人员参加。应制定社区地震应急救援志愿者队伍章程和相关规章制度，包括社区地震应急救援志愿者队伍建设的基本要求、工作纪律、社区地震应急救援志愿者队伍资产管理办法、社区地震应急救援志愿者队伍队员考核办法等。

社区地震应急救援志愿者队伍应制定志愿者队伍各项工作预案，主要包括应急准备、启动条件、工作内容、工作程序、条件保障等工作内容。社区地震紧急救援志愿者队伍应对队员进行注册登记，发放队员证，并建档管理。

社区地震应急救援志愿者队伍应配备必要的个人装配，包括服装、安全防护用具、急救用品、照明设备等（志愿者个人装备由个人保管，定期更换）。具体建议配置见下表：

社区地震应急救援志愿者个人装备表

序号	装备名称	数量	基本要求或内容
1	训练服	1～2套	迷彩服、有救援志愿者标志
2	反光马甲	1件	有救援志愿者标志
3	防护鞋安全鞋	1～2双	防电、防水、耐酸碱、防砸、防穿刺、耐高温等
4	安全帽	1顶	玻璃钢头盔、有救援志愿者标志
5	防护手套	2副	防刺
6	防尘口罩	5～10个	棉线
7	强光手电筒	1个	
8	急救包	1个	内含简单医疗用品
9	饭盒、水袋	1套	
10	背包	1个	包上有救援志愿者标志

应急救援志愿者队伍还可以配备液压万向剪切钳、手动起重机组、手动破拆工具组、铁锹、撬杠、灭火器、担架、医务救助箱等简易救助工具和装备。

3. 应急救援志愿者队伍的日常培训

对社区地震应急救援志愿者队伍，还应经常进行相关培训，培训至少应涵盖如下方面内容：

①防震减灾基本知识。包括地震基本科学知识，地震监测预报、震灾预防和应急与救援的有关知识，个人及社会防震减灾基本技能常识，建设工程抗震设防知识与措施，我国及本地区地震环境和地震活动特点，国家有关防震减灾的方针政策和法律法规，我国地震科学水平和防震减灾工作成就与现状，识别和预防地震谣传的知识。

②地震应急救援知识。包括自救互救知识、医疗救护和卫生防疫知识、地震次生灾害防控知识、避险与疏散组织协调、模拟训练等。

③地震应急救援技能。包括练习被埋压时的几种自救办法，他人被埋压时的营救办法，消毒、包扎、止血、固定、搬运以及人工呼吸、胸外心脏按压等方面的简易急救方法。

4. 灾情发生时的志愿者队伍的集合与救助

地震发生后，志愿者应根据预案尽快（15 ～ 30 分钟内）到指定地点集合，展开震后现场救助。

有灾情信息时，志愿者首先应判断并观察，主动了解详细灾情。当判断为破坏性地震时，志愿者应自动到指定地点集合。如果了解和掌握第一手灾情资料，应主动汇报，并交由队长指定的专人负责汇总。在队长的带领下，按照分工，分片进行救助，参与和指导群众开展自救互救。

当所处建筑物及附近建筑物发生倒塌破坏时，志愿者可首先进行家庭自救，就近参加邻里互救，然后赶到指定地点集合，接受任务。

七、组织和安排好社区地震应急演练

社区地震应急演练是根据地震应急预案模拟应对突发地震事件的活动，动员社区公众积极参与，与社区内相关应急力量建立联动机制，提高社区安全防范意识，使社区公众掌握避险逃生技能和进行先期处置的方法。

社区人员密集、建筑物林立、基础设施众多，各种类别的突发事件都有可能发生，而社区本身没有太多的快速救援能力，基本上需要依靠外部应急救援力量支援。因此，社区的应急演练内容重点是及时发现灾情，快速报送信息，准确发布预警信息，组织社区公众开展自救互救，在外部支援的应急援救力量到达现场时，引导、协助公救。

组织社区演练，要考虑做好如下几个方面的工作：

1. 明确演练的目的

通常，演练目的不外如下几点：

一是检验社区地震应急预案的科学性。通过开展应急演练，查找应急预案中存在的问题，进而完善应急预案，提高应急预案的实用性和可操作性。

二是完善各项准备活动。通过开展应急演练，检查应对突发地震事件所需应急队伍、物资、装备、器材、技术等方面的准备情况，发现不足及时予以调整补充。

三是锻炼队伍。通过开展应急演练，增强演练社区、参与单位、参演人员等对地震应急预案的熟悉程度，掌握应急处置的实战技能，提高社区居民的应急处置能力。

四是磨合机制。通过开展应急演练，进一步明确相关单位和人员的职责任务，理顺工作关系，完善应急联动机制。

五是促进防震减灾科普宣传教育。通过开展应急演练，普及应急知识，提高公众风险防范意识和自救互救等灾害应对能力。

2. 要把握住一定的原则

为了科学合理，取得实效，组织社区地震应急演练，要把握住一定的原则：

一是结合实际、合理定位。根据本社区的风险排查评估情况和应急管理工作实际，根据社区场地情况和参加人员情况，确定演练方式和规模。

二是着眼实战、讲求实效。从应对地震突发事件的实战需要出发，以提高应急指挥人员的指挥协调能力、应急队伍的实战能力为着眼点。作为防震减灾助理员，要重视对演练效果及组织工作的评估，总结推广好经验，及时整改存在的问题。

十、组织街道社区进行防震减灾宣传活动应把握的环节

组织街道社区进行防震减灾科普宣传活动是防震减灾助理员的一项重要工作。为了成功地组织街道、社区进行宣传活动，需要把握好如下三个基本环节：事先做好书面计划→按计划实施和执行→认真总结，不断提高。

1. 事先做好书面计划

首先要对将进行的宣传活动进行书面的计划，对每个具体步骤进行详细分析、研究，以确保活动的顺利、圆满进行。

一个好的防震减灾宣传活动计划，至少应包括：活动内容、安排和活动过程、经费预算，等等。

活动内容、安排和活动过程是防震减灾宣传计划的主要部分，表现方式要简洁明了，使人容易理解，但表述方面要力求详尽，写出每一点能设想到的东西，没有遗漏。在这一部分中，不仅仅局限于用文字表述，也可适当加入框图。

会场布置、接待室、嘉宾座次、赞助方式、合同协议、媒体支持、社区宣传、广告制作、主持、领导讲话、司仪、会场服务、电子背景、灯光、音响、摄像、信息联络、技术支持、秩序维持、衣着、指挥中心、现场气氛调节、接送车辆、活动后清理人员、合影、餐饮招待、后续联络等方面，都要考虑周全，稍有疏忽，就可能出现差错，最终影响宣传活动的顺利实施。

经费预算要尽可能的详细精确，活动的各项费用在根据实际情况进行具体、周密的计算后，用清晰明了的形式列出。

2. 按计划实施和执行

制定好街道、社区的宣传活动方案，经请示领导并得到批准后，就可以按部就班地组织实施了。

需要特别注意的是，在制定和实施"方案"的过程中，要充分考虑各种细节，并保持一定的灵活性。比如，嘉宾的座次安排、拍摄照片和录像的角度及光线情况，万一出现不利天气情况如何应变，等等。

3. 认真总结，不断提高

在成功地组织一次（或一系列）防震减灾宣传活动之后，还要善于撰写书面总结。

防震减灾宣传活动总结的主要内容一般包括：活动主题、活动形式、发放了哪些宣传品和宣传材料、参与者、参加人数、人员分工、活动工作开始和结束的时间、活动地点、活动成效、活动感想和体会等。

需要特别主意的是，在进行总结时，成绩要说够，问题要写透。经验体会是总结的核心，是从实践中概括出来的具有规律性和指导性的东西。能否概括出具有规律性和指导性的东西，是衡量一篇总结好坏的关键。对一次防震减灾宣传活动，只有进行认真的总结，才能查找不足，积累经验，改进方法，提高实效，不断提升组织宣传活动的能力，强化防震减灾宣传的效果。

十一、创新防震减灾社会宣传工作

多年来，中国地震局越来越重视防震减灾宣传工作，尤其是近几年来，面对复杂严峻的地震形势和经济社会安全发展需要，中国地震局精心部署、统筹兼顾全国社会宣教活动；各级地震部门在教育、科技、文化、新闻、民政、建设等部门密切配合下，开展形式多样、内容丰富的宣传活动，积极推进防震减灾知识进机关、进学校、进家庭、进企业、进社区、进农村活动，在很大程度上增强了民众防震减灾意识。

然而，我们必须认识到，这些年我们虽然一直在开展防震减灾宣传活动，也取得了一些实效，但尚有许多需要反思和改进、提高的地方——应景式、浮在面上的情况还很普遍，内容和形式也做得较粗浅，有些政府和相关部门甚至认为防震减灾宣传工作是可有可无的——因为这项工作取得的社会效益看不见，摸不着。一些地区由于重视不到位，致使防震减灾宣传教育工作，仍只停留在走形式的层面上。

目前，各地都形成了相对固定的科普宣传活动时段安排，比如，"5·12"防灾减灾日、"7·28"唐山地震纪念日，等等。这些活动一般时间相对固定，政府和各级地震部门还算相对比较重视。然而，不少地区缺乏整体系统的社会宣传计划和体系建设，存在被动宣传、应付任务等现象，参与活动人员或多或少以完成任务、写写总结材料为活动目的。比如，在集中宣传活动中，局限于只是摆摆台面、布设展板、发放资料等形式，市民往往要点儿宣传资料就完事了。而对宣传实效如何、市民得益多少的了解不多和关注不够。

在防震减灾宣传内容上也存在一些不足：一是内容重复现象严重，形式缺乏创新，专家讲座都讲地震成因、种类、地震波知识、工程抗震知识等，介绍的主要是一般科普书籍或网络上都可以找到的文字资料。二是地震理论知识宣传多，现场实战演练并结合演练存在问题进行有针对性的点评和提出改进建议的少。三是宣传内容局限于防震减灾基础知识和应急防范的方法，相比之下，如何应急防范、结合不同现场条件进行科学避震操作示范少，提供图文并茂、形象生动的内容少；四是对地震部门组织体系、工作内容的宣传程度不多，因而很多市民不知道地震部门到底做什么，是如何开展防震减灾工作的。个别人甚至认为地震局是可有可无的、早该撤销或合并了。

地震部门对开展社会宣传的载体主要有平面载体、声像载体、新媒体、科普教育基地、讲座、现场咨询等。平面载体包括宣传橱窗、报纸、宣传册、科普书籍、流动展板等；声像载体主要是广播、电影、电视、网络视频、交通移动电视视频、楼宇或室外液晶电视视频等；新媒体主要是利用网络建立科普网站或在门户网站设置专题宣传界面，或利用微博、博客、手机短信等形式开展宣传。科普展板、宣传册、宣传书籍等形式开展的社会宣传活动，不仅展品内容和数量有限，而且宣传对象和宣传方式存在局限。传统的现场咨询、科普讲座形式受众对象有限。建设科普教育基地和利用电视媒体开展社会宣教活动在内容、方式和频度上受到资金、时间等方面制约。现今科普教育基地展陈方式较为雷同，主要局限于展板、声像资料、仪器设备等方式，参观者参与性、互动性、新颖性、创新性的内容较少。近两年来，虽然结合城市社会阶层人员特点，利用微博等新媒体开展了新闻宣传，取得一定进展，但是总体上内容设计的深度和广度，结合热点地震事件开展有针对性的社会宣教活动频度和广度仍存在不足。

此外，很多从事防震减灾工作的人容易忽略的是，地震部门在防震减灾宣传中的自我定位需要调整。

修订后的《防震减灾法》对地震部门的防震减灾职责已经修改为"指导、协助、督促有关单位做好防震减灾知识的宣传教育和地震应急救援演练等工作"。长期以来，地震部门习惯于依靠自身的力量自行开展防震减灾宣传教育，对于如何指导、协助指导有关单位开展防震减灾宣传教育，尚缺乏制度性思考。建议防震减灾基层工作者在组织重点时段防震减灾宣传工作时，参考政府科技、减灾委等部门的做法，挖掘其他部门的力量为我所用，依法树立在防震减灾宣传教育中的指导地位。

【本章要点】

◇开展防震减灾社会宣传教育工作是防震减灾事业发展的重要组成部分，是一项动员社会公众积极参与防震减灾活动、提高国民文化素质的基础性工作，也是一项被历次灾害事件证明为最大限度减轻地震灾害损失的有效措施。

◇防震减灾宣传工作要充分动员社会各方面力量，积极整合各类社会资源，按照"主动、慎重、科学、有效"的要求，遵循"因地制宜、因时制宜、经常持久、科学求实"的原则，积极探索、建立和完善防震减灾宣传工作机制。

◇防震减灾助理员要通过学习不断提高宣传技能，科学合理地组织街道社区进行防震减灾宣传活动，做好不同时段的宣传工作，尤其要避免因地震谣言和地震误传扰乱居民的正常生活、生产秩序。

◇由于近期全球地震活动活跃，社会公众非常关注防震减灾科技知识，经过汶川地震和玉树地震，公众对国家防震减灾政策法规和地震常识的了解程度和需求都有显著提高。因此，防震减灾工作者要从普及地震知识方面，探索各种更加积极有效的形式，拓展防震减灾宣传工作的深度和广度，努力提高防震减灾宣传的成效。

【阅读建议】

（1）如果有条件，建议阅读《地震的奥秘》（北京师范大学出版社，2007年9月）、《你必须掌握的防震知识》（地震出版社，2008年12月）、《防震减灾基础知识问答》（中国标准出版社，2009年3月出版）、《宣传、传播和舆论指南》（中山大学出版社，2008年5月）等书籍。

（2）建议经常登陆中国地震科普网（http://www.dizhen.ac.cn/）、中国科普网（http://www.cpus.gov.cn/）和自己喜欢的各种科普宣传网（如北京科普之窗 www.bjkp.gov.cn/，北京科普在线 http://www.sponline.org.cn/ 等等），了解科普知识，开阔视野，为做好基层地震知识宣传工作奠定良好的基础。

【思考与实践】

（1）大力普及防震减灾知识有什么意义？在不同的时期，你准备怎样做定填报报表之外，还必须用电话以最快的速度上报指定部门。

一般情况下，在上报上级有关部门的同时，要报告同级主管领导，如主管的社区、村委会主任、乡（镇）长、街道办事处与居民委员会或单位领导等。

为了使地震宏观异常信息更加全面、准确、科学，异常的上报要按一定格式与填报要求填报表。异常上报表中的各栏，要尽可能填写全面，填写的内容要真实、可靠，符合要求。

防震减灾助理员可以通过社区居委会张贴通知，让那些想成为社区志愿者的居民到社区居委会进行申请。只要居住在本社区，身体健康，有志愿服务的热情，具有或者愿意学习地震相关知识，遵守法律、法规以及志愿服务组织的章程和其他管理制度，就可以填写一张《社区防震减灾志愿者注册申请表》，审核合格后，由注册机构向申请人发放证书，成为正式的防震减灾志愿者。为了提升志愿者的荣誉感和使命感，最好协助他们进行网上注册，并发放每个人"中国社区志愿者证"（此证由中国社会工作协会社区志愿者工作委员会颁发），上面有志愿者的编号以及个人信息以及志愿服务记录等。

××社区防震减灾志愿者注册申请表

姓名		性别		
政治面貌		民族		照片
身高		体重		
健康状况		电话		
身份证号码				
常住地址或单位		邮政编码		
E-mail		QQ号		
紧急联系人		联系人电话		
具备相关的救援技能				
有关救援经历				
所在单位意见				

社区要建立健全注册志愿者档案管理，促进管理工作的科学化、制度化、规范化。有条件的社区可建立网上注册管理系统。至少要建立一套社区防震减灾志愿者信息汇总表。

××社区防震减灾志愿者信息汇总表

序号	姓名	性别	常住地址或单位	联系电话	QQ或邮箱
1					
2					
3					
4					
5					
6					
7					
8					
9					
10					
11					
12					
13					
14					
15					

社区防震减灾志愿服务的范围主要包括防震减灾知识宣传、地震应急救援、医疗救护等社会公益服务。

【本章要点】

◇防震减灾助理员经常要进行公文写作。公文写作就是将想法付诸文字，形成书面作品形态的过程，在这一过程中，要做的事情主要有立意、选材与组材、布局和谋篇，以保证所写出的材料最后的形态能传情达意，实现特定的功能。写作也是一种技术，其中有许多技巧值得我们去研究和探索。

◇防震减灾活动方案、活动通知、工作请示、讲话稿、工作信息、工作总结等都是防震减灾助理员日常经常可能要撰写的材料。撰写这些材料虽没有固定的格式或模板，但同一文种、类型公文的写作思路大体是一致的，它们都遵循共同的思维程序和规律，而且，有些通用的原则和注意事项是必须要熟悉的。

◇为了写好各种应用文，防震减灾助理员要注重提高政治理论水平，吸收广博的科学知识，熟练掌握恰当的表达技巧，此外还要注重积累丰富的实际材料——在平时工作中就应有意识地注意搜集和积累相关资料，做搜集资料的有心人。

【阅读建议】

如果有条件，建议阅读《公文写作格式与技巧》（广东经济出版社，2002年6月出版）、《应用文写作》（西南师范大学出版社，2008年2月出版）等书籍，把那些可能对你有帮助的句子摘抄下来，以后写作的时候尽量去参考和借鉴。

【思考与实践】

（1）除了本章介绍的防震减灾活动方案、活动通知、工作请示、讲话稿、工作信息、工作总结等常用文体，你认为防震减灾助理员日常可能要撰写的材料还有哪些？查阅图书和网上的资料，归纳和总结写好这些材料的基本要求和技巧。

（2）针对目前个别人"地震局没用，应该取消"的论调，用3000字左右的篇幅，给高层领导写一份《关于加强防震减灾工作的建议》，尽量用精炼的语言、必要的数字、典型的事例较全面而具体地阐述你的理由、分析和建议。

国家防震减灾规划（2006 ～ 2020 年）

【2006 年 12 月 6 日，国务院办公厅印发了《关于印发国家防震减灾规划（2006 ～ 2020 年）的通知》（国办发 [2006]96 号）。这是中华人民共和国建国以来，也是《中华人民共和国防震减灾法》颁布实施 10 年来，第一部国家级防震减灾规划，开创了我国的防震减灾事业依法行政，依规划发展的新局面。】

防震减灾是国家公共安全的重要组成部分，是重要的基础性、公益性事业，事关人民生命财产安全和经济社会可持续发展。加快防震减灾事业发展，对于全面建设小康社会、构建社会主义和谐社会具有十分重要的意义。

根据《中华人民共和国防震减灾法》及国家关于加强防震减灾工作的有关要求，并与《中华人民共和国减灾规划（1998 ～ 2010 年）》（国发 [1998]13 号）相衔接，制定本规划。规划期为 2006 ～ 2020 年，以"十一五"期间为重点。

一、我国防震减灾现状及面临的形势

地震是对人类生存安全危害最大的自然灾害之一，我国是世界上地震活动最强烈和地震灾害最严重的国家之一。我国占全球陆地面积的 7%，但 20 世纪全球大陆 35% 的 7.0 级以上地震发生在我国；20 世纪全球因地震死亡

120 万人，我国占 59 万人，居各国之首。我国大陆大部分地区位于地震烈度Ⅵ度以上区域；50% 的国土面积位于Ⅶ度以上的地震高烈度区域，包括 23 个省会城市和 2/3 的百万人口以上的大城市。

近年来，在党中央和国务院的正确领导下，经过各地区和各部门的共同努力，初步建立了有效的管理体制，全民防震减灾意识明显提高，监测预报、震灾预防和紧急救援三大工作体系建设取得重要进展。尤其是"十五"期间，我国防震减灾能力建设取得长足进步：投资建设中国数字地震观测网络，包括地震前兆、测震和强震动三大台网；地震活断层探测、地震应急指挥和地震信息服务三大系统以及国家地震紧急救援训练基地。项目建成后，前兆、测震、强震台站的密度将分别达到每万平方公里 0.42 个、0.88 个和 1.2 个，监测设备数字化率达到 95%，20 个城市活断层地震危险性得到初步评估。地震速报时间从 30 分钟缩短到 10 分钟，地震监测震级下限从 4.5 级改善到 3.0 级。地震预报水平进一步提升，强震动观测能力和活断层探测水平迈上新的台阶，震害防御服务能力显著增强，地震应急响应时间大幅缩短，地震应急指挥和救援能力有了很大的提高，为"十一五"期间乃至今后防震减灾事业持续发展奠定坚实的基础。

目前，我国防震减灾能力仍与经济社会发展不相适应。主要表现在：全国地震监测预报基础依然薄弱，科技实力有待提升，地震观测所获得的信息量远未满足需求，绝大多数破坏性地震尚不能做出准确的预报；全社会防御地震灾害能力明显不足，农村基本不设防，多数城市和重大工程地震灾害潜在风险很高，防震减灾教育滞后，公众防震减灾素质不高，6.0 级及以上级地震往往造成较大人员伤亡和财产损失；各级政府应对突发地震事件的灾害预警、指挥部署、社会动员和信息收集发布等工作机制需进一步完善；防震减灾投入总体不足，缺乏对企业及个人等社会资金的引导，尚未从根本上解决投入渠道单一问题。

地震是我国今后一段时期面临的主要自然灾害之一。迅速提高我国预防和减轻地震灾害的综合能力，是实施城镇化战略，解决三农问题，实现公共安全，构建和谐社会的必然要求。我国将致力于建立与城市发展相适应的地震灾害综合防御体系；改变广大农村不设防，地震成灾率高，人员伤亡严重的现状，为城乡提供无差别公共服务；保障长江中上游、黄河上游及西南地区大型水电工程的地震安全；实现重大生命线工程的地震紧急处置。

二、规划指导思想、目标与发展战略

（一）规划指导思想

以"三个代表"重要思想为指导，认真贯彻落实科学发展观，把人民群众的生命安全放在首位。坚持防震减灾同经济建设一起抓，实行预防为主、防御与救助相结合的方针。切实加强地震监测预报、震灾预防和紧急救援三大工作体系建设。以政府为主导，依靠科技、依靠法制、依靠全社会力量，不断提高防震减灾综合能力，为维护国家公共安全、构建和谐社会和保持可持续发展提供可靠的保障。

（二）规划目标

1.总体目标

到2020年，我国基本具备综合抗御6.0级左右、相当于各地区地震基本烈度的地震的能力，大中城市和经济发达地区的防震减灾能力达到中等发达国家水平。

位于地震烈度Ⅵ度及以上地区的城市，全部完成修订或编制防震减灾规划，新建工程全部实现抗震设防；地震重点监视防御区新建农村民居采取抗震措施；完善地震应急反应体系和预案体系，建立地震预警系统；建立健全地震应急和救援保障体系，进一步增强紧急救援力量；省会城市和百万人口以上城市拥有避难场所；建成救灾物资储备体系；重大基础设施和生命线工程具备地震紧急处置能力；防震减灾知识基本普及；震后24小时内灾民得到基本生活和医疗救助；建成全国地震背景场综合观测网络，地震科学基础研究和创新能力达到国际先进水平，短期和临震预报有所突破。

2."十一五"阶段目标

到2010年，大城市及城市群率先达到基本抗御6.0级地震的目标要求；建成农村民居地震安全示范区；加强地震预警系统建设，加强重大基础设施和生命线工程地震紧急处置示范工作；防震减灾知识普及率达到40%，发展20万人的志愿者队伍；初步建立全国救灾物资储备体系；震后24小时内灾民得到初步生活和医疗救助；建成具有国际水平的地震科研与技术研发基地，完善中国大陆及领海数字化地震观测，并在地震重点监视防御区和重点防御城市实现密集台阵观测，全面提升地震科技创新能力，地震预报继续保持世界先进水平。

（三）发展战略

以大城市和城市群地震安全为重中之重，实现由局部的重点防御向有重点的全面防御拓展；以地震科技创新能力建设为支撑，提高防震减灾三大工作体系发展水平；实行预测、预防和救助全方位的综合管理，形成全社会共同抗御地震灾害的新局面。

1. 把大城市和城市群地震安全作为重中之重，逐步向有重点的全面防御拓展

明确和强化各级政府的职责，切实推进大城市和城市群的地震安全工作，强化防御措施。加大对能源、交通、水利、通信、石油化工、广播电视和供水供电供气等重大基础设施的抗震设防和抗震加固力度。加强城市公园等避难场所建设，拓展城市防震减灾的空间。切实做好广大农村，特别是地震重点监视防御区农村防震减灾工作，改变农村民居不设防状况，不断提高全面防御的能力。

2. 加强地震科技创新能力建设，提高防震减灾三大工作体系发展水平

重视和加强地震科技的基础研究、开发研究和应用研究，加强科研基地和重大基础科研设施建设，为防震减灾提供持续的科技支撑和智力支持，提升地震科技创新能力，提高地震监测预报、震灾预防、紧急救援三大工作体系发展水平。

3. 全面提升社会公众防震减灾素质，形成全社会共同抗御地震灾害的局面

加强防震减灾教育和宣传工作，组织开展防震减灾知识进校园、进社区、进乡村活动。全面提升社会公众对防震减灾的参与程度，提高对地震信息的理解和心理承受能力，掌握自救互救技能。鼓励和支持社会团体、企事业单位和个人参与防震减灾活动，加强群测群防，形成全社会共同抗御地震灾害的局面。

三、总体布局与主要任务

（一）总体布局

防震减灾是惠及全民的公益性事业。落实防震减灾发展战略，逐渐向全面防御拓展，必须在加强重点监视防御区工作的同时，将防震减灾工作部署到全国各地，统筹东部和中西部地区，统筹城市与农村，实现防震减灾三大工作体系全面协调发展。加强与台湾地区地震科技交流与合作。妥善处置香港、澳门地区的地震应急事件。为实现有重点的全面防御，依据规划期内我国地震分布特点和地震灾害预测结果，我国防震减灾总体布局如下：

环渤海及首都圈地区：建设地震预报实验场；建设国家防灾高等教育基地；进一步实施地震预警；提高城市群地震综合防御能力；切实做好 2008 年北京奥运会防震对策研究制定工作。

长江三角洲地区：实施城市群地震安全工程；推进海域地震监测和地震海啸预警系统建设；切实做好 2010 年上海世博会防震对策研究制定工作。

东南（南部）沿海地区：实施城市群地震安全工程；推进海域地震监测和地震海啸预警系统建设；切实做好 2010 年广州亚运会防震对策研究制定工作。

南北地震带：建设地震预报实验场；实施重点监视防御区城市地震安全示范工程和农村民居地震安全技术服务工程。

南北天山区：建设地震预报实验场；实施农村民居地震安全技术服务工程。

此外，在黄河中上游流域重点监视防御区实施城市地震安全工程和农村民居地震安全技术服务工程；加强长江中上游流域、黄河上游流域及西南地区大型水电工程的地震安全工作，加强水库诱发地震的监测与研究；加强国家重大生命线工程沿线地区地震监测设施建设，保障重大生命线工程地震安全；加强青藏高原地区新构造活动前缘研究，不断提高地震监测能力；加强黑龙江、吉林、云南和海南等地区地震监测设施建设，确保对火山地震活动的监测。

（二）主要任务

2006～2020 年我国防震减灾的主要任务是：加强监测基础设施建设，

提高地震预测水平；加强基础信息调查，有重点地提高大中城市、重大生命线工程和重点监视防御区农村的地震灾害防御能力；完善突发地震事件处置机制，提高各级政府应急处置能力。

1. 开展防震减灾基础信息调查

继续推进活动断层调查，实施中国大陆活动断裂填图计划，编制1:500000数字化中国大陆活动断裂分布图、1:250000主要活动构造区带活动断裂分布图和局部重点段落的1:50000活动断层条带状填图；在已发生大震区域、地震重点监视防御区、大城市开展壳幔精细结构探测；在大陆块体边界，地震重点监视防御区加强地壳运动基础观测；开展大城市和城市群各类工程的抗震能力调查与评估；建立地震基础信息数据库系统，加强信息集成与开发，推进地震基础信息共享，提高数据利用水平。

2. 建立地震背景场综合观测网络

统一规划、整合和加密现有地面观测网络；发展天基电磁、干涉合成孔径雷达、卫星重力等多种新型监测手段；建设井下综合应力、应变、流体、电磁和测震观测系统；建设中国大陆构造环境监测网络；建设海洋地震综合观测系统，实施海域地球物理观测和地震海啸预警；建设中国大陆地球物理场处理分析系统；推动观测技术的创新。

3. 提高地震趋势预测和短临预报水平

选择地震活动性高，构造典型性强，监测基础较好，震例资料积累较多和研究程度较高的地区，建成具有国际领先水平的地震预报实验场，获得区域地球物理场信息，遴选更加丰富和可靠的地震前兆信息，检验和完善现有经验和认识，深化对地震孕育发生机理和规律的认识，探索更有效的地震预报理论和方法，深化地震概率预报方法研究，创建数值预报理论，力争对6.0级以上、特别是7.0级以上地震实现有一定减灾实效的短临预报，并建立实用化的地震预测系统。

4. 增强城乡建设工程的地震安全能力

实施城市地震安全基础信息探测、调查，加强城市建设工程地震安全基础信息集成与开发，建立城市建设工程地震安全技术支撑系统，为政府决策、城市规划、工程建设、科学研究、公众需求提供全面的公共服务；修订或编制城市防震减灾规划，纳入城市总体规划，制定并实施城市地震安全方案，推进地震安全社区、避难防灾场所建设；建立工程抗震能力评价技术体系，提高抗震加固技术水平，推进隔震等新技术在工程设计中的应用；开展农村民居抗震能力现状调查，研究推广农村民居防震技术，加强对农村民居建造和加固的指导，推进农村民居地震安全工程建设。

5. 加强国家重大基础设施和生命线工程地震紧急自动处置示范力度

建设地震预警技术系统，为重大基础设施和生命线工程地震紧急自动处置提供实时地震信息服务；选择若干城市燃气供气系统、供电系统和城市快速轨道交通系统、城际高速铁路等，实施具有专业地震监测的地震紧急自动处置系统示范工程，并逐步推广；制定有关法规和标准，填补我国重大基础设施和生命线工程地震紧急自动处置法规和标准方面的空白。

6. 强化突发地震事件应急管理

完善各级政府、政府部门、大型企业和重点危险源等地震应急预案；适度推进重点城市人口密集场所、社区应急预案和家庭应急对策的编制；制定2008年北京奥运会等重大活动地震应急预案，实施地震安全保障；加强应急预案的检查和落实，建立地震应急检查与培训制度，适时组织地震应急演习；调度我国卫星在轨观测资源和机载观测系统，同时利用国际组织的应急观测资源，实施地震现场灾情监测；完善国家、省、市和现场应急指挥系统，加强政务信息系统建设，建立地震与其他突发事件应急联动与共享平台，确保政务、指挥系统畅通；开展地震灾害风险研究，编制城市地震灾害风险图。

7. 完善地震救援救助体系

充分依靠军队、武警、公安消防部队、民兵、预备役部队，因地制宜，建立健全地震专业救援队伍，西部地区建设1～2支国家级专业地震救援分队，推进地震多发区志愿者队伍建设；完善地震救援培训基地建设，提高救援综合培训能力；加强地震多发地区的救灾物资储备体系建设；在省会和百万人口以上城市将应急避难场所和紧急疏散通道、避震公园等内容纳入城市总体规划，拓展城市广场、绿地、公园、学校和体育场馆等公共场所的应急避难功能，设置必要的避险救生设施；逐步建立和完善政府投入、地震灾害保险、社会捐赠相结合的多渠道灾后恢复重建与救助补偿机制；积极参与国际性地震救援工作，建立大震时接受国际救援的机制。

8. 全面提升社会公众防震减灾素质

强化各级政府的防震减灾责任意识，建立地震、宣传和教育部门，新闻媒体及社会团体的协作机制，健全防震减灾宣传教育网络；建设国家防灾科普教育支撑网络平台，通过远程教育网络系统，实现交互式远程防震减灾专业技术教育；将防震减灾教育纳入学校教育内容，提高全社会防震减灾知识受教育程度；建设以虚拟现实技术等高新技术为主体的科普教育基地。

四、战略行动

"十一五"期间是防震减灾事业发展的重要阶段。国家将继续支持防震减灾事业，并采取相应的战略行动，落实防震减灾的主要任务，推动防震减灾向有重点的全面防御拓展，实施国家地震安全工程，实现"十一五"阶段目标。

（一）中国地震背景场探测工程

在中国大陆建设或扩建测震、强震动、重力、地磁、地电、地形变和地球化学等背景场观测系统，在中国海域建设海洋地震观测系统，在我国重要火山区建设火山观测系统，完善地震活动构造及活断层探测系统，建设壳幔精细结构探测系统，以获取地震背景场基础信息。

（二）国家地震预报实验场建设

在中国大陆选择两个地震活动性高且地质构造差异显著的典型区域，建设测震和地震前兆密集观测系统，建设地震活动构造精细探测系统，建设地震孕震实验室和地震数值模拟实验室，建设地震预测系统和地震预报辅助决策系统。

（三）国家地震社会服务工程

建设建筑物、构筑物地震健康诊断系统和震害预测系统，实施城市群与大城市震害防御技术系统示范工程和地震安全农居技术服务工程，建设国家灾害性地震、海啸、火山等预警系统，建设灾情速报与监控系统，构建地震应急联动协同平台，完善国家地震救援装备和救援培训基地，提升国家地震安全社会服务能力。

（四）国家地震专业基础设施建设

完善中国地震通信和数据处理分析等信息服务基础设施建设，实施地震数据信息灾难备份，建设地震观测实验室，建设地壳运动观测实验室，建设国家防灾高等教育基地，完善国家和区域防震减灾中心，推进标准和计量建设，进一步提升国家地震基础设施支撑能力。

五、保障措施

（一）加强法制建设

建立健全防震减灾法律法规体系，修订《中华人民共和国防震减灾法》，继续推进防震减灾技术标准的制定，稳步推进计量工作，定期编制全国与区域地震区划图等标准，适时修订相对应的国家和地方标准，研究完善建设工程抗震设防的技术标准和设计规范，进一步将防震减灾纳入法制化管理的轨道。加强防震减灾发展战略和公共政策的研究与制定。

建立有效的防震减灾行政执法管理和监督体制，规范社会的防震减灾活动，依法开展防震减灾工作。

（二）健全防震减灾管理体制

健全与完善国家和地方政府防震减灾管理体制，推进市县地震工作机构建设，发挥市县地震工作机构在防震减灾中的作用。建立和完善群众参与、专家咨询评估和集体决策相结合的决策机制，健全决策规则，规范决策程序。

建立健全突发地震事件应急机制和社会动员机制，提高公共安全保障和突发事件处置能力。逐步建立电力、煤气、给排水、通信和交通等部门的防灾机制，有效应对灾害，减轻灾害损失。积极推进适合我国国情的地震保险制度建设，发挥企业、非营利组织在防震减灾中的作用。

（三）建立多渠道投入机制

将防震减灾事业纳入中央和地方同级国民经济和社会发展规划，保障防震减灾事业公益性基础地位，各级政府应加大对防震减灾事业的投入力度，纳入各级财政预算，建立以财政投入为主体，社会捐赠和地震保险相结合的多渠道投入机制，使全社会防震减灾工作的投入水平与经济社会发展水平相适应。

地方各级人民政府应积极推进国家防震减灾目标和各项任务的落实，并根据本行政区域经济和社会发展的情况、对防震减灾的实际需求，编制本级防震减灾规划，制定和实施防震减灾专项计划，提高专项投入，确保专款专用。

（四）提高科技支撑能力

增强地震科学基础研究的原始创新能力，改善地震科学研究的软硬件设施，建设结构合理的科技人才队伍，保障地震科技的可持续发展。通过加强防震减灾重大科技问题的基础研究和关键技术攻关研究、防震减灾基础性工作和科技条件平台建设，全面提高防震减灾科技支撑能力。

加强与各科研机构、高校等组织的协作与联合，瞄准国际防震减灾科技的前沿问题，以重大科学问题的解决带动相关学科的发展，有重点地提升我国防震减灾科技领域攻克世界性难题的协同作战能力，推进科技成果产业化。

加强国际合作与交流，共同制订重大基础科学研究计划，参与、组织制订和实施大型国际地球科学观测研究计划，组建联合实验室。

（五）加强人才队伍建设

牢固树立人才是第一资源的观念。立足防震减灾工作的实际需要，整体规划、统筹协调，善待现有人才，引进急需人才，重视未来人才，调整和优化人才队伍结构，实现人才队伍的协调发展。

建立良好的人才引进、培养、使用、流动和评价机制，从政策和制度上保障专业人才的发展。改善队伍总体结构，提高综合素质，努力建设一支高素质的防震减灾专业队伍，形成不同层次并满足不同需求的人才梯队，为防震减灾事业发展提供充足的人才保证和广泛的智力支持。

国务院关于进一步加强防震减灾工作的意见

国发 [2010]18 号

各省、自治区、直辖市人民政府，国务院各部委、各直属机构：

防震减灾事关人民生命财产安全和经济社会发展全局，党中央、国务院对此高度重视，采取一系列加强防震减灾工作的重大举措。在各地区、各部门的共同努力下，我国防震减灾事业取得了较大进展，在抗击历次地震灾害中有效减轻了损失。但也存在监测预报水平较低、城乡建设和基础设施抗震能力不足、应急救援体系尚不健全、群众防灾避险意识和能力有待提高等问题。为进一步加强防震减灾工作，现提出以下意见：

一、指导思想和工作目标

（一）指导思想。以邓小平理论和"三个代表"重要思想为指导，深入贯彻落实科学发展观，坚持以人为本，把人民群众的生命安全放在首位，坚持预防为主、防御与救助相结合，依靠科技，依靠法制，依靠群众，全面提高地震监测预报、灾害防御、应急救援能力，形成政府主导、军地协调、专群结合、全社会参与的防震减灾工作格局，最大限度减轻地震灾害损失，为经济社会发展创造良好条件。

（二）工作目标。到 2015 年，基本形成多学科、多手段的覆盖我国大陆及海域的综合观测系统，人口稠密和经济发达地区能够监测 2.0 级以上地震，其他地区能够监测 3.0 级以上地震；在人口稠密和经济发达地区初步建成地震烈度速报网，20 分钟内完成地震烈度速报；地震预测预报能力不断提高，对防震减灾贡献率进一步提升；基本完成抗震能力不足的重要建设工程的加固改造，新建、改扩建工程全部达到抗震设防要求；地震重点监视防御区建立比较完善的抗震救援队伍体系，破坏性地震发生后，2 小时内救援队伍能赶赴灾区开展救援，24小时内受灾群众基本生活得到安置；地震重点监视防御区社会公众基本掌握防震减灾知识和应急避险技能。

到2020年，建成覆盖我国大陆及海域的立体地震监测网络和较为完善的预警系统，地震监测能力、速报能力、预测预警能力显著增强，力争做出有减灾实效的短期预报或临震预报。城乡建筑、重大工程和基础设施能抗御相当于当地地震基本烈度的地震；建成完备的地震应急救援体系和救助保障体系；地震科技基本达到发达国家同期水平。

二、扎实做好地震监测预报工作

（三）进一步增强地震监测能力。科学规划和布局，加强立体地震监测网络建设，大力推进强震动观测台网和烈度速报台网建设，积极推进重点水库及江河堤防、油田及石油储备基地、核设施、高速铁路等重大建设工程和建筑设施专用地震台网建设。建立健全地震台网运行维护、质量检测技术保障体系，依法加强地震监测设施和地震观测环境的保护。加强火山、海洋地震监测及海啸防范。

（四）加强地震预测预报。充分发挥地学界等各方面的作用，多学科、多途径探索，专群结合，完善地震预测信息会商机制，努力提高地震预测预报能力。大力推进地震预测理论、方法和技术创新，加快建立南北地震带和华北地区地震预报实验场。完善地震预测预报管理制度，依法规范社会组织、公民的地震预测行为，建立开放合作的地震预测预报机制。

（五）加强群测群防工作。继续推进地震宏观测报网、地震灾情速报网、地震知识宣传网和乡镇防震减灾助理员的"三网一员"建设，完善群测群防体系，充分发挥群测群防在地震短临预报、灾情信息报告和普及地震知识中的重要作用。研究制定支持群测群防工作的政策措施，建立稳定的经费渠道，引导公民积极参与群测群防活动。

三、切实提高城乡建筑物抗震能力

（六）加强建设工程抗震设防监管。完善全国地震区划图，科学确定抗震设防要求。修订抗震设计规范和分类设防标准。国土利用规划、城乡规划、环境保护规划等相关规划，必须依据地震活动断层探测和抗震设防要求，充分考虑潜在的地震风险。要把抗震设防要求作为建设项目可行性论证的必备内容，严格按照抗震设防要求和工程性建设标准进行设计。加强工程勘查、设计、施工、监理和竣工验收等环节的抗震设防质量监管，切实落实工程建设各方责任主体的质量责任。

（七）全面加强农村防震保安工作。加强对农村基础设施、公共设施和农民自建房抗震设防的指导管理。村镇基础设施、公用设施要按照抗震设防要求和抗震设计规范进行规划、设计和施工。各地区要从实际出发，制定推进农村民居地震安全工程的扶持政策，引导农民在建房时采取科学的抗震措施。完善农村民居建筑抗震设防技术标准，建立技术服务网络，加强农村建筑工匠培训，普及建筑抗震知识。

（八）着力加强学校、医院等人员密集场所建设工程抗震设防。抓紧实施中小学校舍安全工程，逐步开展其他学校、医院等人员密集场所建设工程抗震普查、抗震性能鉴定，根据鉴定结果进行加固改造。新建的学校、医院等人员密集场所的建设工程，要按照高于当地房屋建筑的抗震设防要求进行设计和施工。要建立健全学校、医院等人员密集场所建设工程地震安全责任制，落实各项防震抗震措施，提高综合防灾能力。

（九）组织开展震害防御基础性工作。制订实施全国主要地震构造带探测计划，抓紧完成省会城市和地震重点监视防御区大中城市的地震活动断层探测和危险性评价。进一步做好全国地震区划工作，尽快完成地震重点监视防御区县级以上城市的地震小区划和震害预测。对处于地震活动断层以及地质灾害易发地段的建筑，要抓紧组织搬迁、避让和实施地质灾害防治工程。加强抗震新技术、新材料研究和推广应用。

四、强化基础设施抗震设防和保障能力

（十）全面提升交通基础设施抗震能力。严格落实公路、铁路、航空、水运等交通设施抗震设防标准，加快危险路段、桥梁整治改造，在地震重点监视防御区、人口稠密和经济发达地区适当提高设防标准。完善交通运输网络，建立健全紧急情况下运力征集、调用机制，增强应对巨灾的区域综合运输协调能力和抢通保通能力。

（十一）加强电力、通信保障能力建设。本着安全性和经济性相结合的原则，适当提高电力、通信系统抗震设防标准。优化电源布局和电网结构，对重要电力设施和输电线路实行差异化设计，加强重要用户自备保安电源的配备和管理。加强公用通信网容灾备份能力建设，提高基础电信设施防震能力。充分利用国家应急通信网络资源，结合卫星通信、集群通信、宽带无线通信、短波无线电台等各种技术，保证信息传输及时可靠。

（十二）提高水利水电工程、输油气管线、核设施等重大工程的抗震能力。优化抗震设计、施工，确保重大工程安全。加强抗震性能鉴定与核查登记，及时消除安全隐患。加快落实水库、重点江河堤防的安全保障措施，抓紧完成地震重点监视防御区内病险水库的除险加固。加强输油气管线、核设施、重点污染治理设施等管理和维护，防止地震引发次生灾害。

（十三）加强建设工程地震安全性评价监督管理。重大建设工程和可能发生严重次生灾害的建设工程，必须严格依法开展地震安全性评价，按照评价要求进行抗震设防。强化地震安全性评价资质单位和从业人员的监督管理，实行建设工程地震安全性评价质量终身负责制。

（十四）开展重要工程设施紧急自动处置技术研究。组织开展城市轨道交通、高速铁路、输油输气主干管网、核设施、电力枢纽等重要工程设施地震紧急自动处置技术系统研究，选择地震重点监视防御区的相关工程设施进行试点，逐步将紧急自动处置技术纳入安全运行控制系统，提升重要工程应对破坏性地震的能力。

五、大力推进地震应急救援能力建设

（十五）健全完善地震应急指挥体系。按照统一指挥、反应迅速、运转高效、保障有力的要求，加强抗震救灾指挥体系建设。完善规章制度，明确职责分工，健全指挥调度、协调联动、信息共享、社会动员等工作机制。结合防震减灾工作实际，加强灾害损失快速评估、灾情实时获取和快速上报等系统建设，为抗震救灾指挥决策提供支撑。进一步增强地震预案及相关预案的针对性和可操作性，经常性地开展预案演练，适时组织跨地区、跨部门以及军地联合抢险救灾演练。

（十六）加强地震灾害救援力量建设。加强国家和省级地震灾害紧急救援队伍建设，完善装备保障，提高远程机动能力，满足同时开展多点和跨区域实施救援任务的需求。建立健全军地地震应急救援协调机制，充分发挥解放军、武警部队在抗震救灾中作用。加强以公安消防队伍及其他优势专业应急救援队伍为依托的综合应急救援队伍建设，提高医疗、交通运输、矿山、危险化学品等相关行业专业应急救援队伍抗震救灾能力。积极推进地震应急救援志愿者队伍和社会动员机制建设，规范有序地发挥志愿者和民间救援力量的作用。

（十七）推进应急避难场所建设。各地区要结合广场、绿地、公园、学校、体育场馆等公共设施，因地制宜搞好应急避难场所建设，统筹安排所需的交通、供水、供电、环保、物资储备等设备设施。学校、医院、影剧院、商场、酒店、体育场馆等人员密集场所要设置地震应急疏散通道，配备必要的救生避险设施。

（十八）完善应急物资储备保障体系。加强国家、省、市、县四级救灾物资储备体系建设，优化储备布局和方式，合理确定储备品种和规模，完善跨地区、跨部门的物资生产、储备、调拨和紧急配送机制。加强救灾物资设备的质量安全监管。鼓励引导社会力量开展应急物资储备，推进应急救援产品动员生产能力建设，实现专业储备与社会储备、物资储备与生产能力储备的有机结合。

六、进一步健全完善政策保障措施

（十九）制定实施防震减灾规划。各地区要结合本地区地震安全形势，编制防震减灾规划，并纳入国民经济和社会发展总体规划，实现防震减灾与经济社会同步规划、同步实施、同步发展。做好防震减灾规划与其他各相关规划之间的衔接，统筹资源配置，确保防震减灾任务和措施有效落实。

（二十）增加防震减灾投入。要把防震减灾工作经费列入本级财政年度预算，并引导社会各方面加大对各类工程设施和城乡建筑抗震设防的投入，建立与经济社会发展水平相适应的防震减灾投入机制。健全完善抗震救灾资金应急拨付机制。加大对地震重点危险区、中西部和多震地区防震减灾工作的支持力度。研究探索符合国情的巨灾保险制度，进一步完善再保险体系，提升全社会抵御地震灾害风险的能力。

（二十一）加强防震减灾法制建设。有关部门要依照《中华人民共和国防震减灾法》的规定，抓紧制定完善相关法规规章和标准，建立健全防震减灾政策法规体系。各地区要结合本地区经济社会和防震减灾工作实际，做好地方立法工作。完善防震减灾行政执法、行政监督体制和机制，加强执法队伍建设，提高执法队伍素质。

（二十二）强化科技和人才支撑保障体系建设。落实《国家地震科学技术发展纲要（2007～2020年）》，加大防震减灾科技创新力度，深化大陆地震构造、地震孕育发生机理、地震成灾机理等重大基础科学研究，推进地震、火山监测预警、灾害防御、灾难医学和应急救援等领域的关键技术研发，努力突破制约防震减灾事业发展的科技瓶颈，提升科技对防震减灾的贡献率。要建立科学的防震减灾人才培养、选拔、使用评价制度，为防震减灾事业发展提供智力支持。

（二十三）加强国际交流合作。加强与有关国家、地区及国际组织在防震减灾领域的合作，建立完善大震巨灾参与和接受国际救援工作机制。密切跟踪国际地震科技和防震减灾发展趋势，学习借鉴国际先进技术和管理经验，促进我国防震减灾事业的发展。

七、加强组织领导和宣传教育

（二十四）落实防震减灾责任。地方各级人民政府要把防震减灾工作列入重要议事日程，切实加强领导，及时研究解决影响防震减灾事业发展的突出问题。各有关部门要依法履行防震减灾职责，形成工作合力。加强市县基层防震减灾力量，保障工作条件，切实保证防震减灾基层管理责任得到落实。

（二十五）大力开展防震减灾宣传教育培训。建立防震减灾宣传教育长效机制，把防震减灾知识纳入国民素质教育体系及中小学公共安全教育纲要，并作为各级领导干部和公务员培训教育的重要内容。加强防震减灾科普宣传，推进地震安全社区、示范学校和防震减灾科普教育基地等建设，充分利用国家防灾减灾日等开展宣传活动，增强公众自救互救意识，提高防灾能力。

（二十六）做好信息发布和舆论引导。完善地震信息发布制度，加强信息发布、新闻报道工作的组织协调。建立健全重大地震灾害舆情收集和分析机制，提高主要新闻单位地震突发新闻报道快速反应能力。建立地震谣言应对机制，及时澄清不实报道和传闻。

各地区、各有关部门要按照本意见的精神，结合实际，制定贯彻实施的具体措施和办法，并加强监督检查，推进防震减灾法律法规和各项工作部署的贯彻落实。

国务院

二〇一〇年六月九日

中国地震烈度表

把人对地震的感觉、地面及地面上建筑物遭受地震影响和自然破坏的各种现象，按照不同程度划分等级，依次排列成表，称为地震烈度表（earthquake intensity scale seismic intensity scale）。最早的烈度表是卡塔尔迪（J.Cataldi）在 1564 年编制的，已废弃。目前，世界上烈度表的种类很多，以XII度表较普遍，此外尚有VIII度表（日本）和 X 度表等。中华人民共和国国家标准 GB/T 17742—2008《中国地震烈度表》规定了地震烈度的评定指标和方法如下表所示：

中国地震烈度表

烈度	在地面上人的感觉	房屋震害程度		其他震害现象	水平向地面运动	
		震害现象	平均震害指数		峰值加速度 m/s²	峰值速度 m/s
I	无感					
II	室内个别静止中人有感觉					
III	室内少数静止中人有感觉	门、窗轻微作响		悬挂物微动		
IV	室内多数人、室外少数人有感觉，少数人梦中惊醒	门、窗作响		悬挂物明显摆动，器皿作响		
V	室内普遍、室外多数人有感觉，多数人梦中惊醒	门窗、屋顶、屋架颤动作响，灰土掉落，抹灰出现微细裂缝，有檐瓦掉落，个别屋顶烟囱掉砖		不稳定器物摇动或翻倒	0.31 (0.22～0.44)	0.03 (0.02～0.04)
VI	多数人站立不稳，少数人惊逃户外	损坏——墙体出现裂缝，檐瓦掉落，少数屋顶烟囱裂缝、掉落	0～0.10	河岸和松软土出现裂缝，饱和砂层出现喷砂冒水；有的独立砖烟囱轻度裂缝	0.63 (0.45～0.89)	0.06 (0.05～0.09)
VII	大多数人惊逃户外，骑自行车的人有感觉，行驶中的汽车驾乘人员有感觉	轻度破坏——局部破坏，开裂，小修或不需要修理可继续使用	0.11～0.30	河岸出现坍方；饱和砂层常见喷砂冒水，松软土地上地裂缝较多；大多数独立砖烟囱中等破坏	1.25 (0.90～1.77)	0.13 (0.10～0.18)
VIII	多数人摇晃颠簸，行走困难	中等破坏——结构破坏，需要修复才能使用	0.31～0.50	干硬土上亦出现裂缝；大多数独立砖烟囱严重破坏；树梢折断；房屋破坏导致人畜伤亡	2.50 (1.78～3.53)	0.25 (0.19～0.35)
IX	行动的人摔倒	严重破坏——结构严重破坏，局部倒塌，修复困难	0.51～0.70	干硬土上出现许多地方有裂缝；基岩可能出现裂缝、错动；滑坡坍方常见；独立砖烟囱许多倒塌	5.00 (3.54～7.07)	0.50 (0.36～0.71)
X	骑自行车的人会摔倒，处于不稳状态的人会摔离原地，有抛起感	大多数倒塌	0.71～0.90	山崩和地震断裂出现；基岩上拱桥破坏；大多数独立砖烟囱从根部破坏或倒毁	10.00 (7.08～14.14)	1.00 (0.72～1.41)
XI		普遍倒塌	0.91～1.00	地震断裂延续很长；大量山崩滑坡		
XII				地面剧裂变化山河改观		

注：表中的数量词：“个别”为 10% 以下；“少数”为 10%～50%；“多数”为 50%～70%；“大多数”为 70%～90%；“普遍”为 90% 以上。

表中给出的“峰值加速度”和“峰值速度”是参考值，括号内给出的是变动范围。

定步数需要更新此表。具体办法是:

①在模拟计算开始阶段,固定更新邻域表的步数为 10 到 20 步。

②此后采用自动调整方法,即计算每次更新后邻域半径以内的粒子与粒子 1 间距的变化。

③当粒子 5,6 与粒子 1 的距离小于 r_c 或者粒子 7 与粒子 1 距离小于 r_l 时,则需要更新邻域表。

3.2.4　边界条件与初值

1. 边界条件

由于计算机的运算能力有限,模拟计算系统的粒子数不可能很大,这就会导致模拟系统粒子数少于真实系统的所谓"尺寸效应"问题。

为了选取尽可能多的粒子数而又不至于使计算工作量过分庞大,在统计物理中,对于平衡态分子动力学模拟计算引用三维周期边界条件,如图 3.2 所示。

根据求解域中的粒子分布,选择适当的模拟采样区(如图中阴影部分),采样区的周围部分是它的镜像。这样,就需要根据采样区的边界条件计算采样区内的粒子运动,因而大幅度地减少了计算工作量。

应当指出,在计算粒子受力时,由于不考虑作用势截断半径以及内粒子的相互作用。同时采样区的边长应当至少大于两倍的 r_c,使粒子 i 不能同时与 j 粒子和它的镜像粒子相作用。

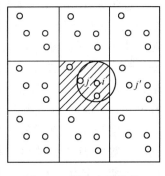

图 3.2　周期边界条件

2. 初值问题

分子动力学模拟计算是一个初值问题,选择合理的初始构形和初始速度将使得计算系统迅速松弛到所要求的平衡状态。对于流体分子系统而言,初始构形选择粒子随机分布最简单。但是,对于大量分子系统的模型,随机分布往往会使计算困难。此时,通常选择粒子按晶格结构排列。其中,以面心立方结构采用较多,其模拟结果与实验吻合较好。

此外,初始速度的选择通常需要满足一定的温度或者系统总动量为零的要求,这与所模拟系统的特定条件有关。一般情况下,对于流体分子系统,采用粒子速度按高斯分布较适合。

3.3　非平衡态分子动力学模拟

非平衡态分子动力学模拟的基本方法是通过对模拟系统施加扰动,利用系统的自然波动出现的响应,求解时间相关函数的粘度等输送特性。也就是说,这种方法更类似于"计算机实验",它适用于非线性相关系统的模拟,在液体剪切流动模拟中应用广泛。

对于摩擦动力学研究,人们关注润滑薄膜的摩擦行为,其中粘度是最主要的特性。通常,计算剪切粘度的计算方法有均匀非平衡态模拟和非均匀平衡态模拟。二者的主要区别在于引起系统扰动的方法不同,从而周期边界条件不同。

1. 均匀非平衡态模拟

均匀非平衡态模拟是在方程中加入扰动项,求相应解之后确定粘度。其方程的一般解为

$$\dot{q} = p/m + \mathcal{A}_p \mathcal{F}(t) \tag{3.26}$$

$$\dot{p} = F - \mathcal{A}_q \mathcal{F}(t) \tag{3.27}$$

式中,$\mathcal{F}$为与时间有关的外加矢量力(扰动);$\mathcal{A}_q$,$\mathcal{A}_p$分别为与粒子广义坐标和广义动量有关的函数,它们的作用相当于将外加力耦合到粒子上,由此引起扰动而形成热力流,对于粘度计算而言则是动量流的计算。

近年来,Evans 等人对均匀非平衡态分子动力学模拟方法作了重大发展,采用图 3.3 所示的三维周期边界条件,提出了适用于大扰动,非牛顿流动特点的 Sllod 算法,在宏观剪切流动模拟计算中取得了良好的效果。图中$\dot{\gamma}$为剪切应变率,L为采样尺寸,t为时间,影线部分为采样区。

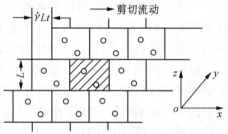

图 3.3 Lee-Eduards 边界条件

采用 Sllod 算法求解均匀非平衡态系统的实例是对等温剪切流动(Couette 流动)系统的模拟。其动力学方程为

$$r_i = p_i/m_i + r_i\Delta\nu \tag{3.28}$$

$$p_i = F_i - p_i\Delta\nu - \alpha p_i \tag{3.29}$$

式中,速度场$\nu = (v_x,0,0)$;$v_x = \dot{\gamma}q$,$\dot{\gamma}$为剪切应变率;α为等温系数,其值为

$$\alpha = \sum_{i=1}^{n} \frac{p_i \cdot F_i - \dot{\gamma}p_{ix}p_{ij}}{p_i \cdot p_j}$$

2. 非均匀非平衡态分子动力学模拟

非均匀非平衡态分子动力学模拟是通过固体壁面扰动诱发的,采用如图 3.4 所示的二维周期边界条件。

流体的剪切流动又在壁面运动产生,上下两个壁面保持恒温,周期边界条件仅在 x,y 方向成立。由于壁面只影响到邻近壁面流体分子的运动,所以是非均匀非平衡态系统。

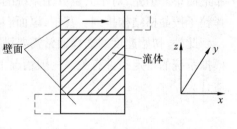

图 3.4 二维边界条件

第4章 高分子材料设计基础

4.1 高分子设计概论

4.1.1 高分子设计的内容

高分子设计是现代高分子科学中最重要的任务之一,是高分子化学与物理在基础理论研究及总结实践应用规律的基础上最终进入自由王国的具体体现,是高分子材料科学与工程发展的必然趋势。高分子设计包括高分子的性能(或功能)—结构—合成—设计四方面关系的数据,包括从宏观到微观,从定性到定量,从一级结构到高级结构,从静态到动态的理论数据和应用数据,从中找出内在联系的基本规律,并以此为依据开发设计软件和专家系统,建立丰富的数据库,从中提出切实可行的设计方案,合成预期结构与性能的高分子化合物和材料。

由于高分子结构的特点,高分子设计与普通小分子及其他材料有所不同,高分子的结构具有多级性的特点。

一级结构:包括组成高分子主链的链节结构单位的化学结构及序列结构、空间构型和立体异构以及高分子的链长与相对分子质量分布、结构分布、交联、支化度等。

二级结构(超分子结构):由高分子链间的相互作用而形成的不同的链的构象和聚集态结构,包括无定形、结晶、取向等。

三级结构:微观形态结构、多相形态结构。

高级结构:两种三级结构的聚集体。

因此高分子设计不应局限于单个大分子的设计。这里控制高分子立体结构和序列结构的聚合方法有:定向聚合、有规构型聚合、交替共聚、接枝共聚、嵌段共聚、原子(基团)转移聚合,用高聚物作为支持体的聚合、模板聚合、管道聚合、固相聚合,在胶束内的聚合以及液晶的聚合,单体在层状无机物微纳米空间中的插层聚合等。

高分子设计的内容可概括为以下几个方面:设计或推断与某种(某些)宏观性能相对应的高分子性质;提出或设计能体现这一(这些)性质的高分子结构;选择能合成与加工该种结构的高分子(材料)方法和条件并完成聚合物及其材料的合成与加工。高分子设计包括物性和合成两个方面。实际上分子设计的内容很多,在材料性能和高分子的性质,高分子的性质和结构,结构和合成,合成与化学反应,以及高分子的加工与材料的结构和性能等关系中,都有很多问题需要解决。这就应该进行材料宏观性能的设计和材料的加工方法设计。同时应进行高分子聚集态结构和化学结构的设计,也应考虑其合成方法和反应条件的设计。建立一个按材料指定性能和预定结构进行高分子合成的新体系,即把材料的宏观性能与微观结构和性质的研究与合成反应组成三位一体,这就是高分子设计的首要任务。

4.1.2 高分子的结构和链结构模型设计

1. 高分子的结构

高分子的物理状态是由高分子链聚集而成的,高分子链是由特定的基本链节构成的。高分子的广义结构是多层次的。目前将高分子的结构分为几个层次:

一次结构,指的是高分子链的化学结构、空间构型、链节序列和链段的支化(或交联)度及其分布。高分子的一次结构与它的化学组成和构型的意义相当。在一次结构中呈现出高分子的相对分子质量的分散性。一次结构直接影响高分子的某些特性,如溶解性、着色性、耐光性等。一次结构中分子链的柔性直接影响二次结构,再通过二次结构间接地影响高分子的更多的性能。一次结构主要是由单体经高分子反应过程而确定的。要改变一次结构,必须通过化学反应即价键的变化才能实现。其特征是微观结构、相对分子质量及分布。

二次结构,指的是一个高分子链由于价键的内旋转和链段落的热运动而产生的各种构象。二次结构涉及到单个高分子链的布局。高分子的分子链可以有若干不同的形式存在。如完全伸展的形态、无规卷曲形态或周期性规则排列的链段形态。

三次结构,也称聚集态结构、织态结构。许多高分子链聚集时,链段间相对空间位置有紧密或疏松、规整或零乱之分。链段间相互作用力也随之有大小之别。按聚集态的紧密和规整程度,将高分子分为无定形、介晶(包括液晶)和结晶三类状态。

三次结构明显地受二次结构的影响,三次结构可以均匀地延伸到整个高分子材料。

高次结构,由于在高分子中存在着不同的聚集态或晶态,它们之间又有界面或准界面,所以呈现出多次结构。两种三次结构的聚集体缔合,可形成多次结构。这种结构经常出现在天然的高分子中。如人体中运载氧分子的血红蛋白,就是由螺旋式的特殊结构与宏观结构的过渡区域。人们通常把电子显微镜所观察到的形态,称为织态结构,而用光学显微镜所观察到的形态,称为宏观结构。复合材料、球晶、泡沫制品填料、玻璃钢夹层结构、合成木材、皮革、织物都可以看成是高次结构。

2. 高分子链结构模型设计

尽管高分子结构的层次很多,高分子体系的行为十分复杂,然而可以通过高分子稀溶液的物性来研究无限稀释时单个高分子链的行为。高分子最简单的结构是一个没有分支的链。可以用重复单元的化学结构、聚合度和端基的种类,描述高分子链结构。在最简单的情况下,链状大分子是由一种元素的原子构成的,聚硫就是这种情况。此外,线型聚乙烯链也同样很简单。可以把类似—CH_2—CH_2—的基团称为结构单元、重复单元或大分子的链节。从化学组成讲,链的起始和末尾的链节与其余部分的链节不同,而链端与重复单元的结构可由高分子的制备推测出来。例如,在二元醇或二元酸过量的条件下进行缩聚时,就可预计聚酯链端是—COOH 还是—OH 基团;在加成(自由基)聚合中,如果不采用终止剂或通过歧化反应使链终止,则链的两端是由引发剂的离子组成的。结构单元的数目是用单体分子数或形成高分子基本链节的分子数来表示(聚合度)。许多高分子基本链节的相对分子质量等于单体的相对分子质量。对脱除水或其他分子的缩聚物则要加上脱除小分子所包含的基团。由于分子链较长,链端的种类对高分子性质的影响甚微。所以,通常只用链节的结构表示高分子的结构是正确的。这样的链结构模型设计,为新高分子设计奠定了基础。

按化学组成可将高分子分为两种类型:碳链和杂链。在这两类中又可根据有机化学中诸如酯、醚、酰胺、氨基甲酸酯、脲、酸酐、醇、胺和羧酸等不同的化合物基团来分类。如果上述特征官能团在主链中,对链的合成起重要作用时,则按不同类型可称为聚醚、聚酰胺、聚酯类高分子。如果特征官能团是侧链或取代基的一部分,则称为聚乙烯基醚、聚偏氯乙烯、聚丙烯酸酯等等来加以区别。

高分子分链的形式以线型为主,也有支链高分子,以及三向网络交联结构和各种梯形结构。大分子主链上可有单官能团或双官能团侧基。由于主链上各个原子间的位置不完全相同,又可依其排列状态分为顺式结构和反式结构。假定将某一种官能团视为一个整体,高分子主链末端的基团虽然与基本链节不同,但是由于质量数有限,在高分子设计

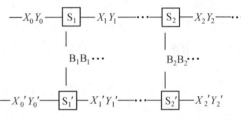

图 4.1　高分子基本成分模型

时可忽略不计。这样,构成高分子的基本成分可由普遍适用的模型表示之,如图 4.1 所示。

按照上述模型,根据高分子的综合性能,可提出高分子设计方案。

对于复杂的高分子体系,通过已积累的相关数据和规律,可建立一个适当的数理统计模型。建模和模拟的方法有多种(如功能模拟和结构模拟等)。以高分子化合物为例,其结构模型如图 4.1 所示。图中 S_1,S_2,S_1',S_2' 为构成主链的主要成分;XY(如 X_0Y_0,X_1Y_1,X_2Y_2 等)为双官能团(若为缩聚物则分别为缩聚后的基团,若为合成共聚物则分别为零);B_1,B_2 为分子主链间的连接方式,可以是化学交联,也可以是物理交联;S_1,S_1',S_2,S_2' 为原子或某种取代基。

据此可推出各种聚合物的结构单元和整体结构,以正丁基锂引发的丁二烯(B)和苯乙烯(S)合成 SBR 为例,按共聚机理推导的动力学数学模型为

$$- \mathrm{d}[B]/\mathrm{d}t = k_{BB}[B][PB]^{0.3} + k_{BS}[B][PS]^{0.5}$$

$$- \mathrm{d}[B]/\mathrm{d}t = k_{SS}[S][PS]^{0.5} + k_{SB}[S][PB]^{0.3}$$

式中,PB 和 PS 分别为聚丁二烯和聚苯乙烯增长链端;k_{SS},k_{BB},k_{SB},k_{BS} 分别为相应均聚、共聚反应的速率常数。

将计算机模拟的结果与实验数据对比,选择适当的计算方法就能求出共聚物的瞬时组成、共聚速度、转化率和相对分子质量等。若为无链终止的活性聚合,控制平均相对分子质量及其分布的动力学教学模型为

$$M_k = M_m C / [\text{RLi}] = P_m / [\text{RLi}]$$

$$H = 1 + X_n^{-1}$$

式中，M_k 为聚合物的动力学相对分子质量；M_m 为加入单体的总质量；C 为单体转化率；P_m 为所得聚合物的质量；$[\text{RLi}]$ 为正丁基锂量(mol)；H 为相对分子质量分散指数；X_n 为数均聚合度。

以上讨论只是对 B-S 负离子共聚合成 SBR 动力学数学模型的建立和模拟梗概。目前只有少数聚合(或合成)体系能建立起与实验数据相符的动力学数学模型。对高分子材料来说，除了对聚合物进行分子设计外还需要建立包括材料组成、结构形态等与性能相关的全系统数理模型。目前已有的测试工具(各种波谱、X 射线和高分辨率电镜等)有可能测定材料的化学组成、微观(亚微观)结构、形态与性能之间的关系也正从纯粹经验走向半定量化。只有当这些数据和资料积累得相当充分并使之相互关联成定量、半定量关系后，才能将它们演绎、归纳成定量推述结构与性能关系的半定量化数理模型。

对于难于溶解和稀释的高分子链的行为和结构特征，可以通过物理方法，如利用红外吸收光谱了解支化高分子的支链数和支链长度。通过对大分子溶胀度的测定探求网状高分子交联度的特征等。

设计的高分子链结构模型是可取的。即使有些偏差，也只是模型所反映事物与现实的出入，不是理论的缺点。当人们的认识深入到事物本质时，可以获得更加带有规律性的知识，就可能补偿或减少模型的偏差。上述链结构模型体现了人们对高分子结构的应有认识和带创造性思维的总和，是可变的形式。它的变化往往孕育着更潜在的丰富的知识和推断的可能性。

3. 高分子结构的发展趋势

高分子结构是极其复杂的，除上述的一次、二次、三次和高次结构，还涉及到混合物，如高分子合金、ABA 嵌段共聚物、ABS 接枝物、弹性纤维、分子混合物、聚合物无机矿物、杂化物交联等。

高分子结构的发展趋势正朝着功能高分子和智能高分子化的方向发展。长期以来，为满足材料性能的要求，通过以下基本途径来改变高分子的结构：

①选择新的均聚体、新的高分子链；

②利用共聚、将功能单体与普通单体共聚合；

③组成多组分体系，包括双组分和复合组分的共熔与混溶体系。

将高分子结构的发展趋势，表 4.1 中嵌段和接枝两种共聚物和共混物，也可划入高分子合金的结构范畴。

可以把通过聚合反应所得的高分子，在分子水平上控制其聚集态，使之生成高分子复合物。这种高分子复合物是由两种完全不同的高分子链，以氢键、库仑力、给电子体.受电子体相互作用力、范德华力、疏水键等次价键结合而成的聚集体。生物体内的一些反应以及生物化学的合成过程都是通过高分子复合物进行的。例如，酶促进反应的底物选择性、核酸聚合物的模板反应及信息传递、血红蛋白的构象效应、肌肉收缩等功能，都与高分子间的相互作用有关。由高分子复合物的结构推测，它们将具有极为有价值的特性。由于分子间相互作用的结果,使它们失去原子间的相互作用,降低了原有组分分子链的自由度,使高分子复合物获得了新的性能,如耐冲击性及耐热性;如果高分子链上的反应基团全部成键时,将会呈现出非溶解性而显示出优良的耐化学试剂性和稳定性;如果保留部分反应基团,则随其保留的程度可得到亲水性、染色性以及反应活性等。按指定性能合成高分子复合物,可以看成是迈出了实现高分子材料设计的重要一步,是实现各种功能高分子设计,各种智能高分子材料的高效方法。分离功能的高效化是分子分离识别物质的引入,如大环化合物冠醚等、环糊精、核糖蛋白二聚膜、层间化合物、金属配位化合物、酶、胶束催化剂等。

表 4.1 高分子结构的发展趋势

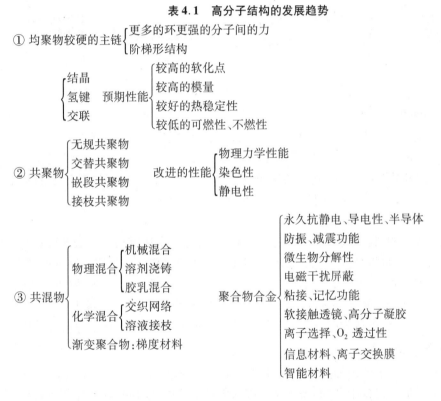

4.2 高分子材料的性质

高分子的品种繁多,性能各异。高分子的性能(或性质)是由它们的分子组成和结构、分子链的排列状态或聚集状态所决定的。分析和了解高分子的性质是十分必要的,这不仅是制备材料和改进其质量的需要,而且也是选择材料的加工方法和设备的需要。对高分子性质提出具体的要求,是进行高分子设计的第一步。通过高分子性质、高分子的结构和性质的关系,高分子的性质与材料的性能关系的分析,并根据不同用途的需要,对高分子提出一定性能的要求,看做是实现分子设计的前提。

4.2.1 高分子的性质

高分子的性质与高分子材料的性能同样都是宏观的物理量。高分子内在基本性能、加工性能和成品性能的关系,如图4.2所示。

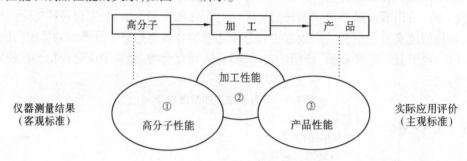

图4.2 高分子性能与加工性能的关系

1. 高分子的基本性质

高分子的基本性质也就是它本身的特性,如特性粘数值、溶解性、光学特性等。这些特性决定了它们的加工性质与产品性能,也决定了高分子加工过程的化学和物理行为,如高分子在加工过程中的稳定性,它们的应力-应变行为等。同时也根据高分子的基本内在性质选择和确定加工方法和条件。认识高分子的内在性质对高分子设计尤为重要,这些性质直接受高分子的结构所制约。

要了解高分子的内在性质,必须用各种仪器,通过化学方法或物理方法进行测定。根据测试的要求,首先要将高分子配制成溶液或加工成各种试样。在试样的制备过程中,高分子要经受各种外界条件作用,它的性质会受到外界条件的影响。因此,为便于比较,采用世界上通用的制备样品的方法和检测方法,如国际标准 ISO、国家标准 GB。排除样品在制造过程中的影响,可认为高分子的内在特性,仅取决于它本身的化学组成和结构。

2. 高分子的加工性质

所谓高分子的加工性质即高分子的可加工性,大多数高分子的加工是通过熔体或浓溶液进行的。在加工过程中,它们受各种温度和内外应力以及时间等因素的影响,每一种外界条件的作用对高分子结构都有影响。随着加工过程中种种条件的变化,高分子的内在性质也要改变。为排除多种因素的影响,常用加工过程的模拟试验方法按 ISO,GB 等国际标准或国家标准制成样品(产品),然后测定它们的加工性质。

3. 高分子的成品性能

高分子经加工制造为成品以后,成品的性能与原有高分子的性能有较大的区别。通常把成品性质分为三大类。即外观性质、耐久性和使用性能。进行高分子设计时,既要根据成品性能的要求,又要考虑高分子的基本特性,才能提出恰当的设计方案。如何利用高分子的内在基本性质和加工性质合理地制备产品是十分重要的。产品不良的原因究竟是选材不当和加工不善,还是属于其他原因,通过分析产品性能便可找到答案。

4.2.2　高分子性质的加和性

可以把高分子的性质换算为物质的量,并将其划分为以下三种范畴:

1. 依数性

高分子各种特性值在换算成摩尔的计算值时均相同,即高分子的特性数值依赖于物质的量,而与组成无关。凡属依数性的高分子性质均可用经验方法测定。实际上只有理想气体和理想溶液才具有这种特性。对高分子而言,只有渗透压、蒸汽压、沸点升高、冰点降低等渗透特性才具有依数性。

2. 加和性

在理想状态下,每摩尔高分子的某一性质是组成该分子的各种原子核或基团的同类性质的物质的量的总和。高分子的相对分子质量具有加和性,它是最精确的加和值。摩尔体积、摩尔热容、摩尔折射率等均具加和性。

3. 结构特性

这种性质完全由分子结构所制约,由分子结构来确定,高分子对光的选择性的吸收值和高分子的核磁共振谱都反映出典型的高分子结构特性。

高分子间和高分子内的作用力,对依数性、加和性和结构特性都有显著的影响,设计时应予以考虑。

在高分子设计中多利用加和性原理计算高分子的性质。高分子加和性处于依数性和结构特性的中间范畴。加和性原理是研究物理性质,其中包括高分子基本性质的较为有效的半经验方法。

具有加和性的高分子性质的摩尔函数可分为以下四类:

① 高相对分子质量与其结构单元的相对分子质量。依其定义为 $\sum A$, A 为原子量。这类函数与其结构单元有关。

② 摩尔内在性质,如摩尔体积、摩尔热容、摩尔熔化熵、摩尔内聚能、摩尔磁化率等具有加和性。它们的特性值往往是某一比例量与物质的量的乘积。例如,摩尔热容即为物质的量与比热容的乘积。这类加和性函数既有理论依据,又与实验值近似。

③ 具有一定理论基础的较为复杂的加和性摩尔函数,如摩尔折射率、摩尔极化率及摩尔声速函数(RaO 函数)。

④ 经验加和性函数,多是内在性质的某一函数与物质的量或摩尔体积的乘积。在相对的理论成熟之前,它们可作为计算的一种手段。这类型的函数往往受分子相互作用的影响,其中的函数有摩尔热膨胀系数、摩尔玻璃化转变温度、摩尔熔化转变温度、摩尔特性粘数、摩尔折射率(Vogel 函数)、摩尔粘度 - 温度函数、摩尔成焦倾向函数。

利用高分子加和性原理计算高分子的性质时,若用每摩尔高分子的性质来表示,可以用原子、基团或键对该性质贡献的总和来计算,即

$$F = \sum_i n_i F_i \tag{4.1}$$

式中,F 为高分子的摩尔特性值;n_i 为对某一性质作出贡献的 i 组分的数目;F_i 为 i 组分对

该性质贡献的物质的量值。

由于高分子是由重复结构单元(基本链节结构)组成的,其末端基团所起的作用不太重要,所以将其视为理想物质。可根据加和原理求出高分子链节结构中原子、基团或链的摩尔特性值,计算出高分子性质的物质的量。在多种情况下,通过加和原理得出某一性质的计算值和由实验获得的数值极为近似。这两种数值之间的出入是检验加和值准确程度的重要方法。

根据高分子结构和组成的特点,利用加和原理计算高分子性质时,可从原子贡献、基团贡献和键的贡献三种形式入手。所谓原子贡献,就是指高分子的基本性质是用组成该分子的原子对某性质的影响。基团贡献,即把一些有关的原子组合成基团,以基团为单位计算高分子的性质。不少研究人员均采用这种方法计算高分子的性质。所谓键贡献,就是以该种高分子中不同类型的化学键对某一性质的贡献作为计算基础。由于给定原子对相邻键的影响,同一种键对同种高分子性质的贡献不同。

从分子设计的实用出发,可认为基团贡献的方法最优越;应用原子贡献的方法过于简化,而采用化学键贡献的方法,又会涉及很多的不同键型和相邻原子的影响。

利用加和性的原理计算出的摩尔性质不完全精确,为提高其精确性可采取下列措施:

(1) 标准特性方法

此种方法是以某一种已知性质的精确数值作为依据,通过函数关系求出另一种性质。例如,已知光的折射率,求高分子的表面张力可用下式

$$r = \left[P/R(n^2 - 1)(n^2 + 2) \right]^4 \tag{4.2}$$

式中,r 为表面张力;P 为摩尔等张比体积;R 为 Lorentz – Lorenz 摩尔折射率;n 为光的折射率(折射指数)。

由式(4.2)可见,采用标准特性方法计算未知性质具有两个优点:其一,式中没有摩尔体积 V 的绝对值,即没采用 $r = (R/V)^4$,因为 V 值为加和值,可靠性不大;其二,上述公式很容易化为无因次组合,即

$$r^{1/4} \frac{R}{P} \Big/ \left[(n^2 - 1)(n^2 + 2) \right] = 1 \tag{4.3}$$

(2) 标准化合物方法

某种高分子的性质为未知的,但同类的另一种高分子的性质为已知的。将类似的高分子作为模型或标准(带有符号"0")计算未知性质。根据一般定律可写出如下关系

$$r/r_0 = \left[(P/P_0)(v_0/v) \right]^4 \tag{4.4}$$

利用上式即可求出另一种高分子的性质。

采用上述两种措施,使得利用加和性的方法计算出的高分子性质更为准确,所以扩大了加和原理的实用价值。

利用前述各种方法,有人已经计算出具有加和性的多种高分子的性质。其中有相对分子质量、摩尔折射率、摩尔介电率、摩尔磁化率、摩尔特性粘数等。

4.2.3 高分子性质的规律性

高分子组成是高分子材料性能的物质基础,高分子组成不同,自然性质也不相同。但是,组成相同的高分子在不同的条件下呈现出完全不同的性能。例如,聚甲基丙烯酸甲酯

在室温下是坚硬的。而在 100 ℃时是柔软的。说明温度改变了聚甲基丙烯酸甲酯的分子运动对外力的反应。由于热力学因素或结构因素,即由于物理因素或化学因素,可引起大分子链节或大分子的某一结构单元的分子运动。此外,复杂的大分子体系也在运动。各种分子的运动赋予高分子及其材料性能的多样性。而且从高分子间、高分子内的分子或链段的运动可以反映出高分子的结构和性能的关系。

4.3　高分子设计的理论基础

人们已经积累了大量的关于高分子链结构的性质、固体高分子的性质以及高分子溶液、熔体和晶体性质等资料,已经能够用定量或半定量的关系式来描述这些性质。

高分子的性质在一定程度上取决于其结构,高分子的结构是材料性能的物质基础。材料的综合性能的好坏对于应用是很重要的。有关的特性参数和结构参数,不仅可以使人们正确地选择和利用高分子,改变高分子的结构和性能,而且更重要的是可以用来设计并合成具有指定性能的高分子。

4.3.1　相对分子质量及分布

高分子的相对分子质量一般是在 $10^4 \sim 10^7$ 之间,除了少数几种天然高分子和利用阴离子进行计量聚合合成的高分子外,现有高分子的相对分子质量都是不均一的,具有多分散性。因此,高分子的相对分子质量具有统计意义。为了确切地描绘高分子的相对分子质量,还要给出它们的相对分子质量分布。相对分子质量分布的宽窄决定于高分子反应机理和条件、副反应,以及分离与净化过程中的降解交联及老化作用等因素。相对分子质量和均方末端距直接反映了高分子的分子大小和链的柔性。

相对分子质量和相对分子质量分布以及链的柔性表现出高分子的远程结构特性。由于高分子的长链结构,相对分子质量很大,与小分子相比,高分子的分子运动大致可分为两种尺寸的单元运动,即整个大分子链的运动和链段、链节和侧基的运动。高分子的分子运动、相对分子质量及其分布,对高分子的加工性能和材料的超分子结构以及材料的性能的优劣都有一定影响。它不仅是高分子设计的重要参数,而且也是探讨聚合反应机理、改进高分子材料的加工方法和产品质量的重要依据。

4.3.2　高分子链段长度和均方末端距

在进行分子设计时,不仅要知道组成高分子的基本成分和连接键的种类,而且要知道键长、键角、键的旋转势垒以及长链分子的色象等结构参数,利用链段长度和均方末端距可逐步求出有关数据。

4.3.3　高分子的密度,结晶度

1. 密度

高分子的密度是指在一定的温度(20 ℃)下,单位体积(1 cm^3)内大分子的质量(g)。

它的倒数称为比体积。计算高分子的热力学参数和特性时,均需密度的数据,密度直接与高分子结晶作用和结晶性有关。这些物理量对于高分子的玻璃态、橡胶态和晶态是各不相同的。高分子的密度、比体积和摩尔体积通属于高分子的体积性质。这种性质几乎出现于高分子中发生的各种现象和过程之中,因此是非常重要的高分子的属性。下面从分析基团对高分子体积的贡献,进一步说明摩尔体积与范德华体积之间的相关性。

2. 大分子的堆砌系数

范德华体积可认为是该分子占据的空间,常温下它不能被另一些分子穿过,此体积可理解为该分子被电子云所包围的体积。链节的范德华体积是加和值。大分子范德华体积是由原子或基团或链节的 范德华体积加和而得。大分子依范德华体积排列堆砌,虽然已达到最紧密的稳定状态,即使在低温时,大分子实际占有体积仍然超过范德华体积,此种关系可用堆砌系数来表示。

在结晶学密度值的基础上,根据 X 衍射结构分析,计算结晶高分子的堆砌系数。在 T_g 以下时,不同高分子的堆砌系数差不多,均在 0.667,$T = T_g$ 时,各种高分子的堆砌系数为 0.667;当温度低于 6 K 时,可用外推法求出高分子的 K 值,当温度趋近于零时,$K = 0.731$。

4.3.4　高分子的热转变温度

高分子化合物都有热转变温度,特别是非晶态高分子,可以得到明显的玻璃化转变温度 T_g,粘流温度 T_f;对晶态高分子还可以得到熔流温度,这些热转变温度将明显地影响聚合物的性能。

随着高分子链柔顺性降低,大分子极性和分子间作用力增强以及侧链体积和空间位阻增大,可使 T_g 升高。各种填加剂也将使高分子热转变温度发生变化。

高分子的多种性质,如光学性质、电学性质、力学性质、溶液性质都与 T_g 有密切关系。在 T_g 附近,各种性质都发生突变。因此,利用高分子热转变温度,特别是 T_g 的特性,并将有关 T_g 的各种现象用数学模型加以概括,可以得到有关的计算方程,定量地指导高分子的设计。

T_g 的测定方法有,热容法、热导法、热扩散法、热胀法和温度形变(比体积)法等,可以从实验教程和参考文献中查出或测定出。

4.3.5　高分子材料特性值

高分子结构一定,其光学、热学、电学、磁学、声学等物理特性值也一定。因此,可以用高分子材料的特性值来设计所需结构,指导高分子设计。

1. 光电磁特性值

光(电磁射线)和高分子相互作用产生的光学特性可由电导介电率、磁化率、折射率等测定。光的折射、散射、双折射,光的吸收和电、磁的光学现象都有助于我们认识分子结构。

2. 热学特性

高分子热学特性值在上节热转变温度中已述，主要有 T_g，T_m，T_f，这些特性可以由热分析和量热法测定，也可以通过热导和热重分析来确定，可以用一般的研究方法定量得出，还可以用可燃性、热降解、热裂解定量地给出有关信息与参数。

4.3.6　高分子溶液性质与内聚能密度

任何一个新的高分子合成出来后，都要找出溶解度谱，以便于从溶液性质深入地了解和认识其结构特性和应用。因此，可以通过溶解度谱定性地鉴别分析未知高分子，这是重要的鉴别手段，这也为高分子设计给出一个由定性到定量的方程、方法。

内聚能是以定量的方法表示聚合物的内聚性质的量的，单位体积的内聚能称为内聚能密度，内聚能密度的平方根称为溶度参数，溶度参数被广泛地用于鉴别聚合物 —— 溶剂相互作用的溶解关系，溶度参数可以更精确地分为三个分量，分别代表色散的、极性的和氢键的相互作用。

1. 内聚能

凝聚态物质的内聚能定义为 1 摩尔物质中除去全部分子间力，而使其等于内能 U 的增量 ΔU，$E = \Delta U (\mathrm{J \cdot mol^{-1}})$，即

$$E = E_d + E_p + E_b$$

式中，E_d 为色散力；E_p 为偶极力；E_b 为氢键力。

2. 溶度参数

P. A. Small 提出通过聚合物分子中各组分的摩尔引力常数计算总的溶度参数为

$$\delta = d \sum F / M。$$

式中，F 为聚合物的摩尔引力常数；d，M 为聚合物密度和相对分子质量。

高分子与溶剂的溶度参数相近相容，通过溶度参数可以设计出合理的高分子产品。

4.4　高分子设计方法

4.4.1　高分子设计与传统学科的关系

林尚安首先提出高分子合成、结构、性能和应用的四边形关系，如图 4.3 所示。高分子材料设计系统示意图，如图 4.4 所示。

4.4.2　高分子结构设计

1. 直接组合法

该法是由几种具有预定结构和反应活性的分子，通过反应拼合成目标分子。例如，要合成一种可室温交联固化的丙烯酸系涂料，这种涂料的性能要求是：

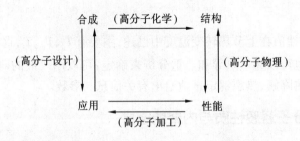

图 4.3　高分子设计概念示意图

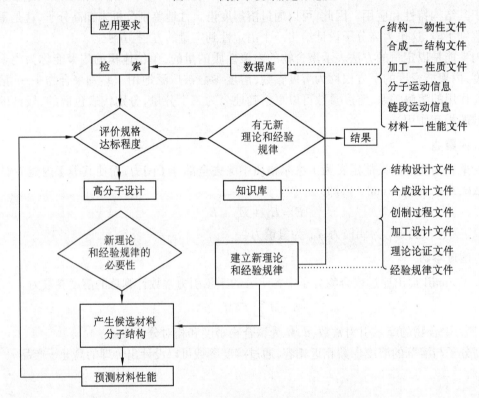

图 4.4　高分子材料设计系统示意图

① 漆膜需耐热、耐水、耐老化并有柔韧性；

② 成膜温度为 5 ~ 20 ℃；

③ 需在室温下形成螯合交联物。

与这种性能要求相对应的分子结构是：聚合物主链应由软、硬单体(如丙烯酸乙酯 M_1、甲基丙烯酸甲酯 M_2) 单元构成，且主链上需带有能与多价金属离子形成螯合结构的双羧基基团(如用甲基丙烯酸乙酰乙二醇双酯 M_3 作功能单体)。这几种单体按一定比例进行自由基乳液共聚，再加入多价金属盐在室温下交联固化后，就可得到满足上述指定性能的涂料。涂料的成膜温度可按组分与玻璃化转变温度(T_g) 定量设计，即

$$T_g = W_1/T_{g1} + W_2/T_{g2} + W_3/T_{g3} \tag{4.5}$$

式中，W_1, W_2, W_3 为各单体所占的质量分数；T_{g1}, T_{g2}, T_{g3} 为各单体均聚物的 T_g。

2. 逻辑中心法

该法是先确定目标分子(T),它可以从 M_1,M_2,M_3 等前体制得,而它们又分别各有一套前体(L),这样一直扩展至最容易得到的原料为止,即形成了一棵以 T 为根的倒生树(也称合成树或反向合成树),如图4.5所示。从枝叶(前体)到根(T)的途径就是一条可供选用的合成路线。根据示意图,如果不对合成树的枝叶加以剪裁,那么合成路线之多即使是最大最快的计算机也难以计算和筛选。因此在考虑前体时,常加以原料价格、收率、能耗、速度等的限制,对可能的前体和路线实行剪裁,在实施程序上再借助化学家的判断,以决定关键步骤的取舍,形成了称之为启发式的多步合成程序。若把所有的考虑都列到计算机程序中,则为一步合成程序。采用后者,再借助于反应原理、物性数据库和专家系统,已成功地解决了复杂有机化合物,如维生素 A 脱氧核糖核酸的自动合成问题。

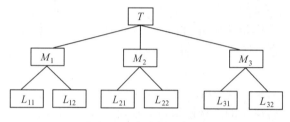

图 4.5　合成树示意图

3. 分子力场法

由于高分子的晶体结构涉及较多的元素、较多的原子与三维周期边界的分子链体系,所以在分子模拟中是用分子力学的方法来确定高分子晶体结构的。分子力学是用经典力学的观点描述分子中原子的拓扑结构,是通过分子力场这个分子模拟的基石来实现的。分子力场是原子尺度上的一种势能场,由一套势函数与一套力常数构成。由此描述特定分子结构的体系能量。该能量是分子体系中成键原子内坐标的函数,也是非键原子对距离的函数。最早分子力学的方法可以追溯到双原子分子振动光谱的计算。该方法依赖于选择的一套势函数及对照实验得到的一套力常数,从给定的分子体系原子的空间坐标的初值,求得分子力场描述的体系总能量对原子坐标的梯度,就可以通过多次迭代的数值算法来得到合理的分子体系的结构。在物理上十分清楚的方法能否用到材料科学领域,关键在于分子力场能否描述广泛的材料分子。

近年来分子力场的发展使分子力学有了用武之地,使计算机模拟方法,从不便区别化学特征的理论物理研究小组,进入了能在化学上区别高分子材料的分子设计实验室。早期的分子力场,如 CFF,MM_2,MMP_2,MM_3 等,仅能够描述有限的几种元素与一些轨道杂化的原子。它们虽在物理化学研究领域中有很多应用,但还不能满足材料科学发展的需要。20 世纪 90 年代以来发展的 DREIDING,UFF 和 COMPASS 分子力场,几乎能够描述整个元素周期表的元素。原子成键杂化的种类包括大量复杂的环化合物,以及许多金属有机化合物,从而使基于分子力场的分子力学方法、分子动力学方法与分子蒙特卡罗方法成为材料科学家的有利武器。

4. 晶体结构的模拟法

用分子力学优化体系的能量时,体系结构在优化中演变的途径与初值有关。因为亚稳态与全局最稳态之间有较高的位垒,而分子力学方法不具备翻越位垒的能力,因此必须建立一组合理的高分子晶体初始模型来进行该晶体结构的计算机模拟。该组模型必须从三个层次考虑:一是分子链构象序列,二是分子链间排列方式,三是分子链在晶格中的充填方式。下面以聚对苯基苯并二噁唑(PBZO)为例展开讨论。聚对苯基苯并二噁唑的化学结构,如图4.6所示。

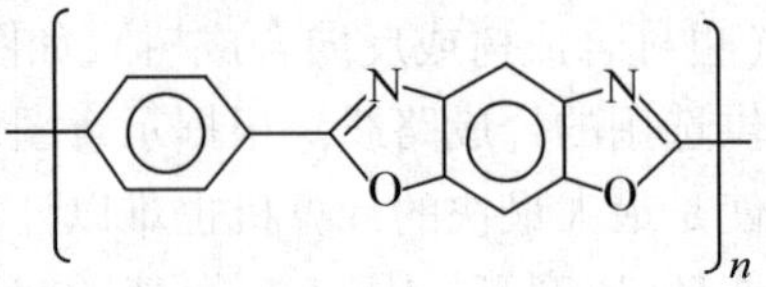

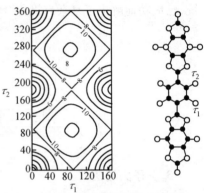

图4.6 聚对苯基苯并二噁唑的化学结构

由于 PBZO 具有 370 GPa 的模量几乎是钢模量的两倍,因而颇受重视。然而因实验上的困难,晶体结构尚未完全确定。用分子模拟法研究,首先要考虑分子链的构象。在 PBZO 分子链上,化学重复单元由一个对苯基和一个杂环构成。杂环的结构中没有 σ 键,像刚体一样,因此,局部构象结构是由对苯基 σ 键的内旋转和杂环 σ 键的内旋转决定的。从模型化合物得到其局部构象能量等势图,如图4.7所示。构象能量最低点出现在二面角为 0° 或 180° 时的结构。这说明在 PBZO 的重复单元中,苯环与杂环基本上是共面的。一般来说,一种分子链的化学重复单元未必是晶体构象的重复单元。例如,全同立构聚丙烯,化学重复单元是

图4.7 聚对苯基苯并二噁唑模型化合物的构象能量等势图

$+CH_2—CH(CH_3)+$,而构象重复单元是三个化学重复单元在确定的二面角序列下构成的"3/1 螺旋结构"。由于杂环是链轴方向不对称的,杂环的一种取向确定后,相邻化学单元杂环的取向相同还是不同,必然沿分子链有顺式序列与反式序列的差别,如图4.8所示。该差别使结构沿链轴的重复周期发生了变化。因此,要考虑顺式序列与反式序列两种构象重复单元。

在分子链排列方式上,可以有两个链间相对取向的差别。从晶格的三维无限有序出发,分子链轴之间应当是平行的。两个链间相对取向的差别是指:

①在分子链结构沿链轴方向不对称时,该分子链就有一个"链方向",该方向在链间排列中可以不同(如全同立构聚丙烯的 α 晶型);

②在单元的化学结构沿链轴方向不对称时,该分子链就有一垂直链轴的"横方向",该方向在链间排列中也可以不同。对于 PBZO,分子链只是有"横方向",并且该方向又与杂环上形成的偶极方向相同(图4.8),因此在建立模型时要考虑到横方向的取向差别。

分子链在晶格中的充填方式与晶胞中的分子链数和分子链在晶胞中的位置有关。当晶胞中只有一条链时,分子链的摆放位置没有差别。当晶胞中有两条链时,一条分子链放在晶胞的角落(0,0),另一条可以放在晶胞的中心(1/2,1/2),或者放在一个边的中间(0,1/2),如图4.9所示。

根据上述三个层次的考虑,可以设定图4.10所示的 10 个模型来进行 PBZO 晶体结

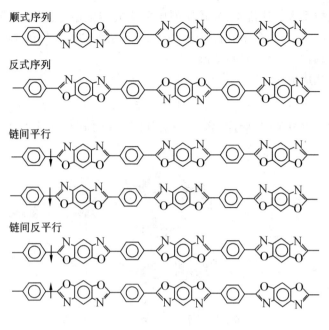

图 4.8　构象序列的差别与横方向取向的差别

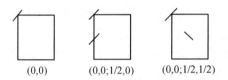

图 4.9　分子链在晶格中充填方式上的差别

构的分子模拟。这 10 个模型在顺式与反式的构象序列、"横方向"平行与反平行的链间排列、晶胞中含有一条链还是两条链及两条链在晶胞中的位置等方面都有区别。

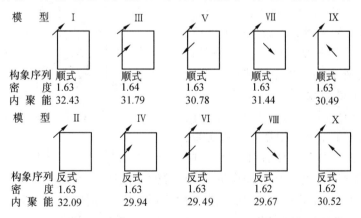

图 4.10　聚对苯基苯并二恶唑(PBZO)的晶体模型

通过分子力学体系能量的优化过程,从初值出发得到了 10 个晶体模型最稳定的三维无限的晶体结构,从而得到了各个模型的稳定结构的晶胞参数、密度、内聚能等。结果表明,大多顺式模型的密度都比相应的反式模型大,更接近实验值;所有顺式模型的内聚能都比相应的反式模型大。这说明,顺式模型比反式模型更稳定;具有"横方向"平行链间排列的比反平行的稳定;两条链在晶胞中"角""边"位置的比在"角""心"的稳定。结果还表明,晶胞中只有一个链比有两个链的更稳定。

5. 力学性质的模拟法

晶体的力学性质可以通过分子力学得到。通过 Dreiding 力场得到了聚乙烯、聚对苯二甲酰对苯二胺与聚对苯甲酰胺的晶体结构,如图 4.11 所示。该结果与实验值的差别小于 3%。

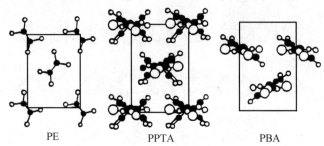

PE   PPTA   PBA

图 4.11 模拟的聚乙烯(PE)、聚对苯二甲酰对苯二胺
(PPTA)和聚对苯甲酰胺(PBA)的晶体结构

在合适的分子力场中,分子链在三维周期边界条件下能形成三维无限有序的晶体。模拟该晶体模量的方法是,在各个方向上分别加一定的拉力、压力或剪切力,整个晶体就会在新的相互作用力场中平衡,从而有相应的形变。晶体的形变 Δl 将由分子内键长 Δr、键角 $\Delta \phi$、扭转角 $\Delta \tau$ 等的形变实现,可用下式表示

$$\Delta l = \sum_i \frac{\partial l}{\partial r_i} \Delta r_i + \sum_j \frac{\partial l}{\partial \phi_j} \Delta \phi_j + \sum_k \frac{\partial l}{\partial \tau_k} \Delta \tau_k \qquad (4.6)$$

加外力之前,晶格中分子链上的每一个原子已经在分子内与分子间的相互作用力下处于稳定势阱的平衡点。施加外力之后,分子链上每一个原子将在分子内及分子间相互作用力与外力构成的新的势能面上滑向新的平衡点(图 4.12)。在晶体上所加的力是已知的,受力后晶体的形变可以从平衡后的晶体结构中量出来。根据计算机实验,就可以绘制出该高分子晶体各种应力 - 应

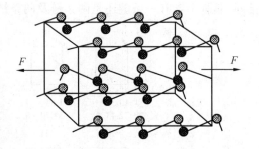

图 4.12 模拟高分子晶体受力形变的示意图

变曲线,从而得到比较可靠的各种模量或各向异性弹性常数,见表 4.2。

由上所述可知,分子模拟方法能预报实验难以测定的晶体结构力学性质。国际上新开发的高性能宇航树脂材料 PBZO 与聚对苯撑苯并二噻唑(PBZT)很难制备成三维有序的样品。分子模拟方法却可以预报出它们合理的晶体结构 PBZT 的结构,如图 4.13 所示,并进而预报其力学性质。

表 4.2　高分子晶体的各向异性弹性常数

弹性常数 聚合物	E_x	E_y	E_z	G_{yz}	G_{xz}	G_{xy}	μ_{xy}	μ_{zx}	μ_{yx}
PE	10.7	8.4	279.5	3.7	1.5	8.3	0.215	0.025	0.472
PBA	12.8	60.8	322.3	14.0	0.9	8.9	0.259	0.331	0.872
PPTA	14.9	80.1	335.7	15.4	0.7	5.2	0.199	0.496	0.717

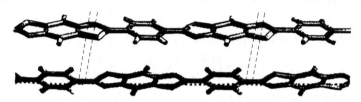

图 4.13　模拟的聚对苯撑苯并二噻唑(PBZT)在稳定晶体中的分子链

4.4.3　高分子功能设计

1. 非线性光学效应

光在介质中传播时会使介质电极化,电极化强度 P 与光频电场 E 之间呈正幂级数关系,即

$$P = \chi^{(1)} E + \left(\frac{1}{2!}\right) \chi^{(2)} E \cdot E + \left(\frac{1}{3!}\right) \chi^{(3)} E \cdot E \cdot E + \cdots \qquad (4.7)$$

同理,分子的微观电极化强度

$$p = \alpha E + \left(\frac{1}{2!}\right) \beta E \cdot E + \left(\frac{1}{3!}\right) \gamma E \cdot E \cdot E + \cdots \qquad (4.8)$$

式中,$\chi^{(1)}$,α 分别为介质和分子的线性极化率;$\chi^{(2)}$,$\chi^{(3)}$,$\cdots$ 及 β,γ $\cdots$ 分别为介质和分子的二阶、三阶非线性极化率;各项系数的数值大体逐项下降 6 个数量级。

本节讨论的电光聚合物之二阶非线性光学特性就源于上述泰勒展开式中第二项的贡献。$\chi^{(2)}$ 和 β 均为三阶张量。由张量定义可知,通常一种材料要显示宏观二阶光学非线性,其分子和其集合体都应是非中心对称的。

为了使无定形聚合物满足非中心对称的条件,必须使其所含生色团分子具有一定的有序取向,这可通过"极化"技术实现。如图 4.14 所示,把含偶极生色团分子的玻璃态聚合物溶解后制成的薄膜加热到玻璃化转变温度 T_g 附近时,体系中的生色团分子可以自由

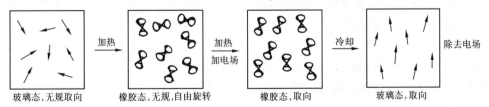

图 4.14　极化过程示意图

（箭头方向为生色团分子偶极方向）

转动。此时在膜上外加一强电场,生色团的偶极将沿外电场方向取向。经一定时间的极化,让膜冷却到室温附近,然后除去电场,生色团的取向便"冻结"下来。这样,薄膜就成为宏观统计非中心对称体系。根据一维刚性取向气体模型,极化聚合物的宏观二阶极化率$\chi^{(2)}$和生色团分子β值之间的关系可以表示为

$$\chi^{(2)} = NF\beta\langle\cos^3\theta\rangle \tag{4.9}$$

式中,N为生色团数密度;F为包括所有的局域场校正因子;$\langle\cos^3\theta\rangle$为生色团偶极的平均取向因子。

在考虑了生色团分子间静电排斥作用后,$\langle\cos^3\theta\rangle$可表示为

$$\langle\cos^3\theta\rangle = \left(\frac{\mu E_p f(0)}{5kT}\right)\left[1 - L^2\left(\frac{W}{kT}\right)\right] \tag{4.10}$$

式中,E_p,T为极化电场强度和极化温度;μ为分子偶极矩;$f(0)$为静电场下的局域场校正因子;$L(W/kT)$为以W/kT为变量的Langevin函数;W为统计平均相互作用能。

W由生色团分子间的取向力、诱导力和色散力三部分的加和表示,即

$$W = \frac{1}{R^6}\left(\frac{2\mu^4}{3kT} + 2\mu^2\alpha + \frac{3I\alpha^2}{4}\right) \tag{4.11}$$

式中,R为生色团分子间平均距离;α为分子线性极化率;I为分子电离势。

根据上述模型,为了得到更大的宏观非线性,就必须提高聚合物膜中的N,β以及$\langle\cos^3\theta\rangle$。一般用$\mu\beta/MW$($MW$为生色团的相对分子质量)作为表征极化聚合物生色团好坏的品质因数。初步估算表明,满足实用器件要求的生色团的$\mu\beta$至少应在500×10^{-48}esu以上。目前已经设计和合成出来许多达到甚至比上述值大1个数量级以上的生色团,然而它们都有大的偶极矩。随着N的增加(等价于分子间平均距离减小),分子间形成不贡献于膜宏观非线性之中心对称分子聚集结构的趋势大大增加,式(4.10)中的后一项将很快趋于零,导致极化效率降低。因此N和$\langle\cos^3\theta\rangle$之间必须优化,以使材料的电光系数进一步提高而满足集成器件低驱动电压的要求。由此表明,提高生色团有效β值应是首要目标。与此同时,一些其他的因素也必须考虑。

2. 电导率

高的室温电导率是导电高聚物追求的基本物理性能之一。通常,电导率与载流子的浓度(n)和迁移率(μ)的关系为

$$\sigma = ne\mu \tag{4.12}$$

其中e为电子电荷。实验发现掺杂度决定了载流子的浓度。而载流子的迁移率却依赖于载流子的性质和传导的性能。实验发现,导电高聚物的载流子的迁移率是由载流子在链上和链间的传导决定的。载流子在链上的传导是与导电高聚物的主链结构和π.共轭程度有关,而载流子在链间的传导主要由链间的相互作用决定。所以提高导电高聚物的掺杂度,导电高聚物的共轭程度,以及链间的有序排列和结晶度是提高导电高聚物导电率的有效途径。

3. 三阶非线性光学效应

快速响应和高的三阶非线性光学系数($\chi^{(3)}$)是导电高聚物的基本性能之一。根据

Sauterret 简单的一维电位模型揭示,导电高聚物的三阶非线性光学系数来自共轭高聚物 π。电子的贡献,并且三阶分子微观极化率(γ)满足如下方程,即

$$\gamma_z \propto \frac{e^{10}}{\sigma}\left(\frac{a_0}{d}\right)^3 \frac{1}{E_g^6} \tag{4.13}$$

式中, a_0 为玻尔半径; d 为 C-C 平均距离; σ 为链的横截面积; E_g 为禁带宽度。

由上式可以看出,增大导电高聚物的 π. 电子共轭程度和降低能隙是提高导电高聚物的三阶非线性光学系数的重要途径。

4. 磁学性能

导电高聚物的磁化率是由与温度有关的居里磁化率(χ_C)和与温度无关的泡利磁化率(χ_P)组成,即

$$\chi = \chi_C + \chi_P \tag{4.14}$$

$$\chi_C = C/T \tag{4.15}$$

$$C = N_C \mu_B^2 / 3K_B \tag{4.16}$$

$$\chi_P = \mu_B^2 N(E_F) \tag{4.17}$$

式中, C 为居里常数; N_C 为居里自旋数; μ_B 为玻尔磁子; $N(E_F)$ 为 Fermi 能级附近的态密度。

事实上,泡利磁化率是与金属性相关的,从式(4.15) ~ 式(4.17) 可以看出,减少居里自旋数(N_C)和增加 Fermi 能级附近的态密度是提高导电高聚物金属性(增大 χ_P)的有效途径。实验发现,掺杂之后形成的载流子是具有自旋的(双极化除外)。从化学的观点看,具有自旋的载流子可以看成自由基。众所周知,铁磁体的分子设计必须含有稳定的自由基(这是形成有机铁磁体的必要条件),而且这些自由基的自旋排列必须有序化(这是形成有机铁磁体的充分条件)。为此,掺杂后形成的载流子的自旋若能部分或全部取向则导电高聚物可具有铁磁性。另外,若在共轭的高聚物主链上引入含自由基的基团(如稳定的氮氧自由基),并且这些自由基的自旋能有序排列,也会呈现铁磁性。事实上,已经发现含氮氧自由基为侧基的聚乙炔具有铁磁相互作用。日本科学家发现间位聚苯胺(m – PANI) 以及共聚物是有铁磁相互作用的。

第5章 复合材料设计基础

5.1 复合材料设计概述

5.1.1 复合材料定义及分类

大自然中存在着很多天然的复合材料,如木材、竹子、岩石及动物身上的血管、骨骼、肌肉等。近代复合材料的概念主要是指由人工复合而成的材料。因此复合材料可定义为:由两种或两种以上物理、化学性质不同的物质经人工组合而得到的多相固体材料。复合材料的性能比组分材料的性能好,具有复合效果,即复合材料有相互取长补短的良好综合性能。目前工程上使用的玻璃纤维增强塑料已相当普遍,继玻璃纤维增强塑料以后,20世纪60年代初出现了用比强度(强度与密度之比)和比模量(模量与密度之比)较高的碳纤维、硼纤维增强的复合材料,接着又出现了由许多新型纤维,如芳纶、碳化硅纤维、氧化铝纤维等增强的复合材料,这类纤维增强的复合材料通常称为先进复合材料。

复合材料的种类繁多,分类方法不尽统一,常见的分类方法有以下几种:

1. 按作用分类

按材料的作用分类,可分为结构型复合材料和功能型复合材料。前者是用于工程结构可承受外载荷的材料,主要使用其力学性能;后者则为具有各种独特物理性质的材料,主要发挥其功能特性。图5.1为这种分类的详细示意图。

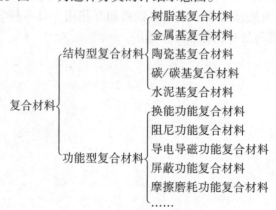

图 5.1 复合材料按材料的作用分类

2. 按基体分类

按基体材料分类,可分为树脂基、金属基、陶瓷基、碳/碳基复合材料。其中树脂基复合材料一般用代号 RMC 表示；金属基复合材料用代号 MMC 表示；陶瓷基复合材料用代号 CMC 表示。

3. 按增强材料分类

按增强材料的形状分类，复合材料可分为颗粒增强复合材料与纤维增强复合材料。图 5.2 表示增强复合材料的分类。

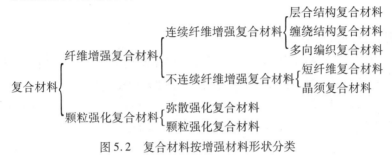

图 5.2　复合材料按增强材料形状分类

5.1.2　复合材料的力学特性

复合材料不仅保持原组分材料的部分优点和特性，而且还可借助于对组分材料、复合工艺的选择与设计，使组分材料的性能相互补充，从而显示出比原有单一组分材料更为优越的性能。除性能可设计外，各种类型的复合材料，尤其是先进复合材料还具有优异的力学性能、物理性能和工艺性能。

1. 性能的可设计性

复合材料最显著的特性是其性能（包括力学性能、物理性能、工艺性能等）在一定范围内具有可设计性，可以通过选择基体、增强材料的类型和数量及增强材料在基体中的排列方式及基体与增强材料之间的界面性质等因素，来获得常规材料难以提供的某一性能或综合性能。

2. 比强度高、比模量高

纤维增强塑料是由高强度、脆性、低密度的纤维材料与低强度、低模量、低密度、韧性较好的树脂基体所组成。这种复合材料具有较高的比强度和比模量，见表 5.1。

表 5.1　常用金属材料与复合材料的性能对比

材料	密度 /$(kg \cdot m)^{-3}$	抗拉强度 /MPa	拉伸模量 /GPa	比强度 /$\times 10^6 \cdot cm^{-1}$	比模量 /$\times 10^8 \cdot cm^{-1}$
碳纤维/环氧	1.6	1 800	128	11.3	8.0
芳纶/环氧	1.4	1 500	80	10.7	5.7
硼纤维/环氧	2.1	1 600	220	7.6	10.5
碳化硅/环氧	2.0	1 500	130	7.5	6.5
石墨纤维/环氧	2.2	800	231	3.6	10.5
钢	7.8	1 400	210	1.4	2.7
铝合金	2.8	500	77	1.7	2.8
钛合金	4.5	1 000	110	2.2	2.4

纤维增强塑料之所以具有相当高的比强度,一是由于组成这种材料的组分材料密度都较低;二是由于纤维具有很小的直径,其内部缺陷比块状形式的材料少得多,所以强度较高。复合材料的比强度高,意味着相同强度下,材料的质量小;或相同质量下材料的强度比其他材料高。比模量高意味着相同模量下,材料的质量比其他材料小。复合材料的比强度、比模量高可以减轻构件的重量,这对于航空、航天、造船、汽车等部门具有极为重要的意义。

3. 抗疲劳性能好、安全性好

复合材料具有高疲劳强度。例如,碳纤维增强聚酯树脂的抗疲劳强度为其拉伸强度的 70% ~ 80%,而大多数金属材料只有其抗拉强度的 40% ~ 50%。

纤维增强复合材料是由大量的单根纤维合成,受载后即使有少量纤维断裂,载荷会迅速重新分配,由未断裂的纤维承担,这样可使丧失承载能力的过程延长,表明断裂安全性能较好。

工程结构、机械及设备的自振频率除与本身的质量和形状有关外还与材料的比模量的平方根成正比。复合材料具有高比模量,因此也具有高自振频率,这样可以有效地防止在工作状态下产生共振及由此引起的早期破坏。同时,复合材料中纤维和基体间的界面有较强的吸振能力,表明它有较高的振动阻尼,故振动衰减比其他材料快。

5.1.3 物理性能

复合材料还具有优异的物理性能,如密度低、热膨胀系数小、导热、导电、吸波、换能、耐烧蚀、耐冲击、抗辐射及其他特殊的物理性能。通过调整增强材料的数量和在基体中的排列方式,可有效降低复合材料的热膨胀系数,甚至在一定条件下可实现零膨胀系数,这对于保持在诸如交变温度作用等极端环境下工作的构件的尺寸稳定性有特别重要的意义。金属基复合材料中尽管加入的增强材料大都为非金属材料,但仍可保持良好的导电和导热特性,这对扩展其应用范围非常有利。抗冲刷、耐烧蚀是陶瓷基复合材料和碳/碳复合材料作为高温防热结构材料使用时特别注重的性能。

此外,基于不同材料复合在一起所具有的导电、导热、压电效应、换能、吸波及其他特殊性能,近年来相继开发了复合压电材料、导电和超导材料、磁性材料、摩擦和磨耗材料、吸声材料、隐身材料以及各种敏感换能材料等一大批功能型复合材料,其中许多材料已在航天、航空、能源、电子、电工等工业领域获得实际应用。

5.2 连续纤维增强塑料力学基础

5.2.1 单层板的刚度和强度

1. 单层的正轴刚度

单层的正轴刚度是指单层在正轴即单层材料的弹性主方向上,显示的刚度性能,如图

5.3 所示。在单层板的宏观力学分析中引入下述假定:与单层板法线方向(n 方向)有关的应力与单层板面内(L, T 坐标面)的应力分量相比很小,可以忽略不计,于是对单层板的分析简化为二维广义平面问题。事实上该假定与实际符合得很好,表达刚度性能的参数是由应力应变关系确定的。

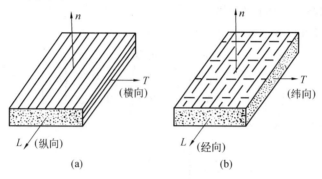

图 5.3　单层的弹性主方向

图 5.3 中标出了单层在正轴平面应力状态下的三个应力分量。其应力符号规定如下:正面正向或负面负向为正,否则为负。正面是指该面的外法线方向与坐标轴方向一致,否则为负面。正向是指应力方向与坐标方向一致,否则为负向。图 5.3 中标出的应力分量均为正值。由于本书研究的复合材料限于弹性与小变形情况下,所以材料力学中的应变叠加原理仍适用于复合材料。即所有应力分量引起的某一应变分量等于各应力分量引起的该应变分量的代数和。而且在正轴方向一点处的线应变只与该点处的正应力有关,而与剪应力无关。同理,该点处的剪应变也仅与剪应力有关。

由 σ_1 引起的应变为

$$\varepsilon_1^{(1)} = \frac{1}{E_L}\sigma_1 \qquad \varepsilon_2^{(1)} = -\frac{\nu_L}{E_L}\sigma_1 \tag{5.1}$$

由 σ_2 引起的应变为

$$\varepsilon_1^{(2)} = -\frac{\nu_T}{E_T}\sigma_2 \qquad \varepsilon_2^{(2)} = \frac{1}{E_T}\sigma_2 \tag{5.2}$$

而由 τ_{12} 引起的应变为

$$\gamma_{12} = \frac{1}{G_{LT}}\tau_{12} \tag{5.3}$$

综合式(5.1) ~ (5.3)利用叠加原理即可得到正轴应变. 应力关系式

$$\begin{cases} \varepsilon_1 = \dfrac{1}{E_L}\sigma_1 - \dfrac{\nu_T}{E_T}\sigma_2 \\[2mm] \varepsilon_2 = -\dfrac{\nu_L}{E_L}\sigma_1 + \dfrac{1}{E_T}\sigma_2 \\[2mm] \gamma_{12} = \dfrac{1}{G_{LT}}\tau_{12} \end{cases} \tag{5.4}$$

式中,E_L 为纵向弹性模量;E_T 为横向弹性模量;ν_L 为纵向泊松比,即由纵向应力引起横向应变的耦合系数;ν_T 为横向泊松比,即应力引起纵向应变的耦合系数。

所有这些量称为单层的正轴弹性常数,共有 5 个。可以证明,前 4 个弹性常数间存在一个关系式

$$\frac{\nu_L}{\nu_T} = \frac{E_L}{E_T} \tag{5.5}$$

因此,独立的工程弹性常数只有 4 个。

将式(5.4)可以写成矩阵形式,即

$$\begin{Bmatrix} \varepsilon_1 \\ \varepsilon_2 \\ \gamma_{12} \end{Bmatrix} = \begin{bmatrix} 1/E_L & -\nu_T/E_T & 0 \\ -\nu_L/E_L & 1/E_T & 0 \\ 0 & 0 & 1/G_{LT} \end{bmatrix} \begin{Bmatrix} \sigma_1 \\ \sigma_2 \\ \tau_{12} \end{Bmatrix} \tag{5.6}$$

其中系数矩阵分量可写成

$$\begin{cases} S_{11} = \dfrac{1}{E_L} \\ S_{22} = \dfrac{1}{E_T} \\ S_{66} = \dfrac{1}{G_{LT}} \\ S_{12} = -\dfrac{\nu_T}{E_T} \\ S_{21} = -\dfrac{\nu_L}{E_L} \end{cases} \tag{5.7}$$

这些分量称为柔度系数。用柔度系数表示的应变. 应力关系为

$$\begin{Bmatrix} \varepsilon_1 \\ \varepsilon_2 \\ \gamma_{12} \end{Bmatrix} = \begin{bmatrix} S_{11} & S_{12} & 0 \\ S_{21} & S_{22} & 0 \\ 0 & 0 & S_{66} \end{bmatrix} \begin{Bmatrix} \sigma_1 \\ \sigma_2 \\ \tau_{12} \end{Bmatrix} \tag{5.8a}$$

简写为

$$\{\varepsilon_1\} = [S]\{\sigma_1\} \tag{5.8b}$$

上式求逆可得应力 – 应变关系式

$$\begin{Bmatrix} \sigma_1 \\ \sigma_2 \\ \tau_{12} \end{Bmatrix} = \begin{bmatrix} Q_{11} & Q_{12} & 0 \\ Q_{21} & Q_{22} & 0 \\ 0 & 0 & Q_{66} \end{bmatrix} \begin{Bmatrix} \varepsilon_1 \\ \varepsilon_2 \\ \gamma_{12} \end{Bmatrix} \tag{5.9a}$$

简写为

$$\{\sigma_1\} = [Q]\{\varepsilon_1\} \tag{5.9b}$$

其中系数矩阵各分量与工程弹性常数的关系如下

$$Q_{11} = mE_L; \quad Q_{22} = mE_T; Q_{66} = G_{LT}; \quad Q_{12} = m\nu_T E_L; \quad Q_{21} = m\nu_L E_T \tag{5.10}$$

这些量称为刚度系数,其中

$$m = (1 - \nu_T\nu_L)^{-1} \tag{5.11}$$

显然,刚度系数与柔度系数之间存在互逆关系,即

$$[Q] = [S]^{-1} \tag{5.12}$$

由式(5.7)、式(5.10)知,柔度系数和刚度系数均由工程弹性常数决定。因此,各自独立的弹性系数也为 4 个。可以证明,刚度系数或柔度系数存在如下对称关系式

$$Q_{21} = Q_{12}; S_{21} = S_{12} \tag{5.13}$$

通常,单层的正轴刚度是用试验方法测定工程弹性常数。由于独立的工程弹性常数为 4 个,故只需测试 4 个即可。一般测试 E_L, E_T, G_{LT}, ν_L。由于 ν_T 比较小,不容易测准,故利用式(5.5)计算求得。

2. 单层的偏轴刚度

像单层的正轴刚度一样,单层的偏轴刚度也是由单层在偏轴状态下的应力 – 应变关系来确定的。但是偏轴下的刚度不宜像正轴刚度那样通过试验测定,而是应力与应变的转换公式计算所得。

（1）应力转换与应变转换

同材料力学一样,应力转换公式是根据静力平衡条件推得,而应变转换公式是利用几何关系推得的。

如图5.4所示为单层微元体的偏轴应力状态。图中标出的均为正方向应力。根据静力平衡条件 $\sum F_1 = 0$,得

$$\sigma_1 = \sigma_x \cos^2 \theta + \sigma_y \sin^2 \theta + 2\tau_{xy} \sin \theta \cos \theta$$

用 $\theta + 90°$ 代替上式中的 θ 很容易得到 σ_2;再通过静力平衡条件,$\sum F_2 = 0$,可得到 τ_{12}。

归纳起来可得到由偏轴应力求正轴应力(称应力正转换)的公式,即

$$\left\{ \begin{array}{c} \sigma_1 \\ \sigma_2 \\ \tau_{12} \end{array} \right\} = \left[\begin{array}{ccc} m^2 & n^2 & 2mn \\ n^2 & m^2 & -2mn \\ -mn & mn & m^2 - n^2 \end{array} \right] \left\{ \begin{array}{c} \sigma_x \\ \sigma_y \\ \tau_{xy} \end{array} \right\} \tag{5.14a}$$

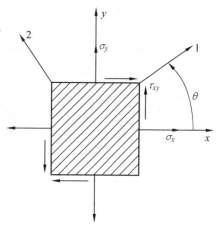

图 5.4　单层的偏轴应力

上式可简写为

$$\{\sigma_1\} = [T]_\sigma \{\sigma_x\} \tag{5.14b}$$

$$m = \cos \theta; \quad n = \sin \theta \tag{5.15}$$

式中 θ 为铺层角,它表明材料的弹性主方向与坐标轴之间的夹角,即 1 轴与 x 轴之间的夹角,规定,参考坐标 x 轴至 1 轴逆时针转向为正,反之为负。所以当应力由正轴向偏轴转换时,只需用 $-\theta$ 代替 θ 即可。

$$\left\{ \begin{array}{c} \sigma_x \\ \sigma_y \\ \tau_{xy} \end{array} \right\} = \left[\begin{array}{ccc} m^2 & n^2 & -2mn \\ n^2 & m^2 & 2mn \\ mn & -mn & m^2 - n^2 \end{array} \right] \left\{ \begin{array}{c} \sigma_1 \\ \sigma_2 \\ \tau_{12} \end{array} \right\} \tag{5.16a}$$

上式简写为

$$\{\sigma_x\} = [T]_\sigma^{-1}\{\sigma_1\} \tag{5.16b}$$

根据材料力学中的应变转换公式推导方法,可推得偏轴应变求正轴应变(称应变正转换)的公式如下

$$\begin{Bmatrix} \varepsilon_1 \\ \varepsilon_2 \\ \gamma_{12} \end{Bmatrix} = \begin{bmatrix} m^2 & n^2 & mn \\ n^2 & m^2 & -mn \\ -2mn & 2mn & m^2-n^2 \end{bmatrix} \begin{Bmatrix} \varepsilon_x \\ \varepsilon_y \\ \gamma_{xy} \end{Bmatrix} \tag{5.17a}$$

上式简写为

$$\{\varepsilon_1\} = [T]_\varepsilon\{\varepsilon_x\} \tag{5.17b}$$

以 $-\theta$ 代替上式中的 θ 可得由正轴应变求偏轴应变(称应变负转换)公式,即

$$\begin{Bmatrix} \varepsilon_x \\ \varepsilon_y \\ \gamma_{xy} \end{Bmatrix} = \begin{bmatrix} m^2 & n^2 & -mn \\ n^2 & m^2 & mn \\ 2mn & -2mn & m^2-n^2 \end{bmatrix} \begin{Bmatrix} \varepsilon_1 \\ \varepsilon_2 \\ \gamma_{12} \end{Bmatrix} \tag{5.18a}$$

上式可简写为

$$\{\varepsilon_x\} = [T]_\varepsilon^{-1}\{\varepsilon_1\} \tag{5.18b}$$

上述转换公式中的 $[T]_\sigma$,$[T]_\sigma^{-1}$,$[T]_\varepsilon$,$[T]_\varepsilon^{-1}$ 称为转换矩阵。它们之间存在如下关系

$$[T]_\sigma^T = [T]_\varepsilon^{-1};\quad [T]_\varepsilon^T = [T]_\sigma^{-1} \tag{5.19}$$

上式可知,只要4个转换矩阵中的任何一个已知,则其他3个均可通过式(5.19)求得,也即所有应力转换、应变转换关系确定。

(2)单层的偏轴应力－应变关系

处于平面应力状态的单层,偏轴应力－应变关系是利用上述转换关系和正轴应力－应变关系推得的。将式(5.9)代入式(5.16)并考虑式(5.17)和式(5.19)得

$$\{\sigma_x\} = [T]_\varepsilon^T[Q][T]_\varepsilon\{\varepsilon_x\} \tag{5.20}$$

将上式中偏轴应变的系数矩阵相乘并整理得

$$\begin{Bmatrix} \sigma_x \\ \sigma_y \\ \tau_{xy} \end{Bmatrix} = \begin{bmatrix} \overline{Q}_{11} & \overline{Q}_{12} & \overline{Q}_{16} \\ \overline{Q}_{21} & \overline{Q}_{22} & \overline{Q}_{26} \\ \overline{Q}_{61} & \overline{Q}_{62} & \overline{Q}_{66} \end{bmatrix} \begin{Bmatrix} \varepsilon_x \\ \varepsilon_y \\ \gamma_{xy} \end{Bmatrix} \tag{5.21a}$$

上式简写为

$$\{\sigma_x\} = [\overline{Q}]\{\varepsilon_x\} \tag{5.21b}$$

式中

$$[\overline{Q}] = [T]_\varepsilon^T[Q][T]_\varepsilon \tag{5.22}$$

$\overline{Q}_{ij}(i,j=1,2,6)$ 称为偏轴刚度系数。将上式展开得

$$\begin{Bmatrix} \overline{Q}_{11} \\ \overline{Q}_{22} \\ \overline{Q}_{12} \\ \overline{Q}_{66} \\ \overline{Q}_{16} \\ \overline{Q}_{26} \end{Bmatrix} = \begin{bmatrix} m^4 & n^4 & 2m^2n^2 & 4m^2n^2 \\ n^4 & m^4 & 2m^2n^2 & 4m^2n^2 \\ m^2n^2 & m^2n^2 & m^4+n^4 & -4m^2n^2 \\ m^2n^2 & m^2n^2 & -m^2n^2 & (m^2-n^2)^2 \\ m^3n & -mn^3 & mn^3-m^3n & 2(mn^3-m^3n) \\ mn^3 & -m^3n & m^3n-mn^3 & 2(m^3n-mn^3) \end{bmatrix} \begin{Bmatrix} Q_{11} \\ Q_{22} \\ Q_{12} \\ Q_{66} \end{Bmatrix} \tag{5.23}$$

这里由于 $\bar{Q}_{ij} = \bar{Q}_{ji}$,所以偏轴模量只需列出 6 个。

若将式(5.8)代入式(5.18)并考虑式(5.14)可得偏轴应力 – 应变关系,即

$$\{\varepsilon_x\} = [T]_\sigma^T [S] [T]_\sigma \{\sigma_x\} \tag{5.24}$$

将上式展开并整理得

$$\begin{Bmatrix} \varepsilon_x \\ \varepsilon_y \\ \gamma_{xy} \end{Bmatrix} = \begin{bmatrix} \bar{S}_{11} & \bar{S}_{12} & \bar{S}_{16} \\ \bar{S}_{21} & \bar{S}_{22} & \bar{S}_{26} \\ \bar{S}_{61} & \bar{S}_{62} & \bar{S}_{66} \end{bmatrix} \begin{Bmatrix} \sigma_x \\ \sigma_y \\ \tau_{xy} \end{Bmatrix} \tag{5.25a}$$

简写为

$$\{\varepsilon_x\} = [\bar{S}] \{\sigma_x\} \tag{5.25b}$$

式中

$$[\bar{S}] = [T]_\sigma^T [S] [T]_\sigma \tag{5.26a}$$

展开得

$$\begin{Bmatrix} \bar{S}_{11} \\ \bar{S}_{22} \\ \bar{S}_{12} \\ \bar{S}_{66} \\ \bar{S}_{16} \\ \bar{S}_{26} \end{Bmatrix} = \begin{bmatrix} m^4 & n^4 & 2m^2n^2 & 4m^2n^2 \\ n^4 & m^4 & 2m^2n^2 & 4m^2n^2 \\ m^2n^2 & m^2n^2 & m^4 + n^4 & -m^2n^2 \\ 4m^2n^2 & 4m^2n^2 & -8m^2n^2 & (m^2 - n^2)^2 \\ 2m^3n & -2mn^3 & 2(mn^3 - m^3n) & mn^3 - m^3n \\ 2mn^3 & -2m^3n & 2(m^3n - mn^3) & m^3n - mn^3 \end{bmatrix} \begin{Bmatrix} S_{11} \\ S_{22} \\ S_{12} \\ S_{66} \end{Bmatrix} \tag{5.26b}$$

偏轴柔度系数也具有对称性,即 $\bar{S}_{ij} = \bar{S}_{ji}$,因此上式中只列出 6 个。

比较式(5.21)和式(5.26)可知偏轴刚度与偏轴柔度存在互逆关系,即

$$[\bar{Q}] = [\bar{S}]^{-1} \tag{5.27}$$

式(5.25)可用工程弹性常数写成

$$\begin{Bmatrix} \varepsilon_x \\ \varepsilon_y \\ \gamma_{xy} \end{Bmatrix} = \begin{bmatrix} \dfrac{1}{E_x} & -\dfrac{\nu_y}{E_y} & \dfrac{\eta_{x,xy}}{G_{xy}} \\ -\dfrac{\nu_x}{E_x} & \dfrac{1}{E_y} & \dfrac{\eta_{y,xy}}{G_{xy}} \\ \dfrac{\eta_{xy,x}}{E_x} & \dfrac{\eta_{xy,y}}{E_y} & \dfrac{1}{G_{xy}} \end{bmatrix} \begin{Bmatrix} \sigma_x \\ \sigma_y \\ \tau_{xy} \end{Bmatrix} \tag{5.28}$$

式中,E_x,E_y 为 x,y 方向的弹性模量;G_{xy} 为 x,y 方向的剪切模量;ν_x,ν_y 为相应方向的泊松比;$\eta_{x,xy}$,$\eta_{y,xy}$ 称为剪拉耦合系数。

比较式(5.25)与式(5.28),有

$$\begin{cases} \bar{S}_{11} = \dfrac{1}{E_x}; & \bar{S}_{12} = -\dfrac{\nu_y}{E_y}; & \bar{S}_{16} = \dfrac{\eta_{x,xy}}{G_{xy}} \\ \bar{S}_{21} = -\dfrac{\nu_x}{E_x}; & \bar{S}_{22} = \dfrac{1}{E_y}; & \bar{S}_{26} = \dfrac{\eta_{y,xy}}{G_{xy}} \\ \bar{S}_{61} = \dfrac{\eta_{xy,x}}{E_x}; & \bar{S}_{62} = \dfrac{\eta_{xy,y}}{E_y}; & \bar{S}_{66} = \dfrac{1}{G_{xy}} \end{cases} \tag{5.29}$$

由于柔度系数 $\bar{S}_{ij} = \bar{S}_{ji}$ ，所以偏轴弹性常数具有如下关系式

$$\frac{\nu_x}{\nu_y} = \frac{E_x}{E_y}; \qquad \frac{\eta_{xy,x}}{\eta_{x,xy}} = \frac{E_x}{G_{xy}}; \qquad \frac{\eta_{xy,y}}{\eta_{y,xy}} = \frac{E_y}{G_{xy}}$$

(5.30)

由此可见，一般

$$\nu_x \neq \nu_y; \qquad \eta_{yx,x} \neq \eta_{x,xy}; \qquad \eta_{xy,y} \neq \eta_{y,xy}$$

单层板偏轴应力 - 应变关系式(5.21)、式(5.25)说明，在偏轴方向上，正应力会引起剪应变，剪应力会引起线应变；反之亦然。这种现象称为交叉弹性效应。反应交叉效应的柔度系数是 $\bar{S}_{16}, \bar{S}_{26}$ ，刚度系数是 $\bar{Q}_{16}, \bar{Q}_{26}$ ，工程弹性常数是 $\eta_{x,y}, \eta_{y,x}$ 。从上述表达式可以看出，它们都是铺层角的奇函数，而其他的弹性系数是铺层角的偶函数。

平面应力状态下，单层板偏轴柔度矩阵和刚度矩阵都是满阵，但是独立的弹性系数仍为4个。在计算单层板偏轴刚度系数时，可引入下述不变刚度

$$\begin{cases} U_1 = \dfrac{3Q_{11} + 3Q_{22} + 2Q_{12} + 4Q_{66}}{8} \\[2mm] U_2 = \dfrac{Q_{11} - Q_{22}}{2} \\[2mm] U_3 = \dfrac{Q_{11} + Q_{22} - 2Q_{12} - 4Q_{66}}{8} \\[2mm] U_4 = \dfrac{Q_{11} + Q_{22} + 6Q_{12} - 4Q_{66}}{8} \\[2mm] U_5 = \dfrac{Q_{11} + Q_{22} - 2Q_{12} + 4Q_{66}}{8} \end{cases}$$

(5.31)

因此，式(5.23)可以写成

$$\begin{Bmatrix} \bar{Q}_{11} \\ \bar{Q}_{22} \\ \bar{Q}_{12} \\ \bar{Q}_{66} \\ \bar{Q}_{16} \\ \bar{Q}_{26} \end{Bmatrix} = \begin{bmatrix} U_1 & \cos 2\theta & \cos 4\theta \\ U_1 & -\cos 2\theta & \cos 4\theta \\ U_4 & 0 & -\cos 4\theta \\ U_5 & 0 & -\cos 4\theta \\ 0 & \frac{1}{2}\sin 2\theta & \sin 4\theta \\ 0 & \frac{1}{2}\sin 2\theta & -\sin 4\theta \end{bmatrix} \begin{Bmatrix} 1 \\ U_2 \\ U_3 \end{Bmatrix}$$

(5.32)

5个不变刚度中，只有4个是独立的。它们之间有如下关系

$$U_4 = U_1 - 2U_5$$

(5.33)

3. 单层的强度

复合材料的强度问题是非常复杂的，其原因除了强度问题固有的复杂性外，主要是因为复合材料是多相的复合体。复合材料的破坏总是从"最薄弱点"处开始，而至整体破坏，有一个复杂的变化过程。

复合材料的"破坏"是很难明确定义的。往往是指不能使用的状态。因此，更准确的说是材料的失效。宏观强度理论，一方面将材料视为均质体(在复合材料中将单层板视为均质正交异性体)，一方面通过试验观察破坏的现象而提出某种强度假设，即失效准

则,以预测材料是否失效。在宏观强度理论的失效准则中,包括若干个表征材料性能的独立的强度参数,这些强度参数需要通过宏观试验来确定。建立在宏观试验基础上的宏观强度理论不能预测材料在何处破坏和怎样破坏,只能预测材料某种力学响应的开始不连续。譬如预测材料线弹性状态的结束而进入新的力学状态(屈服或断裂)等。

对于各向同性材料,宏观强度理论旨在用单向应力状态下的实测强度参数来预测复杂应力状态下材料的强度。这是因为,既不可能对所有可能出现的复杂应力状态下的强度都进行试验,也不可能经常在实验室实测这些复杂应力状态,况且复杂应力状态的试验在技术上是很困难的。对于各向异性材料,由于强度是方向的函数,因此较之各向同性材料的强度问题复杂得多。这种强度的方向性同样是由材料的内部结构所决定的。正交异性板,若只在主方向上承受单向应力,譬如只承受 σ_1,或 σ_2,或 τ_{12},其强度可以通过试验解决。若在主方向上存在复杂应力状态时,就不可能全凭试验来解决强度问题了。即使单层板只承受单向应力,但是,若这个单向应力发生在非主方向上,由于方向角可以有无穷多个,也不可能全凭试验解决强度问题。若将非主方向的单向应力转换到主方向上,则主方向成为复杂应力状态了。单层板宏观强度失效准则就是试图通过主方向的基本强度(即强度参数)来预测单层板复杂应力状态下的强度。

在平面应力状态下,单层板的基本强度有 5 个:X_t 表示纵向拉伸强度;X_c 表示纵向压缩强度;Y_t 表示横向拉伸强度;Y_c 表示横向压缩强度;S 表示面内剪切强度。

单层板 5 个基本强度是由试验确定的。各种复合材料的基本强度数据见表 5.2。

表 5.2　各种复合材料的基本强度　　　　　　　　　　　　　MPa

复合材料	X_t	X_c	Y_t	Y_c	S
T300/4 211(碳/环氧)	1 415	1 232	35.0	157	63.9
T300/5 222(碳/环氧)	1 490	1 210	40.7	197	92.3
B(4)/5 505(硼/环氧)	1 260	2 500	61	202	67
Kevlar49/环氧	1 400	235	12	53	34
斯考契 1001(玻璃/环氧)	1 062	610	31	118	72
1:1 织物玻璃/E42(玻璃/环氧)	294.2	245.2	294.2	245.2	68.6
4:1 织物玻璃/E42(玻璃/环氧)	365.8	304.0	139.7	225.6	65.7
1:1 织物玻璃/306(玻璃/聚酯)	215.8	176.5	—	—	—

(1) 单层的失效准则

单层的失效准则是用来判别单层在偏轴应力作用下是否失效的准则。由于复合材料破坏机理的复杂性,关于单层失效准则至今尚无统一的看法,这里只介绍 5 个最常用的失效准则,即最大应力失效准则、最大应变失效准则、蔡-希尔失效准则、霍夫曼失效准则、蔡-胡失效准则。

① 最大应力失效准则。单层的最大应力失效准则由下式表示

$$\begin{cases} \sigma_1 = X_t & (压缩时 |\sigma_1| = X_c) \\ \sigma_2 = Y_t & (压缩时 |\sigma_2| = Y_c) \\ |\tau_{12}| = S \end{cases} \tag{5.34}$$

此式表明,当单层在平面应力的任何应力状态下,单层正轴的任何一个应力分量到达极限应力时,单层失效。这个极限应力在单轴应力或纯剪应力状态下即是相应的基本强度。由于单层的基本强度在纵向、横向、面内剪切向是不同的,所以,其失效准则也是由 3 个互不影响、各自独立的表达式组成的。因此,只要满足式(5.34)中的任何一个,单层即失效。这里要注意,失效准则习惯上不写成"≥"的形式。所以,满足失效准则式,就是指当等式左边的量等于或大于式右边的值时。

② 最大应变失效准则。单层的最大应变失效准则由下式表示,即

$$\begin{cases} \varepsilon_1 = \varepsilon_{Xt} & (压缩时 \mid \varepsilon_1 \mid = \varepsilon_{Xc}) \\ \varepsilon_2 = \varepsilon_{Yt} & (压缩时 \mid \varepsilon_2 \mid = \varepsilon_{Yc}) \\ \mid \gamma_{12} \mid = \gamma_S \end{cases} \tag{5.35}$$

此式表明,当单层在平面应力的任何应力状态下单层正轴向的任何一个应变分量到达极限应变时,单层就失效。该准则也是由 3 个各自独立的分准则组成的。式中的极限应变与基本强度间的关系为

$$\begin{cases} \varepsilon_{Xt} = \dfrac{X_t}{E_L} & \varepsilon_{Xc} = \dfrac{X_c}{E_L} \\ \varepsilon_{Yt} = \dfrac{Y_t}{E_T} & \varepsilon_{Yc} = \dfrac{Y_c}{E_T} \\ \gamma_S = \dfrac{S}{G_{LT}} \end{cases} \tag{5.36}$$

利用上式与正轴应变. 应力关系式(5.6),即可将失效准则式(5.35)改写成用应力表示的最大应变失效准则,即

$$\begin{cases} \sigma_1 - \nu_L \sigma_2 = X_t & (压缩时 \mid \sigma_1 - \nu_L \sigma_2 \mid = X_c) \\ \sigma_2 - \nu_T \sigma_1 = Y_t & (压缩时 \mid \sigma_2 - \nu_T \sigma_1 \mid = Y_c) \\ \mid \tau_{12} \mid = S \end{cases} \tag{5.37}$$

将式(5.34)与(5.37)比较可知,最大应变失效准则中考虑了另一弹性主方向应力的影响。如果泊松系数很小,则这一影响就可忽略。

③ 蔡－希尔(Tsai－Hill)失效准则。单层的蔡·希尔失效准则由下式表示,即

$$\left(\frac{\sigma_1}{X}\right)^2 + \left(\frac{\sigma_2}{Y}\right)^2 - \frac{\sigma_1 \sigma_2}{X^2} + \left(\frac{\tau_{12}}{S}\right)^2 = 1 \tag{5.38}$$

式中,X,Y 若为拉压强度不同的材料,则对应于拉应力时用拉伸强度,而对应于压应力时用压缩强度。此式表明,当单层在平面应力的任何应力状态下,单层正轴向的任何 3 个应力分量满足上式时,单层就失效。

蔡·希尔失效准则将基本强度 X,Y,S 联系在一个表达式中,因此,考虑了它们之间的相互影响。但是,对于拉压强度不同的材料,这一失效准则不能用一个表达式同时表达拉压应力的两种情况。

④ 霍夫曼(Hoffman)失效准则。单层的霍夫曼失效准则由下式表示,即

$$\frac{\sigma_1^2 - \sigma_1 \sigma_2}{X_t X_c} + \frac{\sigma_2^2}{Y_t Y_c} + \frac{X_c - X_t}{X_t X_c} \sigma_1 + \frac{Y_c - Y_t}{Y_t Y_c} \sigma_2 + \frac{\tau_{12}^2}{S^2} = 1 \tag{5.39}$$

此式表明,当单层在平面应力的任何状态下,单层正轴向的任何 3 个应力分量满足上式时,单层就失效。

霍夫曼失效准则不仅将基本强度联系在一个表达式中,而且对于拉、压强度不同的材料可用同一表达式给出。由霍夫曼失效准则的表达式可以看出,当材料的拉、压强度相同时,它与蔡 - 希尔失效准则的表达式相同。

⑤ 蔡 - 胡(Tsai - Wu) 失效准则。单层的蔡 - 胡失效准则表达式为

$$F_{11}\sigma_1^2 + 2F_{12}\sigma_1\sigma_2 + F_{12}\sigma_2^2 + F_{66}\sigma_6^2 + F_1\sigma_1 + F_2\sigma_2 = 1 \tag{5.40}$$

式中

$$\begin{cases} F_{11} = \dfrac{1}{X_t X_c}; & F_{22} = \dfrac{1}{Y_t Y_c}; & F_{66} = \dfrac{1}{S^2} \\ F_1 = \dfrac{1}{X_t} - \dfrac{1}{X_c}; & F_2 = \dfrac{1}{Y_t} - \dfrac{1}{Y_c}; & \sigma_6 = \tau_{12} \end{cases} \tag{5.41}$$

另外,F_{12} 表示 σ_1,σ_2 相互作用的大小,应由双向应力试验测得。严格地说不同的材料、不同的象限、甚至在同一象限也不一定是常数。但如果每个象限 F_{12} 按变量处理,就过于烦琐,不便于应用,只好降低要求,取为常数。一般可采用

$$F_{12} = \alpha\sqrt{F_{11}F_{22}} \tag{5.42}$$

当材料为玻璃／环氧单向复合材料时,由双向应力试验测得的 $a = -0.5$;石墨纤维／环氧单向复合材料时由双向应力试验测得的 $a = +0.266$。

为方便今后计算,表 5.3 给出了各种复合材料的强度参数值。

表 5.3　各种复合材料的强度参数

复合材料	F_{11} /GPa^{-2}	F_{22} /GPa^{-2}	F_{12} /GPa^{-2}	F_{66} /GPa^{-2}	F_1 /GPa^{-1}	F_2 /GPa^{-1}
T300/4211	0.574	182.0	- 5.110	244.9	- 0.105	22.20
T300/5 222	0.555	124.7	- 4.160	117.4	- 0.155	19.49
B(4)/5 505	0.317	81.15	- 2.53	222.7	0.393	11.44
Kevlar 49/ 环氧	3.039	1 572	- 34.56	865.0	- 3.541	64.46
斯考契 1002	1.543	273	- 10.27	192.9	- 0.697	23.78
1：1 织物玻璃 /E42	13.86	13.86	- 6.93	212.5	- 0.679	- 0.679
4：1 织物玻璃 /E42	8.993	31.73	- 8.45	231.7	- 0.556	2.726
1：1 织物玻璃 /306	26.25	—	—	—	- 1.032	—

蔡 - 胡失效准则表达式与霍夫曼失效准则表达式比较可知,如果 $2F_{12} = -F_{11}$,则两式相同。而当材料的拉压强度相同 $2F_{12} = -\dfrac{1}{X^2}$,蔡 - 胡失效准则表达式与蔡 - 希尔失效准则表达式相同。

4. 单层的强度比方程

上面给出的失效准则用于判别失效时,若失效准则表达式左边的量小于 1,则表示单层未失效;若等于或大于 1,则表示失效。它不能定量地说明不失效的安全裕度。为此引

进强度／应力比简称强度比。使失效准则表达式变成强度比方程,对于给定的作用应力分量,能定量地给出它的安全裕度。

（1）强度比的定义

单层在作用应力下,极限应力的某一分量与其对应的作用应力分量之比称为强度／应力比,简称强度比,记为 R,即

$$R = \frac{\sigma_i(a)}{\sigma_i} \tag{5.43}$$

式中, σ_i 为作用的应力分量; $\sigma_i(a)$ 为对应于 σ_i 的极限应力分量。

这里的对应是基于假设 $\sigma_i(i,j=1,2,6)$ 为比例加载的,也就是说。各应力分量是以一定的比例逐步增加的。在实际结构中也基本上如此。

强度比的含义为:

① $R = \infty$ 表明作用的应力为零。

② $R > 1$ 表明作用应力为安全值,具体地说, $R-1$ 表明作用应力到单层失效时尚可增加的应力倍数。

③ $R = 1$ 表明作用的应力正好达到极限值。

④ $R < 1$ 表明作用超过极限应力所以没有实际意义,但设计计算中出现 $R < 1$ 仍然是有用的,它表明必须使作用应力下降,或加大相关尺寸。

（2）强度比方程

各种失效准则表达式中,如果应力分量正好为极限应力分量时,则表达式正好满足。考虑到这一点,并利用强度比定义,则各种失效准则表达式均可变成其对应的强度比方程,蔡－胡失效准则表达式(5.40)即可变成对应的强度比方程表达式

$$(F_{11}\sigma_1^2 + 2F_{12}\sigma_1\sigma_2 + F_{12}\sigma_2^2 + F_{66}\sigma_6^2)R^2 + (F_1\sigma_1 + F_2\sigma_2)R - 1 = 0 \tag{5.44}$$

上式是一元二次方程,由此可解出两个根:一个正根,它是对应于给定的应力分量的;另一个是负根,按照强度比的定义,强度比是不应有负值的,而这里的负根,只是表明它的绝对值是对应于与给定应力分量大小相同而符合相反的应力分量的强度比。由此再利用强度比定义式(5.43)即可求得极限应力分量或极限荷载。

5.2.2　单层板弹性常数和基本强度的预测

1. E_L 的预测

图 5.5 给出了单层的分析模型。

当模型上作用应力 σ_1 时,根据静力平衡关系有

$$\sigma_1 A = \sigma_f A_f + \sigma_m A_m \tag{5.45}$$

式中, A 为单元的横截面积; A_f 为纤维的横截面积; A_m 为基体的横截面积。

式(5.45)两边同除以 A 得

$$\sigma_1 = \sigma_f V_f + \sigma_m V_m \tag{5.46}$$

式中

$$V_f = \frac{A_f}{A}; \quad V_m = \frac{A_m}{A}; \quad V_f + V_m = 1 \tag{5.47}$$

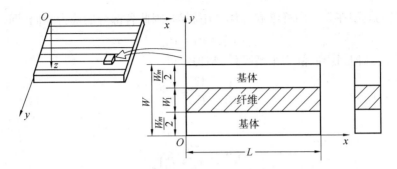

图 5.5　单层的典型单元

V_f, V_m 分别为单层的纤维体积含量和基体体积含量。

　　按材料力学的平截面假设,纤维和基体具有相同的线应变,且等于单元的纵向线应变,即

$$\varepsilon_1 = \varepsilon_f = \varepsilon_m \tag{5.48}$$

根据基本假设,单层、纤维、基体都是线弹性的,因而都服从虎克定律,即

$$\sigma_1 = E_L \varepsilon_1 ; \quad \sigma_f = E_f \varepsilon_f ; \quad \sigma_m = E_m \varepsilon_m \tag{5.49}$$

综合式(4.46),(4.48),(4.49),可得

$$E_L = E_f V_f + E_m V_m \tag{5.50}$$

由于 $V_f + V_m = 1$,故上式可写成

$$E_L = E_f V_f + E_m (1 - V_f) \tag{5.51}$$

2. E_T 的预测

图 5.6 给出了典型体积单元上作用应力 σ_2 的示意图。

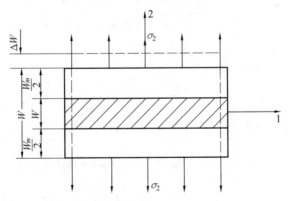

图 5.6　典型体积单元在 2 方向受载

单元 2 方向的总变形量为

$$\Delta W = \varepsilon_2 W \tag{5.52}$$

从细观角度看

$$\Delta W = \varepsilon_f W_f + \varepsilon_m W_m \tag{5.53}$$

　　将上式代入式(5.52)并整理得

$$\varepsilon_2 = \varepsilon_f V_f + \varepsilon_m V_m \tag{5.54}$$

因为单元模型在 2 方向纤维和基体是串联的,因此各部分的应力相同,即

$$\sigma_1 = \sigma_f = \sigma_m \tag{5.55}$$

综合考虑上述几何、物理、静力平衡条件,整理可得

$$\frac{1}{E_T} = \frac{V_f}{E_f} + \frac{V_m}{E_m} \tag{5.56}$$

或改写成

$$E_T = \frac{E_f E_m}{E_m V_f + E_f V_m} \tag{5.57}$$

实验表明,E_L 的预测公式(5.51) 与实验值基本相符,而 E_T 的预测公式(5.57) 与实验值相差较大,计算值偏低。为此,E_T 可用如下半经验公式预测,即

$$\frac{1}{E_T} = \frac{V'_f}{E_f} + \frac{V'_m}{E_m} \tag{5.58}$$

式中

$$V'_f = \frac{V_f}{V_f + \eta V_m}; \quad V'_m = \frac{\eta V_m}{V_f + \eta V_m} \tag{5.59}$$

这里的 η 由试验确定,对于玻璃／环氧可取 0.5,而碳／环氧可取 0.97。

类似地分析可得出 ν_L,G_{LT} 的预测公式,现一并列入表5.4中。表5.5还给出了正交层的工程弹性常数预测公式。

表5.4 单层板工程弹性常数预测公式

工程弹性常数	预测公式	说　　明
纵向弹性模量	$E_L = E_f V_f + E_m(1 - V_f)$	此式基本上符合实测值
横向弹性模量	$E_T = \dfrac{E_f E_m}{E_m V_f + E_f V_m}$	按此式预测的值低于实测值,可改用修正公式 $\dfrac{1}{E_T} = \dfrac{V'_f}{E_f} + \dfrac{V'_m}{E_m}$, 式中 $V'_f = \dfrac{V_f}{V_f + \eta V_m}$ $V'_m = \dfrac{\eta V_m}{V_f + \eta V_m}$
纵向泊松比	$\nu_L = \nu_f V_f + \nu_m V_m$	此式基本上符合实测值
横向泊松比	$\nu_T = \nu_L \dfrac{E_T}{E_L}$	此式为工程常数之间的换算关系
面内剪切弹性模量	$G_{LT} = \dfrac{G_f G_m}{G_m V_f + G_f V_m}$	按此式计算的值低于实测值,可改用下面的修正公式 $\dfrac{1}{G_{LT}} = \dfrac{V''_f}{G_f} + \dfrac{V''_m}{G_m}$, 式中 $V''_f = \dfrac{V_f}{V_f + \eta_{LT} V_m}$,$V''_m = \dfrac{\eta_{LT} V_m}{V_f + \eta_{LT} V_m}$ 而 $\eta_{LT} M$ 由试验确定,对于玻璃／环氧可取 0.5

3. 单层强度的预测公式

运用材料力学方法推导出的纵向拉伸强度预测公式为

$$X_t = \begin{cases} X_f V_f + \sigma_m^* (1 - V_f) & (V_f \geq V_{fmin}) \\ X_m (1 - V_f) & (V_f \leq V_{fmin}) \end{cases} \tag{5.60}$$

$$V_{fmin} = \frac{X_m - \sigma_m^*}{X_f + X_m - \sigma_m^*} \tag{5.61}$$

式中,X_f 为纤维的拉伸强度;X_m 为基体的拉伸强度;σ_m^* 为纤维断裂时的基体应力;V_{fmin} 为强度由纤维控制的最小纤维体积含量。纵向压缩强度预测公式为

$$X_c = \begin{cases} 2V_f \sqrt{\dfrac{V_f E_f E_m}{3(1 - V_f)}} \\ \dfrac{G_m}{1 - V_f} \end{cases} \tag{5.62}$$

式中,E_f 为纤维弹性模量;E_m 为基体弹性模量;G_m 为基体剪切弹性模量。

纵向压缩强度 X_c 取由上述两式计算所得值的小者。即使如此,一般由上述公式所得的预测值要高于实测值。实验证明,应将上式的 E_m 或 G_m 乘以小于 1 的修正系数 K。

表 5.5　正交层的工程弹性常数预测公式

工程弹性常数	预测公式	说　明
纵向弹性模量	$E_L = k \left(E_{L_1} \dfrac{n_L}{n_L + n_T} + E_{T_2} \dfrac{n_T}{n_L + n_T} \right)$	将正交层看做两层单向层的组合,由于织物不平直使计算值大于实测值,故需乘以小于 1 的折减系数
横向弹性模量	$E_T = k \left(E_{L_2} \dfrac{n_L}{n_L + n_T} + E_{T_1} \dfrac{n_T}{n_L + n_T} \right)$	将正交层看做两层单向层的组合,由于织物不平直使计算值大于实测值,故需乘以小于 1 的折减系数
纵向泊松比	$\nu_L = \nu_{L_1} E_{T_1} \dfrac{n_L + n_T}{n_L E_{T_1} + n_T E_{L_1}}$	将正交层看做两层单向层的组合
横向泊松比	$\nu_T = \nu_T \dfrac{E_T}{E_L}$	采用正交异性材料的关系式
面内剪切弹性模量	$G_{LT} = k G_{L_1 T_1}$	正交层的剪切弹性模量 G_{LT} 与具有相同纤维含量的单向层的剪切弹性模量 $G_{L_1 T_1}$ 是相同的,k 为考虑波纹影响的折减系数

注:n_L,n_T 分别为单位宽度的正交层中经向和纬向的纤维量,实际上只需知道两者的相对比值即可;

E_{L_1},E_{L_2} 分别为经线和纬线作为单向层时纤维方向的弹性模量;

E_{T_1},E_{T_2} 分别为经线和纬线作为单向层时垂直于纤维方向的弹性模量;

ν_{L_1} 由经线作为单向层时的纵向泊松比;

$G_{L_1 T_1}$ 由经线作为单向层时的面内剪切弹性模量;

k 波纹影响系数,取 $0.90 \sim 0.95$。

5.2.3 层合板的刚度和强度

层合板是由两层或两层以上的单层板合成为整体的结构单元。层合板可以是由不同材质的单层板所构成,也可以是由不同铺设方向的相同材质的各向异性单层板构成。因此,层合板在厚度方向上都具有宏观非均质的。这种非均质性使层合板的力学分析变得复杂。

层合板的力学性能,取决于组成层合板的各单层板的力学性能、厚度、铺层方向、铺层序列及层数等因素。对层合板的力学分析是建立在如下假设基础上的:

① 层合板各单层之间粘接牢固,有共同的变形,不产生滑移;

② 各单层板可近似地认为处于平面应力状态;

③ 变形前垂直于中面的直线段,变形后仍为垂直于变形后中面的直线段,并且长度不变;

④ 平行于中面的诸截面上的正应力与其他应力相比很小,可以忽略不计;

⑤ 层合板处于线弹性、小变形。

1. 对称层合板的刚度

所谓对称层合板是指那些不论在几何上还是材料性能上都对称于中面的层合板。单向层合板可以看成特殊的对称层合板。

(1) 对称层合板的面内弹性特性

如果将 x,y 坐标设在层合板几何中面处,z 坐标为垂直于板面向下,如图 5.7 所示。则对称层合板中各单层的铺层角具有如下关系

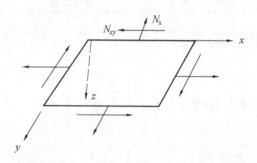

$$\theta(z) = \theta(-z) \qquad (5.63)$$

因此其各单层的刚度系数也有如下关系

$$\overline{Q}_{ij}(z) = \overline{Q}_{ij}(-z) \qquad (5.64)$$

图 5.7 层合板的面内内力

对于这样的层合板,当作用面内的内力,即作用力合力的作用线位于层合板的几何中面时,由于层合板中各单层刚度具有中面对称性,所以层合板不会引起弯曲变形,只引起面内变形。在各单层之间紧密粘接的假设下,在同一 x,y 处,各层的应变是一致的,即

$$\varepsilon_x(z) = \varepsilon_x^0; \quad \varepsilon_y(z) = \varepsilon_y^0; \quad \gamma_{xy}(z) = \gamma_{xy}^0 \qquad (5.65)$$

所谓层合板面内内力指层合板中各单层应力的合力为

$$\begin{cases} N_x = \int_{-h/2}^{h/2} \sigma_x^{(k)} \, \mathrm{d}z \\[2mm] N_y = \int_{-h/2}^{h/2} \sigma_y^{(k)} \, \mathrm{d}z \\[2mm] N_{xy} = \int_{-h/2}^{h/2} \tau_{xy}^{(k)} \, \mathrm{d}z \end{cases} \qquad (5.66)$$

式中上标 (k) 表示第 k 层的应力。面内内力的单位是 $\mathrm{Pa \cdot m}$ 或 $\mathrm{N/m}$,表示厚度为 h 的层合板横截面单位宽度的力。面内内力的符号规则与应力符号规则是一致的。将偏轴应力 - 应变关系式(5.21)代入式(5.66)中,又考虑到式(5.65),即可得如下的面内内力与面内应变的关系式为

$$\begin{Bmatrix} N_x \\ N_y \\ N_{xy} \end{Bmatrix} = \begin{bmatrix} A_{11} & A_{12} & A_{16} \\ A_{21} & A_{22} & A_{26} \\ A_{61} & A_{62} & A_{66} \end{bmatrix} \begin{Bmatrix} \varepsilon_x^0 \\ \varepsilon_y^0 \\ \gamma_{xy}^0 \end{Bmatrix} \tag{5.67a}$$

简写为

$$\{N\} = [A]\{\varepsilon^0\} \tag{5.67b}$$

式中

$$A_{ij} = \int_{-h/2}^{h/2} \overline{Q}_{ij}^{(k)} \mathrm{d}z \quad (i,j = 1,2,6) \tag{5.68}$$

称为面内刚度系数。A_{ij} 的单位是 $\mathrm{Pa \cdot m}$ 或 $\mathrm{N/m}$。层合板的面内刚度系数也像单层的刚度系数一样,具有对称性,即

$$A_{ij} = A_{ji} \tag{5.69}$$

将式(5.67)作逆变换,可得面内应变与面内内力的关系式为

$$\begin{Bmatrix} \varepsilon_x^0 \\ \varepsilon_y^0 \\ \gamma_{xy}^0 \end{Bmatrix} = \begin{bmatrix} a_{11} & a_{12} & a_{16} \\ a_{21} & a_{22} & a_{26} \\ a_{61} & a_{62} & a_{66} \end{bmatrix} \begin{Bmatrix} N_x \\ N_y \\ N_{xy} \end{Bmatrix} \tag{5.70a}$$

简写为

$$\{\varepsilon^0\} = [a]\{N\} \tag{5.70b}$$

式中

$$[a] = [A]^{-1} \tag{5.71}$$

a_{ij} 称为层合板的面内柔度系数。a_{ij} 的单位是 $(\mathrm{Pa \cdot m})^{-1}$ 或 $\mathrm{m/N}$。面内柔度系数也具有对称性,即

$$a_{ij} = a_{ji} \tag{5.72}$$

为了使层合板的面内刚度和面内柔度可以与单层的刚度和柔度相比较,将面内刚度、面内柔度以及面内内力作如下的正则化处理,即

$$\begin{cases} A_{ij}^* = A_{ij}/h \\ a_{ij}^* = a_{ij}h \\ N_x^* = N_x/h; N_y^* = N_y/h; N_{xy}^* = N_{xy}/h \end{cases} \tag{5.73}$$

则式(5.67)与式(5.70)分别变成正则化形式,即

$$\begin{Bmatrix} N_x^* \\ N_y^* \\ N_{xy}^* \end{Bmatrix} = \begin{bmatrix} A_{11}^* & A_{12}^* & A_{16}^* \\ A_{21}^* & A_{22}^* & A_{26}^* \\ A_{61}^* & A_{62}^* & A_{66}^* \end{bmatrix} \begin{Bmatrix} \varepsilon_x^0 \\ \varepsilon_y^0 \\ \gamma_{xy}^0 \end{Bmatrix} \tag{5.74a}$$

简写为

$$\{N^*\} = [A^*]\{\varepsilon^0\} \tag{5.74b}$$

$$\begin{Bmatrix} \varepsilon_x^0 \\ \varepsilon_y^0 \\ \gamma_{xy}^0 \end{Bmatrix} = \begin{bmatrix} a_{11}^* & a_{12}^* & a_{16}^* \\ a_{21}^* & a_{22}^* & a_{26}^* \\ a_{61}^* & a_{62}^* & a_{66}^* \end{bmatrix} \begin{Bmatrix} N_x^* \\ N_y^* \\ N_{xy}^* \end{Bmatrix} \tag{5.75a}$$

简写为

$$\{\varepsilon^0\} = [a]\{N^*\} \tag{5.75b}$$

式(5.71)改写为正则化形式也成立。正则化面内内力的单位与应力单位相同,它表明层合板中各单层应力的平均值,又称层合板应力。当对称层合板为单向层合板时,正则化面内刚度系数 A_{ij}^* 与正则化面内柔度系数将分别等于单层的刚度系数 $\bar{Q}_{ij}$ 和单层的柔度系数 $\bar{S}_{ij}$。

将式(5.32)代入式(5.68),并考虑式(5.73),则可得到单层的不变刚度与正则化面内刚度之间的关系式,即

$$\begin{Bmatrix} A_{11}^* \\ A_{22}^* \\ A_{12}^* \\ A_{66}^* \\ A_{16}^* \\ A_{26}^* \end{Bmatrix} = \begin{bmatrix} U_1 & V_{1A}^* & V_{2A}^* \\ U_1 & -V_{1A}^* & V_{2A}^* \\ U_4 & 0 & -V_{2A}^* \\ U_5 & 0 & -V_{2A}^* \\ 0 & V_{3A}^*/2 & V_{4A}^* \\ 0 & V_{3A}^* & -V_{4A}^* \end{bmatrix} \begin{Bmatrix} 1 \\ U_2 \\ U_3 \end{Bmatrix} \tag{5.76}$$

式中

$$\begin{cases} V_{1A}^* = \dfrac{1}{h}\displaystyle\int_{-h/2}^{h/2} \cos 2\theta^{(k)}\,\mathrm{d}z; & V_{2A}^* = \dfrac{1}{h}\displaystyle\int_{-h/2}^{h/2} \cos 4\theta^{(k)}\,\mathrm{d}z \\ V_{3A}^* = \dfrac{1}{h}\displaystyle\int_{-h/2}^{h/2} \sin 2\theta^{(k)}\,\mathrm{d}z; & V_{4A}^* = \dfrac{1}{h}\displaystyle\int_{-h/2}^{h/2} \sin 4\theta^{(k)}\,\mathrm{d}z \end{cases} \tag{5.77}$$

称为正则化几何因子,它们分别表示层合板中各单层方向倍角或 4 倍角的正弦或余弦函数的算术平均值。对于偶数层的对称层合板可以写成如下的形式

$$\begin{cases} V_{1A}^* = \dfrac{2}{n}\displaystyle\sum_{k=1}^{n/2} \cos 2\theta^{(k)}\,\mathrm{d}z; & V_{2A}^* = \dfrac{2}{n}\displaystyle\sum_{k=1}^{n/2} \cos 4\theta^{(k)}\,\mathrm{d}z \\ V_{3A}^* = \dfrac{2}{n}\displaystyle\sum_{k=1}^{n/2} \sin 2\theta^{(k)}\,\mathrm{d}z; & V_{4A}^* = \dfrac{2}{n}\displaystyle\sum_{k=1}^{n/2} \sin 4\theta^{(k)}\,\mathrm{d}z \end{cases} \tag{5.78}$$

式中,n 为层合板中单层总数;k 为单层序号。

由于式(5.77)或式(5.78)是算术平均值的含义,因此可将它们直接写成如下形式来计算

$$\begin{cases} V_{1A}^* = \displaystyle\sum_{i=1}^{l} V_i \cos 2\theta^{(i)}; & V_{2A}^* = \displaystyle\sum_{i=1}^{l} V_i \cos 4\theta^{(i)} \\ V_{3A}^* = \displaystyle\sum_{i=1}^{l} V_i \sin 2\theta^{(i)}; & V_{4A}^* = \displaystyle\sum_{i=1}^{l} V_i \sin 4\theta^{(i)} \end{cases} \tag{5.79}$$

式中,l 为定向数;V_i 为某一定向层的体积含量,且

$$V_i = \frac{n_i}{n} \tag{5.80}$$

式中, n_i 为某一定向层的层数。

同定义单层的工程弹性常数一样, 利用单轴层合板应力或纯剪层合板应力来定义对称层合板的面内工程弹性常数, 可得:

面内拉压弹性模量为

$$E_x = \frac{1}{a_{11}^*} \qquad E_y = \frac{1}{a_{22}^*} \tag{5.81}$$

面内剪切弹性模量为

$$G_{xy} = \frac{1}{a_{66}^*} \tag{5.82}$$

泊松比为

$$\nu_x = \nu_{yx} = -\frac{a_{21}^*}{a_{11}^*}; \quad \nu_y = \nu_{xy} = -\frac{a_{12}^*}{a_{22}^*} \tag{5.83}$$

拉剪耦合系数为

$$\eta_{xy,x} = \frac{a_{61}^*}{a_{11}^*}; \quad \eta_{xy,y} = \frac{a_{62}^*}{a_{22}^*} \tag{5.84}$$

剪拉耦合系数

$$\eta_{x,xy} = \frac{a_{16}^*}{a_{66}^*}; \quad \eta_{y,xy} = \frac{a_{26}^*}{a_{66}^*} \tag{5.85}$$

当层合板具有正交各向异性的性能, 且参考轴也正好与正交各向异性的主方向重合时, $A_{16}^* = A_{26}^* = 0$, 则式 (5.81) ~ (5.83) 可改写为直接由面内刚度系数表示的公式, 即

$$\begin{cases} E_x = \dfrac{A_{11}^*}{m^0}; \quad E_y = \dfrac{A_{22}^*}{m^0}; \quad G_{xy} = A_{66}^* \\ \nu_x = \dfrac{A_{21}^*}{A_{22}^*}; \quad \nu_y = \dfrac{A_{12}^*}{A_{11}^*} \end{cases} \tag{5.86}$$

式中

$$m^* = \left[1 - \frac{(A_{12}^*)^2}{A_{11}^* A_{22}^*}\right]^{-1} \tag{5.87}$$

此时

$$\eta_{xy,x} = \eta_{xy,y} = \eta_{x,xy} = \eta_{y,xy} = 0 \tag{5.88}$$

（2）对称层合板的弯曲刚度

对称层合板在面内内力作用下只发生面内变形, 在弯曲力矩作用下只引起弯曲变形。确定层合板的弯曲刚度时, 采用力矩和曲率的关系。

对于一般结构中采用的薄层合板, 即层合板的厚度与结构的其他尺寸相比很小, 且板的离面位移比板厚为小时, 可以认为层合板的几何中面为中性曲面, 且垂直于几何中面的直线段在弯曲变形后仍保持垂直于弯曲后几何中面的直线段, 且保持长度不变 (即满足直法线假设), 各单层仍可按平面应力状态分析。根据上述假设, 层合板在图 5.8 所示的弯曲力矩的作用下引起的弯曲应变与曲率的关系如下

$$\varepsilon_x = zk_x; \quad \varepsilon_y = zk_y; \quad \gamma_{xy} = zk_{xy} \tag{5.89}$$

式中,k_x,k_y,k_{xy} 分别为层合板 x,y 方向的中面曲率与扭率,与离面位移之间有如下关系

$$k_x = -\frac{\partial^2 w}{\partial x^2}; \quad k_y = -\frac{\partial^2 w}{\partial y^2}; \quad k_{xy} = -2\frac{\partial^2 w}{\partial x \partial y} \tag{5.90}$$

层合板的弯曲力矩是层合板各单层应力的合力矩,即

$$\begin{cases} M_x = \int_{-h/2}^{h/2} \sigma_x^{(k)} z \mathrm{d}z \\ M_y = \int_{-h/2}^{h/2} \sigma_y^{(k)} z \mathrm{d}z \\ M_{xy} = \int_{-h/2}^{h/2} \tau_{xy}^{(k)} z \mathrm{d}z \end{cases} \tag{5.91}$$

式中,M_x,M_y 为弯矩;M_{xy} 为扭矩。

图 5.8 为弯矩和扭矩的正方向,弯矩和扭矩的单位为 N 或 N·m/m;表示厚度为 h 的层合板横截面单位宽度上的力矩。

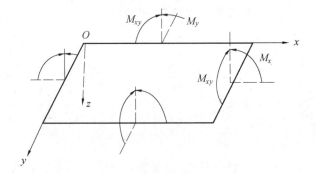

图 5.8 层合板的弯曲内力

将平面应力状态下的单层的应力 – 应变关系式(5.21)代入式(5.91),并考虑式(5.89)可得对称层合板的弯曲力矩与曲率的关系式

$$\begin{Bmatrix} M_x \\ M_y \\ M_{xy} \end{Bmatrix} = \begin{bmatrix} D_{11} & D_{12} & D_{16} \\ D_{21} & D_{22} & D_{26} \\ D_{61} & D_{62} & D_{66} \end{bmatrix} \begin{Bmatrix} k_x \\ k_y \\ k_{xy} \end{Bmatrix} \tag{5.92}$$

式中 $$D_{ij} = \int_{-h/2}^{h/2} \overline{Q}_{ij}^{(k)} z^2 \mathrm{d}z \quad (i,j = 1,2,6) \tag{5.93}$$

称为层合板的弯曲刚度系数,而且

$$D_{ij} = D_{ji} \tag{5.94}$$

为了同一块层合板的弯曲刚度系数与面内刚度系数易于比较,并与单层相关联,将上述各量进行正则化处理

$$\begin{cases} M^* = \frac{6}{h^2} M \\ k^* = \frac{h}{2} k \\ D_{ij}^* = \frac{12}{h^3} D_{ij} \end{cases} \tag{5.95}$$

正则化弯曲力矩在数值上相当于假设弯曲变形引起的应力为线性分布时的底面应力,即最大弯曲应力为

$$M_x = \int_{-h/2}^{h/2} \sigma_x^{(k)} z^2 \mathrm{d}z = \int_{-h/2}^{h/2} \frac{M_x^*}{h/2} z^2 \mathrm{d}z = \frac{h}{6} M_x^* \tag{5.96}$$

正则化曲率是弯曲变形引起的底面应变为

$$k_x^* = \frac{h}{2} k_x \tag{5.97}$$

这里注意对称层合板的应变是线性分布的,而对称层合板中多向层合板的应力一般不是线性分布的,所以 k_x^* 是底面的真实应变,而一般 M_x^* 不是底面的真实应力。

利用正则化参数式(5.95)可将式(5.92)改写为

$$\begin{Bmatrix} M_x^* \\ M_y^* \\ M_{xy}^* \end{Bmatrix} = \begin{bmatrix} D_{11}^* & D_{12}^* & D_{16}^* \\ D_{21}^* & D_{22}^* & D_{26}^* \\ D_{61}^* & D_{62}^* & D_{66}^* \end{bmatrix} \begin{Bmatrix} k_x^* \\ k_y^* \\ k_{xy}^* \end{Bmatrix} \tag{5.98a}$$

简写为

$$\{M^*\} = [D^*]\{k^*\} \tag{5.98b}$$

将上式作逆变换,可得正则化曲率与弯曲力矩的关系式为

$$\begin{Bmatrix} k_x^* \\ k_y^* \\ k_{xy}^* \end{Bmatrix} = \begin{bmatrix} d_{11}^* & d_{12}^* & d_{16}^* \\ d_{21}^* & d_{22}^* & d_{26}^* \\ d_{61}^* & d_{62}^* & d_{66}^* \end{bmatrix} \begin{Bmatrix} M_x^* \\ M_y^* \\ M_{xy}^* \end{Bmatrix} \tag{5.99a}$$

简写为

$$\{k^*\} = [d^*]\{M^*\} \tag{5.99b}$$

式中

$$[d^*] = [D^*]^{-1} \tag{5.100}$$

如果将式(5.32)代入式(5.93),并考虑式(5.95),则可得正则化弯曲系数的计算公式为

$$\begin{Bmatrix} D_{11}^* \\ D_{22}^* \\ D_{12}^* \\ D_{66}^* \\ D_{16}^* \\ D_{26}^* \end{Bmatrix} = \begin{bmatrix} U_1 & V_{1D}^* & V_{2D}^* \\ U_1 & -V_{1D}^* & V_{2D}^* \\ U_4 & 0 & -V_{2D}^* \\ U_5 & 0 & -V_{2D}^* \\ 0 & V_{3D}^*/2 & V_{4D}^* \\ 0 & V_{3D}^* & -V_{4D}^* \end{bmatrix} \begin{Bmatrix} 1 \\ U_2 \\ U_3 \end{Bmatrix} \tag{5.101}$$

式中

$$\begin{cases} V_{1D}^* = \dfrac{12}{h^3}\displaystyle\int_{-h/2}^{h/2}\cos2\theta^{(k)}z^2\mathrm{d}z; & V_{2D}^* = \dfrac{12}{h^3}\displaystyle\int_{-h/2}^{h/2}\cos4\theta^{(k)}z^2\mathrm{d}z \\ V_{3D}^* = \dfrac{12}{h^3}\displaystyle\int_{-h/2}^{h/2}\sin2\theta^{(k)}z^2\mathrm{d}z; & V_{4D}^* = \dfrac{12}{h^3}\displaystyle\int_{-h/2}^{h/2}\sin4\theta^{(k)}z^2\mathrm{d}z \end{cases} \tag{5.102}$$

2. 一般层合板的刚度

对称层合板当受面内内力时只引起面内变形,受弯曲力矩时只引起弯曲变形。而非对称层合板,即不具有中面对称性的层合板,面内内力还将引起弯曲变形,弯曲内力也将引起面内变形,即存在拉弯耦合或弯拉耦合。因此,一般层合板除了面内系数和弯曲刚度系数外,还存在耦合刚度系数。

对于一般层合板由于面内内力引起弯曲变形,弯曲内力引起面内变形,因此,必须将面内内力、弯曲内力、以及面内变形、曲率一并讨论。这里将面内内力和弯曲内力统称为内力;而面内应变、弯曲曲率(包括扭率)统称为应变。

前面已提到的假设,除了不具有中面对称性外,其余均成立,据此可以得出一般层合板的应变关系式为

$$\begin{cases} \varepsilon_x = \varepsilon_x^0 + zk_x \\ \varepsilon_y = \varepsilon_y^0 + zk_y \\ \gamma_{xy} = \gamma_{xy}^0 + zk_{xy} \end{cases} \tag{5.103}$$

式中,$\varepsilon_x^0,\varepsilon_y^0,\gamma_{xy}^*$ 为中面应变;k_x,k_y,k_{xy} 为中面曲率和扭率。

将上式代入面内内力表达式(5.66)和弯曲内力表达式(5.91)中,并利用各单层的应力 – 应变关系式(5.21),可以推得一般层合板的应力 – 应变关系式为

$$\begin{Bmatrix} N_x \\ N_y \\ N_{xy} \\ M_x \\ M_y \\ M_{xy} \end{Bmatrix} = \begin{bmatrix} A_{11} & A_{12} & A_{16} & B_{11} & B_{12} & B_{16} \\ A_{21} & A_{22} & A_{26} & B_{21} & B_{22} & B_{26} \\ A_{61} & A_{62} & A_{66} & B_{61} & B_{62} & B_{66} \\ B_{11} & B_{12} & B_{16} & D_{11} & D_{12} & D_{16} \\ B_{21} & B_{22} & B_{26} & D_{21} & D_{22} & D_{26} \\ B_{61} & B_{62} & B_{66} & D_{61} & D_{62} & D_{66} \end{bmatrix} \begin{Bmatrix} \varepsilon_x^0 \\ \varepsilon_y^0 \\ \gamma_{xy}^0 \\ k_x \\ k_y \\ k_{xy} \end{Bmatrix} \tag{5.104a}$$

上式简写成

$$\begin{Bmatrix} N \\ M \end{Bmatrix} = \begin{bmatrix} A & B \\ B & D \end{bmatrix} \begin{Bmatrix} \varepsilon^0 \\ k \end{Bmatrix} \tag{5.104b}$$

式中,A_{ij},D_{ij} 与对称层合板一致,而

$$B_{ij} = \int_{-h/2}^{h/2}\overline{Q}_{ij}^{(k)}z\mathrm{d}z \quad (i,j=1,2,6) \tag{5.105}$$

称为层合板的耦合刚度系数。将一般层合板的所有刚度系数归纳起来并写成叠加形式为

$$\begin{cases} A_{ij} = \sum_{k=1}^{n} \overline{Q}_{ij}^{(k)} (z_k - z_{k-1}) \\[2mm] B_{ij} = \frac{1}{2} \sum_{k=1}^{n} \overline{Q}_{ij}^{(k)} (z_k^2 - z_{k-1}^2) \\[2mm] D_{ij} = \frac{1}{3} \sum_{k=1}^{n} \overline{Q}_{ij}^{(k)} (z_k^3 - z_{k-1}^3) \end{cases} \tag{5.106}$$

式中, z_k 为第 k 层的底面坐标; z_{k-1} 为第 k 层的上面坐标; n 为层合板的层数。

B_{ij} 称为层合板的耦合刚度系数。将这些刚度系数进行正则化处理,其中面内刚度系数和弯曲刚度系数的正则化公式与对称层合板完全相同,只有耦合刚度系数未提及,设

$$B_{ij}^* = \frac{2}{h^2} B_{ij} \tag{5.107}$$

利用这些正则化参数将式(5.104)改写成如下正则化形式,即

$$\begin{Bmatrix} N_x^* \\ N_y^* \\ N_{xy}^* \\ M_x^* \\ M_y^* \\ M_{xy}^* \end{Bmatrix} = \begin{bmatrix} A_{11}^* & A_{12}^* & A_{16}^* & B_{11}^* & B_{12}^* & B_{16}^* \\ A_{21}^* & A_{22}^* & A_{26}^* & B_{21}^* & B_{22}^* & B_{26}^* \\ A_{61}^* & A_{62}^* & A_{66}^* & B_{61}^* & B_{62}^* & B_{66}^* \\ 3B_{11}^* & 3B_{12}^* & 3B_{16}^* & D_{11}^* & D_{12}^* & D_{16}^* \\ 3B_{21}^* & 3B_{22}^* & 3B_{26}^* & D_{21}^* & D_{22}^* & D_{26}^* \\ 3B_{61}^* & 3B_{62}^* & 3B_{66}^* & D_{61}^* & D_{62}^* & D_{66}^* \end{bmatrix} \begin{Bmatrix} \varepsilon_x^0 \\ \varepsilon_y^0 \\ \gamma_{xy}^0 \\ k_x \\ k_y \\ k_{xy} \end{Bmatrix} \tag{5.108a}$$

简写为

$$\begin{Bmatrix} N^* \\ M^* \end{Bmatrix} = \begin{bmatrix} A^* & B^* \\ 3B^* & D \end{bmatrix} \begin{Bmatrix} \varepsilon^0 \\ k^* \end{Bmatrix} \tag{5.108b}$$

式中的正则化刚度系数可根据一般层合板刚度计算式(5.106)和正则化公式求得,合写成如下形式,即

$$\begin{Bmatrix} [A_{11}^*, B_{11}^*, D_{11}^*] \\ [A_{22}^*, B_{22}^*, D_{22}^*] \\ [A_{12}^*, B_{12}^*, D_{12}^*] \\ [A_{66}^*, B_{66}^*, D_{66}^*] \\ [A_{16}^*, B_{16}^*, D_{16}^*] \\ [A_{26}^*, B_{26}^*, D_{26}^*] \end{Bmatrix} = \begin{bmatrix} U_1 & [V_{1A}^*, V_{1B}^*, V_{1D}^*] & [V_{2A}^*, V_{2B}^*, V_{2D}^*] \\ U_1 & -[V_{1A}^*, V_{1B}^*, V_{1D}^*] & [V_{2A}^*, V_{2B}^*, V_{2D}^*] \\ U_4 & 0 & -[V_{2A}^*, V_{2B}^*, V_{2D}^*] \\ U_5 & 0 & -[V_{2A}^*, V_{2B}^*, V_{2D}^*] \\ 0 & \frac{1}{2}[V_{3A}^*, V_{3B}^*, V_{3D}^*] & [V_{4A}^*, V_{4B}^*, V_{4D}^*] \\ 0 & \frac{1}{2}[V_{3A}^*, V_{3B}^*, V_{3D}^*] & -[V_{4A}^*, V_{4B}^*, V_{4D}^*] \end{bmatrix} \begin{Bmatrix} 1,0,1 \\ U_2 \\ U_3 \end{Bmatrix} \tag{5.109}$$

式中几何因子由下式给出

$$\begin{Bmatrix} V_{1A}^* \\ V_{2A}^* \\ V_{3A}^* \\ V_{4A}^* \end{Bmatrix} = \frac{1}{h} \sum_{k=1-\frac{n}{2}}^{n/2} \begin{Bmatrix} \cos 2\theta^{(k)} \\ \cos 4\theta^{(k)} \\ \sin 2\theta^{(k)} \\ \sin 4\theta^{(k)} \end{Bmatrix} (z_k - z_{k-1}) \tag{5.110}$$

$$
\begin{Bmatrix} V_{1B}^* \\ V_{2B}^* \\ V_{3B}^* \\ V_{4B}^* \end{Bmatrix} = \frac{1}{h^2} \sum_{k=1-\frac{n}{2}}^{n/2} \begin{Bmatrix} \cos 2\theta^{(k)} \\ \cos 4\theta^{(k)} \\ \sin 2\theta^{(k)} \\ \sin 4\theta^{(k)} \end{Bmatrix} (z_k^2 - z_{k-1}^2) \tag{5.111}
$$

$$
\begin{Bmatrix} V_{1D}^* \\ V_{2D}^* \\ V_{3D}^* \\ V_{4D}^* \end{Bmatrix} = \frac{4}{h^3} \sum_{k=1-\frac{n}{2}}^{n/2} \begin{Bmatrix} \cos 2\theta^{(k)} \\ \cos 4\theta^{(k)} \\ \sin 2\theta^{(k)} \\ \sin 4\theta^{(k)} \end{Bmatrix} (z_k^3 - z_{k-1}^3) \tag{5.112}
$$

若各单层的厚度相同,则

$$
\begin{Bmatrix} V_{1A}^* \\ V_{2A}^* \\ V_{3A}^* \\ V_{4A}^* \end{Bmatrix} = \frac{1}{h} \sum_{k=1-\frac{n}{2}}^{n/2} \begin{Bmatrix} \cos 2\theta^{(k)} \\ \cos 4\theta^{(k)} \\ \sin 2\theta^{(k)} \\ \sin 4\theta^{(k)} \end{Bmatrix} [k - (k-1)] \tag{5.113}
$$

$$
\begin{Bmatrix} V_{1B}^* \\ V_{2B}^* \\ V_{3B}^* \\ V_{4B}^* \end{Bmatrix} = \frac{t^2}{h^2} \sum_{k=1-\frac{n}{2}}^{n/2} \begin{Bmatrix} \cos 2\theta^{(k)} \\ \cos 4\theta^{(k)} \\ \sin 2\theta^{(k)} \\ \sin 4\theta^{(k)} \end{Bmatrix} [k^2 - (k-1)^2] \tag{5.114}
$$

$$
\begin{Bmatrix} V_{1D}^* \\ V_{2D}^* \\ V_{3D}^* \\ V_{4D}^* \end{Bmatrix} = \frac{4t^3}{h^3} \sum_{k=1-\frac{n}{2}}^{n/2} \begin{Bmatrix} \cos 2\theta^{(k)} \\ \cos 4\theta^{(k)} \\ \sin 2\theta^{(k)} \\ \sin 4\theta^{(k)} \end{Bmatrix} [k^3 - (k-1)^3] \tag{5.115}
$$

式中单层按如图 5.9 所示排序,为方便计算表 5.6 中列出了一般层合板刚度的加权因子值。

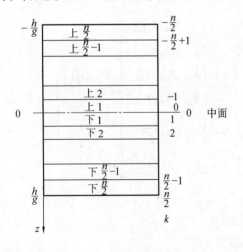

图 5.9 一般层合板的铺层序号

表 5.6 一般层合板刚度的加权因子

单层	序号	$k - (k-1)$	$k^2 - (k-1)^2$	$k^3 - (k-1)^3$
上 8	-7	1	-15	169
上 7	-6	1	-13	127
上 6	-5	1	-11	91
上 5	-4	1	-9	61
上 4	-3	1	-7	37
上 3	-2	1	-5	19
上 2	-1	1	-3	7
上 1	0	1	-1	1
下 1	1	1	1	1
下 2	2	1	3	7
下 3	3	1	5	19
下 4	4	1	7	37
下 5	5	1	9	61
下 6	6	1	11	91
下 7	7	1	13	127
下 8	8	1	15	169

3. 层合板的强度

层合板通常是由不同方向的单层构成的,在外力作用下一般是逐层失效的。因此,层合板的强度指标有两个:在外力作用下,层合板中最先一层失效时的层合板正则化内力称为最先一层失效强度。其对应的载荷称为最先一层失效载荷;而最终失效,即层合板各单层全部失效时层合板正则化内力称为极限强度,其对应的载荷称为极限载荷。

（1）最先一层失效强度

确定最先一层失效强度必须首先作层合板的单层应力分析,然后利用强度比方程计算层合板各个单层的强度比,强度比最小的单层最先失效,其对应的层合板正则化内力即为所求层合板的最先一层失效强度。

（2）极限强度

层合板用最先一层失效强度作为强度指标,一般来说似乎保守了些。因为多向层合板各单层具有不同的铺设方向,各单层应力状况不同,强度储备也不同,最弱的单层失效后,只是改变了层合板的刚度特性,并不意味着整个层合板失效。当外力继续增大时,各单层应力重新分配,整个层合板还能继续承受载荷。如此循环,直至全部单层失效。导致层合板所有单层全部失效的层合板的正则化内力称为层合板的极限强度。层合板的失效过程极为复杂,一般对失效单层假定如下降级准则

当 $\sigma_1 < X$,则 $Q_{12} = Q_{22} = Q_{66} = 0$,$Q_{11}$ 不变

当 $\sigma_1 \geqslant X$,则 $Q_{11} = Q_{12} = Q_{22} = Q_{66} = 0$

即认为当失效单层的纵向应力 σ_1 尚未达到纵向强度 X 时,破坏发生在基体相,则该层横向和剪切刚度分量为零,纵向刚度分量不变;若纵向应力 σ_1 已达到纵向强度时,破坏发生于纤维相,则该层全部刚度系数都为零。失效单层降级后整个层合板仍按经典层合板理论计算刚度。

若已知单层材料的性能参数（包括工程弹性常数及基本强度）和层合板的铺设情况,则利用以前介绍过的方法即能求得给定载荷下各单层的强度比。强度比最小的单层最先失效。将最先失效单层按失效单层降级准则降级。然后计算失效单层降级后的层合板刚度（即一次降级后的层合板刚度）以及各单层的应力,再求得一次降级后的层合板强度比。强度比最小的单层继之失效,层合板进行二次降级。如此重复上述过程,直至最后一个单层失效。这些单层失效时的强度比中最大值所对应的正则化内力即为层合板极限强度。确定层合板极限强度的框图,如图 5.10 所示。

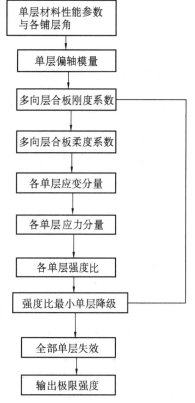

图 5.10　确定层合板极限强度的框图

5.3　短纤维增强复合材料的特性

5.3.1　短纤维增强复合材料的宏观力学分析

　　一般来说短纤维增强复合材料的强度、刚度和疲劳强度等力学性能,远不如同类长纤维增强复合材料在纤维方向的性能。这是由于纤维体积含量大大降低了,且纤维的作用也减弱了。然而,由于短纤维增强复合材料容易制成各种形状的复杂构件,且生产效率高,所以应用非常广泛。它比没有增强纤维的基体材料(如工程塑料)在强度、刚度和热稳定性方面要好得多,也比单向连续纤维增强复合材料的横向拉伸强度和剪切强度要高得多。所以,了解短纤维增强复合材料的力学特性也非常重要。

　　短纤维复合材料在制造过程中按纤维排列情况通常分为单向短纤维增强复合材料、面内随机分布增强复合材料和空间随机分布增强复合材料。

　　单向短纤维增强复合材料,垂直于纤维的平面可看成是各向同性面,因此属横向各向同性的各向异性;面内随机分布增强复合材料,在面内可看成是各向同性的,垂直于平面方向看也是横向同性的;空间短纤维随机分布增强复合材料可看成是各向同性的。因此,可分别利用各向异性力学和各向同性力学对短纤维增强复合材料进行力学特性的宏观分析。

5.3.2　短纤维增强复合材料的细观力学分析

　　从细观角度来看,不论是哪种短纤维增强复合材料,都存在着应力从复合材料整体的基体与短纤维的端头传递到纤维的过程,即存在端头效应,这端头效应将明显地影响短纤维复合材料的性能与增强效果,为此短纤维增强复合材料细观力学分析的基础是应力传递理论。

1. 短纤维增强复合材料的应力传递理论

　　研究沿纤维长度应力变化的应力传递理论,通常采用剪切滞后分析法。该方法假设纤维是线弹性的,且假设纤维和基体在界面上是完全结合的。受力模型如图5.11所示,为一根短纤维和其周围围成圆柱状的代表性体积单元。σ_c 为代表体积单元的应力,τ_c 为界面上的剪应力,σ_f 为纤维的应力。图5.11(b)为(a)图中圆柱部分的放大图。利用 x 方向静力平衡条件,并对 z 坐标进行积分,可得纤维应力与界面剪应力的关系,即

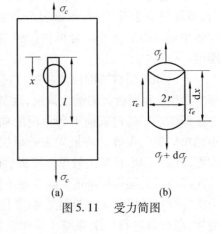

图 5.11　受力简图

$$\sigma_f = \sigma_{f0} + \frac{2}{r}\int_0^x \tau_c \mathrm{d}x \qquad (5.116)$$

式中,σ_{f0} 为 $x=0$ 处的纤维应力,由于端头处应力集中过大,易造成基体与纤维脱开,故可设 $\sigma_{f0}=0$,于是式(5.116)可简写为

$$\sigma_{\mathrm f} = \frac{2}{r}\int_0^x \tau_c \mathrm{d}x \tag{5.117}$$

如果 τ_c 随 x 的变化规律,则式(5.117)可解出。为此对基体的应力 – 应变关系作如下假设。

(1)理想刚塑性状态

假设为理想刚塑性状态,如图 5.12 所示,这里由于 $\tau_c = \tau_s$,所以由式(5.117)可解得

$$\sigma_{\mathrm f} = \frac{2\tau_s x}{r} \tag{5.118}$$

据此可得纤维应力沿纤维方向的变化情况,如图 5.13 所示。

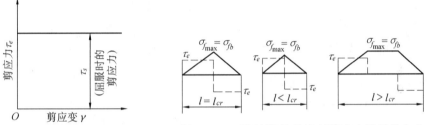

图 5.12　理想刚塑性　　　　图 5.13　理想刚塑性状态纤维应力沿纤维方向
　　　　　状态　　　　　　　　　　　　的变化情况

在纤维的两端应力 $\sigma_{\mathrm f}$ 为零,纤维中点应力最大为 $\sigma_{f\max}$,且线性变化。图中 σ_{fb} 为纤维的拉伸强度,l_{cr} 为纤维中点处最大剪应力,$\sigma_{f\max}$ 正好等于 σ_{fb} 时的纤维长度,称为临界长度,即

$$\frac{l_{cr}}{d} = \frac{\sigma_{fb}}{2\tau_s} \tag{5.119}$$

式中,$d = 2r$ 为纤维直径。

由图可知,当 $l = l_{cr}$ 时,纤维沿长度的平均应力为 $\sigma_{fb}/2$;当 $l < l_{cr}$ 时,平均应力低于 $\sigma_{fb}/2$;当 $l > l_{cr}$ 时,平均应力为 $\left(1 - \dfrac{l_{cr}}{2l}\right)\sigma_{fb}$ 。因此,当 $l \gg l_{cr}$ 时,纤维中的平均应力才趋近于 σ_{fb} 。由此可知,纤维长度和直径之比以尽可能大为好,增强效果越好,直至接近连续纤维增强复合材料。还需指出,对于短纤维束,应以纤维束直径来取代纤维直径考虑。

(2)弹塑性状态

假设为弹塑性状态,上述分析所得的应力分布是近似的,这是因为假设理想刚塑之故。较精确的应力分布应假设为弹塑性状态。在假设弹塑性状态下计算给出的结果如图 5.14 所示。比较图 5.13 和图 5.14 可以看出,两者是不同的,但总体来看比较接近。在假设基体为线弹性状态,基体应力(轴向应力为 σ_{mx} ,径向应力为 σ_{my})沿长度方向的变化情况,如图 5.15 所示。

由图 5.15 可知,在纤维的端头($x = 0$ 处),基体中的轴向应力与径向应力皆为正值且数值很大。但随着 x 的增大,基体中的轴向应力逐渐减小并趋于一个常数(仍为正值),基

体中的径向应力则由拉应力变为压应力,而后也趋于另一个常数。

综上可知,短纤维端头效应表现在靠近纤维端头处,纤维应力为零,但基体上有应力集中,且在端头处达到最大值,界面应力也有较大值(或最大值)。沿着纤维长度的变化,纤维应力变为最大值且成常量,基体应力变为最小值且成常量,此时界面剪应力则变为零。特别要指出的是,当基体中的径向应力由拉应力变为压应力,这对提高界面的开裂强度有利。

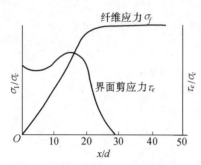

图 5.14 弹塑性状态纤维应力 σ_f 与界面剪应力 τ_c 变化情况($x/d = 100$)

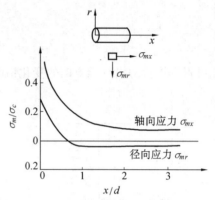

图 5.15 线弹性状态下基体应力 σ_m 变化情况($x/d = 10.4$)

2. 预测单向短纤维增强复合材料的模量

利用应力传递理论和细观力学的简单模型法可预测短纤维增强复合材料的模量。

① 预测单向短纤维增强复合材料的模量,纵向弹性模量 E_1 的预测公式为

$$E_1 = V_f E_n \left(1 - \frac{m}{2}\right) + V_m E_m \tag{5.120}$$

式中,m 为 $\dfrac{l_{cr}}{l}$;$E_n\left(1 - \dfrac{m}{2}\right)$ 为短纤维在纤维方向的平均模量 $\overline{E}_{fl}$。

横向弹性模量 E_2 的预测公式为

$$\frac{1}{E_2} = \frac{V_f}{E_{f2}} + \frac{V_m}{E_m} \tag{5.121}$$

剪切弹性模量 G_{12} 的预测公式为

$$\frac{1}{G_{12}} = \frac{V_f}{G_{fl2}} + \frac{V_m}{G_m} \tag{5.122}$$

② 预测面内短纤维随机分布增强复合材料的模量,通常可利用如下经验公式预测面内弹性模量,即

$$E_c^0 = \frac{3}{8}E_1 + \frac{5}{8}E_2 \tag{5.123}$$

式中 E_1 与 E_2 分别为同样材料做成单向短纤维增强复合材料的纵向弹性模量和横向弹性模量。

③ 预测空间短纤维随机分布增强复合材料的模量,通常可近似采用如下经验公式确

定弹性模量,即

$$E_c = \frac{1}{5} V_f E_{f1} + \frac{4}{5} V_m E_m \tag{5.124}$$

3. 预测短纤维增强复合材料的强度

(1) 预测单向短纤维增强复合材料的强度

可利用单向连续纤维增强复合材料纵向拉伸强度 X_t 的预测公式,只需将纤维的拉伸强度 X_{ft} 用平均拉伸强度 $\bar{X}_{ft}$ 来代替,即

$$\bar{X}_{ft} = (1 - \frac{l_{cr}}{2d}) X_{ft} \tag{5.125}$$

而纤维 1 向的弹性模量 E_f 用平均弹性模量 $\bar{E}_{f1}$ 来代替即可。此时纤维控制的最小体积含量 V_{fmin} 和纤维应具有的最小体积含量,即临界纤维体积含量 V_{fcr} 要比同样纤维和基体材料的单向连续纤维增强复合材料的要高。

(2) 预测面内短纤维随机分布增强复合材料的强度

面内短纤维随机分布增强复合材料的面内强度 σ_b^0 可近似按下式预测,即

$$\sigma_b^0 = 0.3 X_t \tag{5.126}$$

式中,X_t 为同样纤维和基体的单向短纤维增强复合材料的纵向拉伸强度。

(3) 预测空间短纤维随机分布增强复合材料的强度

空间短纤维随机分布增强复合材料的拉伸强度为

$$\sigma_b = 0.16 X_t \tag{5.127}$$

式中,X_t 为同样纤维和基体的单向短纤维增强复合材料的纵向拉伸强度。

5.3.3 短纤维增强复合材料的力学特性

1. 强度和刚度特性

短纤维增强复合材料的强度和刚度特性除与原材料、工艺有关外,还与纤维的几何尺寸、取向有密切关系。表 5.7 列出了玻璃、环氧复合材料的单向短纤维增强复合材料和单向连续纤维增强复合材料及未增强材料的拉伸强度、弹性模量、断裂应变取值范围比较。由表可知,短纤维增强复合材料的性能介于连续纤维增强复合材料与未增强材料之间。

2. 粘弹性特性

一般情况下,短纤维增强塑料的树脂体积含量要高于连续纤维增强塑料的树脂含量,因此,短纤维增强塑料的粘弹性更明显。实验证明,中等程度纤维体积含量 ($V_f = 40\%$) 的短纤维随机分布增强塑料,仍具有明显的粘弹性。通常,塑料基体的玻璃化温度 T_s 越低,粘弹性越明显。

表 5.7　各种玻璃／环氧材料体系的强度、刚度特性数据

材料体系（应力方向）	纤维取向	纤维体积含量 V_f/%	拉伸强度 σ_b/MPa	弹性模量 E/GPa	断裂应变 ε_t/%
未增强树脂		0	69 ~ 83	2.1 ~ 2.8	4
短纤维增强（横向）		50	38	9.6	0.4 ~ 0.5
短纤维增强（纵向）		50	276	31.0	0.6 ~ 1.0
连续纤维增强（横向）		60	28 ~ 41	12.4 ~ 14.5	0.4
连续纤维增强（纵向）		60	896 ~ 1 103	43.4 ~ 46.9	2.0

3. 疲劳特性

短纤维增强复合材料的疲劳性能,远不如连续纤维增强复合材料纤维方向的疲劳性能。这是因为短纤维增强复合材料的载荷,部分由纤维承担,部分由基体承担,而基体较弱易产生局部疲劳破坏;而且短纤维随机分布增强复合材料,首先会从那些垂直于载荷方向的纤维处开始界面开裂的,而单向短纤维增强复合材料端头与其弱界面就容易产生疲劳破坏的;另外,短纤维增强复合材料的纤维含量较小,且短纤维的分布既不均匀又不规则。在基体中和界面上的应力分布使某些部位的应力和应变水平很高,因此疲劳损伤扩展较快,所以比单向连续纤维增强复合材料在纤维方向的疲劳强度要低。

4. 损伤特性

通常短纤维增强复合材料的损伤形式有基体开裂、界面开裂、纤维断裂三种基本形式。对于层合板形式的短纤维增强复合材料,同样还存在层间分层的损伤形式。基于上述损伤形式的多元性,短纤维增强复合材料的破坏机理,也往往是以损伤区的形成和扩展导致最终破坏的。通常是由界面开裂或基体开裂导致最终破坏的。至于纤维断裂,通常当 $l \ll l_{cr}$ 时,由于纤维中点应力最大且达不到纤维拉伸强度,则纤维不会断裂,而可能发生纤维拔出;当 $l \gg l_{cr}$ 时,由于纤维很可能断裂,长纤维断成短纤维,还可能短纤维再从基体中拔出。通常认为,纤维从基体中拔出所需的能量最大,其次为纤维断裂,而基体开裂和界面开裂最小。有关短纤维增强复合材料的损伤机理有待进一步分析研究。

5.4　预测颗粒增强复合材料的强度

5.4.1　预测颗粒增强复合材料的拉伸强度

颗粒增强复合材料的拉伸强度往往不是提高,而是降低的。当基体与颗粒无偶联时,可认为颗粒与基体完全脱开,颗粒占有的体积可看成孔洞,此时基体承受全部载荷,据此可求出颗粒增强复合材料的拉伸强度 σ_b 为

$$\sigma_b = \sigma_m (1 - 1.2 V_p^{2/3}) \tag{5.128}$$

此式表明, σ_b 随 V_p 增加而下降。但有关试验表明,当 $V_p > 40\%$ 时此式不适用,这里 σ_b 实际有回升现象。

5.4.2　预测颗粒增强复合材料的屈服极限

颗粒增强复合材料的基体通常是金属,根据经典的弥散强化奥罗万(Orowan)理论,是从位错运动来讨论弥散强化的。

第一种认为,当位错线穿过颗粒所需的应力即达到颗粒增强复合材料的屈服极限 τ_s ,此时可得

$$\tau_s = \frac{G_m \boldsymbol{b}}{\lambda} \tag{5.129}$$

式中, G_m 为基体剪切弹性模量; $\boldsymbol{b}$ 为巴尔格(Burger)矢量; λ 为颗粒间距。

第二种认为,当位错线穿过颗粒使颗粒受到的剪应力与颗粒的屈服极限相等时,即达到颗粒增强复合材料的屈服极限 τ_s ,此时可得

$$\tau_s = \sqrt{\frac{G_m G_p \boldsymbol{b}}{2C\lambda}} \tag{5.130}$$

式中, C 为颗粒的剪切弹性模量 G_p 与剪切屈服极限 τ_p 的比值。

不论是式(5.129)还是式(5.130),颗粒增强复合材料的屈服极限均与颗粒间距有一定关系,与 $1/\lambda$ 或 $1/\sqrt{\lambda}$ 成正比。

通常,颗粒增强复合材料的初始模量和抗压强度要比基体材料大,断裂韧性也可有不同程度的提高,但拉伸强度未必能增加。但考虑许用应变时,其抗拉能力还是增强的。由于颗粒增强复合材料具有增强颗粒、基体、界面三方面因素,尤其是界面状况和界面强度起着十分重要的作用,因此使其细观分析复杂化了,有待于进一步深入研究。

第6章 陶瓷材料设计基础

6.1 陶瓷设计概述

材料设计是复相陶瓷研制过程中必须首先解决的问题,复相陶瓷设计由定性化向定量化方向发展是必然趋势。宏/细微观力学、材料设计专家系统和智能化设计系统应用于陶瓷基复合材料韧化设计方面已取得巨大的进展,并推动陶瓷材料科学与技术的发展。

6.1.1 问题提出的背景

为提高或改善陶瓷性能,常在陶瓷中加入颗粒、晶须和纤维等第二相或多相增强体,构成复相陶瓷,即陶瓷基复合材料。复相陶瓷设计是指依据积累的经验,归纳的实验规律和总结的科学原理,通过合理选择材料组分,并设法使材料在受控条件下组成预定的微观组织,从而制备出性能符合要求的陶瓷材料。美国先后组织和实施了"脆性材料设计"规划,日本一直把陶瓷设计作为重大项目进行研究,把陶瓷设计推向了高潮。

陶瓷基复合材料设计的水平与发展受制于陶瓷材料科学本身的水平与发展,还依赖于力学和计算机科学等相关学科的发展。借助现代分析测试手段对复合材料断裂行为进行多层次和多尺度的实验研究,使人们认识到断裂行为是由宏、细、微观诸层次下多种破坏机制相耦合而发生和发展的,认识到宏观偶然发生的灾难性断裂行为是由微细观尺度内确定的力学过程所制约的。透射电镜和高分辨电镜以及场发射电镜对陶瓷复合材料界面结构的观测分析,使人们对界面行为有了纳米尺度以内的了解。利用会聚束、电子衍射、同步辐射连续 X 射线测量界面残余应力和脱粘技术对界面力学性能的测试,使人们对界面的精细物理化学变化有了更深一层次的了解,推动了陶瓷复合材料界面结构设计的发展和陶瓷复合材料微结构与宏观力学性能之间定量关系的建立。

计算机技术的发展和应用,给韧化设计注入了巨大的活力,使陶瓷材料的结构分析、建模计算和模拟其物理化学行为成为可能。近来人工智能开始应用于陶瓷复合材料设计,建立了大量的材料设计专家系统,形成了陶瓷材料设计、制造一体化的系统工程。

6.1.2 宏/细微观力学

陶瓷虽然具有高的强度、高的硬度、优良的耐热性能,但其脆性却严重限制了它的应用,因此陶瓷增韧问题是陶瓷研究的核心课题。为改善其脆性,人们利用微裂纹、相变、第二相颗粒(金属非金属,包括纳米颗粒)、晶须(或短纤维)和纤维等各种手段对陶瓷实施增韧,并已取得明显效果。复相陶瓷在外载作用下,发生基体开裂、在裂纹尖端附近形成微裂纹区和相变区、基体和增强体的界面脱粘、纤维断裂,出现裂纹桥联,晶须或纤维拔出和裂纹偏转等,进而改变了裂纹尖端附近的应力场,引起材料的强度、韧性等宏观性能发生变化。由于陶瓷复合材料的组分在细观与微观结构层次上性能的随机性,导致细观结构演化的随机性。

陶瓷增韧是通过阻碍裂纹的萌生和扩展来实现的。对于粉末冶金法制备的陶瓷来说,一般不可能完全致密,存在于晶界和晶隅的孔隙极易成为裂纹源,因此裂纹扩展的R-阻力曲线更令人感兴趣。针对陶瓷断裂过程中应力诱发微裂纹使韧性增加的现象,人们在80年代提出了比较成熟的应力诱发微裂纹增韧的力学模型,定量评估了微裂纹增韧的尺度。Hoagland用计算机模拟了微裂纹增韧的R-阻力曲线,Bowing等在此基础上又进一步应用计算机模拟技术定量模拟了裂纹扩展过程中微裂纹的产生、连接和发展过程,使人们对微裂纹增韧的动态过程首次有了较全面的认识。对于ZrO_2相变增韧陶瓷,80年代初,Budiansky和Hutchinson等人提出了应力诱发相变体膨胀增韧力学模型,而后又提出了体膨胀与切应变复合增韧模型。Hutchinson,Budiansky,Mcmeeking,Lambropoulsd和Evans等人出色的工作使相变增韧在理论上取得了显著进展,为分析和利用ZrO_2相变增韧提供了很好的理论模型。人们在实验中发现,ZrO_2相变增韧并非是相变量越大越好,因为相变增韧会伴生微裂纹,而这种微裂纹数量和尺寸适当时才有增韧作用,否则起减韧作用。在考察相变增韧时,吸收了微裂纹增韧的特点,提出了相变/微裂纹复合增韧的理论模型,用计算机定量模拟了裂纹扩展过程中相变和微裂纹的交互作用,为相变和微裂纹复合增韧提供了设计模型。

人们对纤维、晶须和延性颗粒增韧陶瓷也建立了相应的桥联增韧力学模型。借助计算机开展了单向纤维增强陶瓷复合材料的拉伸断裂的数值模拟工作,系统考查了纤维强度及其分布、界面结合强度对复合材料强度和韧性的影响。在纤维桥联机制和拔出机制复合增韧的理论模型研究表明,纤维桥联增韧效果较纤维拔出要大,复合材料的伪塑性主要由界面开裂和纤维拔出而引起,中等结合强度的界面能同时获得较高的强度和韧性。

人们在晶须、颗粒增韧的陶瓷中发现,裂纹沿基体/增强体界面偏转可以明显提高韧性。Faber和Evans等于1983年提出著名的裂纹偏转增韧计算公式,但人们发现用该模型来预测晶须增韧陶瓷的韧性时,计算值普遍高于实验值。Seshadri等采用Faber模型并结合Monte-Carlo模拟方法,模拟了椭球颗粒增强陶瓷中的裂纹沿基体/颗粒界面偏转增韧的全过程,发现裂纹在偏转中,大量的偏转是小角度的偏转,这与实验结果一致,找到了Faber模型与实验值误差大的原因;Faber模型计算的是一种临界态的大角度的偏转裂纹,实际上整个裂纹扩展全过程中大量的偏转裂纹是小角度的。在晶须或短纤维增韧陶瓷中,裂纹偏转、裂纹桥联和晶须拔出是三大主要增韧机理。结合裂纹桥联模型和裂纹偏转模型建立了晶须桥联与裂纹偏转复合增韧的理论模型,对裂纹扩展过程进行数值模拟,结果显示,随晶须含量增加,占主导地位的增韧机制逐渐由裂纹偏转过渡到晶须桥联,这与实验结果相当一致;进一步的研究表明,晶须直径增大,有利于增韧,与已有实验结果吻合;晶须倾向于平行裂纹面分布时,晶须增韧效果显著下降。对晶须和相变颗粒复合增韧陶瓷,如Al_2O_3-ZrO_2-SiC_w陶瓷,也初步建立了复合增韧数值模型,通过对R-阻力曲线的计算发现,晶须增韧有利于提高相变增韧效果,而相变增韧的存在却不利晶须增韧,但两者复合增韧效果比它们增韧效果的相加和要大。在延性颗粒桥联与相变复合增韧模型化等多种机制复合增韧陶瓷的复合增韧模型化方面人们也作了一些探索工作。对陶瓷扩展裂纹尖端区的微裂纹、桥联、相变和裂纹偏转过程的细观力学和数值模拟研究使得结构陶瓷的增韧理论和韧性指标发生了深刻的变化。

如果陶瓷材料的细观结构在外部载荷作用下不发生演化(如只产生弹性变形而不损伤),则可根据给定的微结构对复合材料宏观性能进行预测。目前对单向纤维增强陶瓷基复合材料的弹性性能预测已显成熟。最早提出弹性预测模型的是 Cox,但他没有考虑基体的贡献,故计算值比实测值低。Nielsen 和 Chen 应用同样的方法并考虑了基体的贡献,用数值积分方法计算了二维及三维随机取向纤维复合材料的弹性模量给出完整表达式而预测又接近实验值的有 Christensen 和 Waals 的一套公式。区焕文等把一套等效介质理论发展为一套数值方法,并结合 Christensen 和 Waals 的公式,来计算随机取向纤维复合材料的弹性模量。该数值方法对单向纤维复合材料的弹性常数有准确的预测,对随机取向纤维复合材料的杨氏模量也能作出很好的估计。

对于晶须、颗粒增强的陶瓷基复合材料的有效弹性模量预报,Eshelby 采用等效夹杂法给出了含有夹杂非均匀体的有效弹性模量,但这一方法仅限于夹杂体积分数较小的情况。为克服上述缺点,Budiansky 和 Wu 提出了自洽法。另外 Hashin 和 Shtrikman 采用了变分法,Mura 和 Chou 采用了局部应变的扰动法,但这些方法都忽略了夹杂含量的大小和相互作用。在夹杂含量较大时,还需考虑夹杂相互作用。杜善义等提出的夹杂模型则考虑夹杂形状、大小、分布和相互作用的影响。在低体积分数时,这些模型有相似的预测结果,在高体积分数时,则有所区别。

在陶瓷基复合材料的热膨胀系数理论研究中,比较重要的是透过复合材料各组分的热弹性及组分的体积比去预测复合材料的热膨胀系数,而历来有不少这方面的研究。由各组分的弹性性能及热膨胀系数来计算两相单向复合材料的热膨胀系数的表达式最初用 Levin 给出,Rosen 把它推广应用于一般情况的非各向同性组分构成的复合材料。对于颗粒增强的各向同性复合材料的热膨胀系数计算,Kenner 给出了简单计算式,但对于高体积分数时,预测值高于实验值。也可以应用自洽理论,来建立计算颗粒增强复合材料热膨胀系数的计算公式。区焕文等用等效介质理论数值法计算了球状微粒掺杂的各向同性复合材料及单向纤维复合材料的热膨胀系数,且理论值与实验值吻合。

利用宏细微观力学模型,并结合其他数值方法,根据材料组分的性质和微结构特征,来预测陶瓷复合材料的宏观力学、物理性能已取得较大成功。虽然这些理论模型由于各自的假设条件不同,每个模型预测的性能参数的准确性及实用范围也不尽相同,但现有的模型对弹性模量和热膨胀系数预测基本上可满足工程的要求。

复合材料宏细微观力学和以它为基础的计算机模拟技术在描述陶瓷复合材料微细宏观各层次多尺度范围内的变形、损伤和断裂各阶段,复合材料的变形与破坏等各方面都获得了较大的成功,它们为复合材料的微细结构的定量化设计提供的数理模型,一般都具有明确的物理意义和坚实的实验基础,为陶瓷基复合材料设计打下了坚实的理论基础,极大地推动了材料设计的发展,也极大地推动了陶瓷科学和技术的发展。

6.1.3　复相陶瓷设计/制造一体化技术

先进陶瓷复合材料结构精细,研制成本高,工艺复杂,周期长。以传统的"炒菜"式加以研制,费时费钱费力,而且难以得到系统的科学结论。陶瓷复合材料本身就是一种结构,一种可设计的材料,具备了将材料科学和产品有机结合的条件。应用计算机模拟技术,对复合材料实施优化设计、性能分析、工艺过程的监控和仿真,对材料承载受力破坏过程进行计算机模拟,获得难以用传统实验获得的一系列信息,并配以适当的实验来检验模型,节约了大量的费用,缩短了研制周期。加上实验技术和监控手段的发展,促使陶瓷材料设计朝设计/制造一体化方向发展。

如某战术导弹端头帽的研制,要求防热/透波/抗烧蚀;为降低成本和减少加工,还要求一次成型。在研制中,材料结构设计和材料工艺人员密切配合,充分利用复合材料可设计性的特点,按端头帽各处工作环境及受载类型,对不同位置选用基体和增强材料,确定它们的体积含量和配置方法,考虑了不同相之间在化学、热物理、力学等诸方面的相容性和界面现象,进行精心选材和结构分析,并精心控制复合材料制造工艺,保证了端头帽一次整体成型。试车结果显示,以短纤维和颗粒复合增强的熔石英复合材料端头帽,完全达到防热/透波/抗烧蚀的性能要求,并且是一次成型,充分体现了材料设计/制造一体化的思想。

计算机技术在材料科学中的应用,促使人们依据材料科学的知识系统把大量的丰富的实验资料储存起来,形成可供参阅的综合数据库,并将已得到的科学知识、经验、规律构成知识库,逐步形成材料设计专家系统,如图 6.1 所示。目前国内外对材料设计专家系统这方面的工作开始予以高度重视,并相应建立了一批材料设计专家系统。像日本、美国以及我国的上海冶金研究所、清华大学在陶瓷材料设计专家系统方面都开展了许多工作。

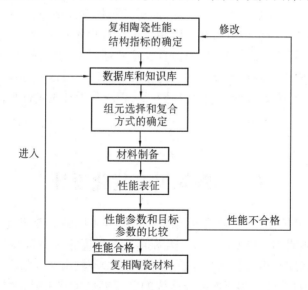

图 6.1　复相陶瓷设计系统

以复合材料力学和传统专家系统为基础进行的材料设计是演绎型的设计,它以规则为基础,进行逻辑推理。但就材料设计而言,材料的组分工艺与性能之间的内在关系往往不是很清楚,特别是缺乏定量规则;而且这些规则往往是针对某一具体问题的,很难有通用性,这些设计系统缺乏直接由数据获得规则的能力。由于复合材料中问题的复杂性和信息的模糊性使人工智能技术甚至现有的数字计算机技术也面临着巨大的困难,迫使人们寻求其他的方法来解决复合材料设计问题。

人工神经网络是用工程技术手段模拟生物神经网络结构特征的一类人工系统。它能从已有的例证和数据中自动归纳出规则,取得知识,在整个学习过程中无需外界参与,具有自适应性。虽然它得出的规则没有明确的物理意义,也不能给出这一规则的函数形式,但却可以利用经过训练的神经网络直接进行推理。像复合材料参数预测问题,神经网络方法就避免了传统的参数预测方法的不足,提高了预测的准确性和快速性。它对多参数多步预测问题更具有突出优点,正好适合用于材料设计和性能预测这一类问题。如 SiC 增韧 Si_3N_4 陶瓷基复合材料的研制,用训练后的网络对实验数据进行预测,准确率为 93%,与实验值比较,误差为 5%。

东京大学工业技术研究所的安井至认为人工神经网络方法将是解决材料设计和性能预测的有希望的方法之一。人工神经网络用于复合材料性能的预测和设计,现在越来越受到人们的高度重视,并已取得了许多可喜成果。

传统的专家系统,以专家(人)建立的规则为基础,具有说明推理过程的能力,以演绎法进行设计。而人工神经网络具有从例证和数据中取得规则的能力,以归纳法进行设计,人们把两者有机地结合起来,构成智能化设计大系统。这种智能化专家系统在复合材料设计和复合材料研究方面更具有广阔前景。

与金属基、聚合物基复合材料相比较,复相陶瓷更具特色的是它在高温下的应用。要在高温和变温状态下使用,陶瓷的脆性和低的抗热震性是首先要解决的问题。目前人们对结构陶瓷力学性能设计给予了广泛关注,而对其热物理性能设计则关注较少。对如何设计高抗热震的陶瓷是一个值得研究的课题。现在复相陶瓷出现了结构材料功能化,功能材料结构化,以及智能化的新趋势,当前有关这些新材料的范例和实验数据还很少,要对这些材料进行精确设计还很困难。因此复相陶瓷设计还得依赖经验和在进行探索性实验基础上进行设计,是经验设计和科学设计并举,但材料设计由定性化向定量化方向发展是其必须趋势。

6.2 陶瓷组分优化设计

采用多元回归分析,结合实验结果,研究复相陶瓷中的各弥散相组成与力学性能之间的定量关系,研究表明 TiC 与 ZrO_2 对 Al_2O_3 基陶瓷的硬度相对贡献值为 1.66 与实际结果相吻合;建立材料强度与相变和颗粒弥散的计算模式,预测出最佳强度及相应组成体积分数;同时可预测出纳米-微米多层次复合陶瓷的断裂韧性及其组成,达到材料组分优化设计的目的。

随着使用条件和环境工况对陶瓷材料力学性能的不同要求,有必要对陶瓷基复合材料进行组分的优化设计,以改变传统炒菜式研究方法。随着多元系复相陶瓷研究的深入,人们对材料的组成、结构、性能和应用之间的认识难度增加。材料的宏观设计控制与优化则出现一系列新的问题,主要表现在:

①从简单的单组分体系过渡到较为复杂的多组分体系,伴随着研究范围的不断拓宽和研究工作量的剧增。

②多层次微观复合不断深入和多样化,引起材料内部的显微结构和强韧化机制的复杂化,势必对材料测试技术和强韧化理论的研究提出更为苛刻的要求。

③对于某些使用工况,在众多可供选择材料的前提下,如何确定可使用材料的综合特性来优化设计复相陶瓷,以确保材料的使用寿命。

面对这些问题虽然可借助于韧化基础理论和简单体系中已积累的实验数据和经验来定性分析,但始终存在一定的盲目性,且研究效率极低。如何推动结构材料研究的迅速发展,这将涉及材料科学方法论的更新。近年来计算机技术的发展是处理复杂体系中的大量数据和信息的有效手段,为材料优化设计提供了重要的科学依据。Mestra 首次将其法引入 TiC-SiC-TiB₂ 复相陶瓷的性能与组成的研究。本文运用若干优化原理对几类典型的多元复相体系材料进行组分设计,提出相应的设计准则,预测并制备出具有较佳性能的复合材料,对精细陶瓷的制备科学研究具有一定的意义。

6.2.1　复相陶瓷的力学性能的多元回归模型

多元回归模型的计算比单元回归更为复杂,以多元线性回归为例,研究因变量(性能)和多个自变量(组成含量或工艺参数等)之间的定量关系,其计算过程。

假设 m 个自变量 $X_1 \cdots X_m$,因变量 Y 的多元线性模型表示为

$$Y = a + b_1 X_1 + b_2 X_2 + \cdots + b_m X_m \tag{6.1}$$

式中 $a, b_i (i = 1, 2, \cdots, n)$ 不可能按单元模型直接计算,必须进行一些转换,其步骤如下:

① 将式(6.1) 标准化

$$Y = b_1^* X_1' + b_2^* X_2' + \cdots + b_m^* X_m' \tag{6.2}$$

$$X_i' = \frac{X_i - \bar{X}_i}{\sqrt{S_{x_i}}} \tag{6.3}$$

$$\bar{X}_i = \frac{1}{N} \sum_{k=1}^{n} X_{ik} \tag{6.4}$$

$$S_{x_i} = l_{ii} = \sum_{k=1}^{n} (X_{ik} - \bar{X}_i)^2 \tag{6.5}$$

$$Y^* = \frac{Y_i - Y}{\sqrt{S_y}} \tag{6.6}$$

$$Y = \frac{1}{N} \sum_{k=1}^{n} Y_i \tag{6.7}$$

$$S_y = l_{yy} = \sum_{k=1}^{n} (Y_i - Y)^2 \tag{6.8}$$

$$b_i^* = b_i \sqrt{S_{ki}/S_{X_{m+1, m+1}}} = b_i \sqrt{l_{ii}/l_{m+1, m+1}} \tag{6.9}$$

式中，X_i，Y分别为自变量和因变量的平均值；S_{X_i}（或记为l_{ii}）和S_y（或记为l_{yy}）分别为自变量X_i和因变量Y的方差。

② 建立标准回归系数的正规方程

$$\begin{cases} r_{11}b_1^* + r_{12}b_2^* + \cdots + r_{1m}b_m^* = r_{1,m+1} \\ r_{21}b_1^* + r_{22}b_2^* + \cdots + r_{2m}b_m^* = r_{2,m+1} \\ \cdots \\ r_{m1}b_1^* + r_{m2}b_2^* + \cdots + r_{mm}b_m^* = r_{m,m+1} \end{cases} \quad (6.10)$$

$$r_{ij} = \frac{l_{ij}}{\sqrt{l_{ii}} \cdot \sqrt{l_{jj}}} \quad (6.11)$$

$$l_{ij} = \sum_{k=1}^{n} (X_{ik} - X_i)(X_{jk} - X_j) \quad (6.12)$$

③ 解上述方程求b_i^*值

④ 建立标准回归方程，见式(6.2)

⑤ 建立一般回归方程

$$Y^* = a + b_1^* X_1' + b_2^* X_2' + \cdots + b_m^* X_m' \quad (6.13)$$

$$b_i = b_1^* \sqrt{l_{m+1,m+1}/l_{ii}} \quad (i = 1,2,\cdots,m) \quad (6.14)$$

$$a = X_{m+1} \sum_{i=1}^{m} b_i X_i \quad (6.15)$$

当采用多元线性回归模型处理复相陶瓷的性能与多元组分的线性统计关系，即统计误差超过实验的测试误差时，应采用多元非线性回归模型。这主要考虑自变量之间的交互作用（交互项）对性能的影响。其处理方式在上述的基础上，增加若干交互项进行相应的计算，其回归模型可表示为

$$Y = a + \sum_{i=1}^{m} b_i X_i + \sum_{i=1}^{m} \sum_{j=1}^{m} C_{ij} X_i X_j \quad (6.16)$$

6.2.2　复相陶瓷的性能优化分析与组成设计

1. 相变增韧与颗粒弥散强化陶瓷的硬度与组成的回归分析

选择具有高致密性（$> 98\%$ 理论密度），且内部结构均匀细密性瓷体（系统误差得以满足）的性能和组成作为研究数据。为保证计算精度采用内插法采集大量数据。选择适当的数学模型对陶瓷的硬度和强度等力学性能随几种弥散相含量的变化进行回归分析。

以 Al_2O_3 基复相陶瓷作为系统的研究对象，应变量 Y 分别代表性能（HV，σ_f），自变量 X_1 为硬质颗粒（SiC 和 TiC）含量，X_2 为 ZrO_2 含量，$f(X_1,X_2)$ 为协同项，根据不同的数学模型选择交互项。

$(SiC + ZrO_2)/Al_2O_3$ 陶瓷的维氏硬度按照多元线性回归（Ⅰ）和多元非线性回归（Ⅱ）两种方法建立计算模型：

模型 Ⅰ $\qquad\qquad Y = a + b_1 X_1 + b_2 X_2 \qquad\qquad (6.17a)$

模型 Ⅱ $\qquad\qquad Y = a + b_1 X_1 + b_2 X_2 + b_3 X_1 X_2 \qquad (6.17b)$

式中, Y 为硬度; X_1 为 SiC 含量; X_2 为 ZrO_2 含量; b_1, b_2, b_3 为 SiC, ZrO_2 和交互项系数。

上述两种方法计算所得的标准回归方程分别为:

模型(Ⅰ) $$Y = 45.8X'_1 - 27.4X'_2 \tag{6.18a}$$

模型(Ⅱ) $$Y = 77.4X'_1 - 46.6X'_2 - 5250.1X'_1X'_2 \tag{6.18b}$$

表 6.1 为该系统的弥散相含量、实测硬度、线性和非线性回归方程以及应变量和均方差。采用线性回归与非线性回归两种方法来拟合复相陶瓷的硬度性能,从拟合结果中的均方差可以看出采用非线性回归与实际较为吻合。

表 6.1　系统中的自变量 X_1, X_2, 回归方程 Y_1, Y_2, 实测硬度 Y^{exp} 及均方差 (S)

No.	X_1 $\varphi(SiC)$	X_2 $\varphi(ZrO_2)$	Y^{exp} HV /GPa	$Y_1 = 17.7 + 19.2X_1 - 11.5X_2$		$Y_1 = 18.9 + 32.4X_1 - 19.5X_2 - 164.9X_1X_2$	
				Y	S_i	Y	S_i
1	0.10	0.11	17.9	18.3	0.4	18.0	0.1
2	0.14	0.11	18.8	19.1	0.3	18.8	0.0
3	0.21	0.10	19.4	20.6	1.2	20.2	0.8
4	0.00	0.13	15.4	16.3	0.9	16.4	1.0
5	0.11	0.00	23.2	19.8	−3.4	22.5	−0.7
6	0.10	0.06	19.8	19.0	−0.8	20.0	0.2
7	0.09	0.11	17.9	18.2	0.3	17.9	0.0
8	0.09	0.20	16.0	17.1	1.1	14.8	−1.2
$S = \left(\sum S_i^2/n \right)^{\frac{1}{2}}$				1.14		0.68	

计算结果表明:

①X_1(SiC) 对 Y 有正贡献, X_2(ZrO_2) 对 Y(HV) 有负贡献,交互项为负贡献,其相对贡献值 $C[C = ABS(b_1/b_2)]$ 为 1.66,事实上按照复合材料加和规则可得 SiC 和 ZrO_2 对 Al_2O_3 硬度的相对贡献值,即

$$C = \frac{Y_{SiC} - Y_{Al_2O_3}}{Y_{Al_2O_3} - Y_{ZrO_2}} = \frac{25.0 - 17.7}{17.7 - 13.3} = 1.66$$

与计算结果相一致。

②采用非线性回归模型计算的最大残差(1.0)与均方差(0.68)较小,与实验结果较为接近,图 6.2 为复合材料硬度与双组分的关系曲线,随着氧化锆含量的增加维氏硬度下降,而碳化硅引入后则硬度明显增加,当弥散总量增加时硬度衰减幅度较大,这与陶瓷内部应力失配造成微裂纹剧增有关,表现在等值线较为密集,反映在交互项的负面效应。

2. 相变增韧与颗粒弥散强化陶瓷的强度性能分析

依据相变增韧与颗粒弥散对材料性能的影响,建立强度与组成的关系式为

$$\sigma_f = \sigma_0 + F_1 X_1 (Z_1 - X_1) + F_2 X_2 (Z_2 - X_2) + F_{12} X_1 X_2 (l - F_1 X_1)(l - F_2 X_2) \quad (6.19)$$

式中，F_1，F_2 分别代表二元组分的强度变化幅度，分别取决于相变增韧，裂纹偏转效应和残余应力场的差值，F_1' 和 F_2' 为交互项系数，F_{12} 为协同系数。

通过对式(6.19)两组分含量求偏导可得到最佳体积分数与最大强度，图 6.3 为 $(TiC + ZrO_2)/Al_2O_3$ 复合材料的强度性能分布规律与实验结果，图中可以预测出最佳性能(476.2 MPa)及其组成(0.110,0.157)。

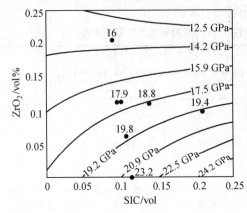

图 6.2 相变增韧与颗粒弥散陶瓷的维氏硬度（HV/GPa）与 SiC 和 ZrO_2 含量的曲线分布图

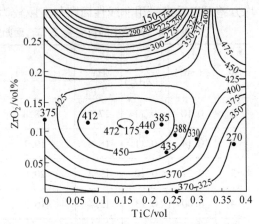

图 6.3 相变增韧与颗粒弥散复相陶瓷的强度（σ/MPa）与双组分的等性能曲线分布

3. 多层次复合陶瓷的断裂韧性分析

以纳米和微米两种粒径的碳化硅颗粒作为弥散相，并按一定的比例混合增强的方法来优化设计多层次复合陶瓷，期望其综合力学性能得到进一步改善。采用非线性回归方法加以处理，可得拟合方程为：$K = 3.70 + 98X (0.28 - X) + 158Y(0.24 - Y) - 87XY$，可预测出最佳韧性为 6.81 MPa·m$^{0.5}$ 及其组成为

$$X(SiC_p) = 9.7\%$$
$$Y(SiC_n) = 9.71\%$$

而实测韧性为 6.88 ± 0.21 MPa·m$^{0.5}$（$X = 10\%$，$Y = 10\%$）。图 6.4 为纳米 SiC_n 与微米 SiC_p 颗粒混合增强氧化铝基陶瓷复合材料的断裂韧性与组成的关系曲线。结果表明采用该计算法可快速预测出材料的优化性能。

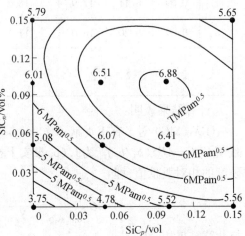

图 6.4 （SiC_n + SiC_p）/Al_2O_3 复合陶瓷的断裂韧性（K_{1C}/MPa·m$^{0.5}$）的等性能曲线分布

采用线性及非线性回归分析可以定量研究影响复合材料性能的主要因素，分析表明碳化硅与氧化锆对氧化铝基陶瓷的硬度相对贡献值为 1.66，与其物性值计算结果相吻

合;同时可预测出最佳强度(476.2 MPa)及其相应组成(0.110,0.157)。通过对多层次微观复合陶瓷的断裂韧性的优化分析表明,其最佳韧性为6.81 MPa·m$^{0.5}$,与实测结果基本相符(6.88 ±0.21 MPa·m$^{0.5}$)。

6.3　陶瓷韧化设计

6.3.1　问题的提出

晶须增韧补强陶瓷基复合材料是一种重要的结构陶瓷材料,尤其在高温燃气轮机等高温、耐磨部件方面有着十分广阔的应用前景。从20世纪70年代起,国内外材料科学工作者就对其高度重视,并取得了较大的研究进展。研究结果表明,采用晶须作为增韧体,能有效地提高陶瓷材料的强度、韧性和可靠性,而且制备工艺简单易行,还可解决高温下增韧的问题。

在晶须增韧补强陶瓷基复合材料研究方面我国取得了较大的进展。这里主要介绍纤维独石结构和层状结构的设计及其复合材料的力学性能。

尽管晶须增韧陶瓷基复合材料取得了较大的进展,但是,由于晶须的尺寸与基体晶粒的尺寸相当,使得晶须的增韧作用区域局限在几十微米以内,因此晶须的增韧作用终究是很有限的。为了进一步提高增韧效果,对新的增韧方法的探索是十分必要的。于是人们把眼光转向了具有很高韧性的某些天然的生物材料,如珍珠、贝壳、木材和竹子等,并将这些生物材料特殊的结构引入到材料设计中来,在此基础上,我们提出了纤维独石结构和层状结构复合材料的思想,在这两类复合材料中引入了多级增韧机制,并制备出具有相当高断裂韧性的纤维独石结构和层状结构的晶须增韧陶瓷基复合材料。

6.3.2　设计思路

1. 多级增韧机制的共同作用

近年来,国内外学者从天然的生物材料(如珍珠、贝壳、竹子等)的结构中得到启示。如果参考这些生物材料的结构特点,在材料设计时,科学地控制材料的微观结构,可望制备出具有优良力学性能的仿生结构材料。首先,我们分析一下珍珠的结构:珍珠是软硬相间的层状结构,结构单元是以无机质为主的硬质层,层间是有机物较多的软质层,各结构单元层按一定的规律交替地叠置,组成具有一定整体结构的材料。在这种结构中,硬质的结构单元层具有较高的强度,而软质的界面结合层则具有一定的延展性或其他性能。在材料突然受到外加冲击而造成外部的结构单元破坏时,软质界面层吸收大量的断裂能量,可以使裂纹在扩展主方向上发生偏转以至于消失,避免使整体材料发生灾难性的破坏,从而提高了材料的抗冲击破坏性能和使用可靠性。

根据以上分析,我们得到以下启示:在进行材料的设计时,除了从组分设计上选择不同的材料体系外,更重要的是从材料的宏观和微观结构的角度来设计新型材料。为此,我们提出了多级增韧机制作用的思路,在所要制备的材料中,存在基本的结构单元(薄片或纤维),在结构单元之间引进相对较弱的界面层相互联结。这种弱界面层作为一级增韧机制,在材料受力破坏时,吸收大量的断裂能;在结构单元内,加入二级增韧相(如晶须),作为二级增韧机制;而基体长柱状晶粒尺度小于晶须,起到了三级增韧机制。结构单元可以是薄片,称之为层状复合材料;结构单元也可以是原位合成的纤维,则称之为纤维独石复合材料。

2. 原位合成纤维独石结构复合材料的制备

原位合成纤维独石陶瓷材料的概念首先是由 Coblenze 于 1988 年提出的,并由 Basha-ran 于 1993 年进一步证实其可行性。原位合成的含意是:将陶瓷粉料用简单的工艺制成纤维状的前驱体,将前驱体引入到材料中,在制备材料的同时将纤维前驱体转换为陶瓷多晶纤维。纤维独石的含意是:在纤维前驱体的表现涂覆上一层隔离材料后,按一定的方式排列起来,烧结成块体材料。由于这种块体材料的主体是陶瓷多晶纤维,所以借鉴独石电容器中的"独石"含意,称之为纤维独石结构陶瓷复合材料。其结构如图 6.5 所示。

将陶瓷粉料(Si_3N_4,SiC 晶须和烧结助剂)和一定量的有机粘合剂、增塑剂、润滑剂一起采用轧制的方法混合、练泥,得到可塑性较好的泥料,经陈腐一段时间后,挤制成一定直径(如 $\phi 1$ mm,$\phi 0.5$ mm,$\phi 0.3$ mm 等)的纤维前驱体。选用与 Si_3N_4 材料相近热膨胀系数的 BN 作为纤维涂层材料,并加入一定比例的 Al_2O_3 来调节涂层与陶瓷纤维的结合强度。将涂覆过的纤维前驱体按一定的方式排列起来,经排胶后,用热压烧结制成纤维独石陶瓷复合材料。

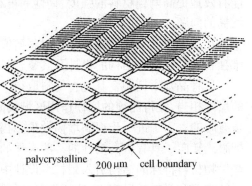

palycrystalline $\xleftrightarrow{\ 200\,\mu m\ }$ cell boundary

图 6.5　纤维独石陶瓷复合材料的结构示意图

3. 层状复合材料的制备

近年来,层状复合材料的研究也已引起人们的重视。层状结构单元一般采用具有高强度的陶瓷材料(如 Si_3N_4,Al_2O_3 等),界面隔离层一般采用石墨或延性金属等,但是研究结果并不理想,其中一个主要影响因素是隔离层的选择、厚度及其与陶瓷片层的结合强度控制的合理性。为此,选用与基体 Si_3N_4 相近热膨胀系数的 BN 作为界面隔离层,并加入一定比例的 Al_2O_3 来调节界面与陶瓷主层的结合状态。

将陶瓷粉料(Si_3N_4,SiC 晶须和烧结助剂)和一定量的有机粘合剂、增塑剂、润滑剂一起,经粗轧混料,陈腐一定时间后,再精轧为一定厚度(如 0.2 mm)的薄片。将 BN 和一定比例的 Al_2O_3 配置成悬浮液,采用浸涂的工艺,在薄片表面涂覆一层隔离材料,再叠层、排胶、热压烧结成层压复合材料。

第2篇　材料设计方法与计算技术

材料的计算设计离不开计算方法。从材料设计过程分析,其大半工作是在数值计算和计算方法中。基于此,笔者认为,了解常用计算方法是材料设计工作者所必需的。作为材料设计入门课程,这里汇编了蒙特卡罗方法、分子动力学模拟方法、材料设计专家系统等。希望这些方法能对读者有所启示。

第7章　蒙特卡罗方法

近年来,计算机计算及模拟方法在材料科学中的应用越来越重要。其中,随机模拟方法或统计试验方法,又称蒙特卡罗方法,是一种典型的模拟计算方法。所谓蒙特卡罗方法就是通过不断产生随机数序列来模拟过程。本章简要介绍蒙特卡罗模拟方法的基本思想,随机变量及变量分布确定,期望值方差的计算等过程。

7.1　蒙特卡罗方法概述

7.1.1　基本思路

所谓蒙特卡罗方法,就是根据待求随机问题的变化规律,根据物理现象本身的统计规律,或者人为地构造出一个合适的概率模型,依照该模型进行大量的统计实验,使它的某些统计参量正好是待求问题的解。蒙特卡罗法基本思想是:当问题可以抽象为某个确定的数学问题时,应当首先建立一个恰当的概率模型,即确定某个随机事件 A 或随机变量 X(如投针实验,细针与平行线相交的事件;求定积分中的随机变量 f),使得待求的解等于随机事件出现的概率或随机变量的数学期望值。然后进行模拟实验,即重复多次地模拟随机事件 A 或随机变量 X。最后对随机实验结果进行统计平均,求出 A 出现的频数或 X 的平均值作为问题的近似解。这种方法也叫做间接模拟。

7.1.2　随机变量确定

随机变量是一个可以取不止一个值的变量(通常在连续区间取值),并且人们可能无法事先预言它取的某一特定值。虽然这种变量的值无法预言,但其分布是可能了解的。假定研究连续的随机变量,由随机变量的分布可以得到它取某给定值的概率,即

$$g(u)\mathrm{d}u = P[u < u' < u + \mathrm{d}u] \tag{7.1}$$

$g(u)$ 称为 u 的概率分布密度函数,它表示随机变量 u' 取 u 到 $u + du$ 之间值的概率。物理学家们常常用概率密度函数来表达 u' 的分布。但是,数学上有时采用分布函数更为方便,分布函数定义为

$$G(u) = \int_{-\infty}^{u} g(x) \, dx \tag{7.2}$$

则

$$g(u) = dG(u) / du \tag{7.3}$$

注意,$G(u)$ 是一个在 $[0,1]$ 区间取值的单调递增函数。通常 $g(u)$ 是归一化的分布密度函数,因而该函数对所有的 u 值范围的积分值应当为 1。

假如我们考虑两个随机变量 u' 和 v' 的分布,则必须引进这两个变量的联合分布密度函数 $h(u,v)$,此时带来的数学问题就更为复杂。但是在 $h(u,v) = p(u) \cdot q(v)$ 这种特殊情况下,u' 和 v' 是彼此独立的随机变量。对于两个以上的变量来说,随机变量独立性的概念就更复杂了。此时仅考虑两个变量之间的独立性是不够的。事实上,所有变量有可能两两间是相互独立的,而在三个变量,甚至更多变量的组合之间却是相关的。举如下例子来说明:如果 r 和 s 是两个均匀分布在 $[0,1]$ 区间的相互独立的随机变量,由此可以构造三个新的变量,即

$$\begin{aligned} x &= r \\ y &= s \\ z &= (r + s) \bmod \end{aligned} \tag{7.4}$$

此时,x,y,z 也都是均匀分布在区间 $[0,1]$ 的随机变量,并且所有的 (x,y),(y,z) 和 (x,z) 组合都是独立的(括号内任一个变量值的选取并不对括号中另一个变量的取值有影响)。但是 (x,y,z) 中,任意两个变量的值可以确定出第三个变量的值。此时它们之间存在明显的相关性。

7.1.3　期望值方差及协方差

一个函数 $f(u')$ 的数学期望值定义为该函数的平均值,即

$$E\{f\} = \int f(u) \, dG(u) = \int f(u) g(u) \, du \tag{7.5}$$

式中,$G(u)$ 是独立变量 u' 的分布函数。通常 u' 是在 $[a,b]$ 区间均匀分布的随机变量,即 $dG = du / (b - a)$。这时的期望值可以写为

$$E\{f\} = \frac{1}{b - a} \int_{a}^{b} f(u) \, du \tag{7.6}$$

类似地,可以定义变量 u' 的期望值为 u 的平均值,即

$$E\{u'\} = \int u \, dG(u) = \int u g(u) \, du \tag{7.7}$$

一个函数或变量的方差是可以用下式来定义,即

$$V\{f\} = E\{(f - E\{f\})^2\} = \int [f - E\{f\}]^2 \, dG \tag{7.8}$$

在上式中计算 f 的期望值时,需要做一次积分,而求方差时还需做一次积分。方差的

平方根叫做标准误差。由于标准误差与其真值有相同的量纲,因而它比方差更具有物理意义。但是求标准误差时的平方根运算在数学处理时很不方便。标准误差也很容易解释为平方值的均方根误差。如果将求期望值和求方差的运算作为算符,可以证明这些算符作用在随机变量的线形组合式上的一些简单规则。假如 x 和 y 是随机变量,c 是一个常数,即

$$E\{cx + y\} = cE\{x\} + E\{y\} \tag{7.9}$$

$$V\{cx + y\} = c^2 V\{x\} + V\{y\} + 2cE\{(y - E\{y\})(x - E\{x\})\} \tag{7.10}$$

因而期望值算符是一个线性算符,而方差算符是非线性算符。公式(7.10)右边最后一项称为 x 和 y 间的协方差。如果 x 和 y 是独立随机变量,则 x 和 y 间的协方差为零。通常协方差为正值时,称 x 和 y 是正关联;反之,称 x 和 y 是负关联。应当注意:

① 即使 x 与 y 的协方差为零,也不能肯定 x 和 y 是否是独立变量。

② 尽管方差算符是非线性的,但如果 x 和 y 是独立变量,即

$$V\{x + y\} = V\{x\} + V\{y\} \tag{7.11}$$

7.2　随机数与伪随机数

7.2.1　真随机数

真随机数数列是不可预计的,因而也不可能重复产生两个相同的真随机数数列。真随机数只能用某些随机物理过程来产生。如果采用随机物理过程来产生蒙特卡罗计算用的随机数,理论上不存在什么问题。但在实际应用时,要作出速度很快(例如每秒产生上百个浮点数),而又准确的随机数物理过程产生器是非常困难的。有时甚至还要做较多的计算工作。

弗里吉雷欧(Frigerio)等人在 1975 年至 1978 年做过下面所述的工作。他们用一个 α 粒子放射源和一个高分辨率的计数器做成的装置,在 20 ms 时间内平均记录了 24.315 个 α 粒子。当计数为偶数时,便在磁带上记录二进制的"1"。他们还仔细对奇数计算的几率并不精确等于 1/2 所引起的偏差进行了修正。这个装置每小时可以产生大约 6000 个 31 比特(bits)的真随机数。这些数被存储在磁带上,并通过了一系列的"随机数"检验用于蒙特卡罗计算当中。

利用上面介绍的装置得到的"0"或者"1"的真随机数序列中,0 和 1 出现的几率 $P(0)$ 和 $P(1)$ 可能并不精确等于 1/2。我们从原来的真随机数序列出发,将序列中的二进制数依次成对组合;如果这组中的两个数相同,则舍去这两个数;如果这组中的两个数不相同,则保留第二个二进制数而丢弃第一个数,这样构成的一个新序列可以保证;在原始序列中的数是相互独立的情况下,"0"和"1"出现的概率相等。这一点可以从如下的计算中看出:"0"出现在新序列中的概率为 $P'(0) = P(1)P(0)$。这是因为新序列中的"0"只能在原始序列中"1"后面跟着"0"时才出现。同样"1"在新序列中出现的概率 $P'(1) = P(0)P(1)$。因而无论 $P(0)$ 和 $P(1)$ 等于什么值,$P'(0)$ 和 $P'(1)$ 都相等。由于在构成新

序列时,舍去了一组数的几率为 $P^2(0) + P^2(1)$,因而 $P'(0) + P'(1)$ 不等于 1,而小于或等于 1/2。在这种方法中,对两个数不相同的一组数至少要丢掉一个二进制数。很明显,它的产生效率为 $P(0) = P(1) = P(1-P)$,其中 P 为 $P(0)$ 或 $P(1)$,产生效率的最大值为 25%。

7.2.2 准随机数

准随机数序列并不具有随机性能,仅仅是它用来处理问题时能够得到正确结果。准随机数概念是来自如下的事实:对伪随机数来说,要实现其严格数学意义上的随机性,在理论上是不可能的,在实际应用中也没有这个必要。关键是要保证"随机"数数列具有能产生出所需要的结果的必要特性。因而可以在大多数运算中,放心地置随机性的概念于不顾。同样,也可以不考虑对某些分布均匀性的涨落程度。事实上在许多情况下,超均匀的分布比真随机数的均匀分布更合乎实际需要。

从严格的意义上来讲,若放弃了所有随机性的要求,采用不具有"随机"性特性的数列的方法,已经不能再将它纳入蒙特卡罗计算的范畴了。但是如果将蒙特卡罗方法的概念扩大到包括准随机数序列,这样可能更恰当一些。因为准蒙特卡罗方法仍然保留了蒙特卡罗方法的一些基本的特性。事实上,准蒙特卡罗方法是将蒙特卡罗方法处理问题的维数,向高维扩展的方法。由此可见准蒙特卡罗方法的理论与真蒙特卡罗的理论很接近,而与求积分的理论差别很大。

7.2.3 伪随机数

在实际应用中的随机数通常都是通过某些数学公式计算而产生的伪随机数。这样的伪随机数从数学意义上讲已经不是随机的了。但是,只要伪随机数能够通过随机数的一系列的统计检验,我们就可以把它当做真的随机数而放心地使用。这样我们就可以很经济地、重复地产生出随机数。这里我们需要了解满足物理问题的计算模拟需要的伪随机数的标准是什么。理论上,我们要求伪随机数产生器具备以下特征:良好的统计分布特性、高效率的伪随机数产生、伪随机数产生的循环周期长和伪随机数可以重复产生。其中满足良好的统计性质是最重要的。然而实际使用的伪随机数产生程序还没有一个是十全十美的,因此要求产生出的伪随机数应当能通过尽可能多的统计检验,以便人们放心地使用。这里将主要介绍伪随机数的产生和应用。

1. 伪随机数的产生方法

伪随机数产生器产生的实际上是伪随机数序列。最基本的产生器是均匀分布的伪随机数产生器。最早的伪随机数产生器可能是冯·诺曼的平方取中法。该方法首先给出一个 $2r$ 位的数,取它中间的 r 位数码作为第一个伪随机数;然后将第一个伪随机数平方构成一个新的 $2r$ 位数,再取中间的 r 位数作为第二个伪随机数……。如此循环便得到一个伪随机数序列。类似上述方法,利用十进制公式表示 $2r$ 位数 x_n 的递推公式为

$$x_{n+1} = \left[10^{-r} x_n^2 \right] (\bmod 10^{2r})$$
$$\xi_n = x_n / 2^{2r}$$

(7.12)

这样得到的 $\{\xi_i\}$ 伪随机数序列是分布在 $[0,1]$ 上的。相应的二进制（x_n 为 $2r$ 位二进制数）递推公式为

$$x_{n+1} = \left[2^{-r}x_n^2\right](\mathrm{mod}\ 2^{2r})$$

$$\xi_n = x_n/2^{2r}$$

(7.13)

上面公式中 $[x]$ 表示对 x 取整数。运算 $A = B(\mathrm{mod}\ M)$ 表示 A 等于 B 被 M 整除后的余数。如果选择初始数 x_0 适当，这种方法可以得到似乎是随机的一长串数。但是这种方法不是很好，现在已很少使用。这主要是因为该方法产生的数列具有周期性，有些数（如零）甚至会紧接着重复出现。

实际使用的伪随机数产生器常常比平方取中法简单。如今比较流行，并用得最多的是同余产生器。通过如下的线形同余关系式来产生数列，即

$$x_{n+1} = \left[ax_n + c\right](\mathrm{mod}\ m)$$

$$\xi_n = x_n/m$$

(7.14)

其中 x_0 称为种子，改变它的值就得到基本序列的不同区段。a,c,x_0,m 为大于零的整数，分别叫做乘子、增量、初值和模。使用时需要仔细地挑选模数 m 和乘子 a，使得产生出的伪随机数的循环周期要尽可能长。$c \neq 0$ 时能实现最大的周期，但是得到的伪随机数的特性不好。$c \neq 0$ 的这类情况称为混合同余发生器。通常选取 x_0 为任意非负整数，乘子 a 和增量 c 取如下形式

$$a = 4q + 1;\quad c = 2p + 1$$

(7.15)

p 和 q 为正整数。这两种方法中的 p,q,x_0,m 值的选择一般是通过定性分析和计算试验来选择，以使得到的伪随机数列具有足够长的周期，而且独立性和均匀性都能通过一系列的检验。

$c = 0$ 的情况叫做乘同余法，由于减少了一个加法，因而可以使产生伪随机数的速度快些。这种方法产生的伪随机数递推公式为

$$x_{n+1} = ax_n(\mathrm{mod}\ m)$$

$$\xi_n = x_n/m$$

(7.16)

式中，x_0,a,m 也为正整数，并分别叫做初值、乘子和模。

2. 伪随机数的统计检验

伪随机数特性好坏是通过各种统计检验来确定的，这些检验包括均匀性检验、独立性检验、组合规律检验、无连贯性检验、参数检验等，其中最基本的是它的均匀性和独立性的好坏检验。所谓均匀性是指在 $[0,1]$ 区域内等长度区间的随机数分布的个数应相等。独立性是按先后顺序出现的若干个随机数中，每一个数的出现都和它前后的各个数无关。需要指出的是：一个好的伪随机数序列除了能通过这两种主要的统计检验外，还需要能通过别的多种检验。能通过的检验越多，则该产生器就越优良可靠。

（1）均匀性检验 —— 频率检验

均匀性检验的方法很多，这里介绍 χ^2 方法。设在区间 $[0,1]$ 上的伪随机数序列为 $\{\xi_1,\xi_2,\cdots,\xi_N\}$。如果该伪随机数是均匀分布的，则将 $[0,1]$ 区间分成 k 个相等的子区间后，落在每个子区间的伪随机数个数 N_i 应当近似为 N/k。此数也称频数。它的统计误差

$\sigma_i = \sqrt{N_i} = \sqrt{N/k}$。统计量$\chi^2$按定义应为

$$\chi^2 = \sum_{i=1}^{k} \frac{(N_i - N/k)^2}{N/k} = \frac{k}{N} \sum_{i=1}^{k} (N_i - N/k)^2 \qquad (7.17)$$

χ^2在此问题中应服从$\chi^2(k-1)$的分布。据此可以假定一个显著性水平值来进行检验。我们可以从χ^2表查得$(k-1)$个自由度的显著水平为α时的t_α值。如果由式(7.17)计算出来的χ^2小于t_α,则认为在α的显著水平下,伪随机数不满足均匀性的要求。通常取显著水平为0.01或0.05。为了反映均匀性分布的特性,k的取值不宜太小,但也不能太大。一般选取的k值,要能使每个子区间有若干个伪随机数时就比较合适。

（2）独立性检验 —— 无重复联列检验

这里也只介绍独立性检验的一种比较简单的方法。如果把$[0,1]$上的伪随机数序列$\{\xi_1, \xi_2, \cdots, \xi_{2N}\}$分成两列,即

$$\xi_1, \xi_3, \cdots, \xi_{2i-1}, \cdots, \xi_{2N-1}$$
$$\xi_2, \xi_4, \cdots, \xi_{2i}, \cdots, \xi_{2N}$$

第一列作为随机变量x的取值,第二列作为随机变量y的取值。在$x - y$平面内的单位正方形域$[0 \leqslant x \leqslant 1, 0 \leqslant y \leqslant 1]$上,分别以平行于坐标轴的平行线,将正方形域分成$k \times k$个相同面积的小正方形网格。落在每个网格内的随机数的频数n_{ij}应当近似等于$2N/k^2$。由此可以算出χ^2为

$$\chi^2 = \sum_{i,j=1}^{k} \frac{k^2}{2N} \left(n_{ij} - \frac{2N}{k^2} \right)^2 \qquad (7.18)$$

χ^2应满足$\chi^2(k-1)^2$的分布。据此可以采用均匀性检验的χ^2方法,假定出显著性水平来进行检验。也可以把伪随机数序列分为三列、四列……,用与上面所述相似的方法进行多维独立性检验。

3. 独立于计算机机型的伪随机数产生器

在实际应用中,有时希望使用能够在各种型号的计算机上工作、并产生相同伪随机数序列的产生器。这种产生器的实现基于如下思想:如果要产生$[0,1]$区间的伪随机浮点数,可以选择精度最低的计算机作为标准精度。而对字长较长的计算机,将用较低的数位人为置零的方法,即在高精度的计算机上进行较低精度的运算。一般来说,这样的伪随机数产生器无论从伪随机数的重复周期到产生伪随机数的速度都不算理想,但它却可以在大多数较大的计算机上工作。这里以 CERN 程序库中的伪随机数产生子程序 RN32 为例。该程序选择 IBM 计算机的 32 位字长作为最小精度。缺省的起始整数为65539,也可以输入“种子”作为起始整数。将起始整数(或前一个整数)乘以69069,结果只保留较低的31 位数,这个 31 位整数又作为下一个伪随机数的“种子”。浮点伪随机数是通过如下操作得到的,将“种子”的最后 8 位数置零,以保证浮点整数的表示,再将此结果乘以 2^{-31} 就得到伪随机数浮点数。

7.3　任意分布的伪随机变量的抽样

7.3.1　离散型分布随机变量的直接抽样

对一个可以取两个值的随机变量 x，如果它以几率 p_1 取值 x_1，而以几率 p_2 取值 x_2。这时应当有 $p_2 = (1 - p_1)$。明显地，如果取 $[0,1]$ 间一个随机数，若满足不等式 $\xi < p_1$，则取 $x = x_1$；如不满足不等式 $\xi < p_1$，则取 $x = x_2$。如果随机变量 x 可以取三个离散值，则如果满足不等式 $\xi < p$，取 $x = x_1$；如果满足不等式 $\xi < (p_1 + p_2)$，取 $x = x_2$；其他情况则取 $x = x_3$。一般来说，如果离散型随机变量 x 以概率 p_i 取值 $x_i (i = 1, 2, \cdots)$，则其分布函数为

$$F(x) = \sum_{x_i \leqslant x} p_i \tag{7.19}$$

其中 p_i 应满足归一化条件，$\sum_i p_i = 1$，则该随机变量的直接抽样方法如下：首先选取在 $[0,1]$ 区间上的均匀分布的随机数 ξ，然后判断满足如下不等式，即

$$F(x_{j-1}) \leqslant \xi < F(x_j) \tag{7.20}$$

的 j 值，与 j 对应的 x_j 就是所抽子样的一个抽样值，即 $\eta = x_j$。该子样具有分布函数 $F(x_j)$。

作为采用该方法抽样的一个应用示例，考虑一下 γ 光子与物质相互作用类型的抽样问题。众所周知 γ 光子与物质相互作用有三种类型：光电效应、康普顿效应和电子对效应。其中光电效应和电子对效应为光子吸收过程。设三种过程的截面分别为 σ_e, σ_s 和 σ_p，则总截面为

$$\sigma_T = \sigma_e + \sigma_p + \sigma_s \tag{7.21}$$

选择均匀分布随机数 ξ，若满足不等式 $\xi < \sigma_s/\sigma_T$，则发生康普顿散射；若满足不等式 $\sigma_s/\sigma_T \leqslant \xi < (\sigma_s + \sigma_e)/\sigma_T$，则发生光电效应；若 $\xi \geqslant (\sigma_s + \sigma_e)/\sigma_T$，则产生电子对过程。

7.3.2　连续分布的随机变量抽样

1. 直接抽样方法

直接抽样法又称为反函数法。设连续型随机变量 η 的分布密度函数为 $f(x)$，在数学上它的分布函数应当为

$$F(x) = \int_{-\infty}^{x} f(x) \, dx \tag{7.22}$$

假如 $F(x)$ 的反函数 $F^{-1}(x)$ 存在，并且 ξ 为在 $[0,1]$ 区间均匀分布的随机数，令 $\xi = F(\eta)$，则求解变量 η，得到的解 $\eta = F^{-1}(\xi)$ 即为分布密度函数 $f(x)$ 的一个抽样值。下面是一个简单的证明：该子样中 $\eta \leqslant x$ 的概率为

$$p\{\eta \leqslant x\} = p\{F^{-1}(\xi) \leqslant x\} = p\{\xi \leqslant F(x)\} = \int_{-\infty}^{x} 0 \, dx + \int_{0}^{F(x)} 1 \, dx = F(x) \tag{7.23}$$

这种方法的优点是使用简单，应用范围较广。但是在分布函数 $F(x)$ 不能从分布密度函数 $f(x)$ 解析求出时，或者求出的函数形式太复杂的情况下，就不能采用这种方法。

2. 变换抽样法

变换抽样法的基本思想是将一个比较复杂的分布的抽样,变换为已经知道的、比较简单的分布的抽样。例如要对满足分布密度函数 $f(x)$ 的随机变量 η 抽样,若要对它进行直接抽样是比较困难的。这时如果存在另一个随机变量 δ,它的分布密度函数为 $\phi(y)$,其抽样方法已经掌握,并且也比较简单,那么我们可以设法寻找一个适当的变换关系 $x = g(y)$。如果 $g(y)$ 的反函数存在,记为 $g^{-1}(x) = h(x)$,并且该反函数具有一阶连续导数。根据概率论的知识,这时 x 满足的分布密度函数为 $\phi(h(x)) \cdot | h'(x) |$,如果函数 $g(y)$ 选得合适,使得

$$f(x) = \phi(h(x)) \cdot | h'(x) | \qquad (7.24)$$

则首先对分布密度函数 $\phi(y)$ 抽样得到值 δ,通过变换 $\eta = g(\delta)$ 得到满足分布密度函数 $f(x)$ 的抽样值。实际上,直接抽样法是 $\phi(y)$ 为在 $[0,1]$ 区间上的均匀分布密度函数的特殊情况下,$g(y) = F^{-1}(y)$ 时的变换抽样。因而它是变换抽样的特殊情况。

类似地,假如要对满足联合分布密度函数 $f(x,y)$ 的随机变量 η,δ 进行抽样。如果已经掌握了满足联合分布密度函数 $g(u,v)$ 的随机变量 η',δ' 的抽样方法,则可以寻找一个适当的变换,即

$$\begin{aligned} x &= g_1(u,v) \\ y &= g_2(u,v) \end{aligned} \qquad (7.25)$$

g_1,g_2 函数的反函数存在,记为

$$\begin{aligned} u &= h_1(x,y) \\ v &= h_2(x,y) \end{aligned} \qquad (7.26)$$

该变换满足如下条件

$$g(h_1(x,y),h_2(x,y)) \cdot | J | = f(x,y)$$

上式中 $| J |$ 表示函数变换的雅可比(Jacobi)行列式,即

$$| J | = \begin{vmatrix} \dfrac{\partial u}{\partial x} & \dfrac{\partial u}{\partial y} \\ \dfrac{\partial v}{\partial x} & \dfrac{\partial v}{\partial y} \end{vmatrix} \qquad (7.27)$$

这样就可以通过变换式(7.25),由满足分布密度函数 $g(u,v)$ 的抽样值 η',δ' 得到待求的满足分布密度函数 $f(x,y)$ 的抽样值 η,δ。

3. 舍选抽样法

舍选法是冯·诺曼(Von Neumann)为克服直接抽样和变换抽样方法的困难最早提出来的。它抽样的基本思想是按照给定的分布密度函数 $f(x)$,对均匀分布的随机数序列 $\{\xi_n\}$ 进行舍选。舍选的原则是在 $f(x)$ 大的地方,抽取较多的随机数 ξ_i;在 $f(x)$ 小的地方,抽取较少的随机数 ξ_i,使得到的子样中 ξ_i 的分布满足分布密度函数 $f(x)$ 的要求。这种方法对分布密度函数 $f(x)$ 在抽样范围内有界,且其上界是容易得到的情况,总是可以采用的。它使用起来十分灵活,计算也较简单,因而使用也比较广泛。但是这种方法对 $f(x)$ 在抽样范围内函数值变换很大的时候,效率是很低的,因为大量的均匀分布抽样点被舍弃

了。由于这个原因,有时我们选择另外一些更有效的方法。

(1) 第一类舍选法

设随机变量 η 在 $[a,b]$ 上的分布密度函数为 $f(x)$,$f(x)$ 在区间 $[a,b]$ 上的最大值存在,并等于

$$L = \max_{x \in [a,b]} f(x) = \frac{1}{\lambda} \tag{7.28}$$

显然这里 $\lambda f(x)$ 在 $x \in [a,b]$ 范围内的取值在 $[0,1]$ 区间上,对这类问题采用舍选法的步骤为:

① 选用均匀的 $[0,1]$ 区间的随机数 ξ_1,构造出 $[a,b]$ 区间上的均匀分布的随机数 $\delta = a + (b-a)\xi_1$。

② 再选取独立的均匀分布于 $[0,1]$ 区间上的随机数 ξ_2,判断 $\xi_2 \leqslant \lambda f(\delta)$ 是否满足。如满足上面不等式,则执行 (c);如不满足,则返回到步骤 (a)。

③ 选取 $\eta = \delta$ 作为一个抽样值。

重复上面三个步骤,就可以产生出随机数序列 $\{\eta_n\}$,它满足分布密度函数 $f(x)$。如图 7.1 所示,舍选抽样第二步骤判断不等式 $\xi_2 \leqslant \lambda f(\delta)$,是为了保证随机点 $(\delta, \xi_2/\lambda)$ 落在 $f(x)$ 曲线的下面。因为 x 取值在 $[x, x+\mathrm{d}x]$ 内的概率等于面积比,即

$$\frac{f(x)\mathrm{d}x}{\int_a^b f(x)\mathrm{d}x} = f(x)\mathrm{d}x \tag{7.29}$$

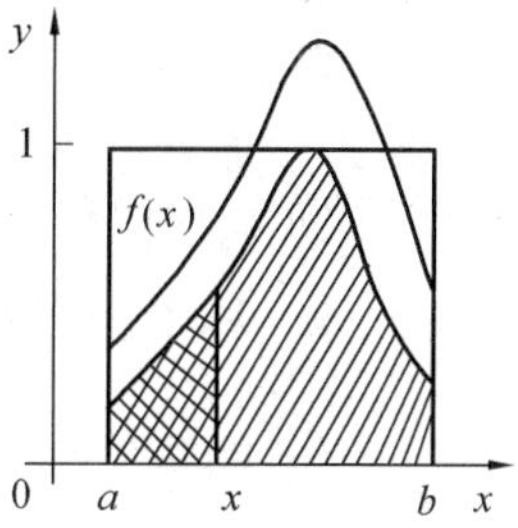

图 7.1　第一类舍选抽样中的 $f(x)$ 和 $\lambda f(x)$ 图形

这样,上述抽样步骤得到的随机数数列是以分布密度函数 $f(x)$ 分布的。由于随机点 $(\delta, \xi_2/\lambda)$ 落在曲线 $f(x)$ 以下才被接受,并且所有产生的点都落在面积 $L(b-a)$ 的范围内,因此可以算出采用该方法的抽样效率为

$$E = \frac{\int_a^b f(x)\mathrm{d}x}{L(b-a)} = \frac{1}{L(b-a)} \tag{7.30}$$

显然希望效率能够越高越好。如果 L 很大(即 $f(x)$ 具有高峰),则此舍选抽样效率就不高。为了避免这一缺点,可以采用第二类舍选法。

(2) 第二类舍选法

假如 $h(x)$ 和 $f(x)$ 同是在 $x \in [0,1]$ 区域上的分布密度函数,并且 $f(x)$ 可以写为

$$f(x) = L \frac{f(x)}{Lh(x)} h(x) \equiv L g(x) h(x) \tag{7.31}$$

其中 L 为常数,它要保证 $|g(x)| \leqslant 1$,即 $L = \max_{x \in [a,b]} \frac{f(x)}{h(x)} > 1$。$g(x)$ 可视为另一个随机变量的分布密度函数。对满足分布密度函数 $f(x)$ 的随机变量 η 的抽样,可以采用如下的步骤来实现:

① 在 $[0,1]$ 区间上抽取均匀分布随机数 ξ,并由 $h(x)$ 分布密度函数抽样得到 η_k。

② 判别 $\xi \leqslant g(\eta_h)$ 不等式是否成立。如果不成立,则返回到步骤 (a)。

③ 选取 $\eta = \eta_h$ 作为服从分布密度函数 $f(x)$ 的一个抽样值。

这种抽样方法实质上第三类舍选法的特殊情况。其证明留到下面讲述第三类舍选法时一并给出。从公式（7.31）可以看出，当 $h(x) = 1$ 时，问题化成了第一类舍选法的情况。显然只有当 $h(x)$ 的抽样比从 $f(x)$ 的抽样简单得多时，才能表现出这种舍选法的优越性。这种方法的抽样效率为 $E = 1/L$。

（3）第三类舍选法

如果分布密度函数可以表示成积分形式，即

$$f(x) = L\int_{-\infty}^{h(x)} g(x,y)\,\mathrm{d}y \tag{7.32}$$

其中 $g(x,y)$ 是二维随机向量 (x,y) 的联合分布密度函数，$h(x)$ 取值在 y 的定义域上。常数 L 定义为

$$L = 1\Big/ \int_{-\infty}^{+\infty} \int_{-\infty}^{h(x)} g(x,y)\,\mathrm{d}x\mathrm{d}y > 1 \tag{7.33}$$

这时可以设计如下的舍取抽样步骤：

① 由联合分布密度函数 $g(x,y)$ 抽取 (η_x,η_y) 随机向量值。

② 判别 $\eta_y \leqslant h(\eta_x)$ 是否成立。若不成立，返回（a）。

③ 取分布密度函数 $f(x)$ 的抽样值 $\eta = \eta_x$。

该方法的抽样效率为 $1/L$。可以证明抽取的子样中 $\eta \leqslant x$ 的概率等于在 $\eta_y \leqslant h(\eta_x)$ 条件下，$\eta_x \leqslant x$ 出现的概率，即

$$p\{\eta \leqslant x\} = p\{\eta_x \leqslant x \mid \eta_y \leqslant h(\eta_x)\} = \frac{p\{\eta_x \leqslant x, \eta_y \leqslant h(\eta_x)\}}{p\eta_y \leqslant \{h(\eta_x)\}} \tag{7.34}$$

当 x,y 相互独立时，则有 $g(x,y) = g_1(x)g_2(y)$。由此公式（7.32）可以化为

$$f(x) = Lg_1(x)\int_{-\infty}^{h(x)} g_2(y)\,\mathrm{d}y \tag{7.35}$$

若进一步假定 $0 \leqslant h(x) \leqslant 1$，并且

$$g_2(y) = \begin{cases} 1, & (y \in [0,1]) \\ 0, & (其他) \end{cases} \tag{7.36}$$

则有 $f(x) = Lh(x)g_1(x)$，这正好属于第二类舍选法处理的分布密度函数类型。

4. 复合抽样法

处理具有复合分布的随机变量的抽样。所谓复合分布是指随机变量 x，它服从的分布与另一个随机变量 y 有关。一般复合分布密度函数可以表示为

$$f(x) = \int_{-\infty}^{+\infty} g(x\mid y)h(y)\,\mathrm{d}y \tag{7.37}$$

其中 $g(x\mid y)$ 表示与参数 y 有关的 x 的条件分布密度函数，而 $h(y)$ 是 y 的分布密度函数。这时可以采取如下的方法来抽样：首先，由分布密度函数 $h(y)$ 抽取 y_h，然后由 $g(x\mid y_h)$ 抽取 x_g 的值为

$$\xi_f = x_{g(x\mid y_h)} \tag{7.38}$$

上述抽样步骤是因为

$$p(x \leqslant \xi_f < x + \mathrm{d}x) = p(x \leqslant x_{g(x\mid y_h)} < x + \mathrm{d}x) =$$

$$\int_{-\infty}^{+\infty} g(x \mid y)h(y)\mathrm{d}y\mathrm{d}x = f(x)\mathrm{d}x \tag{7.39}$$

所以 ξ_f 服从分布 $f(x)$。

（1）加分布抽样

作为复合抽样的特殊情况，在此首先介绍加分布抽样。数学上加分布的一般形式为

$$f(x) = \sum_n p_n h_n(x) \tag{7.40}$$

其中

$$0 < p_n < 1; \quad \sum_n p_n = 1 \tag{7.41}$$

这意味着作总体分布以概率 p_n 取分布 $h_n(x)$。公式（7.40）明显是公式（7.37）的特例。抽样的方法如下：

① 取 $[0,1]$ 区间上均匀分布随机数 ξ，解下面的不等式求 n，即

$$\sum_{i=1}^{n-1} p_i < \xi \leqslant \sum_{i=1}^{n} p_i \tag{7.42}$$

② 找到对应的 $h_n(x)$，并对其抽样，得到最后的抽样值 $\eta = \eta_{h_n}$。这样的抽样步骤实际上是本节开始介绍的叠加原则的应用。

（2）减分布抽样

此类抽样的分布密度函数为

$$f(x) = A_1 g_1(x) - A_2 g_2(x) \tag{7.43}$$

x 定义在区域 $[a,b]$ 上，A_1 和 A_2 为非负实数。令 m 为 $g_2(x)/g_1(x)$ 的下界，即

$$m = \min_{x \in [a,b]} \frac{g_2(x)}{g_1(x)} \tag{7.44}$$

则

$$0 < f(x) = g_1(x)\left[A_1 - A_2 \frac{g_2(x)}{g_1(x)}\right] \leqslant g_1(x)(A_1 - A_2 m) \tag{7.45}$$

因为 $A_1 - A_2 m > 0$，所以

$$0 < \frac{f(x)}{(A_1 - A_2 m)g_1(x)} \leqslant 1 \tag{7.46}$$

令

$$h_1(x) = \frac{f(x)}{(A_1 - A_2 m)g_1(x)} = \frac{A_1}{A_1 - A_2 m} - \frac{A_2}{A_1 - A_2 m} \frac{g_2(x)}{g_1(x)} \tag{7.47}$$

则 $f(x)$ 可以写为

$$f(x) = (A_1 - A_2 m)h_1(x)g_1(x) \tag{7.48}$$

由公式（7.47）和不等式（7.46），可以知道 $0 < h_1(x) \leqslant 1$，因而按第二类舍选法抽样即可。抽样效率为

$$E_1 = \frac{1}{(A_1 - A_2 m)} \tag{7.49}$$

类似上述方法，我们可以将 $f(x)$ 写为

$$f(x) = \frac{A_1 - A_2 m}{m} h_2(x)g_2(x) \tag{7.50}$$

其中

$$h_2(x) = \frac{A_1 m}{A_1 - A_2 m} \frac{g_1(x)}{g_2(x)} - \frac{A_2 m}{A_1 - A_2 m} \tag{7.51}$$

$$0 < h_2(x) \leqslant 1 \tag{7.52}$$

同样按第二类舍选抽样法,其效率为

$$E_2 = \frac{m}{(A_1 - A_2 m)} = m E_1 \tag{7.53}$$

改写 $f(x)$ 为公式(7.48)或者式(7.50),取决于对 $f_1(x)$ 的抽样是否比对 $g_2(x)$ 抽样方便。如对 $g_1(x)$ 抽样方便,则用式(7.48);反之则用式(7.50)。当对 $g_1(x)$ 和 $g_2(x)$ 抽样的难度相差无几时,就根据 $m > 1$ 或 $m < 1$ 来判断哪一种方式抽样的效率高,最后采用效率高的抽样密度函数表示。

(3)乘加分布抽样

此类分布密度函数形式为

$$f(x) = \sum_n H_n(x) g_n(x) \qquad x \in [a, b] \tag{7.54}$$

其中 $H_n(x) \leqslant 0$。为简单计,下面只考虑两项($n = 2$)的情况,对更多项($n > 2$)情况的一般表示可以以此作推广。

设 η 的分布密度函数为

$$f(x) = H_1(x) g_1(x) + H_2(x) g_2(x) \tag{7.55}$$

如果令

$$\begin{cases} p_1 = \int_a^b H_1(x) g_1(x) \, \mathrm{d}x \\ p_2 = \int_a^b H_2(x) g_2(x) \, \mathrm{d}x \end{cases} \tag{7.56}$$

则必有 $p_1 + p_2 = 1$。这样可以改写 $f(x)$ 为

$$f(x) = p_1 \frac{H_1(x)}{p_1} g_1(x) + p_2 \frac{H_2(x)}{p_2} g_2(x) = p_1 g_1'(x) + p_2 g_2'(x) \tag{7.57}$$

上式所表示的分布密度函数形式就可以采用加分布抽样法。

也可以采用另一种方式,将公式(7.55)改写为

$$f(x) = (M_1 + M_2) \left\{ \frac{M_1}{M_1 + M_2} \frac{H_1(x)}{M_1} g_1(x) + \frac{M_2}{M_1 + M_2} \frac{H_2(x)}{M_2} g_2(x) \right\} \tag{7.58}$$

其中 M_1 和 M_2 分别是 $H_1(x)$ 和 $H_2(x)$ 在区域$[a, b]$上的上界,令

$$\begin{cases} p_1 = \frac{M_1}{M_1 + M_2} \\ p_2 = \frac{M_2}{M_1 + M_2} \end{cases} \tag{7.59}$$

$$\begin{cases} L_1 = L_2 = M_1 + M_2 \\ H_1(x) = M_1 h_1(x) \\ H_2(x) = M_2 h_2(x) \end{cases} \tag{7.60}$$

则

$$f(x) = p_1[L_1 h_1(x) g_1(x)] + p_2[L_2 h_2(x) g_2(x)] \tag{7.61}$$

这样的分布密度函数形式就可以采用加分布抽样和第二类舍选法抽样。这种处理方法的效率不如前一种方法高，但省掉了公式(7.56)的积分计算。

（4）乘减分布抽样

设分布密度函数 $f(x)$ 的形式为

$$f(x) = H_1(x) g_1(x) - H_2(x) g_2(x); \quad (x \in [a, b]) \tag{7.62}$$

令

$$m = \min_{x \in [a,b]} \frac{H_2(x) g_2(x)}{H_1(x) g_1(x)}; \quad M = \max_{x \in [a,b]} H_1(x) \tag{7.63}$$

则有如下的关系

$$0 < f(x) = H_1(x) g_1(x) \left[1 - \frac{H_2(x) g_2(x)}{H_1(x) g_1(x)} \right] \leqslant$$
$$H_1(x) g_1(x) (1 - m) \leqslant M_1 (1 - m) g_1(x) \tag{7.64}$$

再令

$$h_1(x) = \frac{1}{M_1(1-m)} \left[H_1(x) - \frac{H_2(x) g_2(x)}{g_1(x)} \right] \tag{7.65}$$

则

$$f(x) = M_1(1-m) h_1(x) g_1(x) \tag{7.66}$$

由式(7.64)及(7.65)可知 $0 < h_1(x) \leqslant 1$，因而实际上对式(7.66)的抽样可以采用第二类舍选抽样法。采用如上类似的方法，不难将分布密度函数 $f(x)$ 改写为

$$f(x) = M_2 \frac{1-m}{m} h_2(x) g_2(x) \tag{7.67}$$

其中 M_2 为 $H_2(x)$ 在 $[a, b]$ 区间的上界，且

$$h_2(x) = \frac{m}{M_2(1-m)} \left[\frac{H_1(x) g_1(x)}{g_2(x)} - H_2(x) \right] \tag{7.68}$$

$h_2(x)$ 在 $[a, b]$ 区间上满足 $0 < h_2(x) \leqslant 1$。对公式(7.67)的抽样方法与前面对式(7.66)的抽样方法相同。

5. 特殊的抽样方法

（1）对由直方图给出的分布的抽样

一维直方图给出的分布反映了某一随机变量出现的频数。它实际上是以图形形式给出随机变量在各道上的分布密度函数 $f(x)$ 和分布函数 $F(x)$ 的值。如果随机变量在第 j 道内的频率数为 n_j，则到该道的累积分布数为 $\sum_{i=1}^{j} n_i$，再假定抽样范围是从 1 道到 N 道，则在第 j 道上的分布函数值为

$$F(x_j) = \sum_{i=1}^{j} n_i \Big/ \sum_{i=1}^{N} n_i \tag{7.69}$$

它的抽样可以采用阶梯近似法，即抽取均匀分布随机数 ξ，找出满足不等式

$$F(x_{i-1}) \leqslant \xi < F(x_i) \tag{7.70}$$

的 i 值,把对应的 x_i 值作为抽样值,即取 $\eta = x_i$。这种做法实际上就是用若干个前后相接的阶梯性函数值来近似 $F(x)$。

进一步作细致的考虑时,可以用线性插值法求出抽样值。从不等式(7.70)决定出的 i 和 x_i 的值,求出

$$x_i' = x_{i-1} + \frac{\xi - F(x_{i-1})}{F(x_i) - F(x_{i-1})}(x_i - x_{i-1}) \tag{7.71}$$

取 $\eta = x_i'$ 作为抽样值。

上述方法由于需要逐道地计算累积分布数 $F(x_i)$,来判断与随机数 ξ 值对应的满足不等式(7.70)的 x_i 值,因而效率很低。吉姆斯(F. James)提出的折半查找法是以计算最靠近 ξ 的 $F(x_{i-1})$ 和 $F(x_i)$ 的值,并求出线性插值来作为抽样值。这种方法可以提高抽样效率。

(2)对由经验公式给出分布的抽样

当随机变量样本的一维分布密度函数是由平滑的经验公式 $f(x)$ 给出时,常用的技巧是采用如下方法:首先将抽样区间划分为若干等分的子区间;然后在各个子区间内对分布密度函数积分;再计算出对应于各个区间的分布函数值。这种方法在求对应于各子区间的一组分布函数值时比较耗时,但依据这些数产生随机数时却相当快。CERN 程序库中吉姆斯的 FUNRAN 子程序中便采用了这种方法。它将抽样区间分成100个等分的子区间,在计算分布函数值时采用了梯形和高斯积分相结合的运算方法,并用四点多项式插值来计算出抽样值。

(3)反函数近似

设随机变量 η 以分布函数 $F(x)$ 分布。采用直接抽样法,取 $\eta = F_i^{-1}(\xi)$,则可以从均匀分布的随机变量抽样值 ξ 得到随机变量 η 的抽样值。但是在实际抽样中,往往反函数 $F^{-1}(y)$ 的解析形式求不出来,因而就用近似计算方法求得 $F^{-1}(y) = Q(y)$。以 $Q(y)$ 作为 η 的抽样近似值。这就是反函数近似。假如 $F^{-1}(y)$ 具有如下性质:$y \in [0,1]$,$\lim\limits_{y \to 0} F^{-1}(y) = -\infty$ 和 $\lim\limits_{y \to 1} F^{-1}(y) \approx +\infty$,此时,可以利用最小二乘法拟合曲线 $F^{-1}(y)$ 的函数。例如取

$$F^{-1}(y) \approx Q(y) = a + by + cy^2 + \alpha(1-y)^2 \ln y + \beta y^2 \ln(1-y) \tag{7.72}$$

这样的近似取法对相当广泛的分布函数抽样是可行的。其中系数 α, β, a, b, c 是待定参数。当然 $Q(y)$ 也可以取其他数学表示形式,如帕迪(Pade)近似。

(4)近似修正抽样

对于任意已知的分布密度函数 $f(x)$,若 $f_1(x)$ 是 $f(x)$ 的一个近似分布密度函数,并且比 $f_1(x)$ 分布的抽样简单,运算量也小,则令

$$m = \min_{f_1(x) \neq 0} \frac{f(x)}{f_1(x)} \tag{7.73}$$

使分布密度函数表示成乘加分布抽样的分布形式

$$f(x) = mf_1(x) + H_2(x)f_2(x) \tag{7.74}$$

其中 $H_2(x)f_2(x)$ 是对近似 $f(x) \approx mf_1(x)$ 的一个修正,即

$$H_2(x)f_2(x) = f(x) - mf_1(x) \tag{7.75}$$

令 $M_2 = \max H_2(x)$，将公式（7.74）的形式与乘加分布的公式（7.55）比较，可以看到这里有 $H_1(x) = m$。这样就可以采用图 7.2 的抽样框图来抽样。

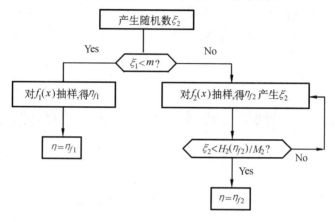

图 7.2　近似修正抽样框图

如果近似分布密度函数 $f_1(x)$ 取得好，m 接近于 1，则大部分抽样值能直接用 η_{f_1} 来代替 η，而只有少量的取 η_{f_2} 的抽样值。实际上式（7.74）右边第二项只是对近似分布密度函数 $f_1(x)$ 的修正。这种方法在 $f(x)$ 的函数形式比较复杂时，使用是很方便的。

（5）极限近似法

在本章第 1 节中介绍的中心极限定理可以用来产生具有正态分布的随机变量抽样。它利用任意分布的随机数的和来产生正态分布的抽样值。假如 $\xi_1, \xi_2, \cdots, \xi_n$ 是在 $[0,1]$ 区间上 n 个均匀分布的独立随机变量的抽样样本。它的平均值为 $1/2$，方差为 $1/12$。事实上，我们有

$$E\{\xi\} = \int_{-\infty}^{+\infty} x \cdot f(x)\,\mathrm{d}x = \int_0^1 x \cdot 1\,\mathrm{d}x = \frac{1}{2}$$

$$V\{\xi\} = E\{\xi^2\} = -[E\{\xi\}]^2 = \int_0^1 x^2 \cdot f(x)\,\mathrm{d}x - \left(\frac{1}{2}\right)^2 = \frac{1}{12}$$

设 $R_n = \xi_1 + \xi_2 + \cdots + \xi_n$，则

$$E\{R_n\} = \int_{-\infty}^{+\infty} nx \cdot f(x)\,\mathrm{d}x = \int_0^1 nx \cdot 1\,\mathrm{d}x = \frac{n}{2}$$

$$V\{R_n\} = E\{R_n^2\} - [E\{R_n\}]^2 = \frac{n}{12}$$

根据中心极限定理，引入新的随机变量 δ_n，即

$$\delta_n = \frac{R_n - \dfrac{n}{2}}{\sqrt{\dfrac{n}{12}}}$$

则

$$\lim_{n \to \infty} p(\delta_n \leqslant x) = \frac{1}{\sqrt{2\pi}} \int_{-\infty}^x \mathrm{e}^{-t^2/2}\,\mathrm{d}t = N(0,1)$$

通常取 $n = 12$，就认为 n 趋于无穷大了。因此，可以直接用 δ_n（当 $n \gg 1$ 时）作为标准正态分布的抽样值。此时随机变量 δ_{12} 为

$$\delta_{12} = R_{12} - 6$$

这种抽样的方法称为极限近似法。但是要注意，如果取 $n = 12$，采用这种方法抽样时，则 $|x| > 6$ 的情况已经完全忽略。若要考虑 $|x| > 6$ 处的情况，必须取 $n > 12$ 或改用其他的抽样办法。

7.4　蒙特卡罗计算中减少方差的技巧

由 7.1 节的讨论中可以知道，蒙特卡罗求积分的方差为

$$\sigma^2 = V\{f\} / n \tag{7.76}$$

其中 $V\{f\}$ 为被积函数 f 的方差。公式 (7.76) 反映出增加随机点数 n 时，蒙特卡罗计算的精度可以得到改善，但是精度提高非常缓慢。因此用增加蒙特卡罗计算的随机点数来提高精度总是耗费大量的机时。这对于在多重积分中的蒙特卡罗计算，问题就尤为严重。公式 (7.76) 也说明，另一个减少计算结果误差的途径是减少 f 的方差 $V\{f\}$。

7.4.1　分层抽样

$$I = \int_0^1 f(x)\,\mathrm{d}x = \int_0^a f(x)\,\mathrm{d}x + \int_a^1 f(x)\,\mathrm{d}x \qquad (0 < a < 1) \tag{7.77}$$

将积分区域划分成小区域是在数值积分中常用的技巧。但是在用蒙特卡罗方法积分时，这种技巧的特性有所不同。蒙特卡罗的分层抽样技巧包括了如下几个步骤：首先将积分区间（或空间）划分为不相交的子区间（或子空间）；然后在第 i 个子区间（或子空间）内抽取 n_i 个随机点。如果将子区间长度（或子区间体积）记为 $\{i\}$，将子区间（或子空间）内所有点上的函数值乘上权重因子 $\{i\}/n_i$ 之后叠加起来，就得到该积分在这个子区间的积分估计值；最后将所有子区间的积分值叠加起来，就得到在整个区间的积分估计值。这样得到积分式 (7.77) 的结果估计值的方差为

$$V\{\bar{I}\} = \sum_j \left(\frac{\{j\}}{n_j}\right)^2 \sum_{i=1}^{n_j} V\{f(x_{ij})\} = \sum_j \frac{\{j\}^2}{n_j}\sigma_j^2 \tag{7.78}$$

如果适当选择子区间 $\{i\}$ 的大小和选点数 n_i，就可以使计算结果的方差得以减小。这里选择 $\{i\}$ 和 n_i 的关键是要了解被积函数 f 在子区间内的特性。如果 $\{i\}$ 的划分和 n_i 的选择都不适当，也可能造成更大的误差。

若不管被积函数的特性，而简单地将积分区域划分成相等的子区间 $\{i\}$，并在各子区间内抽取相同数量的随机点数 n_i。这种处理方法称为均匀分层抽样法。下面以一个求积分的问题，具体比较一下用分层抽样法和用原始蒙特卡罗方法计算得到的方差。

设所求积分为

$$I = \int_0^1 f(x)\,\mathrm{d}x \tag{7.79}$$

数学上可以将式(7.79) 写成

$$I = \int_0^1 f(x)\,\mathrm{d}x \equiv \int_0^1 g(x)f_1(x)\,\mathrm{d}x \tag{7.80}$$

在 $[0,1]$ 区间插入 J 个点,其中 $0 = x_0 < x_1 < \cdots < x_J = 1$。令

$$\begin{cases} p_j = \int_{x_{j-1}}^{x_j} f_1(x)\,\mathrm{d}x \\ \bar{f}_j(x) = \begin{cases} f_1(x)/p_j, & (x_{j-1} \leqslant x < x_j) \\ 0, \cdots \text{其他} \end{cases} \\ I_j = \int_{x_{j-1}}^{x_j} g(x)\bar{f}_j(x)\,\mathrm{d}x, (j = 1,2,\cdots,J) \end{cases} \tag{7.81}$$

在上面的公式中,显然有

$$I_J = \sum_{j=1}^J p_j I_j \tag{7.82}$$

如果用分层抽样蒙特卡罗方法计算式(7.79) 的积分值,在第 j 个子区间上以 $\bar{f}_j(x)$ 分布密度函数抽取 n_j 个简单子样 $x_{ij}(j = 1,2,\cdots,J)$,则式(7.79) 积分的无偏估计值为

$$\bar{I}_J = \sum_{j=1}^J p_j I_j = \sum_{j=1}^J p_j \left(\frac{1}{n_j} \sum_{i=1}^{n_j} g(x_{ij}) \right) \tag{7.83}$$

令第 j 区间积分的方差为 σ_j^2,根据方差的定义有

$$\sigma_j^2 = V\{g(x_{ij})\} = \int_{x_{j-1}}^{x_j} g^2(x)\bar{f}_j(x)\,\mathrm{d}x - I_j^2 \tag{7.84}$$

则得到分层抽样计算结果的方差 $V\{\bar{I}_J\}$ 为

$$V\{\bar{I}_J\} = \sum_{j=1}^J p_j^2 \frac{1}{n_j^2} \cdot \sum_{i=1}^{n_j} V\{g(x_{ij})\} = \sum_{j=1}^J \frac{p_j^2}{n_j}\sigma_j^2 \tag{7.85}$$

如果用通常的原始蒙特卡罗方法计算,以分布密度函数 $f_1(x)$ 抽取 N 个简单子样,则积分式(7.79) 的无偏估计值为

$$\bar{I} = \frac{1}{N} \sum_{i=1}^N g(x_i) \tag{7.86}$$

它的方差为

$$V\{\bar{I}\} = \frac{1}{N^2} \sum_{i=1}^N V\{g(x_i)\} \equiv \frac{\sigma_g^2}{N} \tag{7.87}$$

其中 σ_g^2 又可以表示为

$$\sigma_g^2 \equiv \int_0^1 [g(x) - I]^2 f_1(x)\,\mathrm{d}x = \sum_{j=1}^J \int_{x_{j-1}}^{x_j} [g(x) - I]^2 f_1(x)\,\mathrm{d}x =$$

$$\sum_{j=1}^J p_j \int_{x_{j-1}}^{x_j} [g(x) - I_J + I_J - I]^2 \bar{f}_j(x)\,\mathrm{d}x =$$

$$\sum_{j=1}^J p_j \int_{x_{j-1}}^{x_j} [(g(x) - I_j)^2 + 2(I_j - I)(g(x) - I_j) + (I_j - I)^2] \bar{f}_j(x)\,\mathrm{d}x =$$

$$\sum_{j=1}^J p_j \sigma_j^2 + \sum_{j=1}^J p_j (I_j - I)^2 \tag{7.88}$$

利用公式(7.84),(7.85),(7.87)和(7.88),比较这两种方法计算出的结果的方差。设分层抽样法的总抽样数为 N,有

$$N = n_1 + n_2 + \cdots + n_J$$

则

$$V\{\bar{I}\} - V\{\bar{I}_j\} = \frac{1}{N}\Big[\sum_{j=1}^{J} p_j\sigma_j^2 + p_j(I_j - I)^2 \Big] - \sum_{j=1}^{J} \frac{p_j^2}{n_j}\sigma_j^2 =$$

$$\sum_{j=1}^{J} p_j\Big(\frac{1}{N} - \frac{p_j}{n_j} \Big)\sigma_j^2 + \frac{1}{N}\sum_{j=1}^{J} p_j(I_j - I)^2 \tag{7.89}$$

公式(7.89)的右边第二项显然是大于零的量。第一项的正负则是取决于分层抽样时子区间的划分和子区间内的抽样点数 n_j。如果式(7.87)的值大于零,则分层抽样计算积分的方差小于采用原始蒙特卡罗方法的方差。若取 $p_j/n_j = 1/N$,即 $n_j = Np_j$,此时公式(7.89)中第一项为零,公式(7.89)总是大于零。这就意味着按比例的分层抽样的方差比原始蒙特卡罗方法小。这样的分层抽样方法具有实用意义。如果采用均匀分层抽样方法,将[0,1]区间分成 J 个相等的子区间,每个子区间内抽取的点数 $n_j = N/J$,并且这些点是均匀分布的,即 $f_1(x) = 1, p_j = 1/J$,这时公式(7.89)中的第一项也为零,因而式(7.89)的值总是正的。由此也可以看出:均匀分层抽样法是一个减小方差的保险方法,不过这种改进方差的方法在个别情况下可能效果不理想。

7.4.2 重要抽样法

重要抽样法的原理起源于数学上的变量代换方法的思想,即

$$\int_0^1 f(x)\,\mathrm{d}x = \int_0^1 \frac{f(x)}{g(x)}; \quad g(x)\,\mathrm{d}x = \int_0^1 \frac{f(x)}{g(x)}\mathrm{d}G(x) \tag{7.90}$$

此时随机点的选择不再是均匀的,而是以分布函数 $G(x)$ 分布的。新的被积函数为 $f(x)$ 乘以权重 $1/g(x)$。公式(7.90)中 $g(x) = \dfrac{\mathrm{d}G(x)}{\mathrm{d}x}$。这里 $g(x)$ 称为偏倚分布密度函数。该方法使原本对 $f(x)$ 的抽样,变成由另一个分布密度函数 $f^*(x) \equiv \dfrac{f(x)}{g(x)}$ 中产生简单子样,并附带一个权重 $g(x)$。换句话说,由分布密度函数 $f^*(x)$ 抽出的一个简单子样,不是代表一个个体,而是代表 $g(x)$ 个。这种方法也称为偏倚抽样法。这时公式右边积分中被积函数的方差为 $V\{f/g\}$。如果 $g(x)$ 选择恰当,并使它在积分域内的函数曲线形状与 f 接近,则该方差可以变得很小。因而函数 $g(x)$ 的选择十分关键,它应当满足如下条件

①$g(x)$ 应当是个分布密度函数。

②$f(x)/g(x)$ 不应在积分域内起伏太大,使之尽量等于常数,以保证方差 $V\{f/g\}$ 比 $V\{f\}$ 小。

③ 分布密度函数 $g(x)$ 所对应的分布函数 $G(x)$ 能够比较方便地解析求出。

④ 能方便地产生在积分域内满足分布函数 $G(x)$ 分布的随机点。

如能按上述条件找到函数 $g(x)$,我们就可以依下列步骤积分:

① 根据分布密度函数 $g(x)$ 产生随机点 x,例如采用反函数法。

② 求出各抽样点 x 的函数值 $f(x)/g(x)$,并将所有点上的该函数叠加起来,再除以抽样点数 n 就得到积分结果。

也可以采用 $w \equiv f(x)/g(x)$ 作为分布密度函数,利用舍选法来舍去或接受这个随机点的 x 值。用此方法时,应至少可以事先判断出 w 的最大值。当然最好能从 $f(x)/g(x)$ 的函数中,推导出 w_{max}。但是在很多时候这是难以做到的。

上述讨论可以很容易地推广到更高维的积分中。但是要注意如下两个方面的问题:第一,在产生随机向量 x 的所有分量后,再用舍选法往往更快,效率更高;第二,在计算 $f(x)/g(x)$ 值之前,做随机变量 $x_1, x_2, \cdots, x_N$ 到 $y_1, y_2, \cdots, y_N$ 的变换有时是很有用的。这时需要将雅可比行列式 $| \partial(x_1, x_2, \cdots, x_N)/\partial(y_1, y_2, \cdots, y_N) |$ 包括在权重因子内。

重要抽样法无疑是蒙特卡罗计算中最基本和常用的技巧之一。它无论在提高计算速度和增加数值结果的稳定性方面都有很大的潜力。但是它仍有一些局限性,例如:

① 能寻找出某分布密度函数 $g(x)$,并能解析求出其对应的分布函数 $G(x)$ 的情况并不多。当然也可以用数值计算方法求出 $G(x)$,但通常这样处理不灵活,运算速度也慢,而且结果也不准确。

② 当所选择的 $g(x)$ 在某点函数值为零或很快趋于零时(如高斯分布),在该点的数值计算是十分危险的,其方差 $V\{f/g\}$ 可能趋于无穷大。即使是在某点上函数 $g(x)$ 不为零,但其值很小时,方差 $V\{f/g\}$ 也可能很大。这一问题采用通常的从样本点估计方差的方法却不一定能检查出来。这种情况会使计算结果不稳定。

7.4.3　控制变量法

控制变量法与重要抽样法相似,它也需要找出一个与被积函数 f 行为相近的可积函数 g。只是在控制变量法中,将这两个函数相减,而不是相除。它利用数学上积分运算的线性特性为

$$\int f(x)\,dx = \int [f(x) - g(x)]\,dx + \int g(x)\,dx \tag{7.91}$$

选择函数 $g(x)$ 时要考虑到,$g(x)$ 在整个积分区间都容易精确算出,并且在上式右边第一项的运算中对 $(f-g)$ 积分的方差应当要比第二项对 f 积分的方差小。

在应用这种方法时,在重要抽样法中所遇到的,当 $g(x)$ 趋于零时,被积函数 $(f-g)$ 趋于无穷大的困难就不再存在,因而计算出的结果稳定性比较好。该方法也不需要从分布密度函数 $g(x)$ 解析求出分布函数 $G(x)$。由此可以看出,选择 $g(x)$ 所受到的限制比重要抽样法要小些。

7.4.4　对偶变量法

通常在蒙特卡罗计算中采用互相独立的随机点来进行计算。但是在对偶变量法中却使用相关联的点来进行计算。它利用相关点间的关系可以是正关联的,也可以是负关联的这个特点,知道两个函数值 f_1 和 f_2 之和的方差为

$$V\{f_1 + f_2\} = V\{f_1\} + V\{f_2\} + 2E\{(f_1 - E\{f_1\})(f_2 - E\{f_2\})\} \tag{7.92}$$

如果选择一些点,它们使 f_1 和 f_2 是负关联的。这样就可以使上式所示的方差减小。当然这需要对具体的函数 f_1 和 f_2 有充分的了解。但不幸的是在实践中不存在一个寻找负关联点的通用办法。

第8章　分子动力学模拟计算技术

分子动力学模拟方法属于统计物理学中的一种计算方法,该方法是按该体系内部的内禀动力学规律来计算并确定位形的转变。它首先需要建立一组分子的运动方程,并通过直接对系统中的一个个分子运动方程进行数值求解,得到每个时刻各个分子的坐标与动量,即在相空间的运动轨迹,再利用统计计算方法得到多体系统的静态和动态特性,从而得到系统的宏观性质。在这样的处理过程中可以看出,MD 方法中不存在任何随机因素。在 MD 方法处理过程中方程组的建立是通过对物理体系的微观数学描述给出的。在这个微观的物理体系中,每个分子都各自服从经典的牛顿力学。每个分子运动的内禀动力学是用理论力学上的哈密顿量或者拉格朗日量来描述,也可以直接用牛顿运动方程来描述。确定性方法是实现 Boltzman 的统计力学途径。这种方法可以处理与时间有关的过程,因而可以处理非平衡态问题。但是使用该方法的程序较复杂,计算量大,占内存也多。本章将介绍分子动力学方法及其应用。

8.1　运动方程的数值解法

8.1.1　一步法

采用 MD 方法时,必须对一组分子运动微分方程做数值求解。从计算数学的角度,这个求解是一个初值问题。实际上计算数学为了求解这种问题已经有了许多的算法,但并不是所有的算法都可以用来解决物理问题。下面先以一个一维谐振子为例,说明如何用计算机数值计算方法求解初值问题。一维谐振子的经典哈密顿量为

$$H = \frac{p^2}{2m} + \frac{1}{2}kx^2 \tag{8.1}$$

这里的哈密顿量(即能量)为守恒量。假定初始条件为 $x(0), p(0)$,则它的哈密顿方程是对时间的一阶微分方程为

$$\frac{\mathrm{d}x}{\mathrm{d}t} = \frac{\partial H}{\partial p} = \frac{p}{m}; \quad \frac{\mathrm{d}p}{\mathrm{d}t} = -\frac{\partial H}{\partial x} = -kx \tag{8.2}$$

现在用数值积分方法计算在相空间中的运动轨迹 $(x(t), p(t))$。采用有限差分法,将微分方程变为有限差分方程,以便在计算机上做数值求解,并得到空间坐标和动量随时间的演化关系。首先,取差分计算的时间步长为 h,采用一阶微分形式的向前差商表示,即直接运用展开到 h 的一阶泰勒展开公式为

$$f(t+h) = f(t) + h\frac{\mathrm{d}f}{\mathrm{d}t} + O(h^2)$$

即

$$\frac{\mathrm{d}f}{\mathrm{d}t} \approx \frac{f(t+h) - f(t)}{h} \tag{8.3}$$

则微分方程(8.2)可以被改写为差分形式,即

$$\frac{\mathrm{d}x}{\mathrm{d}t} = \frac{x(t+h) - x(t)}{h} = \frac{p(t)}{m} \tag{8.4}$$

$$\frac{\mathrm{d}p}{\mathrm{d}t} = -\frac{p(t+h) - p(t)}{h} = -kx(t) \tag{8.5}$$

将上面两个公式整理后,得到解微分方程(8.2)的欧拉(Euler)算法为

$$x(t+h) = x(t) + \frac{hp(x)}{m} \tag{8.6}$$

$$p(t+h) = p(t) - hkx(t) \tag{8.7}$$

这是 $x(t)$, $p(t)$ 的一组递推公式。有了初始条件 $x(0)$, $p(0)$,就可以一步一步地使用前一时刻的坐标、动量值确定下一时刻的坐标、动量值。这个方法是一步法的典型例子。

8.1.2　二步法

由于在实际数值计算时 h 的大小是有限的,因而在上述算法中微分被离散化为差分形式来计算时总是有误差的。可以证明一步法的局部离散化误差与总体误差是相等的,都为 $O(h^2)$ 的量级。在实际应用中,适当地选择 h 的大小是十分重要的。h 取得太大,得到的结果偏离也大,甚至于连能量都不守恒;h 取得太小,有可能结果仍然不够好。这就要求改进计算方法,进一步考虑二步法。

实际上泰勒展开式的一般形式为

$$f(t+h) = f(t) + \sum_{i=1}^{n} \frac{h^i}{i!} f^{(i)}(t) + O(h^{(n+1)}) \tag{8.8}$$

其中 $O(h^{(n+1)})$ 表示误差的数量级。前面叙述的欧拉算法就是取 $n = 1$。现在考虑式(8.8)中直到含 h 的二次项的展开(即取 $n = 2$),则得到

$$f(t+h) = f(t) + h\frac{\mathrm{d}f}{\mathrm{d}t} + \frac{h^2}{2}\frac{\mathrm{d}^2f}{\mathrm{d}x^2} + O(h^3) \tag{8.9}$$

$$f(t-h) = f(t) - h\frac{\mathrm{d}f}{\mathrm{d}t} + \frac{h^2}{2}\frac{\mathrm{d}^2f}{\mathrm{d}x^2} + O(h^3) \tag{8.10}$$

将上面两式相加、减得到含二阶和一阶导数的公式为

$$\frac{\mathrm{d}^2f}{\mathrm{d}x^2} = \frac{1}{h^2}[f(t+h) - 2f(t) + f(t-h)] \tag{8.11}$$

$$\frac{\mathrm{d}f}{\mathrm{d}t} = \frac{f(t+h) - f(t-h)}{2h} \tag{8.12}$$

令 $f(t) = x(t)$,利用牛顿第二定律 $F(t) = m\frac{\mathrm{d}^2x}{\mathrm{d}t^2}$,式(8.11)写为坐标的递推公式为

$$x(t+h) = -x(t-h) + 2x(t) + h^2\frac{F(t)}{m} \tag{8.13}$$

式(8.12)写为计算动量的公式得到

$$p(t) = m\dot{x}(t) = mv(t) = \frac{m}{2h}\left[x(t+h) - x(t-h)\right] \tag{8.14}$$

这样就推导出了一个比(8.6)和(8.7)更精确的递推公式。这是二步法的一种,称为 Verlet 方法。此外,还有其他一些二步法,如龙格 – 库塔(Runge – Kutta)方法等。

当然还可以建立更高阶的多步算法,然而大部分更高阶的方法所需要的内存比一步法和二步法所需要的大得多,并且有些更高阶的方法还需要用迭代来解出隐式给定的变量,内存的需求量就更大。并且当今的计算机都仅仅只有有限的内存,因而并不是所有的高阶算法都适用于物理系统的计算机计算。

应当指出,在实际数值计算中,必须特别注意舍入误差和稳定性问题。为了减少舍入误差,可以采用高精度计算,并且要避免相近大小的数相消,以及数量级相差很大的两个数相加和注意运算顺序。

8.2　分子动力学模拟的一般步骤

在计算机上对分子系统的 MD 模拟的实际步骤可以分为:
① 首先是设定模拟所采用的模型;
② 给定初始条件;
③ 趋于平衡的计算过程;
④ 宏观物理量的计算。
下面就这四个步骤分别做简单介绍。

8.2.1　模型的设定

设定模型是分子动力学模拟的第一步工作。例如在一个分子系统中假定两个分子间的相互作用势为硬球势,其势函数表示为

$$V(r) = \begin{cases} +\infty & (\text{如果 } r < \sigma) \\ 0 & (\text{如果 } r \geq \sigma) \end{cases}$$

实际上,更常用的是图 8.1 所示的 Lennard – Jones 型势。它的势函数表示为

$$V(r) = 4\varepsilon\left[\left(\frac{\sigma}{r}\right)^{12} - \left(\frac{\sigma}{r}\right)^{6}\right] \tag{8.15}$$

其中 ε 是位势的最小值(ε 可以确定能量的单位),这个最小值出现在距离 r 等于 $2^{1/6}\sigma$ 的地方(σ 可以确定为长度的单位)。

模型确定后,根据经典物理学的规律就可以知道在系综模拟中的守恒量。例如对在微正则系综的模拟中能量、动量和角动量均为守恒量。在此系综中它们分别表示为

$$E = \sum_{i}\left[\frac{1}{2}m(\dot{r}_1)^2 + V(r_i)\right] \tag{8.16}$$

$$P = \sum_{i}p_i \tag{8.17}$$

$$M = \sum_{i}r_i \times p_i \tag{8.18}$$

其中

$$p_i = mr_i$$

由于只限于研究大块物质在给定密度下的性质，所以必须引进一个叫做分子动力学元胞的体积元，以维持一个恒定的密度。对气体和液体，如果所占体积足够大，并且系统处于热平衡状态的情况下，那么这个体积的形状是无关紧要的。对于晶态的系统，元胞的形状是有影响的。为了计算简便，对于气体和液体，取一个立方形的体积为 MD 元胞。设 MD 元胞的线度大小为 L，则其体积为 L^3。由于引进这样的立方体箱子，将产生六个不希望出现的表面。模拟中碰撞这些箱的表面的

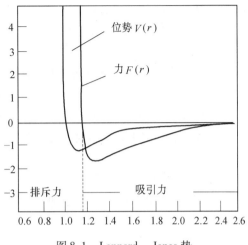

图 8.1　Lennard – Jones 势

粒子应当被反射回到元胞内部，特别是对粒子数目很少的系统。然而这些表面的存在对系统的任何一种性质都会有重大的影响。为了减小引入的表面效应，采用周期性边界条件。采用这种边界条件，就可以消除引入的表面效应，构造出一个准无穷大的体积来更精确地代表宏观系统。实际上，这里做了一个假定，即让这个小体积元胞镶嵌在一个无穷大的大块物质之中。周期性边界条件的数学表示形式为

$$A(x) = A(x + nL)；\quad n = (n_1, n_2, n_3) \tag{8.19}$$

其中，A 为任意的可观测量；n_1, n_2, n_3 为任意整数。

这个边界条件就是命令基本 MDDR 胞完全等同地重复无穷多次。具体在实现该边界条件时是这样操作的：当有一个粒子穿过基本 MD 元胞的六方体表面时，就让这个粒子以相同的速度穿过此表面对面的表面重新进入该 MD 元胞内。

在分子动力学模拟中考虑粒子间的相互作用时，通常采用最小像力约定。这个约定是在由无穷重复的 MD 基本元胞中，一个粒子只同它所在的基本元胞内的另外 $N - 1$ 个（设在此元胞内有 N 个粒子）中的每个粒子或其最邻近影像粒子发生相互作用。如果 r_i 处的粒子 i 同 r_j 处的粒子 j 之间的距离为

$$r_{ij} = \min(\mid r_i - r_j + nL \mid) \quad （对一切的 n） \tag{8.20}$$

实际上这个约定就是通过满足不等式条件 $r_c < L/2$ 来截断位势（r_c 为截止距离）。通常 L 的数值应当选得很大，使得距离大于 $L/2$ 的粒子的相互作用可以忽略，以避免有限尺寸效应。采用最小像力约定使得在截断处粒子的受力有一个 δ 函数的奇异性，这会给模拟计算带来误差。

8.2.2　给定初始条件

MD 模拟进入对系统微分方程组作数值求解的过程时，需要知道粒子的初始位置和速度的数值。不同的算法要求不同的初始条件。例如，Verlet 方法需要两组坐标来启动计算：一组是零时刻的坐标，另一组是前进一个时间步长时的坐标，或者是一组零时刻的速度值。但是，一般来说系统的初始条件都是不可能知道的。表面上看这是一个难题。

实际上,精确选择待求系统的初始条件是没有什么意义的,因为模拟时间足够长时,系统就会忘掉初始条件。但是初始条件的合理选择将可以加快系统趋于平衡。常用的初始条件可以选择为:

① 令初始位置在差分划分网格的格子上,初始速度则从玻尔兹曼分布随机抽样得到。

② 令初始位置随机地偏离差分划分网格的格子,初始速度为零。

③ 令初始位置随机地偏离差分划分网格的格子,初始速度从玻尔兹曼分布随机抽样得到。

按照上面给出的运动方程、边界条件和初始条件,就可以进行分子动力学模拟计算。但是,这样计算出的系统不会具有所要求的系统能量,并且这个状态本身也还不是一个平衡态。为了使系统达到平衡,模拟中需要一个趋衡过程。在这个过程中,我们增加或从系统中移出能量,直到系统具有所要求的能量。然后,再对运动方程中的时间向前积分若干步,使系统持续给出确定能量值。我们称:这时系统已经达到平衡态。这段达到平衡所需的时间称为弛豫时间。在 MD 模拟中,时间步长 h 的大小选择是十分重要的。它决定了模拟所需要的时间。为了减小误差,步长 h 必须取得小一些;但是取得太小,系统模拟的弛豫时间就很长。这里需要积累一定的模拟经验,选择适当的时间步长 h。例如,对一个具有几百个氩(Ar)分子的体系,如果采用 Lennard-Jones 位势,发现取 h 为 10^{-2} 量级,就可以得到好的相图。这里选择的 h 是没有量纲的,实际上这样选择的 h 对应的时间在 10^{-14}s 的量级。如果模拟 1 000 步,系统达到平衡态,弛豫时间只有 10^{-11}s。

8.2.3　宏观物理量的计算

实际计算宏观物理量往往是在 MD 模拟的最后阶段进行的。它是沿着相空间轨迹求平均来计算得到的。例如对一个宏观物理量 A,它的测量值应当为平均值 $\bar{A}$。如果已知初始位置和动量为 $\{r^{(N)}(0)\}$ 和 $\{p^{(N)}(0)\}$(上标 N 表示系综 N 个粒子的对应坐标和动量参数),选择某种 MD 算法求解具有初值问题的运动方程,便得到相空间轨迹($\{r^{(N)}(t)\}$,$\{p^{(N)}(t)\}$)。对轨迹平均的宏观物理量 A 的表示为

$$\bar{A} = \lim_{t' \to \infty} \frac{1}{(t' - t_0)} \int_{t_0}^{t'} \mathrm{d}\tau A(\{r^{(N)}(\tau)\}, \{p^{(N)}(\tau)\}) \tag{8.21}$$

如果宏观物理量为动能,它的平均为

$$\bar{E}_k = \lim_{t' \to \infty} \frac{1}{(t' - t_0)} \int_{t_0}^{t'} \mathrm{d}\tau E_k(\{p^{(N)}(\tau)\}) \tag{8.22}$$

由于在模拟过程中计算出的动能值是在不连续的路径上的值,因此公式(8.22)可以表示为在时间的各个间断点 μ 上计算动能的平均值

$$\bar{E}_k = \frac{1}{n - n_0} \sum_{\mu > n_0}^{n} \sum_{i=1}^{N} \frac{(p_i^2)^\mu}{2m} \tag{8.23}$$

在 MD 模拟过程中,温度是需要加以监测的物理量,特别是在模拟的起始阶段。根据能量均分定理,可以从平均动能值计算得到温度值

$$T = \frac{\overline{E}_k}{\frac{d}{2}Nk_B} \qquad (8.24)$$

其中 d 为每个粒子的自由度,如果不考虑系统所受的约束,则 $d = 3$。系统内部的位形能量的轨道平均值为

$$\overline{U} = \frac{1}{n - n_0} \sum_{\mu > n_0}^{n} \sum_{i < j} u(r_{ij}^{\mu}) \qquad (8.25)$$

假定位势在 r_c 处被截断,那么上式计算出的势能以及由此得到的总能量就包含有误差。为了对此偏差作出修正,采用对关联函数来表示位能

$$U/N = 2\pi p \int_0^{\infty} u(r)g(r)r^2 \mathrm{d}r \qquad (8.26)$$

式中 $g(r)$ 为对关联函数,它是描述与时间无关的粒子间关联性的量度。$g(r)$ 的物理意义是当原点 $r = 0$ 处有一个粒子时,在空间位置 $\boldsymbol{r}$ 的点周围的体积元中单位体积内发现另一个粒子的几率。若 $n(r)$ 为距离原点 r 到 $r + \Delta r$ 之间的平均粒子数,则

$$g(r) = \frac{V}{N} \frac{n(r)}{4\pi r^2 \Delta r} \qquad (8.27)$$

在 MD 模拟过程中,所有的距离已经在力的计算中得到,因而很容易计算对关联函数的值。图 8.2 为由计算机模拟得到的两组不同参数下的对关联函数的例子。由于位势的截断,对关联函数仅对 $r_c < L/2$ 以下的距离有意义。在公式 (8.25) 中,所有的位能都加到截断距离为止,尾部修正可以取为

$$U_c = 2\pi p \int_{r_c}^{\infty} u(r)g(r)r^2 \mathrm{d}r \qquad (8.28)$$

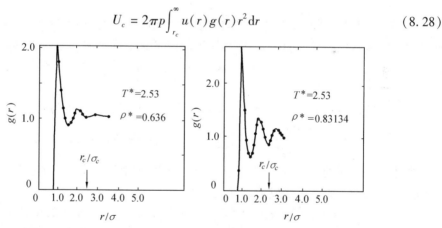

图 8.2　由计算机模拟得到的两组不同参数下的对关联函数

压强可以通过计算在面积元 $\mathrm{d}A$ 的法线方向上净动量转移的时间平均值来得到,也可以利用含对关联函数的维里状态方程计算。该维里状态方程可以写为

$$P = pk_B T - \frac{p^2}{6} \int_0^{\infty} g(r) \frac{\partial u}{\partial r} 4\pi r^3 \mathrm{d}r \qquad (8.29)$$

至于势能的计算,可以把积分划分为两项,一项是由相互作用力程之内的贡献引起的,一项是对位势截断的改正项

$$P = pk_B T - \frac{p^2}{6N} \sum_{i<j} r_{ij} \frac{\partial u}{\partial r_{ij}} - P_c \tag{8.30}$$

其中长程改正项为

$$P_c = \frac{p^2}{6} \int_{r_c}^{\infty} g(r) \frac{\partial u}{\partial r} 4\pi r^3 \mathrm{d}r \tag{8.31}$$

8.3 平衡态分子动力学模拟

在经典 MD 模拟方法的应用当中,存在着对两种系统状态的 MD 模拟。一种是对平衡态的 MD 模拟,另一类是对非平衡态的 MD 模拟。对平衡态系综 MD 模拟又可以分为如下类型:微正则系综的 MD(NVE) 模拟,正则系综的 MD(NVT) 模拟,等温等压系综 MD(NPT) 模拟和等焓等压系综 MD(NPH) 模拟等。下面仅对平衡态的 MD 方法中前两类模拟做简单的介绍。

8.3.1 微正则系综的 MD 模拟

在进行对微正则系综的 MD 模拟时,首先要确定所采用的相互作用模型。假定一个孤立的多粒子体系,其粒子间的相互作用位势是球对称的,则其哈密顿量可以写为

$$H = \frac{1}{2} \sum_i \frac{p_i^2}{m} + \sum_{i<j} u(r_{ij}) \tag{8.32}$$

其中 r_{ij} 是第 i 个粒子与第 j 个粒子之间的距离。在这个微正则系综中,由于这个系统的哈密顿量中不显示地出现时间关联,因而系统的能量是个守恒量。系统的体积和粒子数也是不变的。此外,由于整个系统并未运动,所以整个系统的总动量 P 恒等于零。这就是系统受到的四个约束。

由该系统的哈密顿量可以推导出牛顿方程形式的运动方程组为

$$\frac{\mathrm{d}^2 \boldsymbol{r}_i(t)}{\mathrm{d}t^2} = \frac{1}{m} \sum_{i<j} \boldsymbol{F}_i(r_{ij}) \quad (i = 1, 2, \cdots, N) \tag{8.33}$$

要用数值求解的方法解出 (8.33) 微分方程组,类似于本章第二节中介绍的 Verlet 方法,方程组 (8.33) 的求解变成求解方程组为·

$$\boldsymbol{r}_i(t+h) = 2\boldsymbol{r}_i(t) - \boldsymbol{r}_i(t-h) + \boldsymbol{F}_i(t)h^2/m \quad (i = 1, 2, \cdots, N) \tag{8.34}$$

该方程组反映出:从前面 t 和 $t-h$ 时刻这两点的空间坐标位置及 t 时刻的作用力,就可以算出下一步 $t+h$ 时刻的坐标位置。下面为了将式 (8.34) 写成更简洁的形式,令

$$t_n = nh; \quad \boldsymbol{r}_i^{(n)} = \boldsymbol{r}_i(t_n); \quad \boldsymbol{F}_i^{(n)} = \boldsymbol{F}_i(t_n) \tag{8.35}$$

则从式 (8.34) 可以得到如下差分方程组的形式为

$$\boldsymbol{r}_i^{(n+1)} = 2\boldsymbol{r}_i^{(n)} - \boldsymbol{r}_i^{(n-1)} + \boldsymbol{F}_i^{(n)} h^2/m \quad (i = 1, 2, \cdots, N) \tag{8.36}$$

如果已知一组初始空间位置 $(\{\boldsymbol{r}_i^{(0)}\}, \{\boldsymbol{r}_i^{(1)}\})$,则通过求解方程组 (8.36) 一步步地得到 $\{\boldsymbol{r}_i^{(2)}\}, \{\boldsymbol{r}_i^{(3)}\}, \cdots$。由空间坐标又可以算出粒子的运动速度为

$$\boldsymbol{v}_i^{(n)} = (\boldsymbol{r}_i^{(n+1)} - \boldsymbol{r}_i^{(n-1)})/2h \tag{8.37}$$

这里在第 $n+1$ 步算出的速度是前一时刻,即第 n 步的速度。因而动能的计算比势能的计算落后一步。

根据上述原理可以将粒子数恒定、体积恒定、能量恒定的微正则系综(NVE) 的 MD 模拟步骤设计如下:

① 给定初始空间位置 $\{\{\mathbf{r}_i^{(0)}\},\{\mathbf{r}_i^{(1)}\}\}$, $(i=1,2,\cdots,N)$。

② 计算在第 n 步时粒子所受的力 $\{\mathbf{F}_i^{(n)}\}$: $\mathbf{F}_i^{(n)} = \mathbf{F}_i(t_n)$。

③ 利用公式: $\mathbf{r}_i^{(n+1)} = 2\mathbf{r}_i^{(n)} - \mathbf{r}_i^{(n-1)} + \mathbf{F}_i^{(n)}h^2/m$,计算在第 $n+1$ 步时所有粒子所处的空间位置 $\{\mathbf{r}_i^{(n+1)}\}$。

④ 计算第 n 步的速度: $\mathbf{v}_i^{(n)} = (\mathbf{r}_i^{(n+1)} - \mathbf{r}_i^{(n-1)})/2h$。

⑤ 返回到步骤 ②,开始下一步的模拟计算。

如前所述,用上述形式的 Verlet 算法,动能的计算比势能的计算落后一步。此外,这种算法不是自启动的。要真正求出微分方程组(8.33) 的解,除了需要给出初始空间位置 $\{\mathbf{r}_i^{(0)}\}$ 外,还要求另外给出一组空间位置 $\{\mathbf{r}_i^{(1)}\}$ 。实际上,有时候采用改进后的计算方法可能更方便:即把 N 个粒子的初始位置放在网格的格点上,然后加以扰动。如果初始条件是空间位置和速度,则采用下面的公式计算空间位置 $\{\mathbf{r}_i^{(1)}\}$,即

$$\mathbf{r}_i^{(1)} = \mathbf{r}_i^{(0)} + h\mathbf{v}_i^{(0)} + \mathbf{F}_i^{(0)}h^2/2m \tag{8.38}$$

然后再按上述模拟步骤进行计算。

Verlet 算法的速度变型形式将会使其数值计算的稳定性得到加强。下面就此做简单介绍,即

$$z_i^{(n)} = (\mathbf{r}_i^{(n+1)} - \mathbf{r}_i^{(n)})/h \tag{8.39}$$

则公式(8.36) 写为

$$\begin{cases} \mathbf{r}_i^{(n)} = \mathbf{r}_i^{(n-1)} + hz_i^{(n-1)} \\ z_i^{(n)} = z_i^{(n-1)} + m^{-1}h\mathbf{F}_i^{(n)} \end{cases} \tag{8.40}$$

上式在数学上与式(8.36) 是等价的,并称为相加形式。由此 Verlet 算法的速度形式的模拟步骤可以表述为:

① 给定初始空间位置 $\{\mathbf{r}_i^{(1)}\}$ $(i=1,2,\cdots,N)$。

② 给定初始速度 $\mathbf{v}_i^{(1)}$。

③ 利用公式: $\mathbf{r}_i^{(n+1)} = \mathbf{r}_i^{(n)} + h\mathbf{v}_i^{(n+1)} + \mathbf{F}_i^{(n)}h^2/2m$,计算在第 $n+1$ 步时所有粒子所处的空间位置 $\{\mathbf{r}_i^{(n+1)}\}$。

④ 计算在第 $n+1$ 步时所有粒子的速度 $\{\mathbf{v}_i^{(n+1)}\}$ 为

$$\mathbf{v}_i^{(n+1)} = \mathbf{r}_i^{(n)} + h(\mathbf{F}_i^{(n+1)} + \mathbf{F}_i^{(n)})/2m$$

⑤ 返回到步骤 ③,开始第 $n+2$ 步的模拟计算。

Verlet 速度形式的算法比前一种算法好些。它不仅可以在计算中得到同一时间步上的空间位置和速度,并且数值计算的稳定性也提高了。

一般情况下,对于给定能量的系统不可能给出精确的初始条件。这时需要先给出一个合理的初始条件,然后在模拟过程中逐渐调节系统能量达到给定值。其步骤为:首先将运动方程组解出若干步的结果;然后计算出动能和位能;假如总能量不等于给定恒定值,

则通过对速度的调整来实现能量守恒。也就是将速度乘以一个标度（scaling）因子，该因子一般取为

$$\beta = \left[\frac{T^*(N-1)}{16\sum_i v_i^2}\right]^{1/2} \tag{8.41}$$

然后再回到第一步，对下一时刻的运动方程求解。反复进行上面的过程，直到系统达到平衡。这样的模拟过程也称为平衡化阶段。

采用对速度标度的办法，可以使速度发生很大变化。为了消除可能带来的效应，必须要有足够的时间让系统再次建立平衡。在到达趋衡阶段以后，必须检验粒子的速度分布是否符合麦克斯韦·玻尔兹曼分布。

8.3.2　正则系综的 MD 模拟

在统计物理中的正则系综模拟是针对一个粒子数 N、体积 V、温度 T 和总动量（$P = \sum_i p_i = 0$）为守恒量的系综（NVT）。这种情况就如同一个系统置于热浴之中，此时系统的能量可能有涨落，但系统温度则已经保持恒定。在正则系综的 MD 模拟中施加的约束与微正则系综中的不一样。正则系综 MD 方法是在运动方程组上加上动能恒定（即温度恒定）的约束，而不是像微正则系综的 MD 模拟中对运动方程加上能量恒定的约束。在正则系综 MD 的平衡化过程中，速度标度因子一般选下面的形式较为合适，即

$$\beta = \left[\frac{(3N-4)kT}{\sum_i mv_i^2}\right]^{1/2} \tag{8.42}$$

可将正则系综 MD 的 Verlet 算法的速度形式的模拟具体步骤列在下面：

① 给定初始空间位置 $\{r_i^{(1)}\}$（$i = 1, 2, \cdots, N$）；

② 给定初始速度 $\{v_i^{(1)}\}$；

③ 利用公式 $r_i^{(n+1)} = r_i^{(n)} + hv_i^{(n)} + F_i^{(n)}h^2/2m$ 计算在第 $n+1$ 步时所有粒子所处的空间位置 $\{r_i^{(n+1)}\}$；

④ 在第 $n+1$ 步时所有粒子的速度为 $\{v_i^{(n+1)} = v_i^{(n)} + h(F_i^{(n+1)} + F_i^{(n)})/2m\}$，动能和速度标度因子为 $E_k = \frac{1}{2}\sum_i m(v_i^{(n+1)})^2$，$\beta = \left[\frac{(3N-4)kT}{\sum_i m(v_i^{(n+1)})^2}\right]^{1/2}$；

⑤ 计算将速度 $\{v_i^{(n+1)}\}$ 乘以标度因子 β 的值，并让该值作为下一次计算时，第 $n+1$ 步粒子的速度 $\{v_i^{(n+1)}\beta\} \rightarrow \{v_i^{(n+1)}\}$；

⑥ 返回到步骤③，开始第 $n+2$ 步的模拟计算。

按照上面的步骤，对时间进行一步步的循环。待系统达到平衡后，则退出循环。这就是正则系综的 MD 模拟过程。

下面举一个微正则系综的 MD 模拟的应用示例来看看模拟的结果。

例　对一个总能量确定的单原子（氩）粒子系统的 MD 模拟计算。

具体选取 256 个原子的模拟。粒子间的相互作用位势为 Lennard-Jones 势，即

$$V(r) = 4\varepsilon\left[\left(\frac{\sigma}{r}\right)^{12} - \left(\frac{\sigma}{r}\right)^6\right] \tag{8.43}$$

其中 ε 为位势的极小值(取 ε 为能量单位),其位置在 $r = 2^{1/6}\sigma$ 处。该体系的粒子限制在一个立方体的箱子,边界上采用最小像力约定。我们采用自然单位制,长度和时间的标度单位分别为 σ 和 $(m\sigma^2/48\varepsilon)^{1/2}$ (对氩原子该时间单位为 3×10^{-12} s),这样就使得运动方程为无量纲形式。模拟时考虑两个相图上的点:$(T^*, p^*) = (2.53, 0.636)$,$(0.722,$ $0.831\,34)$,它们分别具有两种立方体的尺寸,即 $L = 7.83$ 和 $L = 6.75$。初始条件假定为:各个原子处于一个面心立方格子的格点上,而速度按相应温度下的玻尔兹曼分布抽样取值。位势的截断取两个值 $r_c = 2.5$ 和 $r_c = 3.6$,用以比较其对模拟结果的影响。在执行平衡化过程中,调节粒子速度的标度因子为

$$\beta = \left[\frac{T^*(N-1)}{16 \sum\limits_i v_i^2} \right]^{1/2} \tag{8.44}$$

反复上面的速度调节,直到系统能量达到给定值。在这个例子中。平衡化过程用了 1 000 步 MD 模拟。模拟结果列于表 8.1 中。表中的误差为标准误差。系统总动能的模拟演化过程由图 8.3 给出。实际上,图中显示出在数百步后动能就达到平衡了。图 8.4 则显示出位能的平衡化过程。系统总能量的平衡化过程则由图 8.5 表示,其平衡化是通过对粒子速度的调节跳跃式地达到的。图 8.6 为动能的分布图,模拟得到的平均速度为 $\bar{v} =$ 0.365 4,而理论上该值应当是 $\bar{v} = 1.13\sqrt{T^*/24} = 0.366\,8$。这个结果已经是相当不错了,因为只对 256 个粒子的系统进行了模拟。而且速度大于平均速度的粒子数所占百分比与期望值 46.7% 也一致。表中的数据表明模拟结果与所选择的截断距离值变化并不灵敏。

表 8.1　对 256 个粒子的氩原子系统进行 1000 步微正则系综 MD 模拟的结果

趋衡到 $T^* = 2.53$, $\rho^* = 0.636$

r_c	E_k^*	U^*	E
2.5	966.58 ±22.1	− 864.78 ±22.4	101.79
3.6	972.15 ±22.6	− 920.10 ±22.9	52.05
r_c	T^*	$\bar{v}$	$\bar{v}$ 以上 %
2.5	2.53 ±0.06	0.365 4 ±0.007	46.33
3.6	2.54 ±0.06	0.366 7 ±0.007	46.71

趋衡到 $T^* = 0.722$, $\rho^* = 0.831\,34$

r_c	E_k^*	U^*	E
2.5	279.13 ±9.57	− 1 421.98 ±20.15	− 1 142.92
3.6	275.11 ±9.72	− 1 496.45 ±21.61	− 1 221.38
r_c	T^*	$\bar{v}$	$\bar{v}$ 以上 %
2.5	0.729 7 ±0.025	0.196 5 ±0.003	47.08
3.6	0.719 2 ±0.025	0.194 9 ±0.003	46.42

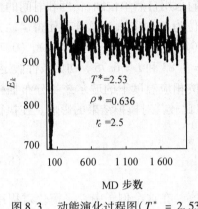

图 8.3　动能演化过程图（$T^* = 2.53$）

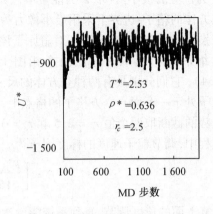

图 8.4　位能演化过程图（$T^* = 2.53$）

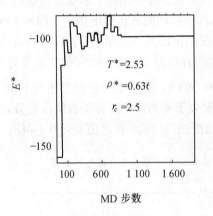

图 8.5　总能量演化过程图（$T^* = 2.53$）

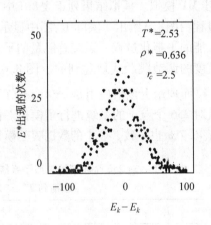

图 8.6　动能的分布图（$T^* = 2.53$）

8.4　量子分子动力学方法

8.4.1　问题的提出

辐射是基本的传热过程之一,因而其常常被处理为一个热能输运问题。光学技术的进步,如激光加工、材料制造中的激光控制及激光冷却的进展,使得有必要分析和考虑带电粒子(电子、核)与光电场之间的相互作用中的非平衡现象,这些相互作用具有量子及热能水平上的特征。光转化为热的吸收过程受光与物质相互作用的量子行为控制,而光转化为热量或热能是与原子或分子的动力学运动特性紧密相关的,因而该过程有可能通过量子分子动力学方法来处理。

为了解光－热转换机制及发展初步的计算方法,Shibahara 和 Kotake(1997)采用了一种较为方便而有效的作法,即假设原子系统简单地由离子及电子组成,而离子是一个含一定数量电离能的封闭壳(图 8.7),离子的动能可通过分子动力学方法预测出,而电子的波函数则由时间依赖型 Schrødinger 方程求得,这种简化方法通常称为 Borm.
Oppenheimer 近似。光在本质上是一个电磁场,光子能量及光(或激光)的能量密度分别
与光电场的频率及幅度相关。光电场涉及离子的牛顿运动方程及电子的 Schrødinger 方
程中的作用势项。利用这一量子分子动力学方法,可以定性地研究光辐照与动能改变及
原子分裂之间的关系,从而较好地理解光与物质之间相互作用的基本机制。目前,该法已
被用于研究两种金属原子系统(Shibahara 及 Kotake,1997)及 7 个和 13 个原子系统受光
辐照的问题(Shibahara 及 Kotake,1998)。

8.4.2　量子分子动力学计算方法

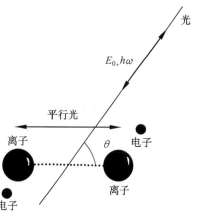

图 8.7　离子、电子及光辐照示意

在一个由电子、离子及原子组成的系统中,电子状
态应由量子力学处理,因为光吸收意味着系统量子数
的改变,当光或激光输出足够强时,电子和原子有机会
从原子或分子中脱离出来。系统电子态的波函数可以
通过时间依赖型 Schrødinger 方程计算出。然而,在这
些系统中,对光作用完全的量子力学处理即使采用大
型计算机也显得困难,因而不能得到有意义的瞬态
Schrødinger 方程的解。在热能水平,分子间的量子态
可假设为连续的,从而离子运动可通过经典的分子动
力学计算。假设与光作用的物质的原子系统仅简单地
由价电子及离子组成,而离子又由束缚电子及核构成。对于这样的系统,价电子的量子态
要通过时间依赖型 Schrødinger 方程计算,而原子运动则由分子动力学方法求解。

设系统由 n 个离子(i)及电子(e)组成。在光辐照下系统的时间依赖型 Schrødinger
方程可写为

$$i\hbar \frac{\partial \Psi}{\partial t} = H\Psi = \{ K + U + U_{\text{light}} \} \Psi \tag{8.45}$$

其中,H,K 及 U 分别为 Hamilton 函数,动能算子$((- \hbar^2/2m) \nabla^2)$ 及势能;U_{light} 为光的作用
势。由于运动特征时间不同,系统波函数 Ψ 可分解为价电子部分 Ψ_e 及离子部分 Ψ_i。

对于离子部分,只要波函数 Ψ_i 的分布完全忽略,则可得到牛顿运动方程为

$$M_i \frac{\mathrm{d}^2 x_i}{\mathrm{d}t^2} = \frac{\partial}{\partial x_i} \{ \langle U_{i-e} \rangle_e + U_{i-i} + \langle U_{\text{light}} \rangle_e \} \tag{8.46}$$

其中

$$\langle U \rangle_e \equiv \langle \Psi_e | U | \Psi_e \rangle$$

U_{i-e} 及 U_{i-i} 分别为离子与电子以及离子间的势能。

对于价电子的波函数 Ψ_e,可建立如下的时间依赖型 Schrødinger 方程为

$$i\hbar \frac{\partial \Psi_e}{\partial t} = \{ K_e + U_{i-e} + U_{e-e} + \langle U_{i,\text{light}} \rangle \} \Psi_e \tag{8.47}$$

其中

$$\langle U \rangle_i = \langle \Psi_i | U | \Psi_i \rangle$$

U_{e-e} 为电子间的势能。

由于与电场相比,光的磁场效应可以忽略,于是光的电场可表示为

$$E = E_0\cos\theta \cdot \cos(\omega t + \varphi) \tag{8.48}$$

其中,E_0 为电场强度;θ 为方向角;φ 为相位角。

式(8.43)及式(8.44)中光的作用势来自离子及价电子两方面的贡献,即

$$U_{\text{light}} = U_{i,\text{light}} + U_{e,\text{light}} \tag{8.49}$$

虽然前者对一对束缚电子及核应全部采用量子力学描述,它假设可用离子的有效偶极矩 q 表示为

$$U_{i,\text{light}} = q(R - R_0)E \tag{8.50}$$

其中 R 及 R_0 分别为离子间距及其间的稳定距离。后一作用势由下式给出

$$U_{e,\text{light}} = -e\left\{\sum_n (x_e - x_i)\right\}E \tag{8.51}$$

其中 x_i 及 x_e 分别为离子及电子的坐标。

对于粒子间的作用势,最简单且最具物理意义的 Lennard. Jones(L–J)势及 Coulomb 作用势假设表示为

$$U_{i-i} = 4\varepsilon\left\{\left(\frac{\sigma}{R_{i-i}}\right)^{12} - \left(\frac{\sigma}{R_{i-i}}\right)^6\right\} \tag{8.52}$$

$$U_{i-e} = -\frac{e^2}{4\pi\varepsilon_0 R_c}(R_c \geqslant R_{i-e}) - \frac{e^2}{4\pi\varepsilon_0 R_{i-e}}(R_c \leqslant R_{i-e}) \tag{8.53}$$

$$U_{e-e} = \frac{e^2}{4\pi\varepsilon_0 R_{e-e}} \tag{8.54}$$

真实意义上,U_{i-i} 可考虑为 Coulomb 势及 L–J 势的和。但若要了解由于势能改变而引起的分裂态,则只需用 L–J 势 U_{i-i} 表示离子间的作用势,R_c 为 U_{i-e} 的截断距离,且这里其值为 0.196 nm。方程(8.44)可分解为电子的时间依赖型 Schrödinger 方程,而电子的波函数由这些方程求得。式(8.44)中的势能 U_{e-e} 由式(8.47)中的作用势 U_{e-e} 及每一个电子的波函数求得。

受光辐照下的离子间作用势 U_{i-i} 应是采用全量子计算得到的价电子及离子位置的复杂函数。离子中的电子态于是随价电子分布而改变。作为初步近似,这一效应按下列简化方式考虑:当价电子处于基态时,离子间的作用势假设为 $U_{i-i,\text{local}}$,即具有两个参数的 L–J 型作用势。当价电子受光辐照的激发而具有大的逸出动能时,则作用势假设为 $U^{i-i,\text{deloc}}$,即具有与 $U^{i-i,\text{local}}$ 中不同的参数的 L–J 型作用势。在光辐照的激励过程中,系统可考虑为此两种状态的交叠,即

$$U_{i-i} = \alpha U_{i-i,local} + (1 - \alpha)U_{i-i,\text{deloc}} \tag{8.55}$$

交叠参数 α 可假设与价电子偶极矩 β 成线性正比关系,即

$$\alpha = \{\beta_{\text{deloc}} - \beta\}/\{\beta_{\text{deloc}} - \beta_{\text{loc}}\}$$
$$\beta = \sum_{i,j}\sum_{\text{allspace}} e\rho(x_e)|x_i - x_e| \tag{8.56}$$

其中,β_{loc} 及 β_{deloc} 分别表示局部电子及逸出电子的 β。

影响光吸收的主要参数是光的角频率 ω 及光的电场强度 E_0,而系统的主要参数是偶

极矩 q 及激发态下的离子间作用势 U_{i-i}。计算中,系统除初始态外,应有如下四个主要参数:

① 光　　　　　　　　　　　　　ω, E_0　　　　　　　　　　　　　(8.57)

② 系统　　　　　　　　　　　　q, U_{i-i}　　　　　　　　　　　　(8.58)

③ 价电子光吸收的谱横截面可定义为

$$\sigma(\omega) \approx \omega \int_0^\infty \exp(i\omega t) C(t) dt$$

④　　　　　　　　$C(t) \approx \exp(iE_g t) \langle \Psi_e(0) \mid \Psi_e(t) \rangle$　　　　　　(8.59)

其中,E_g 为系统基态能;ω 为光的角频率。

计算式(8.47)时,利用分离算子方法有

$$\Psi_e(t_0 + \Delta t) = \exp\left(\frac{i\hbar\Delta t}{4m_e} \nabla^2\right) \exp(-i\Delta t U_e/\hbar) \exp\left(\frac{i\hbar\Delta t}{4m_e} \nabla^2\right) \Psi_e(t_0) \qquad (8.60)$$

其中,U_e 为式(8.47)中的作用势项。

在 Shibahara 和 Kotake 的一个计算例子中,他们考察了在 32×32 个网格点(点与点间隙 nm)的价电子波函数,而时间推进步长取为 10^{-17} s。作为第一步近似,虽然在原子凝聚系统中起到重要作用,电子之间的能量关联及交换可不考虑。动能项的空间传播采用快速 Fourier 变换处理。式(8.46)可利用中心差分方法并在时间步长 0.2×10^{-15} s 下积分,之后,停止离子运动一次,而将式(8.47)推进,直至完成整个计算,总的计算时间为 400×10^{-15} s。

第9章 材料设计专家系统

自从 1950 年 John Mc Carthy 提出人工智能(Artifical Intelligence)这个概念以来,人工智能学科在发展专家系统方面取得了显著的进展。如 PROSPECTOR 专家系统已经发现了一个价值超过 1 千万美元的钼矿沉积;1965 年完成的 DENDRL 专家系统在确定化合物内部结构方面的性能已经超过了一般的专家;1978 年出现的数字设备公司的 R_1 专家系统可以配制顾客对 VAX 和 PDP-11 计算机系统的订货;同样,MYCIN 专家系统对患有细菌血液病和脑膜炎病人的诊断和提供治疗方面已超过了传染病专家。另外,专家系统在符号数学、弈棋和电子分析等领域也已达到一般人类专家的水平。目前,专家系统和模式识别、神经网络一起已成为人工智能的三大发展方向。

专家系统在许多学科中的成功应用逐渐引起了世界各国材料科学工作者的注意,但是,直到 80 年代,专家系统潜在的应用前景才使无机材料科学领域专家系统的研究和开发逐渐成为热点。到目前为止,欧美等国材料科学工作者对专家系统在建筑材料、卫生陶瓷、电子陶瓷和复合材料等领域的应用进行了探索性研究,部分研究成果,如 KZK 粉末技术公司开发的 Pow Con 专家系统软件可应用于陶瓷材料的生产过程,目前该软件已成为商品,取得了引人注目的成就。

我国国家自然科学基金委员会为促进专家系统在无机材料领域的应用,材料科学与工程学部专门设立了专家系统鼓励研究领域。并将材料设计、性能预测专家系统列为 1994~1995年度新概念新构思探索课题。下面介绍专家系统的基本原理、结构及其设计、评价方法,并简要地综述了专家系统在无机材料领域中的应用。

9.1 专家系统的原理和结构

专家系统又称智能决策支持系统(Intellgence Decision Support System,IDSS),它是指采用专家推理方法的计算机模型来解决现实世界中提出的需要由专家来分析和判断的复杂问题。专家系统所研究的是具有解决问题能力的专门知识的人机系统,这些专门知识包括在特定领域中理解有关问题的知识,以及解决其中若干问题的技巧。

由于培养和雇佣专家的费用昂贵,而且,在许多场合专家的数量很少,通过专家系统可以解决这一问题。而且在诸如医学和艺术设计等人类已获得知识远远落后于人类实践经验的领域内,利用专家系统可以将专家的知识形式化,即通过计算机程序将实践经验和事实组合起来对决策进行模拟和试验。另外,专家系统还是一种汇集和综合某一领域内各种来源的专门知识的工具,它可以帮助比较和判断不同的方法,提出较为合理的决策。

从目前看来,专家系统可以用于解决诸如解释、预测、诊断、设计、监视、修理、指导和控制等许多问题。一部分高性能的专家系统已经从学术研究走向实际应用研究。

专家系统一般有知识获取、知识库、推理机、解释界面和用户界面等主要组成部分,如图 9.1 所示。其中,知识获取模块解决如何从专家处获得有关知识,它可以在建立或使用专家系统时把该领域专家的知识方便地充实到知识库中。专家系统的知识库由规则库和数据库组成。规则库是有关解决问题的策略即经验规则的集成,而数据库则包括有关研究对象的各种事实。知识是珍贵的资源,知识的改进和复现会创造价值,如果设计的计算机程序能够体现和应用这些丰富的知识,它就具有专家般优异地解决问题的能力。因此,知识库是任何专家系统的心脏,专家系统的性能取决于其知识库中专家知识的丰富

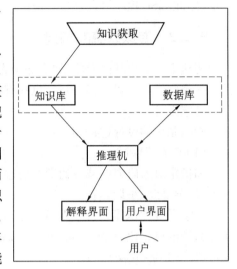

图 9.1 专家系统的结构原理

性和正确性,在具备了丰富而真实的知识以后,要达到有效地解决问题的目的,还必须恰当地运用有效的推理技术,这部分工作由专家系统中的推理机来完成。它可以从所处情况下的初始证据出发推理出结论,也可以从可能得到的结论的假设出发,推理出已有的证据等。另外,推理机模块还具有和使用者进行对话的能力(即所谓的问题解答),也即推理机可以通过用户界面采用特定领域的专门语言或自然语言进行人–机对话,而解释界面则可用于向用户解释为什么要从用户处得到更多的信息或所得出结论的具体原因。

9.2 专家系统的构建

要方便有效地设计一个完善的专家系统,首先必须选择一种合适的程序语言,遵循一定的设计步骤,并在设计过程中结合不断的评价发展、完善特定的专家系统。

9.2.1 智能程序语言

智能程序语言是特定领域的专门知识,是推理过程在计算机上有效运行的媒介。严格地说,可以用任何程序语言来编写任何程序,但大量的研究说明采用能支持各种数据和控制的公用结构的程序语言,可以较为方便地建立各种类型的专家系统。目前,设计专家系统的最常用的智能程序语言是 PROLOG 语言和 LISP 语言。其中,PROLOG 语言是 A. Colmerauer 和其助手在 1970 年左右发明的一种基于规则的智能程序语言,现已成为在解决涉及对象的符号表示以及对象之间关系等问题时采用的语言。LISP 智能程序语言是由 IPL 语言发展起来的,在 LISP 语言中的主要数据结构是表,递归是 LISP 语言最自然的控制结构,在 LISP 语言中有关一组关于某个对象的事实可以很方便地用特性来表示,而且,LISP 语言对大多数事物的约束发生在尽可能迟的时间,整个系统又是以交互方式运

行的,因此 LISP 程序语言是目前被广泛应用的人工智能程序语言。

9.2.2　专家系统的构建

要建立一个成功的专家系统,必须先建立一个专家系统的原型。因为虽然专家系统的推理规则常常不很完善,但是,也只有在此基础上专家才能提出他们的建议,并改进和完善专家系统。

专家系统的设计过程如下:

(1)与专家探讨

和指定对象研究领域内的专家们进行广泛、深入的交流,获取有关对象的系统知识。

(2)知识库初步设计

专家系统知识库设计主要分三个步骤,即问题的定义(Identification of the problem),实验原型的概念化(Conceptualization of the expermental model)和知识库定型(Formalizaion of the knowledge base)。

问题的定义包括规定目标、约束、知识来源、参加者以及他们的作用。实验原型的概念化则是指详细叙述实际问题如何被分解成多个子问题;并从假设、数据、中间推理、概念等几个方面来说明每个子问题的组成,以及所作的概念化将如何影响可能的执行过程。知识库定型是指为子问题的各个组成部分选择合适的知识表达方式。知识表达是数据结构和解释过程的结合,正确地应用这样的结合,就可以产生"有知识"的行为。因此,知识表达方式的选择在专家系统研究和开发中占有很重要的地位。常见的知识表达方式有谓词逻辑、语义网络、框架、单元、剧本、产生式规则系统和直接模型表示法等多种方式。其中,产生式规则系统(Production rule system)是目前应用最广泛的知识表达方式。它被用作描述若干个不同的但都是以很普通的基本概念为基础的系统。产生式规则系统由总数据库、产生式规则和控制策略组成,主要采用正向链接和逆向链接两种推理方式。

(3)系统的执行(Implementation of the system)

选定了知识表达方式后,就可以执行系统所需知识的原型子集。该原型子集必须包括有代表性的知识样本,而且必须只涉及足够简单的子任务和推理过程。一旦原型产生了可接受的推理,这个原型必须扩展至包括必须解释的各种更为详细的问题,然后,用复杂的情况来试验,并由此调整问题的基本组成及其关系。

(4)知识库的改进和推广

所建成的专家系统要达到人类专家的水平,必须系统地以各种事实来试验所设计的专家系统。研究产生不明确结论的事实,确定原因,校正错误,并随着不断的试验拓展、推广知识库,逐渐形成一个较为完善的专家系统。

9.2.3　专家系统的评价

评价专家系统的基本方法有两种,一种是启发式地利用一组例子来说明系统的性能,描述在哪些情况下系统的工作良好,即所谓的"轶事"方法。另一种方法是实验的方法。它采用实验来评价系统在处理各种储存在数据库中的问题事例的性能。虽然实验的方法要比"轶事"的方法优越,但是在实际操作中常会遇到严重的困难。目前,通常的做法是把系统产生的结果给多位专家看,专家们可以独立地评判专家系统结论的正确与否,虽然有时也会引入在采用隐蔽的方法时可以避免的偏见,但是,通过实际的比较使用说明,这是一种比较现实和有效的专家系统评价方法。

专家系统的评价一般包括:系统所作决定和建议的质量;推理技术的正确性;人机对话的质量;专家系统的效率和专家系统成本等五个方面的内容。

9.3 PZT 专家系统

专家系统(ES)技术在国内已获得了迅速发展,并广泛应用于各个领域,但是在设计方面的 ES 成果还不多见,尤其在"材料设计 ES"方面,我国目前还属空白。迄今为止,未见有关"材料设计 ES"的研究报告。而美国、日本等发达国家在 80 年代初就开始了该项研究,近年来已有多种"材料设计 ES"投入运行,对新型材料的研制和经济发展起了十分巨大的作用。

9.3.1 PZT 系统的总体设计及功能模块

该系统由各级模块组成,共用一个数据库,数据随程序的运行而更新。系统结构如图 9.2 所示。

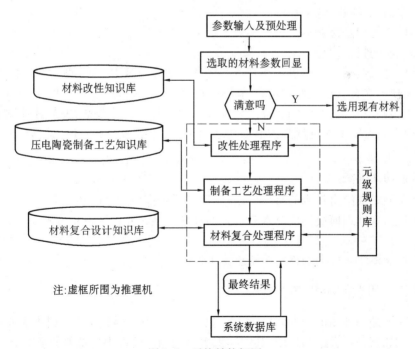

图 9.2 系统结构框图

1. 数据录入及预处理模块

数据录入及预处理模块由三部分组成,其基本结构如图 9.3 所示。

基本数据输入模块是系统的最初入口,亦为用户交互接口。用户根据技术要求决定输入的基本参数及其值域。排序预处理模块给出了各参数重要性的顺序。查表功能模块则是依据参数重要程度的顺序来选取材料,其流程如图9.3所示。

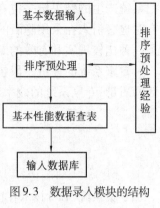

2. 知识的编辑与维护模块

从本系统的特点考虑,采用了被动式知识获取方法,如图9.4所示。

知识工程师通过与领域专家的多次接触,挖掘出有关的领域知识,再通过知识编辑器,将这些知识以某种特定的形式传递给专家系统,装入知识库。

图9.3 数据录入模块的结构

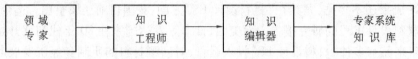

图9.4 知识的编辑与维护模块

系统为知识的获取和维护提供了一个编辑器和一个检测程序。知识的编辑可用两种方式完成:

①在系统的辅助下通过交互问答方式完成对知识库的编辑;

②由系统调用编辑软件直接编辑知识库。

知识库的维护检查包括:

①知识库的句法检查;

②知识库的特性检查。

特性检查又包括一致性检查和完备性检查两部分。其中,一致性检查包括:多余规则检查、冲突规则检查、蕴含规则检查、循环规则检查。完备性检查包括:未用到属性值检查、不合法属性值检查、不可到达结论检查。知识库检查的主要思想是:系统规定了若干关键字,根据关键字来检查规则的前提和结论子句,并给出判断结论,其具体的实现流程如图9.5所示。

3. 其他功能模块

解释功能模块给出各步的参数信息,使用户了解推理的原因和结果。

算术表达式处理模块完成算术表达式的计算。系统允许用户将算术表达式直接写入规则。

帮助功能模块对规则的格式等给出详细说明。

9.3.2 知识的组织与表达

专家系统是一种知识处理系统,其力量也在于知识。因此,ES的研究着重于知识处理,包括知识的获取、表达和运用,其中知识表达是知识处理中最重要的环节。

本系统采用"框架"来存储压电陶瓷和高分子聚合物的性能参数。用"谓词逻辑"和"产生式规则"来表达设计专家的试探知识。

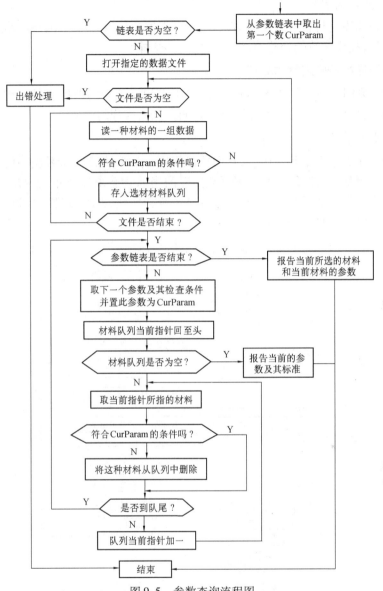

图 9.5　参数查询流程图

1. 关于领域知识的处理

一种材料的设计过程可分为不同的阶段,各阶段所用到的知识各不相同。为了提高效率,避免推理的搜索空间过于庞大,将各步推理所用到的知识规则分别存在三个知识库之中。

其中第一个知识库是压电陶瓷改性知识库。它根据数据输入预处理初选的材料及其性能参数,决定通过添加何种成分来改善某一参数,并给出该材料参数的估计值,以使推理进行下去。

第二个知识库是压电陶瓷制备工艺知识库,它完成两项任务:其一,决定制备工艺条件(例如烧成工艺,则决定烧成的温度、保温时间、温升速度等);其二,根据制备得到的材料情况,给出改进方法。

第三个知识库是材料复合设计知识库,它可根据前面得到的压电陶瓷,利用经验选定高分子聚合物,提供参数的经验值,以完成性能的估算。

2. 关于推理中不确定性的处理

在组织规则时考虑了知识的不确定性,对于由相对独立的前提下推出相同结果的规则,按照它们可信度的大小进行连续排列,目的是提高推理的效率。

3. 元规则的处理

系统中还建立了两个元知识库,它们是以规则库的形式存在于系统中的。其中一个元知识库的作用是:在推理过程中,根据数据库的当前状态来加载相应的知识库,即对知识源进行调度。另一个元知识库的作用是:对系统初始化,并对推理结果进行检测,以确定推理是否结束,如图9.6所示。

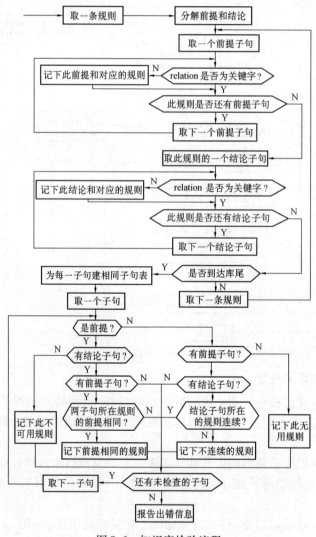

图9.6 知识库检验流程

9.3.3　推理控制机构与系统数据

推理就是根据一定的原则从已有事实出发推出结论。本系统采用了逻辑演绎推理模式的不精确推理模型,使用了简单而实用的可信度方法,推理的基本流程如图9.7所示。

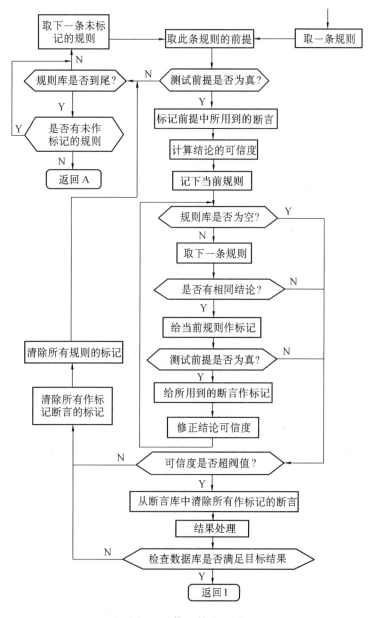

图 9.7　推理的流程图

控制策略是指专家系统求解过程的策略。本系统采用数据驱动的控制策略,对可用规则的搜索采用了深度优先的搜索策略,优点是推理原理清楚,程序实现简单、有效。同时加入了元规则控制,从而减少了搜索的盲目性,提高了效率。推理控制的基本流程如图9.8所示。

系统动态数据库的主要任务是记录推理过程中的数据以及进行状态信息的存取。它

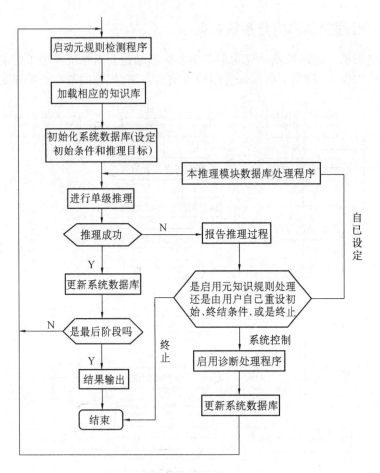

图 9.8 推理控制的基本流程图

包括当前材料的成分、性能参数、当前规则的使用情况、当前推理应用到的数据、元控制所需的状态信息和推理过程中的事实。

本系统采用两条链表来完成材料性能参数的存储。第一条链表存储所有可能改性的材料及其性能参数。第二条链表存储的是当前材料的性能参数,它随着系统的运行不断更新;系统的当前状态信息存储在元规则状态库和当前推理规则状态库中,这两个库都是事实库,分别存放可激活规则的事实及当前的推理状态;推理过程中状态及参数的变化采用了两个栈来记录;规则的应用状态采用了一个链表记录。

第3篇 材料计算设计专题汇编

本篇内容取材于国内材料设计相关研究小组的科研成果,属于材料计算、材料设计、材料性能预报及模拟的最新研究专题汇编。其中,主要题材源于部分高校硕士和博士学位论文。主要内容以材料设计理论和计算方法为基础,简要介绍了各类新型材料设计方法,注重材料计算与性能模拟实例的描述。内容包括:合金设计方法、金属凝固组织和凝固过程模拟、晶粒生长模拟、功能材料设计、复合材料性能预报。此外,还简要介绍材料设计的专家系统及人工神经网络在材料设计中的应用。

本篇内容的撰写属于初步探索,限于编者对材料设计的理解水平,错误和疏漏之处在所难免,敬请同行学者扶正。

专题 1 合金设计方法及应用

合金设计技术通常指合金中相的比例与存在状态设计方法或组织设计方法。它通过选择一定的成分,确定各元素间的比例关系和宏观加工、处理,以三维空间中原子的分布、结合状况表述材料状态。当然,组织设计不是合金设计的终极目的,随后还必须进行合金性能设计,使其达到预期的指标要求。

1 合金设计方法与步骤

1.1 合金设计方法

总体来说,合金设计技术包括三方面的内容:大量的试验数据的积累,理论及经验的结合,技巧和统计、计算技术。合金设计技术大体经历了三个阶段的发展,最初的设计技术属于经验的试探和调配,这是人们对钢的认识进步中的合理步骤。但是,技术的落后使这一步骤延续了几十年之久。在高强度钢的发展中,从 20 世纪初到 30 年代才将合适的 C 含量确定为 0.27%,而且添加合金元素后又经历了漫长的发展过程,直到显微组织测试技术、金属物理学和合金强度学发展以后,才使钢的设计技术进入半定量和定量阶段。大约从 60 年代开始至今应用和发展了组织工程,即组织.力学性能预测技术,该技术通过显微组织设计与控制设计合金化学成分和预测力学性能。从 20 世纪 70 年代起人们又开始从基础理论,包括金属物理学、晶体结构学、量子力学、能带理论、热力学等出发计算合金的结构进而预测成分和力学性能,而且这一设计过程是输入计算机中进行的。现在,合金设计中多采用以下几种方法。

(1)统计学方法

统计学法是由经验加实验建立成分.组织.力学性能间的经验或半经验表达式,再以理论或试验确定有关系数,经反复回归分析、修正并最终确定合金成分,加工处理条件,得到具有预期力学性能的合金。与此方法相关的技术还包括线性回归分析、主要成分分析及数据库等。

(2)定量组织学方法

合金的组织包括组织中相的晶体结构、比例、分散度、尺寸、界面和成分等,定量检测这些组织和建立这些组织与力学性能的定量关系是定量组织学的主要内容。与此同时,定量组织学的发展还要摆脱这些组织的金属物理原理,将实测组织符号化、数值化,由这些量化的符号进入合金设计计算。

(3)热力学方法

利用热力学的特征数据,如自由能、扩散系数、驱动力等预测合金组织结构,如计算合金相图、等温转变曲线、淬透性指标和设计的合金相等。

(4)金属物理学方法

用金属物理学基本理论设计模型,计算设计合金。如用电阴性度和电子空位浓度设计 Ni 基合金中金属间化合物的稳定范围,用能带理论参数预测 Ni_3Al,TiAl 金属间化合物中添加第三元素的优先占位以计算合金组织结构等。

还有其他方法,如直接用量子力学理论计算合金相结构等,这些新发展尽管是从简单合金开始起步,但预示的前景却十分令人鼓舞。

1.2 合金设计程序与步骤

图 1 中给出合金设计与机械设计的比较。机械设计中要确定各零件的形状和尺寸、空间的相互位置及装配,这一阶段相当于合金组织设计。设计的第二阶段是预测性能,与机械设计相比,合金性能预测要困难得多。机械零件相当于一个个原子,合金设计中除了显微组织设计外,还要设计成分、加工、处理方法对性能的作用。作为一个学术问题,合金设计技术的目标是建立完整的设计方法。图 2和图 3 中给出了合金组织设计和性能预测两大阶段

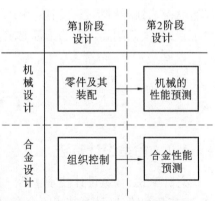

图 1 合金设计与机械设计的比较

的基本步骤,可以看到合金组织设计中应进行合金成分设计、宏观加工处理及确定显微组织;合金性能预测中应进行显微组织预测、显微组织实测、定量表示、合金性能预测和性能实测等步骤。这些步骤有时还要反复进行。

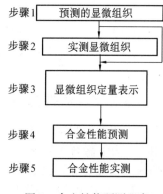

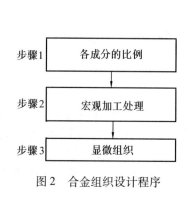

图2 合金组织设计程序　　　　　图3 合金性能预测程序

1.3 合金设计技术中存在的问题

虽然合金设计和预测力学性能正在进行大量的研究和广泛应用,但尚存在一些基本问题影响预测技术的精度和可用程度。这些问题包括:

(1)组织检测精度

表1中给出了F+P体钢(Fe-0.25%C-0.04Si-1.50%Mn)组织和力学性能联合检测结果。测试中用同一批试验料进行热处理,测试者各作两支拉伸试验;组织检测分为同一试验料上切取试片各自检测和同一照片上各自检测两种。可以看到,P体体积分数的检测误差B/A达7.6%,F体晶粒直径的检测误差B/A达12.1%。可以想到,用检测误差大的组织数据预测力学性能的精度是有限的。

表1　组织、力学性能检测标准差

项　　目	平均值,A	标准误差,B	(B/A)/%
$\sigma_{0.2}$/MPa	339	7.0	2.1
$\sigma_{0.2}$/MPa	532	9.0	1.7
总延伸率$\varepsilon_{总}$/%(体积分数)	31.8	1.46	4.6
f_P(分别测P体量)/%(体积分数)	44.3	3.9	8.8
f_P(同一照片测P体量)/%(体积分数)	44.9	3.4	7.6
d_F(分别测F体晶粒直径)/μm	12.0	1.9	15.8
d_F(同一照片测F体晶粒直径)/μm	11.6	1.4	12.1

(2)独立组织因素困难

以碳钢中添加Mn元素为例,Mn加入钢中可引起多种现象:①固溶强化;②Mn在F体晶界偏析造成晶界能变化;③与C交互作用对A体晶界能量状态影响,导致A/F体晶界迁移速度和F体相生核速度改变;④固溶C量改变;⑤Fe_3C析出变化等。所以,很难独立出一种现象代表Mn的作用,一个组织因素很难表征这些现象。

组织测定中可能要用光学显微镜测定晶粒直径、相体积分数,也要用电子显微镜检测位错密度和相析出等,检测对象尺寸越小、误差越大,而且延时长久,有些检验还受到设备、仪器条件限制。

2 合金力学性能预测

2.1 阶乘和多次线性回归法设计 AF1410

阶乘和多次线性回归法设计合金是 20 世纪 60 年代开始发展的定量合金设计法,至今仍在应用。本方法融合了数学、金属学及其他合金理论,通过反复优选、运算、试验、修正最终得到预期合金成分并付诸冶金实践。采用该方法发展新合金不仅节约了大量的试探性试验,而且显著缩短了研究周期,把合金设计带到了定量冶金的新水平。下面以高强高韧可焊钢 AF1410 的设计实例说明这一技术。

(1)设计技术指标与设计内容

钢的设计技术指标和实际达到结果列入表 2 中,设计内容一般包括:①成分设计;②实验室熔炼、变形、测试;③优选熔炼工艺、变形、热处理;④优选成分、力学性能、焊接试验。

表 2 技术指标

力学性能	目 标	结 果	
		1	2
σ_b/MPa	1 600 ~ 1 750	1 700	1 780
$\sigma_{0.2}$/MPa	1 500 ~ 1 600	1 580	1 680
K_{IC}/MPa · m$^{\frac{1}{2}}$	≥125	1 580	1 680
$\sigma_{R=0.1,K_t=1,\times10^7周}$/MPa	≥770	1 200	
其 他	抗腐蚀、高可焊性、低裂纹扩展		

(2)合金设计

10Ni-8Co-2Cr-1Mo 钢的强化机理是中温二次硬化反应,其原因是中温回火时合金碳化物 M_2C 在板条 M 体位错线上形核,有潜力发展至更高强度和韧性钢,由于该系钢为二次硬化强化,所以合金元素和回火温度对力学性能影响很大,即碳化物的体积分数、形状、尺寸、分布、间距、共格应变、A 体、M 体相变等都对强度和韧性影响很大。

现在大部分关于 10Ni-Co-Cr-Mo-C 系钢的文献资料属于低强度钢,仅有个别资料属于强度超过本设计目标要求的钢种。

影响力学性能的诸多因素可分为有贡献因素和无贡献因素两类。其中有贡献因素属于重点研究参数。主要元素如 Ni,Co,Cr,Mo 和 C 视为有贡献元素,其中因 Ni 保持 10%水平,亦可不予考虑。合金元素间的交互作用主要体现在 M_2C 沉淀。

为重点分析力学性能随合金成分变化,将熔炼工艺、变形、热处理参数作为无贡献因素处理;脱氧元素(Mn,Si)、杂质元素(S,O,N)和有害元素(P,Sn,As 等)也作为无贡献因素。

用阶乘和多次线性回归模型发展预测 σ_b,$\sigma_{0.2}$,A_{KV} 的公式,并通过系数研究建立各参数与力学性能的关系。用预测公式预测 2^4 阶乘排列中 8 个假设试验成分,将预测结果与 8 个成分炉号数据比较并修正预测公式,最终选择出具有规定力学性能的化学成分。

(3)用阶乘和反复线性回归法设计 AF1410 钢

从适合阶乘试验分析的化学成分中选取 8 个假设合金成分,用 50% 重叠的 2^4(四因素、二水平)排列进行分析。

在阶乘试验中确立主作用和交互作用。一个给定因素的主作用是该因素在各水平下的平均响应度函数。试验为两水平,所以主作用就是其他因素所有水平上该因素两水平响应度之差。

选用包含 2^4 观测的正交方法以获得主作用和交互作用。为进行分析,用文献资料中查到的强度更高的 10Ni-Co-Cr-Mo-C 合金的数据中有用的 σ_b,A_{KV} 数据,见表3,输入公式,初步考察公式与数据的符合一致性。

表3 力学性能数据点

$w_b/\%$	力学性能范围	回火温度/℃	σ_b/MPa	$\sigma_{0.2}/MPa$	A_{KV}/J
			数据点,N		
C(0.14~0.27) Cr(1.02~4.00)	σ_b 1 400~2 100 MPa $\sigma_{0.2}$ 1 350~1 850 MPa	480	14	14	13
Mo(0.78~1.95) Co(9.7~15.4)	A_{KV} 14~106J	510	10	10	10

上列数据中不包括50%重叠试验数据,无法精确确定误差,于是采用 2^4 阶乘中三个或更多因素的交互作用来确定。

阶乘分析揭示出,对于确定化学成分水平,各因素影响 $\sigma_{0.2}$ 值的强度次序是:C,Co,Cr,(C×Cr+Mo×Co),Mo;影响 A_{KV} 的次序是:C,Co,Cr,(C×Mo+Cr×Co),(C×Cr+Mo×Co),(Cr×Mo+C×Co)。在50%重叠中,所有作用都同其他作用相关,因而交互作用可成对出现。

数据的初步分析用作建立反复线性回归模型公式的基础,而合金元素的化学性质及其相关交互作用则用来得到一套预测公式,以确立一个发展具有规定力学性能合金的8个合金组成设计矩阵。

首先研究的模型是 Y 对所有固定化学成分的一次回归,确定这些参数对实测 σ_b,$\sigma_{0.2}$ 和 A_{KV} 的贡献大小。

该模型的形式为

$$Y_i = b_0 + b_1 X_{1i} + b_2 X_{2i} + b_3 X_{3i} \cdots + b_m X_{mi} + e_i \tag{1}$$

其中,$i = 1,2,\cdots,N$,N 为数据点数目;Y_i 为一函数,代表第 i 个力学性能;$X_1,X_2\cdots X_m$ 为代表观测响应度 Y_i 的几个独立参数(C,Cr,Mo,Co)中第 i 个化学成分;b 为由最小二乘方数据确定的符合系数;e_i 为余项,表示观测响应度和按(1)式计算响应度之差。

由回归模型对数据的最小二乘方符合度得到的估计值用于评价和比较模型。余项的平均平方总和

$$\sum_l^N e_i^2 = \hat{\sigma}^2 = \frac{(Y_i - Y)^2}{N - K - 1} \tag{2}$$

其中,K 为与固定化学成分或组合相关的符合系数数目,对式(1),$K = 4$。余项的平均平方总和是模型对全部数据符合程度的度量。符合系数的估计标准误差

$$\hat{b}_j = \sqrt{C_{jj}} \hat{\sigma} \tag{3}$$

其中,C_{jj} 为由符合过程得到的 $K \times K$ 矩阵的一个反元素,该估计标准差提供了一个估计响

应度公式中各参数相对重要性的度量。各数据点的单一余项

$$e_i = Y_i - \hat{Y}_i \tag{4}$$

它用来得到一个分布在整个响应度范围内的余项的量值大小的度量,即确立大余项是否与大响应度相关、大余项是否与试验误差相关或它们在分布的整个范围内是随机出现的。

以上的估计和试验都用以固定某一类型模型是否与数据相符合一致,分析按逐步特征化模式进行,直至找到能用最少参数表示的函数。

回归分析计算用计算机进行,正常公式的各元素形成的反矩阵用消除法计算,并计算回归模型的符合系数、余项平均平方、符合过程中平方总和的减少、符合系数标准差以及观测 — 计算单一余项等。

用表4中所列的反复回归公式可能在规定 $\sigma_b = 1\,600 \sim 1\,750\,\mathrm{MPa}$ 兼顾优良 A_{KV} 值基础上,优选出原始的8个炉号成分,经多次反复回归分析后优选的8个炉号成分列于表5中。用回归公式预测的力学性能列入表6中。

表4　线性回归公式

510℃ × 5h 时效

$$\sigma_{0.2} = -23.31 + 484.53(\%C) + 9.78(\%Cr) + 157.22(\%Mo) + 5.43\%(\%Co) - 86.09(\%C \cdot \%Cr) - 51.82(\%Mo)^2$$
标准误差 = 5.1

$$\sigma_b = -15.67 + 599.50(\%C) + 10.0(\%Cr) + 184.84(\%Mo) + 4.33(\%Co) - 109.80(\%C \cdot \%Cr) - 62.60(\%Mo)^2$$
标准误差 = 6.9

$$A_{KV}(-18℃) = 122.29 - 349.10(\%C) + 2.46(\%Cr) + 26.58(\%Mo) - 1.32(\%Co) - 83.84(\%C)^2 + 63.91(\%C \cdot \%Mo)^2$$
标准误差 = 3.1

$$\sigma_{0.2} = 0.845 + 598.23(\%C) + 19.79(\%Cr) + 100.56(\%Mo) + 4.22(\%Co) - 140.58(\%C \cdot \%Cr) - 30.56(\%Mo)^2$$
标准误差 = 7.48

$$\sigma_b = 32.45 + 666.66(\%C) + 15.81(\%Cr) + 83.86(\%Mo) + 3.80(\%Co) - 150.13(\%C \cdot \%Cr) - 25.18(\%Mo)^2$$
标准误差 = 9.27

$$A_{KV}(-18℃) = 366.5 - 2293.7(\%C) + 4.418(\%Cr) + 47.70(\%Mo) - 3.42(\%Co) + 4.603.2(\%C)^2 + 107.8(\%C \cdot \%Mo)^2$$
标准误差 = 2.24

表5　优选合金成分

元素	$w_b/\%$								允许偏差
C	0.14	0.14	0.14	0.14	0.17	0.17	0.17	0.17	(±0.01)
Cr	2	2	3	3	2	2	3	3	(±0.2)
Mo	1	1.25	1	1.25	1	1.25	1	1.25	(±0.1)
Co	12	14	14	12	14	12	12	14	(±0.5)
Ni			10.0						(±0.03)
Mn			0.14				0.20 最大		
Si			0.10 最大				0.10 最大		
Al			0.008 最大				0.025 最大		
Ti			0.01 最大				0.20 最大		
S			0.080 最大 /0.005 典型				0.008 最大		
P			0.005 最大				0.10 最大		
N			0.003 0 最大				0.007 5 最大		
O			0.0030 最大				0.003 最大		

表6 试验设计矩阵

炉 号	1	2	3	4	5	6	7	8
C(±0.01)	0.14	0.14	0.14	0.14	0.17	0.17	0.17	0.17
Cr(±0.2)	2	2	3	3	2	2	3	3
Mo(±0.1)	1	1.25	1	1.25	1	1.25	1	1.25
Co(±0.5)	12	14	14	12	14	12	12	14
预测力学性能								
$\sigma_{0.2}$/MPa	1470	1610	1530	1520	1610	1610	1500	1650
σ_b/MPa	1640	1750	1640	1660	1780	1780	1640	1780
A_{KV}/J(-18℃)	6.6	5.6	6.6	6.3	5.2	5.0	5.9	5.0
$\sigma_{0.2}$/MPa	1430	1550	1500	1490	1560	1560	1480	1580
σ_b/MPa	1540	1640	1550	1550	1660	1650	1550	1640
A_{KV}/J(-18℃)	9.8	7.7	9.4	9.2	5.7	5.6	7.2	5.3

将8个合金炉号数据作为参数予以评价,反复进行解析分析以改进反复线性回归公式的预测准确性。

从表6中可以看到炉号3,4的力学性能因成分超出两水平允许范围而在最终预测公式分析中预以删除。表7中列出了最终反复线性回归预测模型及用以选定的最终合金成分。

表7 回归公式与优选成分

540℃ × 5h 时效

$$\sigma_{0.2} = 128.15 + 531.21(\%C) - 8.22(\%Cr) - 17.92(\%Mo) + 3.81(\%Co) - 100.85(\%C\%Cr) - 1.71(\%Mo)^2 + 13.17(\%Cr\%Mo)$$

标准误差 S = 44MPa

符合系数 0.967

	符合系数	统 计
C	531.213 0	4.70
Cr	-8.218 6	-0.82
Mo	-17.921 4	-0.28
Co	3.811 1	4.56
C、Cr	-100.852 0	-2.53
Mo²	-1.706 4	-0.08
Cr、Mo	13.173 8	2.66

$$\sigma_b = 143.95 + 611.93(\%C) - 12.93(\%Cr) - 10.79(\%Mo) + 3.50(\%Co) - 116.15(\%C\%Cr) - 5.84(\%Mo)^2 + 14.30(\%Cr\%Mo)$$

标准误差 S = 44MPa

符合系数 0.967

	符合系数	统 计
C	611.933 0	5.46
Cr	-12.933 0	-1.30
Mo	-10.795 6	-0.17
Co	3.498 4	4.22
C、Cr	-116.150 0	-2.94
Mo²	-5.838 6	-0.28
Cr、Mo	14.296 0	2.91

续表 7

$$A_{KV} = 2105.2 - 391.00(\%C) + 78.83(\%Cr) - 62.57(\%Mo) - 445.37(\%Co) - 561.13(\%C)^2 -$$
$$13.54(\%Cr)^2 + 31.60(\%Co)^2 + 204.06(\%Cr\%Mo) - 0.73(\%Co)^3$$

标准误差 $S = 0.561$

符合系数 0.991

	符合系数	统　计
C	-390.994 0	-1.11
Cr	78.830 0	3.49
Mo	-62.568 3	-5.01
Co	-445.367 0	-2.80
C^2	-561.130 0	-0.59
Cr^2	-13.543 0	-3.44
Co^2	31.599 5	2.44
C、Mo	204.060 0	3.13
Co^3	-0.733 0	-2.11

2.2　显微组织工程用于碳钢力学性能预测

Campbell 等人用显微组织工程方法预测碳钢力学性能,改进钢的性能,提高产品质量,降低成本。其目标是设计钢的显微组织,建立组织. 成分. 力学性能之间的关系,最终实现建立控制冷却条件达到力学性能的要求。

显微组织工程方法的终极目标是建立数学模型,数学模型的检验是力学性能,而其可靠性是与产品力学性能符合一致。数学模型的关键是工艺过程中的传热、传质基础理论和显微组织现象,而且必须通过模拟试验并建立表述传输现象的经验或半经验公式,以使数学模型变为工艺参数。完成数学模型必须进行以下几项程序。

(1) 建立过渡模型

碳钢的力学性能取决于组织,即 F 体的体积分数、晶粒尺寸和 P 体层间距等。力学性能还与强化机理相关,这些组织除了自身的强化机理外,还与成分、淬透性等相关。成分的作用包括 C,Si,Mn 元素的固溶强化、钉扎位错以及提高淬透性等。力学性能还与冷却条件相关,冷却条件与组织直接相关。因为冷却条件与热流、传热系数、冷却方式等有关,热流又与温度、环境以及 A 体分解为 $F + P$ 体相变潜热释放等相关。如此诸多因素都必须在数学模型中予以反映才能实现力学性能的精确预测。为此,应首先建立过渡数学模型,即在理论分析基础上建立 F 体体积分数、晶粒尺寸、P 体层间距以及热流或传热系数等作为各种因素函数的数学模型,并用实验证明这些模型预测的可靠性。

① 热流和传热系数。用等效圆柱体表示的热流公式为

$$\frac{\partial}{\partial r}\left(K\frac{\partial T}{\partial r}\right) + \frac{K}{r}\left(\frac{\partial T}{\partial r}\right) + q_{TR} = \rho C_P \frac{\partial T}{\partial r} \tag{5}$$

其中,T 为温度;r 为钢棒半径;ρ 为钢密度;C_P 为比热;t 为时间;q_{TR} 为 A 体分解潜热;K 为导热系数。

由于K,C_P,q_{TR}与温度相关,所以上式无法求解。但经过一些假设和变换可用总传热系数(h_{ov})表示,而且经验公式为

$$h_{ov} = \frac{-\rho r_0 C_P}{2t} \ln\left(\frac{T - T_A}{T_0 - T_A}\right) \tag{6}$$

其中,r_0为钢棒半径;C_P为比热可从文献中查到;T为t时的温度;T_A为环境温度;T_0为起始温度。

②F体体积分数(f_F)。F体体积分数随冷速增高而减少,而且与成分和热历史相关。经多次回归分析得到

$$f_F = -0.004\,79(CR) + 0.927(f_{FE_q}) + 0.096\,4 \tag{7}$$

其中,CR为冷却速度;f_{FE_q}为平衡F体分数,与成分和Fe－C相图相关,Fe－C相图可由既定成分的作用通过自由能和激活能等计算。

由上式预测值与实测值比较示于图4中,可以看到,中、低碳钢符合性很好,C量升高时,f_F减少,并且预测误差较大。

③F体晶粒尺寸(d_F),即

$$d_F = \frac{6.65}{\sqrt{CR}} - 16.0(\%C) - 4.29(\%Mn) + 11.7 \tag{8}$$

该回归分析式预测值与实测值比较如图5。可以看到,两者符合一致性很好。

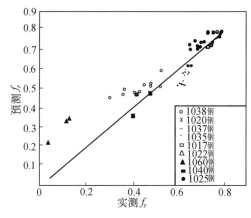

图4　f_F预测与实测值比较

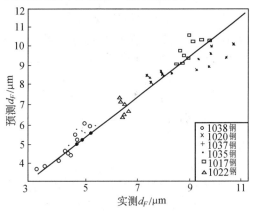

图5　d_F预测与实测值比较

④P体层间距(S_P),即

$$\frac{1}{S_P} = 0.064\,3x + 0.063\,6 \tag{9}$$

其中,x为TA_1温度以下的过冷度;S_P单位为μm。TA_1温度以下的过冷度与S_P关系如图6所示,可以看到,两者具有明显的线性关系。

⑤组织成分与力学性能的关系。组织成分与力学性能的关系和强化机理相关。普通碳钢中可能存在的机理包括固溶强化、弥散强化、位错强化和大角度晶界强化。

由于钢中极少存在沉淀相,所以弥散强化可略去不计。固溶强化和位错强化可由C,N间隙原子和低温下钉扎位错造成,而晶界强化符合 Hall. Petch 公式。F体体积分数高于

50% 时,屈服强度与组织、成分的回归分析式为

$$\sigma_{0.2} = f_F(132 - 11.8d_F^{-\frac{1}{2}}) + (1 - f_F)(408 - 92.2\%\text{Mn} + 0.400S_P^{-\frac{1}{2}}) \quad (10)$$

该式的预测值与实测值比较,如图 7 所示,可以看到一致性很好。

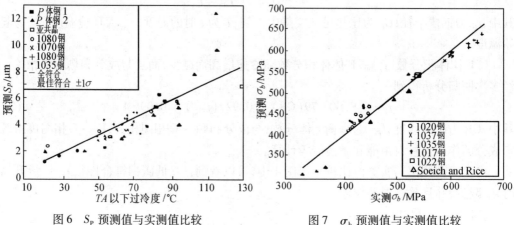

图 6 S_P 预测值与实测值比较   图 7 σ_b 预测值与实测值比较

F 体体积分数高于 50% 时,拉伸强度的表达式为

$$\sigma_b = f_F(197 + 15.9d_F^{-\frac{1}{2}}) + (1 + f_F)(592 + 0.791S_P^{-\frac{1}{2}}) + 500\%\text{Si} \quad (11)$$

该式的预测值与实测值比较如图 8 所示,可以看到,两者间具有很好的线性关系。当 F 体体积分数低于 50% 时也得到相类似结果。

(2)响应度分析

为考察数学模型中各参数对力学性能贡献大小,进行相应于各参数变化拉伸强度、屈服强度的响应度分析,并得出:

① 热传导系数作用很小;

② 成分:C 含量在 0.2% ~ 0.8% 范围内变化,导致拉伸强度(σ_b)变化5%;

③f_F:对拉伸强度、屈服强度的影响在 ±3% 以内;

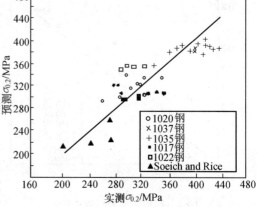

图 8 $\sigma_{0.2}$ 预测值与实测值比较

④d_F:使 σ_b,$\sigma_{0.2}$ 改变约 ±1%;

⑤S_P:使 σ_b 变化 -5% ~ +7%,使 $\sigma_{0.2}$ 变化 -8% ~ 11%。

可见,在诸多因素中,钢中的 P 体层间距对力学性能影响最大,特别是 0.8%C 钢中 S_P 成为主导参数。分析证明,各参数所产生的力学性能变化即响应度是数学模型可以接受的。

(3)数学模型的预测检验

在实验室条件下模拟冷却条件,实测了有关参数,并证明:

① 热力学数据:与预测值一致性良好;

②f_F:与预测值一致性良好;

③d_F:与预测值一致性良好;

④S_P:与预测值一致性一般;

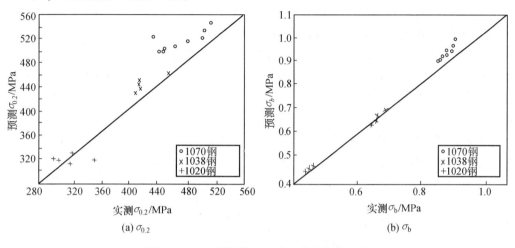

(a) $\sigma_{0.2}$　　　　　　　　　　(b) σ_b

图 9　$\sigma_{0.2}$,σ_b 预测与实验室条件实测值比较

⑤力学性能:实测值与预测值比较如图 9 所示,可以看到,亚共析钢一致性很好,惟有 0.70%C 钢预测值高于实测值,其原因是 P 体量影响很大。

(4)数学模型可靠性检验

生产条件与实验室不同,比如生产条件下热传输不仅有对流,还有辐射,所以热力学参数分散度更大些,而且对组织和力学性能产生影响。图 10 表示数学模型计算和产品实测力学性能的一致性良好。

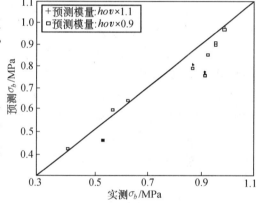

图 10　σ_b 预测和产品实测值比较

3　合金的计算设计

应当说上节中讨论的由组织预测力学性能也属于计算设计,只是本节中限于讨论从金属物理、热力学等基本理论建立合金的设计模型,随后输入计算机进行计算并最终得到合金化学成分。

3.1　热力学辅助设计合金

钢的设计中已经采用了大量物理冶金范畴的普通原则和经验,但热力学作为认识金属的微观组织的基础,常可给出有关多相平衡的特殊数据并用来改型现有合金和设计新合金。所以,热力学辅助设计已成为计算设计合金技术中的一个重要支脉。下面将用具体事例予以说明。

（1）热力学辅助设计 Aermet100 钢

合金成分设计中采用的基本原理主要包括：

① 质点强化理论。获得优良的强度和韧性的热处理工艺与沉淀相的过时效状态相关。按照质点强化理论，过时效材料的强度与质点的平均间距或 f/r（f 为质点体积分数，r 为质点半径）成反比，因此，设计二次硬化沉淀相 M_2C 时应尽可能做到最细小尺寸或最小间距。为此，必须提高形核驱动力和过饱和度，大的驱动力可得到高形核速率和高的质点数密度。

另外，按照沉淀硬化理论，与欠时效 – 过时效相关连的峰值强度是由一确定质点尺寸产生的，所以，高质点数密度提高了峰值强度，从而保证了过时效状态下的更高强度。

② 相变理论。高的强化相形核驱动力有利于形成小尺寸核，按照相变理论，高过饱和度系统中可以保证时效后的小尺寸质点，而细小的 M_2C 相有利于对其聚集长大速率的控制。而按照高过饱和系统中相变理论，聚集长大动力学不再是整个质点长大过程中的扩散长大动力学。所以，设计 M_2C 还考虑选择合适成分使其具有更高的聚集长大抗力。

③ 扩散理论。Fe_3C 的溶解需要延长回火时间，如果设计 Fe_3C 是低稳定性的，便可在短时间回火溶解，有利于形成细小的 M_2C 质点。

（2）热力学辅助合金成分设计

图 11 中给出了 AF1410 钢的屈服强度、冲击韧性与回火温度关系曲线，也是这一类钢的典型回火特性曲线。可以看到，200 ℃ 附近回火时，按照超平衡相变模型，C 作长程扩散而形成细小 Fe_3C，屈服强度和韧性都提高，300 ~ 430 ℃ 回火时，Fe_3C 长大、聚集而导致屈服强度升高和韧性显著降低，500 ~ 560 ℃ 回火出现的强度峰值与亚结构回复有关，韧性峰值与细小的 M_2C 共格沉淀、条间 A 体相关，600 ℃ 以上回火造成 M_2C 过时效并转变成 $M_{12}C_6$，M_6C 和 A 体而使强度和韧性双双降低。回火时发生的上述基本反应使 AF1410 钢具有优良的强度和韧性组合，发展更高强度的新合金必须从研究这些反应入手。热力学分析是研究这些反应的有效方法。

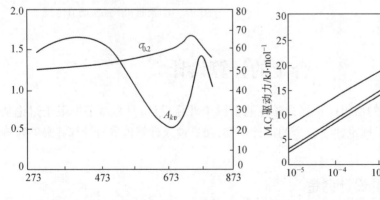
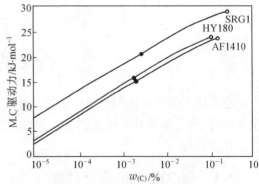

图 11　高 Co – Ni 钢回火特性曲线　　　图 12　C 含量对 M_2C 形核驱动力影响

① Fe_3C 沉淀热力学。二次硬化处理时，无论 Fe_3C 沉淀反应是否完全，都造成基体中 C 的显著贫化，图 12 表示，C 贫化导致 M_2C 形核驱动力降低。形核驱动力是控制 M_2C 质点

尺寸和密度的基本参数,而且越大越好。图中实心圆点对应与 Fe_3C 超平衡的 F 体 C 含量,空心圆点则代表钢的名义 C 含量。可以看到,Fe_3C 沉淀使 M_2C 形核驱动力降低约 35%,而且无 Cr 钢 SRG1 降低较小,表示以 Mo 取代 Cr 可提高驱动力。Cr 是稳定 Fe_3C 元素,Cr 在 F 体中的扩散速度比 Mo 快 2.5 倍,所以以 Mo 取代 Cr 影响 Fe_3C 的回溶,并因而影响回火时得到的韧性。

②M_2C 沉淀热力学。表 8 中给出三种钢于 560℃ 时平衡相的摩尔(mol) 体积分数,可以看到,该温度下 M_2C 不是唯一平衡相,还有其他相存在。图 13 中曲线表示各种碳化物从过饱和 F 体中沉淀的形核驱动力,M_2C 是一个具有最大驱动力相,并可用来说明 M_2C 尽管是一个介稳定相却仍可形成、长大而达到百分之几的体积分数。A 体析出的驱动力较小,在 HY180 钢中为 2.7 kJ/mol,在 SRG1 钢中为 3.2 kJ/mol。M_2C 为共格沉淀相,共格应变能使其形核驱动力显著降低而与其他碳化物相近。但是,难以确定非共格相与 F 体的相互关系,而一般地说,非共格界面具有高能量,在相同驱动力下,非共格相形核更为困难。图 14 中给出以 Mo 取代 Cr 对非共格 M_2C 驱动力的影响情况,可以看到这一取代导致驱动力增加。还可看到 C 量增加对驱动力无明显影响,而 Co 在 8% ~ 14% 范围内增加时却显著降低驱动力,研究还证明,C + Co 存在一最佳组合并可提高驱动力,但在三个钢中,共格 M_2C 的驱动力是相同的。图 15 中给出共格 M_2C 的摩尔分数与 Mo,Cr 含量的关系曲线,共格 M_2C 的体积分数与钢的强度水平直接相关。

表 8　560℃ 平衡相

	$x($相$)/\%$			
	M_2C	$M_{12}C_6$	M_6C	A 体
HY180	0	1.6	0.7	19.3
AF1410	0.4	2.6	0.1	16.7
SRG1	4.2	0	2.9	15.2

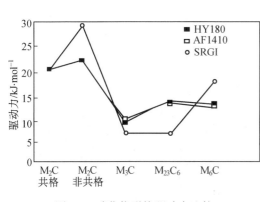

图 13　碳化物形核驱动力比较

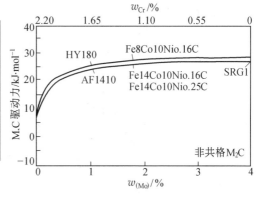

图 14　C,Cr,Mo,Co 对非共格 M_2C 驱动力的作用

另一个直接影响 M_2C 对强度贡献的特征参数是聚集抗力。图 16 中给出 Mo 取代 Cr 对 M_2C 质点聚集速度常数的作用,表明 Cr + Mo 存在一个最佳配合并可给出最大的 M_2C 聚集抗力。

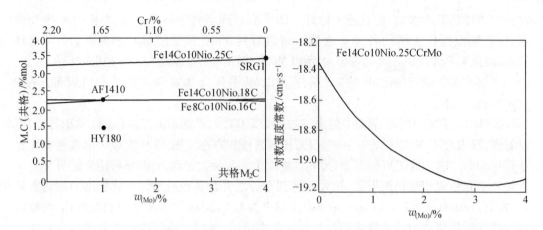

图 15　C,Cr,Mo,Co 对 M_2C 体积分数的作用　　　　图 16　Cr + Mo 对 M_2C 聚集速度的影响

③其他相沉淀热力学。如前所述,M_2C 具有过时效倾向并逐渐为 $M_{23}C_7$,M_6C 和 A 体取代。这些更稳定的碳化物是典型的聚集相并导致强度和韧性降低。但是,具有足够稳定性的 A 体是有益的。所以,F 体 – M_2C 混合组织与其他沉淀相的热力学稳定性是很重要的,因为当 Fe_3C 刚回溶、更稳定碳化物尚未开始形成时的 F 体 – M_2C 两相混合组织对应着优良的强度和韧性组合。图 17 中表示出 F 体 – M_2C 混合组织的热力学稳定性和形成更稳定碳化物的驱动力,值得注意的是有一个最佳 Cr + Mo 配合并可促进 A 体形成而对塑性、韧性有益,该 A 体的成分为 4% Co – 39% Ni – 少量 C,Cr,Mo。对应于 $T_0 = 173K$ 温度 A 体和 F 体具有相同成分和相同自由能,这是 A 体稳定性好坏的判定指标,即只有该温度下稳定的 A 体才能以相变诱发塑性(TRIP)改善钢的塑性和韧性。

热力学分析认为 0.25% C,14% Co 是适宜的,3% Mo + 0.55% Cr 可得到 M_2C 最大的形核驱动力、最大的摩尔体积分数和大的 A 体形成倾向。从热力学分析得到的模型即可输入计算机计算并得到具有高强度和韧性组合的合金成分。Aermet100 钢是一个率先用计算设计成功的超高强度钢种。

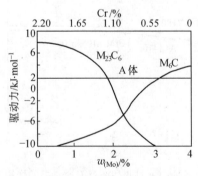

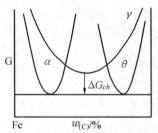

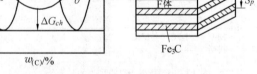

图 17　Cr + Mo 对 $M_{23}C_6$,M_6C 和 A　　　图 18　化学驱动力与 P 体相变和层间距关系
　　　体形成驱动力的作用

（2）热力学辅助预测 P 体组织的力学性能

P 体组织力学性能预测中,相变模型是重要因素之一,因为相变模型直接控制了得到的组织状况,包括晶粒尺寸、F 体/Fe_3C 层间距、位错组态、弹性应变能及界面能等。实践中常因组织测试的误差大而使力学性能预测不可靠。采用热力学计算相变驱动力可能使这一复杂的难题得到解决,因为相变驱动力与相变后的组织密切相关。

图 18 中表示伴随 P 体相变自由能的变化模式,图中以 ΔG_{ch} 表示过冷 A 体转变时形成 F 体和 Fe_3C 的自由能变化,即相变驱动力。ΔG_{ch} 之一部分以扩散能而消耗,最终以热能排出系统之外;另一部分作为 F 体/Fe_3C 界面能储存于材料中。Zener 研究 P 体层间距得出,在成长速度最大时,相变后的界面能恰好为相变驱动力的一半。因此,如 P 体单位面积能量为 σ,则层间距为

$$S_P = (\sigma V_m)/\Delta G_{ch} \tag{12}$$

表明 ΔG_{ch} 决定组织这一极为重要的事实,也就是说,给出 ΔG_{ch} 便可定量地预测组织。

其次,组织和强度关系已有著名的 Hall - Petch 公式和 Bailey - Hirsch 公式,即

$$\sigma_y = \sigma_0 + K_y\, d^{-\frac{1}{2}} \tag{13}$$

$$\sigma_y = \sigma_0 + K_\alpha\, \rho^{-\frac{1}{2}} \tag{14}$$

而单位体积的晶界能 ΔG_b 与晶粒直径 d 成反比,于是

$$\sigma_y = \sigma_0 + K_1 \Delta G_b^{-\frac{1}{2}} \tag{15}$$

单位体积中位错保存的能量 ΔG_{dis} 与位错密度成正比,于是

$$\sigma_y = \sigma_0 + K_2 \Delta G_{dis}^{1/2} \tag{16}$$

假如在晶界和位错的情况下,K_1 和 K_2 相等,则 ΔG_b 和 ΔG_{dis} 的和称为组织自由能 ΔG_{st}。组织自由能包括晶界自由能、位错能、弹性应变能 ΔG_{el}、析出物界面能和析出物／基体间弹性应变能 ΔG_p 等。综上所述可以得出:

① 强度与组织自由能关系为

$$\sigma = \sigma_0 + K\Delta G_{st}^{\frac{1}{2}} \tag{17}$$

② 组织自由能是多项能量之和,即

$$\Delta G_{st} = \Delta G_b + \Delta G_{dis} + \Delta G_{el} + \Delta G_p \tag{18}$$

③ 相变形成的组织的相变驱动力和组织自由能关系为

$$\Delta G_{st} = \alpha \Delta G_{ch} \tag{19}$$

其中,α 为一小于 1 的常数。可以看到,如果精确地获得相变驱动力便可能预测材料的强度。这一方法适合于单相和复相组织。

3.2　能带参数法辅助设计合金

近些年来,基于量子力学能带理论的计算物理学发展使材料的各种特性,如力学性能、物理性能等可以进行精确预测。为了摆脱大量难懂的理论,简便地描述化学结构状态、探索材料设计而进行了大量的研究,并提出了许多包含有化学结构信息的合金设计方法由电阴性度导出的能带参数法便是其中之一。

化合物的能带参数与电阴性度关系的理论很早以前就已经提出,如 Phillips 指出 A,B

二种原子组成的化合物的带隙(E_g)与其电阴性度差(ΔX_{AB})成正比,但线性欠佳。改用 $\Delta X_{AB}/n_{av}$(n_{av} 为元素平均主量子数)代替 ΔX_{AB},便在 $E_g - (\Delta X_{AB}/n_{av})^{1/2}$ 间建立起良好的线性关系。Harrison 提出结合轨道模型建立了带隙与价电子能级间的关系。Zunger 等人提出准势能半径(r_{ps})并推导出轨道电阴性度 $X = (Z/r_{ps})^{\frac{1}{2}}$($Z$ 为价电子)后,逐渐建立了能带参数。轨道电阴性度与结合轨道模型间有以下近似关系式,即

$$S = S(sp) = \{[S_{sp}(A) + S_{sp}(B)]/n_{av}\}^{1/2} \approx \frac{1}{2}\{[\varepsilon_p(c) - \varepsilon_s(c)] + [\varepsilon_p(a) - \varepsilon_s(a)]\} \tag{20}$$

$$H = H(sp) = (\alpha_s/n_{av})^{1/2} + (\alpha_p/n_{av})^{1/2} \approx \{[\varepsilon_s(c) - \varepsilon_s(a)]^2/4 + (4E_{ss})^2\}^{1/2} + \{[\varepsilon_p(c) - \varepsilon_p(a)]^2/4 + (4E_{xx})^2\}^{1/2} \tag{21}$$

其中
$$\alpha_s = |(Z/r_s)_A^{1/2} - (Z/r_p)_B^{1/2}|$$
$$\alpha_p = |(Z/r_p)_A^{1/2} - (Z/r_p)_B^{1/2}|$$
$$S_{sp}(i) = |(Z/r_s)_A^{1/2} - (Z/r_p)_A^{1/2}|, (i \text{ 为 A 或 B})$$

即 α_s 和 α_p 为各原子 s 电子和 p 电子轨道电阴性度之差的绝对值;r_s,r_p 分别为准势能半径。这样,E_g 可由轨道电阴性度或准势能半径确定。各种 SP 结合化合物的 E_g 实测值与 H – S 关系如图 19 所示,H 称为混成函数,S 称为带隙减少参数,这些参数一同称为能带参数。图 20 描绘出 A,B 结合模式的能级图。

用能带参数和一些必要的简便假设,可将 AB 型化合物,如 B1,B2,B3,B4,L10,D8b 基本晶体结构作出分类,如图 21 所示,坐标中分别乘以 f_{inv} 为

$$f_{inv} = \frac{4(X_A/N_A)(X_B/N_B)}{[(X_A/N_A)(X_B/N_B))]^2} = \frac{4X_A X_B N_A N_B}{(X_A N_B + X_B N_A)^2} \tag{22}$$

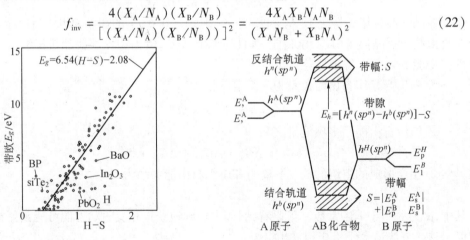

图 19　化合物的 E_g 与能带参数的关系　　　图 20　SP 结合 A – B 化合物能级示意图

其中,N_A,N_B 为原子 A,B 的价电子数;X_A,X_B 为 A,B 的原子百分数。

图 20 表明用能带参数可预测 AB 化合物的晶体结构。

能带参数的物理含义是表示不同原子间的化学结合状态的关系。Phillips 等人建立了能带参数与离子度(离子型带隙和共价型带隙的关系)的关系,离子度定义为

$$F_i = \frac{H^2}{H^2 + (2S)^2} \tag{23}$$

Horrison 以 S/H 表示金属度,于是 F_i 便表示了非金属度。当 $S/H \gg 1$(离子度非常小)时,F_i 则表示金属度和共价度。

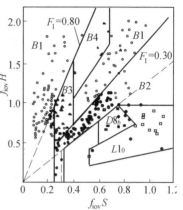

图 21　A – B 化合物基本晶体结构与能带参数关系

上述用能带参数描述离子化合物、共价化合物、金属间化合物等各种不同的化学结合特性的化合物于同一图 21 上,由此表明,与化学特性和晶体结构直接相关的合金设计是可能的。下面讨论用能带参数设计合金的实例,即关于在金属化合物中添加第三元素的优先位置问题。该例虽离开了钢的设计,但却可看到从量子力学. 能带理论分析建模进行计算设计合金的一个新发展。

金属间化合物是未来的高温结构材料,其结合特性和晶体结构与力学性能关系密切,控制这些特性对改善力学性能非常重要。为提高金属间化合物韧性常需加入第三元素,如 γ – TiAl 中加入 Mn,Cr 等。添加第三元素控制结合特性和晶体结构与其占有的位置相关。能带参数用于 Ni_3Al 合金的结果示于图 22 中,图中 X 为元素周期表中 Cu 以后 SP 结合的过渡族元素。可以看到,用能带参数可将这些元素在 Ni_3Al 中优先占位明确区分为 γ 相区、γ' 相区和混合相区。虚线表示的分界线分别为 Cr,Mo 的实验结果和 Fe,Cu 的实验结果。

用同样方法研究 γ – TiAl 中添加过渡族元素的优先占位,将 Ti – X 和 Al – X 结合 H/S 比 作图得到图 23,预测了各元素在置换 Ti、置换 Al 及混合领域中的位置。

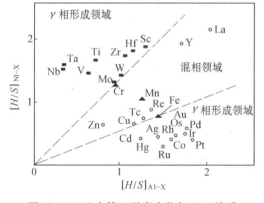

图 22　Ni_3Al 中第三元素占位与 H/S 关系

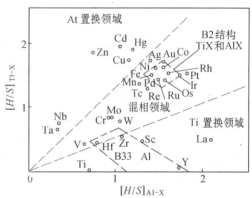

图 23　γ – TiAL 中第三元素占位与 H/S 关系

显然,基于量子力学 – 能带理论基础建模的合金计算设计还只是开始尝试,还仅限于简单的化合物,但却为计算设计合金展示了梦寐以求的前景。

专题 2　　金属凝固组织与凝固过程模拟

1　　金属凝固组织的计算和仿真

随着计算机技术的发展,各学科都将计算机作为研究的辅助工具。凝固过程的计算机数值模拟已经发展了几十年;其完成的主要工作是宏观温度场、流场、热应力场的计算及根据它来优化铸造工艺,预测和防止宏观缺陷。而对影响铸件内在性能的相形态、晶粒度等微观结构的数值模拟和仿真工作却是刚刚起步,20 世纪 80 年代末、90 年代初才有了一定的发展。本文探索了一种新的仿真金属凝固过程中微观组织形成的方法。

1.1　　微观结构数学模型

(1) 异质形核模型

传统的异质形核模型认为形核是在一定过冷度下的瞬时行为;它不能解释凝固过程中其他凝固条件如热流对最终晶粒大小、形态的影响,与实验结果不符。Rappaz 等人提出准瞬时模型,即连续形核模型。形核数的变化 $\mathrm{d}n/\mathrm{d}(\Delta T)$ 满足某一概率分布,如高斯分布

$$\frac{\mathrm{d}n}{\mathrm{d}(\Delta T)} = \frac{n_{\max}}{\sqrt{2\pi}\,\Delta T_{\sigma}}\exp\Big[-\frac{(\Delta T - \Delta T_{\max})^2}{2\Delta T_{\sigma}^2}\Big] \tag{1}$$

形核总数为

$$n(\Delta T) = \int_0^{\Delta T}\frac{\mathrm{d}n}{\mathrm{d}(\Delta T)}\mathrm{d}(\Delta T) \tag{2}$$

在给定过冷度 ΔT_N 下,形核总数是分布函数的积分。$\Delta T_{\max}$,ΔT_{σ} 和 $n_{\max}$ 分别是此种合金的最大形核过冷度、标准方差过冷度和最大形核数,由实验测得。

(2) 枝晶生长方向

对于立方晶系 < 100 > 晶向是优先生长方向,在二维平面上简化为 < 10 > 晶向是优先生长方向。< 10 > 方向与 X 轴的夹角 θ 是任意的,由产生的随机数决定其方向。$\theta = \pi/A$;A 是随机整数,一般取 1 ~ 10。

(3) 枝晶生长动力学

凝固过程中导致枝晶生长的枝晶前沿过冷度 ΔT,主要由成分过冷 ΔT_c、热过冷 ΔT_t 和曲率过冷 ΔT_r 组成。$\Delta T = \Delta T_c + \Delta T_t + \Delta T_r$;普通凝固条件下,$\Delta T_c$ 比 ΔT_t、ΔT_r 大很多,起主导作用。因此,这里忽略了 ΔT_t 和 ΔT_r,假定 $\Delta T = \Delta T_c$。根据 Lipton 等人的枝晶生长模型可以计算枝晶前沿的生长速度 v 与 ΔT 的关系曲线,经简化得出

$$v = \alpha_1 (\Delta T)^2 + \alpha_2 (\Delta T)^3 \tag{3}$$

其中 α_1、α_2 是回归系数,与合金自身的成分有关。而 ΔT 可由以下公式求出

$$\frac{\Delta T}{(\Delta T + mc_0)(1 - k)} = \frac{c_l^* - c_0}{c_l^*(1 - k)} \tag{4}$$

其中,c_l^* 为枝晶前沿浓度;c_0 为起始浓度;m 为液相线斜率;k 为分配系数。

本文所采用的计算实验数据见表1,其中 n_s,n_v 分别是型壁形核的最大形核数。枝晶生长过程中忽略了液态金属流动的影响。

表1　计算参数表

c_0	m	k	α_1	α_2	n_s/m^{-2}	n_v/m^{-3}
Al – 7% Si	– 6	0.13	2.9e^{-6}	1.5e^{-6}	1.5e^3	1.4e^7

1.2　物理仿真模型

(1)晶粒的仿真方法

借鉴 Rappaz 的单元自动机制发展了一种简单的仿真方法。其主要思想如下:

① 二维平面被分成方形网格;

② 每个网格在生长过程中有自己的属性,液态或固态;

③ 在生长过程中若网格被某个晶粒捕捉到,它将具有此晶粒的晶向;

④ 任意方向生长的晶粒用网格逼近它的形状和方向;

⑤ 等轴晶自由生长时用方形来近似,柱状晶生长被看成等轴晶生长的特例,即一种相互竞争、挤压、伸展的结果。

图1是这种映射的仿真方法的简单示意图。

(2)几率形核基底模型

① 假设在单位时间内形核 Δn,若此时有 N 个单元是液态,则每个单元成为核心的概率为 $P = \Delta n/N$。对于每个单元产生一个随机数 $r(0\ r\ 1)$,当 $r < P$ 时,此单元就是核心。

② 形核分为型壁(表面)形核和体积形核,如图2所示。表面激冷形核生成细等轴晶,然后逐渐向内垂直于散热面长成柱状晶;体积内部形核,自由生长,形成等轴晶。

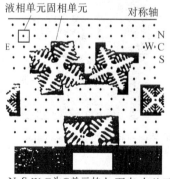

N、S、W、E为C单元的上、下、左、右单元

图1　单元网格仿真晶粒形貌示意图

N、S、W、E 为C单元的上、下、左、右单元

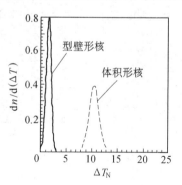

图2　型壁形核与体积形核过
　　　冷度大小的对比

（3）CET（Columnar. equiaxed transition）模型

具有外来质点时,在小过冷度条件下,只有型壁形核,然后自由生长形成柱状晶;若过冷度增大,满足体积内部形核条件,则在内部出现等轴晶组织;若降温速度很快,型壁 和内部同时形核,则完全生成等轴晶组织。

1.3　结果与讨论

图3～5分别是大过冷度、小过冷度和过冷度由小到大发生变化所仿真的典型枝晶组织形貌,图6是实验结果。由于过冷度的计算和实验测量都是一个复杂的过程,本研究只是定性地使用了大过冷度、小过冷度的概念。对于 CET 国内外有各种理论,本文模型采用成分过冷异质形核的理论。从图2可以看出体积内部形核所需的过冷度远远大于型壁形核所需的过冷度。因此,即使有外来形核质点,在小过冷度下也只有型壁形核。随着晶粒的生长,溶质富集,造成成分过冷增大,内部具备了形核条件,晶粒才能形核长大,出现内部等轴晶组织。仿真程序的特点是形核过冷度和生长过冷度的计算。

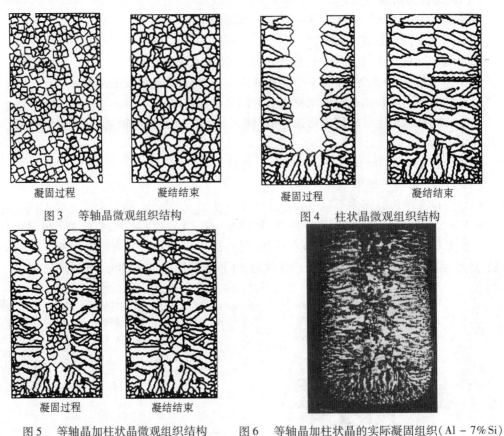

　　　凝固过程　　　　　凝结结束　　　　　　凝固过程　　　　　凝结结束

　　图3　等轴晶微观组织结构　　　　　图4　柱状晶微观组织结构

　　　凝固过程　　　　　凝结结束

　图5　等轴晶加柱状晶微观组织结构　　图6　等轴晶加柱状晶的实际凝固组织（Al – 7% Si）

1.4　基本结论

① 利用异质形核模型、枝晶生长模型,考虑晶粒优先生长方向、形核位置随机性,仿真了微观组织形成过程。

②外来质点形核条件下,用成分过冷来简化计算体积内部等轴晶形成判据是可行的。

③在凝固物理模型的基础上建立的仿真凝固组织形成及显示方法用于预测一般凝固条件下的凝固组织是可行的。

2　铸坯凝固过程计算和模拟

连铸实质上是一个散热过程,不但钢水的过热反熔化热得以释放,而且凝固后的多余热量也散发出去。液相区散热的方式包括对流和传导,而固相区则以热传导方式散热。铸坯拉出结晶器后,还要进一步由喷水或汽雾进行冷却,以实现对铸坯和支撑辊进行连续的可以控制的冷却。进入空冷区之后,铸坯主要以辐射和与空气的自然对流方式散热。针对铸坯凝固过程建立准确的数学模型对于实现可预测的冷却控制和提高铸坯质量都是很重要的。目前常见的铸坯冷却模型大多是单纯根据传热现象建立的铸坯凝固过程传热偏微分方程模型,然后根据一定的初始条件和边界条件采用有限差分法对其求解。事实上,这种方法由于没有考虑液芯中由电磁搅拌和自然对流引起的钢水对流散热因而很不准确。如何补偿液相区和两相区中钢水的对流散热,一直是铸坯凝固过程建模中的一个关键问题,为此,本文综合传热、钢水流动和凝固三种现象,建立起铸坯凝固过程的计算机模型。

2.1　铸坯凝固过程建模

不同断面形状的铸坯凝固过程具有类似性,为了便于分析本文以方坯连铸为例。相比之下,拉坯方向上的传热比横截面上的传热小得多,故可以忽略,并做如下假设:

①钢的传热具有各向同性,铸坯凝固壳定向生长;

②液相温度与固相温度固定不变;

③液芯中的钢水流动主要由浇铸流和自然对流引起,忽略铸坯鼓肚和收缩等次要因素,且钢水流动是满足牛顿力学的不可压缩的紊流;

④不考虑结晶器振动和液面波动的影响。

（1）传热模型

根据传热学原理得出铸坯凝固传热偏微分方程如下

$$\rho C \frac{\partial \theta}{\partial t} + \rho C \frac{\partial}{\partial x}(u\theta) + \rho C \frac{\partial}{\partial y}(v\theta) + \rho C \frac{\partial}{\partial z}(w\theta) = \frac{\partial}{\partial x}(\lambda \frac{\partial \theta}{\partial x}) + \frac{\partial}{\partial y}(\lambda \frac{\partial \theta}{\partial y}) + \frac{\partial}{\partial z}(\lambda \frac{\partial \theta}{\partial z}) + S$$

$$(5)$$

为了简化方程,设对应于 $i = 1,2,3$,S_i 分别表示 x,y 和 z 方向的速度 u,v 和 w;C_i 分别表示 x,y 和 z 坐标方向,则该方程可写为

$$\rho C \frac{\partial \theta}{\partial t} + \rho C \sum_{i=1}^{3} \frac{\partial}{\partial x_i}(S_i\theta) = S + \sum_{i=1}^{3} \frac{\partial}{\partial C_i}(\lambda \frac{\partial \theta}{\partial C_i})$$

$$(6)$$

式中,C 为比热;ρ 为钢密度;λ 为导热系数;θ 为温度;x 和 y 分别为铸坯宽度方向和厚度方

向；t 为凝固时间；S 为由凝固潜热引起的热流。其计算如下

$$S = \rho L_t \frac{\partial \delta}{\partial t} \qquad (7)$$

式中，L_t 为凝固潜热；$\delta = \delta(t)$ 凝固壳厚度，它与铸坯温度场密切相关，下文将进行探讨。

求解传热方程(5)的边界条件如下：

① 弯月面为

$$\theta = \theta_0$$

② 铸坯中心轴线为

$$\frac{\partial \theta}{\partial x} = \frac{\partial \theta}{\partial y} = 0$$

③ 铸坯表面

在结晶器内，铸坯通过保护渣熔膜向结晶器铜壁传热的热流可用下式描述，即

$$q = q_c + q_r$$
$$q_c = (\theta - \theta_m)/(d_p/\lambda_c + R)$$
$$q_r = \alpha_r(\theta^4 - \theta_m^4)$$

水雾冷却区

$$q = h(\theta - \theta_w)$$

空冷区

$$q = \varepsilon\sigma(\theta^4 - \theta_a^4)$$

式中，q 为热流密度；θ_m 为结晶器铜板温度；d_p 为保护渣熔膜厚度；q_c 和 q_r 分别为通过对流和辐射传递的热流；λ_c 为热传导系数；R 为铸坯与结晶器之间的热阻；α_r 为辐射散热系数；θ_0 为浇注温度；θ_w 和 θ_a 分别为冷却水温度和环境温度；ε 和 σ 分别为辐射系数和玻尔兹曼常数；h 为综合传热系数。其计算如下：

水雾冷却为

$$h = 5.88 \frac{W}{\alpha} + 0.013$$

喷水冷却为

$$h = 0.477\left(\frac{W}{\alpha}\right)^{0.451}$$

支撑辊为

$$h = 0.4$$

式中，W 为冷却水流密度；α 为修正系数，$\alpha = 1.3$。

上述边界条件和方程(5)一起构成了铸坯凝固过程传热数学模型，由方程(5)可以看出，铸坯凝固传热受液芯中钢水对流的影响，所以应对钢水对流进行建模。

（2）钢水流动模型

我们知道，铸坯凝固过程中液相区的散热包括传导和对流，如何补偿液相区和两相区的对流散热，是准确描述铸坯凝固过程的一个关键问题。铸坯液芯中的对流是由钢水浇注流所具有的动力学能量、自然对流以及电磁搅拌等所引起的紊流。下面给出计算紊流的主导方程。

连续性方程为

$$\frac{\partial s_i}{\partial C_i} = 0 \tag{8}$$

动量方程为

$$\frac{\partial s_i}{\partial t} + \frac{\partial s_i s_j}{\partial C_j} = -\frac{1}{\rho}\frac{\partial p}{\partial C_i} + \frac{1}{\rho}\frac{\partial}{\partial C_i} \cdot \left[\mu_e\left(\frac{\partial s_i}{\partial C_j} + \frac{\partial s_j}{\partial C_i}\right)\right] + a_i \tag{9}$$

式中,s_i 和 C_i 的意义与方程(6)相同;p 为钢水静压力;μ_e 为有效粘度。其计算公式为

$$\mu_e = \mu_m + \mu_t$$

式中,μ_m 为分子动力学粘度,为常数;μ_t 为紊流粘度,由下式确定

$$\mu_t = \frac{C_3 \phi^2}{e}$$

式中,C_3 为待定系数;ϕ 为紊流动力学能量;e 为紊流动力学能量损耗系数。

它们可根据紊流的特性和雷诺方程用紊流模型求解,即

$$\frac{\partial \phi}{\partial t} + \frac{\partial s_i \phi}{\partial C_i} = \frac{\partial}{\partial C_i}\left(\frac{\mu_t}{\sigma_\phi}\frac{\partial \phi}{\partial C_i}\right) + \mu_t \frac{\partial s_j}{\partial C_i}\left(\frac{\partial s_i}{\partial C_j} + \frac{\partial s_j}{\partial C_i}\right) - e \tag{10}$$

$$\frac{\partial e}{\partial t} + \frac{\partial s_i e}{\partial C_i} = \frac{\partial}{\partial C_i}\left(\frac{\mu_t}{\sigma_e}\frac{\partial E}{\partial C_i}\right) + \frac{C_1 e \mu_i}{\phi}\frac{\partial s_j}{\partial C_i}\left(\frac{\partial s_i}{\partial C_j} + \frac{\partial s_j}{\partial C_i}\right) - \frac{C_2 e^2}{\phi} \tag{11}$$

上述紊流方程中的 $C_1, C_2, C_3, \sigma_\phi$ 及 σ_e 均为待定常数。

求解上述紊流方程的边界条件如下:

浸入式注流口为

$$u = U_i, w = 0, v = 0$$
$$\phi = 0.01 U_i, e = \phi^{1.5}/r$$

结晶器底端为

$$\frac{\partial u}{\partial z} = \frac{\partial v}{\partial z} = \frac{\partial w}{\partial z} = 0$$

铸坯中心轴线为

$$u = 0, v = 0, \frac{\partial w}{\partial x} = \frac{\partial w}{\partial y} = 0$$

$$\frac{\partial \phi}{\partial x} = \frac{\partial \phi}{\partial y} = 0, \frac{\partial e}{\partial x} = \frac{\partial e}{\partial y} = 0$$

结晶器壁为

$$u = 0, v = 0, w = U_0$$

式中,U_0 为拉速;U_i 为水口注流速度;r 为浸入式水口半径。

(3)凝固壳生长模型

凝固潜热所引起的热流与凝固壳生长厚度密切相关,则铸坯的凝固壳生长过程可用凝固定律描述,即

$$\delta = f(x, y, z, t)$$

坯壳生长速率取决于凝固界面两边的温度梯度,而温度场反过来也受凝固层厚度的影响,可见坯壳厚度与铸坯温度场相互关联,所以求凝固定律的精确解析解是很困难,目

前广泛采用平方根定律对坯壳厚度进行估算,即

$$\delta = k\sqrt{t}$$

式中,k 为凝固系数。

另外也可采用热平衡法进行估算,通常情况下估算结果与实验数据很吻合。尽管计算坯壳凝固厚度的途径很多,但至今还没有一种可靠的方法,而且在铸坯凝固后期,由于凝固加快,所以此时这些方法不适用。

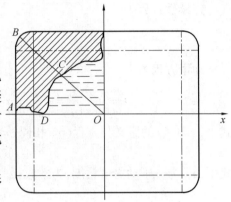

图7　铸坯凝固断面

实际中的方坯断面如图 7 所示,将该断面形状保角映射到单位圆内,取图中 $ABCD$ 为计算域,将其映射到上半平面内,然后在该半平面内根据热平衡方程就可得到铸坯凝固层的厚度为

$$\delta_1 = AD = a - a(a_1 e^{-\xi} + a_5 e^{-5\xi} + a_9 e^{-9\xi} + \cdots) \tag{12}$$

$$\delta_2 = BC = a[a_1(1 - e^{-\xi}) - a_5(1 - e^{-5\xi}) - a_9(1 - e^{-9\xi}) - \cdots] \tag{13}$$

通常 $\delta_2 > \delta_1$,这说明铸坯角部表面散热较快,其温度低于其他部位的表面温度。这一点在后面的模拟计算和实验中已得到了很好的验证。

2.2　数值计算及实验

由于凝固过程的传热、传质模型及其相关的边界条件都具有非线性,本文采用有限差分法对这一模型进行数值求解。差分网格划分如图 8 所示。方程(5) 在数值求解时需要展开为

$$\rho C \frac{\partial \theta}{\partial t} + \rho C \sum_{i=1}^{3} \frac{\partial}{\partial C_i}(s_i \theta) = S + \sum_{i=1}^{3} \left(\frac{\partial \lambda}{\partial C_i} \frac{\partial \theta}{\partial C_i} + \lambda \frac{\partial^2 \theta}{\partial C_i^2} \right) \tag{14}$$

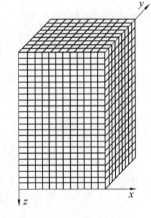

图8　差分网格

该方程在计算中必须对其中的各偏微分项进行有限差分运算,即

$$\frac{\partial \theta}{\partial x} = \frac{1}{h}[\theta(x_{k+1}) - \theta(x_k)] \tag{15}$$

$$\frac{\partial^2 \theta}{\partial x^2} = \frac{1}{h^2}[\theta(x_{k-1}) - 2\theta(x_k) + \theta(x_{k+1})] \tag{16}$$

$$\frac{\partial}{\partial C_i}(s_i \theta) = s_i \frac{\partial \theta}{\partial C_i} + \theta_i \frac{\partial s_i}{\partial C_i} \tag{17}$$

式中,x 代表模型中的坐标和时间变量;h 代表该变量在差分运算时所取的步长。在每次运算时都需要保存所有差分网点处的温度、速度、导热系数及各偏微分项的值。

为了简化运算和节省 CPU 内存,引入 Kirchhoff 变换为

$$\theta(\theta) = \int_{\theta_0}^{\theta} \frac{\lambda(\theta')}{\lambda_0} \mathrm{d}\theta' \tag{18}$$

式中，λ_0 为参考导热系数。从而有

$$\lambda \frac{\partial t}{\partial C_i} = \lambda_0 \frac{\partial \theta(\theta)}{\partial C_i} \tag{19}$$

将式(19)代入式(5)，得到变换后的传热方程为

$$\rho C \frac{\partial \theta}{\partial t} + \rho C \sum_{i=1}^{3} \frac{\partial}{\partial C_i}(s_i \theta) = S + \lambda_0 \sum_{i=1}^{3} \frac{\partial^2 \theta}{\partial C_i^2} \tag{20}$$

变换后的传热方程求解时每个差分网点的运算量减少了将近一半。

在数值计算中取固相区钢的传热系数与温度呈线性关系，即

$$\lambda(\theta) = \alpha + \beta \theta$$

式中，α,β 为待定系数。考虑到对流散热的影响，对于液相区，传热系数取为

$$\lambda_1 = k_c \lambda(\theta)$$

而对于两相区，传热系数的大小与液芯中树晶形成的速率有关。研究表明，采用上述线性关系算得的值偏大，原因是树状晶枝的底部少有钢液流动。采用如下经验公式计算

$$\lambda_{ls}(\theta) = \lambda(\theta) \left[1 + (k_c - 1)\left(\frac{\theta - \theta_s}{\theta_l - \theta_s}\right)^2 \right]$$

式中，k_c 为在 5 ～ 10 之间取值的常数。

虽然铸坯的温度不管在时间上还是在空间上都是连续变化的，但钢的一些热物理参数由液相到固相变化的区域内并不是随温度连续变化，而是发生跳变，且这种突变不可能正好发生于差分网点上，所以在求解时只好采取措施来逼近相变区域内快速变化的热特性数。一种简单的办法是采用零阶逼近方法，如果时间间隔选得足够小，就可以很好地逼近特性参数。这种方法实施起来并不难，只是用很小的时间间隔模拟一个连铸过程需要的计算量太大。在模型求解时探讨了一种新的策略，即在每个周期中求解方程数次，由该周起始温度与最终温度之差计算每个差分网点的平均热特性参数，以此作为该处的热特性数的值。这样，尽管每个周期的计算量有所增加，但能够很好地补偿热特性参数的变化，时间步长也增大了许多，从而大大减少了总运算量。

连铸机正常拉速 $U_0 = 3$ m/min，结晶器横截面为 40 cm × 40 cm，结晶器长度 $L = 30$ cm，冷却水温度 $\theta_w = 25\ ℃$，环境温度 $\theta_a = 25\ ℃$，浇铸温度 $\theta_0 = 1\ 520\ ℃$，液相温度 $\theta_l = 1\ 490\ ℃$，固相温度 $\theta_s = 1\ 450\ ℃$，辐照系数 $\varepsilon = 0.8$，$\sigma = 5.67 \times 10^{-23}$ J/(cm^2 · K^4 · s)。一般来说，钢密度随温度而变化，但并不十分剧烈，在本文的连铸机工艺条件下，数值计算中取 $\rho_s = 7.4,\rho_{is} = 7.2,\rho_l = 7.0$。

在上述工艺条件下采用有限差分法算得的铸坯厚度如图9所示。可以看出，计算得到的铸坯壳生长趋势在凝固初期与平方根定律很相符，后来坯壳生长速率加快，这很好地体现了铸坯凝固后期凝固速率加快的事实。与连铸现场发生漏钢事故后的铸坯壳厚度测量结果相比，考虑到漏钢时钢水

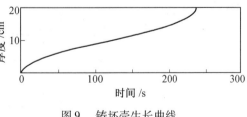

图9　铸坯壳生长曲线

对坯壳的冲刷作用，计算的铸坯壳厚度与实测值基本一致，而且计算的固相线所围成的液芯形状与漏钢后的铸坯空穴形状很相似。

为了验证建立的铸坯凝固过程数学模型的可靠性,我们将该模型的计算结果与实验测量结果加以比较。实验中分别采用热电偶和接触式光电测温仪器测量结晶器底端和二次冷却区两个冷却段出口处以及校直点的温度值,将这几个点处的温度测量结果与计算结果列于表2。可以看出,计算得到的铸坯表面温度与实际连铸生产中的测量数据相符合,说明用该模型可以准确地模拟连铸坯凝固过程。

表 2　铸坯表面温度测量及计算数据表

位　　　置	计算温度	实测温度 /℃	E_{rror}/%
铸型底部	1 204.7	1 180	2.1
第一冷却区	1 084.6	1 406	3.6
第二冷却区	979.60	955	2.5
校直点	886.20	870	1.8

另外,值得指出的是计算中发现铸坯角部的温度明显低于铸坯中部的温度(图10),所以在冷却控制中应调整冷却喷水量的分布以减小铸坯角部的综合传热系数,从而实现铸坯均匀冷却,关于冷却控制,则有待于进行深入的研究。

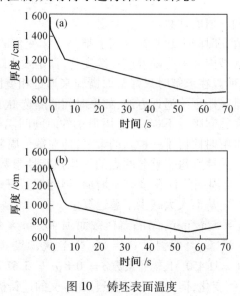

图 10　铸坯表面温度

3　金属形成过程组织演变的 Cellular – Automation 模拟

3.1　引　言

金属成形过程组织的控制,是人们长期致力研究的课题。以往的研究主要是采用实验的方法,自80年代末人们探索采用计算机仿真方法研究凝固组织和变形态组织的形成过程。在凝固领域,Zhu 和 Smith,Brown 和 Spittle 等人首先提出 Monte Carlo 随机统计方法,以自由能最小原理为基础模拟晶粒形核生长过程,定量地考察了界面能和体积自由能的影响,模拟结果虽然在晶粒的形貌和尺寸上与金相结果相近。但该方法未充分考虑非均质形核和生长过程的物理机制,也能不解决晶体生长过程中的择优取向问题,模拟结果与实际情况差距很大。

20 世纪 50 年代初,计算机创始人、著名数学家 Neumann 希望通过特定的程序在计算机上实现类似于生物体发育中细胞的自我复制,为了避免当时电子管计算机的限制,他提出了一个简单的模式,把一个长方形平面划分成若干个网格,每一个格点表示一个细胞或系统的基元,它们的状态赋值为 0 或 1,在网格中用空格或实格来表示。在事先设定的规则下,细胞或基元的演化就用网格中的空格或实格的变动描述。该方法称为元胞自动机(Cellular Automation)法。90 年代 Rappaz 等人采用 Cellular Automation 方法模拟了凝固组织,Marx 等人采用该方法模拟了再结晶的组织演变。

Cellular Automation 法具有 5 个特征:

① 网格和基元均匀排列,并且处于离散的格点上;

② 网格和基元的状态随时间演变;

③ 网格和基元的状态和数值是有限的;

④ 网格和基元的演变规则是确定的或随机的;

⑤ 相互作用的局部性,即每个基元的演化规则是局部的,仅同周围的元胞有关系。

该方法抓住了简单性与复杂性这一对主要矛盾,从而触及并体现了其他有关矛盾,如局部与整体、宏观与微观、线性与非线性、决定性与随机性、数学模型与物理本质之间的矛盾。因此它具有利用简单的、局部规则的和离散的方法描述复杂的、全局的、连续系统的能力。

该方法用于凝固模拟时,以凝固热力学和形核生长动力学为依据,考虑了形核位置与取向的随机性。Rappaz 等人针对 Al – 7% Si 合金和高温合金叶片,把孕育参数、冷却速率、合金浓度对 CET 的影响包括在内,半定量地模拟高温试样的形核、枝晶生长过程。

Marx 等人采用该方法用于再结晶模拟时,以变形时位错密度增加引起体积自由能改变,从而导致再结晶核心的形核和生长为基础,模拟了再结晶分数、尺寸和织构的演变过程。

上述方法都是针对凝固过程和加工过程分别进行模拟,还没有将两者结合起来。本文以枝晶形核生长动力学为基础,综合考虑凝固过程和变形过程中诸如温度场的分布、凝固前沿溶质再分配、应力应变场及非均质形核等因素,采用同一种 Cellular Automation 方法实现了对凝固组织形成过程和再结晶过程的计算机仿真。

3.2　数学模型的建立

本文把金属凝固和加工过程的宏观有限元、有限差分和微观形核生长模型相结合,在宏观范围内,计算了凝固过程中的温度场、浓度场的变化和变形过程中的应力应变场的变化;在微观范围内,计算了微观组织的形核和生长过程。

（1）宏观模型

在凝固过程中，采用传热方程计算各个单元不同时刻的温度场变化、固相份数的变化，通过固相份数（F_s）这一媒介，将宏观与微观形核数量 n 和晶粒尺寸 R 结合起来，即 $F_s = f(n, R)$。

在热加工过程中，通过有限元模拟计算各个单元的温度、应力应变、应变率的变化，然后与微观再结晶过程结合起来。

（2）微观动力学模型

① 形核模型。根据 Rappaz 提出的连续形核模型，凝固过程中晶核数量随过冷度的增大而增多，晶核密度与过冷度的关系符合 Gauss 正态分布规律，即

$$n(\Delta T) = \int_0^{\Delta T} \frac{dn}{d(\Delta T')} \cdot d(\Delta T') \tag{21}$$

其中

$$\frac{dn}{d(\Delta T')} = \frac{N_s}{\sqrt{2\pi} \cdot \Delta T_\sigma} \cdot \exp\left[-\frac{1}{2}\left(\frac{\Delta T' - \Delta T_N}{\Delta T_\sigma}\right)^2\right] \tag{22}$$

式中，$\Delta T = T_L - T$；T_L 为合金液相线温度；$n(\Delta T)$ 为形核数；ΔT_σ 为过冷度方差值；ΔT_N 为正态分布曲线中心的过冷度；N_s 为有效形核基底数；$\Delta T'$ 为过冷度。

处理再结晶过程时，采用位置过饱和形核模型，形核数量根据实验结果确定。

② 枝晶尖端生长动力学模型。在枝晶生长过程中，由于枝晶尖端液相溶质的富集，使成分过冷度发生变化，导致枝晶尖端生长速度也随之改变。过冷度主要取决于枝晶尖端的溶质过冷程度，在形核和生长初期还受曲率过冷度的影响。枝晶尖端过冷度与尖端生长速度的关系可采用 KGT 模型计算，即

$$\Delta T = \Delta T_T + \Delta T_c + \Delta T_R \tag{23}$$

$$\Omega = I_V(P_c) \tag{24}$$

$$\Delta T_c = m \cdot C_0 \left[1 - \frac{1}{1 - \Omega(1 - K_0)}\right] \tag{25}$$

$$R = 2\pi \sqrt{\frac{\Gamma}{mG_c\xi_c - G}} \tag{26}$$

$$v = 2DP_c/R \tag{27}$$

式中，ΔT 为枝晶尖端过冷度；ΔT_T 为热过冷度，一般地，$\Delta T_T = 0$，ΔT_c 为成分过冷度；ΔT_R 为曲率过冷度；$\Delta T_R = 2\Gamma/R$，R 为枝晶尖端半径；Γ 为 Gibbs. Thompson 系数；Ω 为枝晶尖端溶质过饱和度；$\Omega = (C^* - C_0)/[C^*(1 - K_0)]$，其中 C^* 为枝晶尖端液相溶质浓度，其值与单元内液相平均溶质浓度 C_L 有关。G_c 为浓度梯度；G 为温度梯度；v 为枝晶尖端生长速度；P_c 为溶质的 Peclet 数；ξ_c 与 P_c 相关，在缓慢生长条件下，$\xi_c \approx 1$，I_v 为 Ivantsov 函数。

以 Hunt 的 CET 模型为主处理微观组织形态转变过程，即当柱状晶前沿等轴晶体积分数达到 49% 时，柱状晶的生长被阻碍，等轴晶生长为主。

③ 再结晶核心生长速度模型。再结晶生长速度 v 理论模型为

$$v = \frac{b^2}{kT}D_0\exp\left(\frac{-Q}{R_1T}\right) \cdot p \tag{28}$$

其中,b 为 Burgers 矢量模;k 为 Boltzmann 常数;D_0 为扩散系数;Q 为晶粒边界移动激活能;R_1 为气体常数;p 为再结晶驱动力,可以表示为

$$p = 0.5\rho\mu b^2$$

式中,μ 为剪切模量;ρ 为位错密度。

（3）Cellular Automaton 算法

为了清晰地描述形核和生长过程,该模型采用 Cellular Automaton 法将铸件和热轧件剖分为许多宏观正六面体单元,每个正六面体单元又分成等距离的基元,宏观凝固单元用于求出每个时间步长内单元溶质和温度变化,宏观变形单元用于求温度、应力应变、应变率的变化。基元用于描述单元内微观组织的形成过程,铸件表面层单元用于描述柱状晶的形核生长过程。

在凝固开始时,如单元温度高于液相线,形核概率为 0,即 $P_i = 0$。一旦单元温度低于液相线温度,在一定过冷度条件下,单元内将产生 n 个晶核。一个基元形核与否主要取决于概率 $P_i = n \cdot V_{CA}$,式中 V_{CA} 代表每个基元的体积。按计算要求产生随机数 $r(0 < r < 1)$,只有形核概率 $P_i \geqslant r$ 的基元才能形核,基元的状态由液态转变为固态,并以不同的正整数标记,该正整数代表核心的随机取向。

在枝晶生长过程中母基元（初始形核基元）不断吞并相邻基元,但生长方向不变。首先为晶核定位,由于形核有先有后,所以当为一个晶粒选定了定位点后,可有该定位点已被其他晶粒所占据,这时重新为该晶粒定位。每当为一个晶粒定位后,都要为这个晶粒在模拟其生长过程中确定一个显示颜色值,同时为其选定生长方向。

在处理晶体的生长过程时,将晶粒的生长区域映射到屏幕上,形成生长区域的屏幕坐标,对这一区域的每一个像素点进行判别,若像素点的颜色值为屏幕底色,则说明这一点是空白点,当前晶粒将占领这一点,将这一像素点用当前晶粒的颜色值着色,生长方向与当前晶粒保持一致。若像素点的颜色值不为屏幕底色,说明当前像素点已被占领,发生了晶粒间的接触现象。检查占领者的显示颜色,若占领者晶粒显示颜色与当前晶粒的显示颜色相同,则要为当前处理的晶粒进行改变显示颜色的处理。

同样,在处理再结晶过程时,假设达到临界温度和临界应变时,再结晶核心首先在晶界、边和角处形成,选择的单元区域为全部等轴晶区,利用建立的形核长大模型,则可以采用三维 Cellular Automaton 方法描述再结晶过程。

3.3 应用实例

（1）高温合金精铸叶片的模拟结果

对 K417 Ni 基高温合金涡轮叶片进行了凝固组织形成过程的仿真和实验,并选择典型断面进行比较。首先计算宏观温度场和溶质浓度场,根据宏观信息,计算微观形核生长和组织演变过程。

图 11 模拟了凝固组织初始阶段的形核生长过程。当金属液浇入铸型后,表面温度降低很快,一层细密的等轴晶迅速形成,在叶片表层,尤其是壁厚较薄的进、排气体处,散热较快而首先形核和生长,这些半球状核心粘附在壳型内表面,并具有不同的取向。而中心厚大部位的金属液温度仍然很高,尚未达到形核所需的过冷度,未能形核。取向垂直于表

面的那些晶粒,其生长方向<100>平行于热流方向,是最佳取向。这些晶粒将很快在"杂乱无章"的晶粒中脱颖而出,逐渐长大,同时阻挡住那些不利取向的晶粒。沿非择优晶向生长和生长方向不平行于热流的晶粒,由于相互搭桥或被有限生长的柱状晶臂阻挡,很快停止生长。取向逐渐集中到与表面形成90°左右的方向,图11中叶片择优取向是很明显的,由于叶片横断面的温度不均匀,因而各部位过冷程度不一致,导致枝晶的生长速度与尖端半径均不同。

随着凝固的继续,液态金属的温度不断下降,柱状前沿溶质富集量大,过冷度逐渐加大,温度梯度不断减小。前沿液体中由于存在迁移和熔断来的核心,造成等轴晶形核条件,因此大量等轴晶几乎在瞬间便开始形核、生长,并不断阻挡柱状晶生长,形成了柱状晶向等轴晶转变区域,如图12的叶片中部。

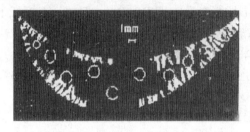

图11　晶粒生长过程的竞争选择　　　　图12　原始工艺叶片晶粒组织形貌

改变工艺条件,可以得到不同的模拟结果,图12的工艺方案由于浇注温度高、壳温低、孕育剂粒度粗,则单位体积形成的核心数少、生长占优,较高的温度梯度导致大柱状晶的产生。

(2)再结晶过程的模拟结果

利用铸态凝固组织模拟结果,得到不同单元内晶界形核位置分布如图13(a)所示,晶粒分布如图13(b)所示。根据再结晶模型,假设在晶界处优先形核,根据确定的形核率,使用 Cellular Automaton 方法,随机确定形核位置,而后,考虑在时间步长为 Δt 间隔内,通过晶粒长大速率计算公式,得到每一晶粒长大速率。每一晶粒按此速率长大,所得结果如图14(a)所示。模拟过程中,晶粒按等轴晶长大方式长大。当各个晶粒接触后,再结晶结束,所得结果如图14(b)所示。

同样,使用 Cellular Automaton 方法,对三维再结晶进行了初步模拟,所得结果如图15所示,图16是二维断面的晶粒尺寸分布。

由以上分析可知,Cellular Automaton 法是处理微观组织演变过程的一种好的方法,如将有限元、有限差分法与 Cellular Automaton 方法结合,构造合理的物理模型,则可以模拟实际件凝固过程、热处理过程、焊接过程及加工过程的组织演变,预测晶粒度、相的分布等,并通过宏观工艺参数控制来优化组织,以往对再结晶过程进行模拟时,通常假设初始铸态组织是均匀的,这与实际情况不符,而本文尝试采用同一种 Cellular Automaton 方法,可以模拟不同工艺条件下的铸态与变形态组织。这样就可考虑初始晶粒度对加工过程的影响,将两者紧密结合,特别是三维组织模拟,更有利于指导实际。但是由于机器容量和速度的限制,目前模拟的晶粒数是有限的。

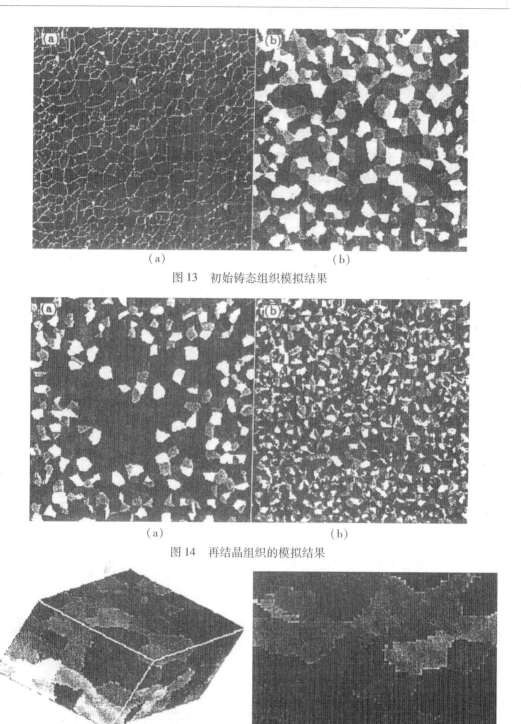

（a）　　　　　　　　　　　（b）

图 13　初始铸态组织模拟结果

（a）　　　　　　　　　　　（b）

图 14　再结晶组织的模拟结果

图 15　再结晶过程的三维模拟　　　　图 16　截面的再结晶组织的模拟结果

由模拟结果可见,原始铸态组织晶粒尺寸细小,则再结晶后的晶粒尺寸也细小均匀。

3.4 结论

①采用 Cellular Automaton 方法描述晶核的形成与生长过程,该方法可计算任一时刻任一晶粒的生长尺寸及形态演变过程,实现了组织形成过程的定量预测。

②通过将传热、传质模型微观形核、生长和组织形态转变模型相结合,建立了宏-微观统一模型,所开发的模拟系统可定量计算铸件温度场、浓度场、固相份数场、微观组织演变和再结晶过程等,使模拟研究由宏观深化到微观组织领域。

③模拟了 K417 Ni 基合金涡轮叶片的组织演变过程,模拟结果与实测结果吻合良好,对热加工再结晶过程进行了初步模拟,三维的模拟结果更有利于解决实际问题。

专题 3　多晶材料晶粒生长的蒙特卡罗模拟

1　引　言

对多晶材料而言,其晶粒尺寸及均匀性是决定材料性能的优劣的关键因素之一,如果能在一定基础上模拟整个晶相生长过程,研究影响尺寸及均匀性的因素,并利用计算机对关键工艺参数进行优化,确定最佳材料成分和最佳性能晶粒尺寸等,从而最终达到提高材料性能而满足需求的目的。近几年来,国外材料研究者利用能量模型及借助一些取样方法,利用计算机仿真技术模拟晶体的生长过程,探索材料的组分、材料的加工工艺对材料性能的影响,从而完成材料的设计,在这一方面已经取得了比较大的进展,我国学者也逐渐开展了这方面的研究工作。

运用计算机方法模拟晶粒生长是一复杂的过程,难度很大。这是因为,晶体结构的演化不仅涉及晶粒的结晶学取向、晶界相互作用、边界运动等因素的机理,也涉及空间填补的拓扑几何机理,而且要得出晶粒形貌和尺寸随时间变化、晶粒尺寸分布等一些重要特征,因此长时间以来,虽然有不少方法和思路出现,但目前尚无一个可能的全概括的分析方法。但仍然应提及的是,近年来,随着计算机模拟技术的发展,以 D. J. Srolovitz, M. P. Anderson, H. J. Frost 等为首的一批研究者运用 Monte-Carlo 方法,成功地解决了满足以上大部分要求的显微结构的强化模拟,取得了较理想的模拟结果。

应当指出,正常晶粒生长是在生长环境比较理想、材料结构比较简单的情况下发生,对生长起决定作用的能量可仅考虑最主要的一项,即晶界能。事实上,由于生长环境的复杂,迁移率、表面功以及薄膜和片材中的曲率、应力等因素将引起附加驱动力,成为引起晶粒异常生长的关键因素。D. J. Srolovitz, M. P. Anderson, H. J. Frost 等学者运用蒙特卡罗(Monte-Carlo)方法,也成功地模拟了多种情况下晶粒生长的显微结构,其中有关异常晶粒生长方面的工作同样引起了材料学界的高度重视。

2　正常晶粒生长模拟

2.1　物理模型与理论方法

(1)基本理论

对通常的结晶材料而言,晶核形成后,晶粒生长分为两种类型,即正常晶粒生长和异常晶粒生长(也称为重结晶)。对应于正常晶粒生长,晶粒尺寸一致增长,归一化晶粒尺

寸 $F(R/\bar{R})$ 和拓扑分布函数 $P(N_e)$ 不随时间改变。其中,R 是晶粒半径,$\bar{R}$ 是平均晶粒半径,N_e 是晶粒边数。这种情况下生长有如下规律,即

$$R = kt^n \tag{1}$$

或

$$\bar{R}^m - \bar{R}^m_{(t=0)} = Bt \tag{2}$$

其中,t 为时间;k,B 为常数;$n \leqslant 0.5$。

当时间很长,即 t 较大时,若 $R \gg R_0$(R_0 为初始时晶粒半径),式(1)、(2)是等效的,且 $m = 1/n$。

异常晶粒生长是指在重结晶的显微结构中,一些晶粒的尺寸迅速增加,最大尺寸的晶粒以比算术平均速率大得多的速率增长。生长可描述为

$$X = 1 - \exp[-g(t)] \tag{3}$$

其中,X 为二次重取向的晶粒的面积分数;$g(t)$ 为与时间有关的函数。

通常 $g(t) = \alpha t^p$,即修正方程为

$$X = 1 - b\exp[-at^p] \tag{4}$$

其中,b,p 为常数且目前大部分 p 的实测值为 1.8 ± 0.3 左右。

一般认为晶粒生长变化的直接原因是驱动力的改变。晶粒生长的驱动力主要来自总的晶界能的减少。但由于生长的复杂性,迁移率、表面能以及片材中的曲率、应力等因素也将引起的附加驱动力,从而引起晶粒异常生长。本文主要介绍模拟正常晶粒生长的技术,对于异常晶粒的生长,将另文介绍。

(2)基本模型

最初,一些材料研究者将晶粒假设为球形,但由于忽略相晶粒共享公共边界而导致显微结构是拓扑相连的这一事实。

D. J. Srolovitz 和 M. P. Anderson 等人考虑到晶界拓扑的复杂性,将显微结构绘制成分立的晶格(三角、立方或六角晶格),如图1所示。每个格点分配一个 $1 \sim Q$ 的数字,该数字与所嵌入的晶粒的取向对应。由相应的磁学划分,也可认为是自旋数在实际的材料中,晶粒取向值可以无限,但具有有限数 Q 可供计算机模拟使用。晶粒取向 Q 的选取既要足够大,但也不宜过大,这样才能保证具有相同取向的晶粒很少碰撞,又使计算机执行时间保持在可接受的范围内。此时,晶界定义为具有不同取向的两个格点公共边,相当于定义具有相同取向数字的两个晶粒聚集时,不存在晶界,成为一个单晶;具有不同取向数字的两个晶粒聚集时,形成晶界,如图2所示。晶界能由最近邻格点的相互作用来表示,一般情形,有

$$E = -J \sum_{ij}^{NN} (\delta_{s_i s_j} - 1) \tag{5}$$

其中,s_i 是格点 i 上 Q 个取向中的一个;s_j 是格点 i 的最近邻格点的取向数字;$\delta_{s_i s_j}$ 为 Kronecker delta;N 为格点数。

$\delta_{s_i s_j}$ 计算公式为

$$\delta_{s_i s_j} = \begin{cases} 1 & (s_i = s_j) \\ 0 & (s_i \neq s_j) \end{cases} \tag{6}$$

由式(5)可见,求和包括所有最近邻格点。只有最近邻格点才对试验格点的局部能量有贡献。

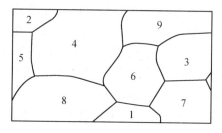

图1　三角晶格的显微结构的样本,数字代表取向,实线代表晶界

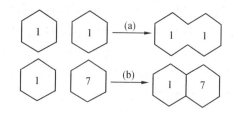

图2　晶界形成
(a) 两个具有相同取向数字的晶粒聚集,合成单晶;(b) 两个具有不同取向数字的晶粒聚集,形成晶界

运用基本 Metropolis 算法来实现晶粒生长的模拟。过程如下:

① 显微结构的演化可由改变每一晶格的取向数(自旋数翻转)来实现;

② 随机选取一个试验格点;

③ 该格点的一个新的试验取向在其余 $Q-1$ 种可能取向中任选其一;

④ 计算与取向可能改变有关的能量改变 ΔE;

⑤ 通过计算改变几率 W 判断取向改变是否可以实现,即

$$W = \begin{cases} \exp(-\Delta E/k_B T) & (\Delta E > 0) \\ 1 & (\Delta E \leqslant 0) \end{cases} \tag{7}$$

若 $\Delta E \leqslant 0$,则认为取向改变是允许的,若 $\Delta E > 0$,则概率为 $\exp(-\Delta E/k_B T)$。此时,在 $[0,1]$ 间产生一个均匀分布的随机数 η,若 $\exp(-\Delta E/k_B T) > \eta$,则取向改变允许,否则不允许,即只有使体系能量减少的转变才是允许的。

模拟中,可采用的典型参数为 $T=0$,$Q=32$ 或 64,用 Monte Carlo Step (MCS) 作为时间步长,即将 N 个再次取向的次数作为一个时间单元,其中 N 为格点数,由 MCS 到真实时间存在一个转换,即具有一个简单的活化能因子,$e^{W/k_B T}$,此因子对应于原子的跃迁频率。

2.2　晶粒生长图形生成

(1) 初始化图形设定

在理想条件下,对一般生长,可采用 Voronoi 结构,可由一般晶粒生长法、几何法等方法产生,图3(a) 是几何法的一例子。下面简介目前产生二维 Voronoi 网格的方法。

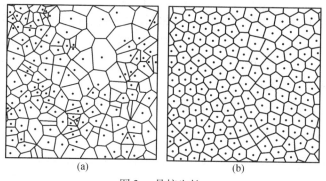

(a)　　　　　　　　　(b)

图3　晶核生长

①一般晶粒生长法。形成一个二维的 n 个晶粒的 Voronoi 网格的过程是：在平面上随机撒下 n 个点，这些点可用机内的随机发生器产生，也可用自己编写的程序产生。每个点的坐标为 (x_i, y_i)，$2n$ 个随机数便形成了 n 个点。在晶粒生长法中，这些点便是 n 个晶核，以这些核为中心，每个点都以相同的速度向周围各个方向均匀生长，直到晶粒间相互接触而停止生长形成晶界，当所有的晶粒都相互接触而停止生长时，便构成了 n 个晶粒的 Voronoi 网格。这样的 Voronoi 网格具有以下特性：即一个晶粒内的所有点比其他晶粒内的任意一点更靠近自己的晶核。

②几何法。一般应用中，几何法比一般晶粒生长法更加常用。

产生过程如下：在平面上随机地撒下 n 个点后，作每一对点的连线的垂直平分线，这些垂直平分线的交点即为网格中多边形晶粒的顶点，只有那些最靠近晶核的线段构成围绕该核的多边形。

（2）基本拓扑变化

在晶粒生长的过程中，不可避免地出现大晶粒的长大以牺牲小晶粒为代价（通常所说的"吞噬"）的现象，这样，程序中将涉及一些拓扑变化。一般的晶粒结构的演化包含两种基本的拓扑类型的改变，如图 4 所示。

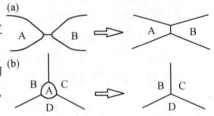

图 4　两种拓扑变化的示意图
（a）相邻转变（T_1 变化）；
（b）三边原胞的消失（T_2 变化）

应当指出，T_1 变化，双相邻转变变化，即两个晶粒获得一条边，而两个晶粒减少一条边。T_2 变化，三边原胞的消失，即三个相邻原胞减少一条边。其他的变化均可由上述两种变化的组合来实现。

2.3　结果分析

分析和处理的目的是得出晶粒生长的主要特征，看是否和实际情况相符。处理内容根据实际需要而定。一般有：

①经过若干 MCS 检测晶粒变化情况，观察是否得到期望的晶粒生长的形貌；

②利用欧拉方程，可计算晶粒数目 N，平均晶粒面积 $<A>$，晶粒半径 R，计算公式为

$$N = V/2 \tag{8}$$
$$<A> = 2A_T/V \tag{9}$$

其中，V 为顶点数；A_T 是模型的总面积。在此基础上做出 $A_T - t$ 曲线（R 可为 A_T 的平方根），看是否满足关系式（1）和（2），做出 $R/\bar{R} - t$ 曲线，看最大晶粒尺寸出现的位置；

③生长因子 n 的测定：由（1）式可见，可由 $\lg R - \lg t$ 曲线确定 n，这里需要 MCS 时间要长一些，以便提高准确度；

④对晶粒尺寸分布函数的考察：作拓扑分布函数 $P(N_e) - N_e$ 曲线，N_e 为晶粒边数。

3　异常晶粒生长模拟

3.1　理论基础

异常晶粒生长的模型源于正常晶粒生长模型,在其基础上做适当调整。前文介绍了正常晶粒生长的模型。根据 D. J. Srolovitz, M. P. Anderson 等的做法,将显微结构绘制成分立的晶格(可采用三角、立方或六角晶格)每个格点分配一个 $1 \sim Q$ 的数字,该数字与所嵌入的晶粒的取向对应,晶界定义为具有不同取向的两个格点的公共边。晶界能由最近邻格点的相互作用来表示。定义晶粒间的这种相互作用为

$$E = -J \sum_{ij}^{NN} (\delta_{s_i s_j} - 1) \tag{10}$$

各参数定义如前文,运用 Metropolis 算法实现晶粒生长的模拟,具体过程参见前文。

异常晶粒生长的模拟原理同上,但是,最关键之处在于体系能量的表达式在式(5)的基础上有所变化。体系能量的改变是引起异常晶粒生长的最直接原因,而这种改变与许多因素紧密相关。诸如杂质、应力、对材料进行择优取向等因素都将使生长环境变复杂,从而带来生长的各向异性。当材料结构不是很杂时,通常认为边界迁移率和驱动力对边界运动速度的影响主要,可表示为

$$v = MP \tag{11}$$

其中,v 是边界运动速度;M 是边界迁移率;P 是驱动力。

因通常认为晶粒的异常生长主要是由晶界迁移率各向异性和驱动力各向异性所致,而驱动力,主要考虑晶界能。下面将比较详细地讨论由于晶界能和迁移率的各向异性引起体系能量的改变,这是本文的核心内容。

3.2　物理模型

下面分别讨论各向异性晶界能和迁移率对体系总能量的影响及相应的基本生长模型的改变。

(1) 各向异性的晶界能带来的影响

在实际情况中,不能将生长的各向异性简单归结为某种因素的各向异性。但在足够纯的材料中,晶界迁移率几乎与取值无关,这时,只考虑晶界能与取向的关系。这里介绍三种处理方式。

①G. S. Grest 和 D. J. Srolovitz 的处理方法。他们认为,体系能量为

$$E = \sum_i^N \sum_j^N V(s_i s_j) = \sum_i^N \sum_j^N V(\theta_{ij}) \tag{12}$$

其中
$$\theta_{ij} = 2\pi(s_i s_j)/Q$$
而 $V(\theta)$ 表达式有

$$V(\theta) = J[1 - \delta(\theta)] \tag{13}$$

其中 $\delta(\theta)$ 是 Dirac delta 函数

$$V(\theta) = \begin{cases} J\dfrac{\theta'}{\theta^*}\left[1 - \ln(\dfrac{\theta'}{\theta^*})\right] & (\theta' < \theta^*) \\ J & (\theta' \geqslant \theta^*) \end{cases} \tag{14}$$

$$V(\theta) = J\sin(\dfrac{\theta'}{2}) \tag{15}$$

$$V(\theta) = \dfrac{J[1 - \cos(\theta')]}{2} \tag{16}$$

其中 $\theta' = |\theta|$，θ^* 是为设置程序规模而自定。

②A. D. Rollett 和 D. J. Srolovitz 的处理方法。首先按取向 Q 将晶粒分为两类:若 $s_i \leqslant C$,认为晶粒属于类型1;若 $s_i > C$,认为晶粒属于类型2。s_i 是格点 i 上 Q 个取向中的一个, C 为区分类型1和2而设立的一个取向常数。然后,将显微结构中晶粒间晶界能的情况分为两种(情况 A 和情况 B)。

情况 A 认为相同晶粒间的能量高(1－1 或 2－2 边界),不同晶粒间的能量低(1－2 边界),如图5所示。其相互作用能为

$$E = \begin{cases} J_1\sum\limits_{i}^{N}\sum\limits_{j}^{N}(1 - \delta_{s_is_j})\begin{cases} s_i \leqslant C \text{ 且 } s_j \leqslant C & \text{类型 1——类型 1} \\ s_i > C \text{ 且 } s_j > C & \text{类型 2——类型 2} \end{cases} \\ J_2\sum\limits_{i}^{N}\sum\limits_{j}^{N}(1 - \delta_{s_is_j})\begin{cases} s_i \leqslant C \text{ 且 } s_j > C & \text{类型 1——类型 2} \\ s_i > C \text{ 且 } s_j \leqslant C & \text{类型 2——类型 1} \end{cases} \end{cases} \tag{17}$$

其中 J_1 和 J_2 为正常数且 $J_1 > J_2$。例如,可取 $C = 7$,观察所产生的显微结构的图形。

情况 B 认为只有 2－2 间具有较高的能量,如图6所示。其相互作用能为

$$E = \begin{cases} J_1\sum\limits_{i}^{N}\sum\limits_{j}^{N}(1 - \delta_{s_is_j}) \quad s_i > C \text{ 且 } s_j > C \quad \text{类型 2——类型 2} \\ J_2\sum\limits_{i}^{N}\sum\limits_{j}^{N}(1 - \delta_{s_is_j})\begin{cases} s_i \leqslant C \text{ 且 } s_j > C & \text{类型 1——类型 2} \\ s_i > C \text{ 且 } s_j \leqslant C & \text{类型 2——类型 1} \\ s_i \leqslant C \text{ 且 } s_j \leqslant C & \text{类型 1——类型 1} \end{cases} \end{cases} \tag{18}$$

可设置不同的 $C,Q,J_1/J_2$(例如 $J_1/J_2 = 10$)等值来观察显微结构的变化情况。

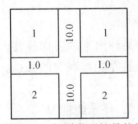

图5　情况 A　相同类型的晶粒间具有
高能边界的晶界能图

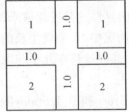

图6　情况 B　只有类型 2 晶粒间具有
高能边界的晶界能图

③Y. Saito 的处理方法。认为晶界能中大致分为两类:高能组,对应于大角度边界;低能组,对应于小角度晶界。引入一个代表晶界能各向异性的参数 γ,γ 定义为高能边界和低能边界的能量比($0 < \gamma \leqslant 1$),对于各向同性的晶界能 $\gamma = 1$。Y. Saito 认为晶粒相互作

用能

$$E = - \sum_{i}^{N} \sum_{j}^{N} M_{s_i s_j} \tag{19}$$

矩阵

$$M_{s_i s_j} = J(1 - \delta_{s_i s_j}) [1 - (1 - \gamma)\delta_{s_i s_j} - S_N] \tag{20}$$

可见，当 $\gamma = 1$，E 的表达式与式(5)是一致的，为正常晶粒生长情况。其中，假设具有相对取向 S_K 的晶界为低能晶界。

（2）各向异性的晶界迁移率带来的影响

当杂质浓度变大时，可观察到取向与晶界迁移率的关系。为讨论方便，这里假设边界能各向同性，即与晶粒取向无关。迁移率受晶粒取向影响。这里介绍 A. D. Rollett 和 D. J. Srolovitz 的方法。

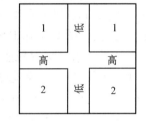

图7　各向异性的晶界迁移率的分布图

类似地，若定义一个取向数 C，将材料中的晶粒划分为两种类型（类型1和类型2），$s_i \leq C$ 的晶粒为类型1，$S_i > C$ 的晶粒为类型2，则相应地，定义两种晶界。具有相同类型的晶粒间的晶界（Class1，第一组）具有低迁移率，如小角度晶界；而不同类型的晶粒间的晶界（Class2，第二组）具有高迁移率，如大角度晶界。如图7所示。

按如下方式引入各向异性迁移率的影响：

① 能量公式为

$$E = J \sum_{i}^{N} \sum_{j}^{N} (1 - \delta_{s_i s_j}) \begin{cases} s_i \leq C \text{ 且 } s_j \leq C & \text{类型 1—类型 1} \\ s_i > C \text{ 且 } s_j > C & \text{类型 2—类型 2} \\ s_i \leq C \text{ 且 } s_j > C & \text{类型 1—类型 2} \\ s_i > C \text{ 且 } s_j \leq C & \text{类型 2—类型 1} \end{cases} \tag{21}$$

② 将格点分为两类（A类和B类）

A类：该格点邻近 1 - 2 边界，即意味着它的六个邻近格点中至少有一个格点的取向和它具有相反类型（取向类型）。

B类：该格点的六个近领格点和它自身取向类型相同，即在一个晶粒内，这类格点不是 1 - 1 边界相邻，就是 2 - 2 边界相邻。

③ 计算两类格点取向改变的几率。

对A类格点，取向改变可接受的几率同正常模型，即

$$P = \begin{cases} \exp(- \Delta E/k_B T) & (\Delta E > 0) \\ 1 & (\Delta E \leq 0) \end{cases} \tag{22}$$

对B类格点，取向改变可接受的几率为

$$P = \begin{cases} \dfrac{1}{\mu^*} \exp(- \Delta E/k_B T) & (\Delta E > 0) \\ \dfrac{1}{\mu^*} & (\Delta E \leq 0) \end{cases} \tag{23}$$

其中，μ^* 是一个因子，为相同类型晶粒间的晶界迁移率与不同类型晶粒间的晶界迁移率之比。通过 μ^* 的定义可知，使类型1 - 类型1或类型2 - 类型2晶界间的迁移率比类型1 - 类型2晶界间的迁移率低。

3.3 计算机模拟处理方法

一般的操作处理方法如下：

① 产生正常晶粒的显微结构并使这演化较长时间（例如 1 000 MCS 以上），得到正常晶粒生长的晶粒尺寸分布等特征；

② 然后引入一个可被作为异常晶粒的大晶粒，观察显微结构的演化变化，这可通过用一个大的晶粒（晶粒半径可选为平均晶粒半径的 5,10,15 或 20 等倍）代替显微结构中的部分晶粒，图 8 是 D. J. Srolovitz 和 G. S. Grest 等处理方法和结果；

③ 也可在正常晶粒生长的显微结构中引入几个可能作为异常晶粒的大晶粒，即相面积比的异常晶粒，观察显微结构的演化和异常晶粒所占面积比的变化，图 9 展示了 D. J. Srolovitz 和 G. S. Grest 等人的处理方法和结果；

④ 对以上过程，改变参数 θ^*, C, Q, J_1/J_2, μ^* 再作观察。

图 8　在 1 000MCS 时，用一个较大的异常晶粒代替部分
　　　正常晶粒所得到的显微结构的演化图。大晶粒的
　　　初始半径为平均晶粒半径的 5 倍

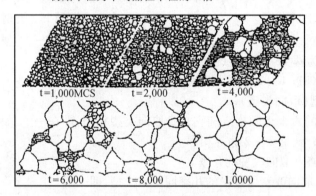

图 9　异常晶粒生长的显微结构演化图。阴影部分的晶
　　　粒为正常晶粒，白色部分的晶粒为异常晶粒。初
　　　始结构是在正常晶粒生长模拟进程进行到 1000
　　　MCS 时，随机选取几个异常晶粒而得到。初始异
　　　常晶粒占总面积的比例为 2%

通过对显微图形演化进行分析和处理，得出异常晶粒生长的主要特征，观察是否和实际情况相符。处理内容和方法类似于正常晶粒生长，模拟中选取的模型及参数的不同，得到的显微结构演化的逼真度不同。在实际模拟中，一方面要通过大量试验选择合适的参数；另一方面，尚需根据实际需要，考虑其他因素的影响，进一步修正模型。比如对于薄膜生长，不应忽视表面能的影响。又如对有些材料，还需考虑弹性能等。

专题 4   分子动力学计算与模拟技术应用

1   球形分子液体的模拟

润滑膜厚从微米进入纳米量级,其物理性质变化很大,例如液体表观粘度升高,松弛时间增加,以及许多类固态的性质等。其原因是薄膜中液体的物理状态特殊。当液体具有远大于分子尺度的体积并且在各个方向不受约束时,称为"体相(Bulk)状态",而当液体被局限在表面或界面之间时则处于"约束(Confined)状态",特别是表面间距离小到分子尺度时,液体性质会急剧改变。在约束流体的实验研究中,最有成果的是利用表面力仪(Surface Force Apparatus)测定介于云母表面间厚度为纳米量级的液体薄膜性质。理论研究方面发展最快当属分子动力学模拟(Molecular Dynamics Simulation)。因为在分子尺度的润滑薄膜中,以连续介质假设为基础的流体动力学规律不再有效,而分子动力学模拟把固体表面和介于表面间的润滑材料抽象成一个由分子和原子构成的粒子系统,通过计算其中每个粒子的运动规律,再由统计平均得到系统的热力学参数、输运特性和其他宏观性质。因此分子动力学模拟可以研究由有限数量分子原子组成的尺度极小的系统,并探索它们的力学和热力学行为。这类模拟开始阶段以球型分子流体如液态氩为润滑剂模型,现在又采用更接近工程实际的液态烷烃作为润滑剂的分子模型。

1.1   计算模型概述

模拟系统由两个平行的固体壁面和壁面间的流体分子构成,如图 1 所示。壁面原子按[001]面心立方晶体排列,壁面间的流体为液态 Ar,即液体分子为球型单原子。为研究润滑膜厚度对薄膜性质的影响,壁面距离在 2 ~ 14 个流体分子层范围变化,系统在 xz 面的尺寸为 $13.6\sigma \times 5.1\sigma$($\sigma$ 为分子特征长度),包含 196 个壁面原子和最多 672 个流体分子。

假定液体分子的运动遵循牛顿定律,则粒子运动方程为

$$m_i \frac{\mathrm{d}^2 r_i}{\mathrm{d}t^2} = F_i \quad (i = 1,2,\cdots,N) \tag{1}$$

其中,r_i 为第 i 粒子的坐标;m_i 为其质量;F_i 为作用于该粒子上的力。

当粒子初始时刻的位置、速度和粒子所受的作用力确定后,通过积分运动方程可得任意时刻液体分子的速度和位置。积分采用计算量小而精度较高的 Verlet 算法,步长为 0.005τ,这里 $\tau = 2.16$ ps 是分子运动的特征时间。

液态 Ar 原子间的相互作用可由 Lennard.Jones(L - J)势函数描述,即

$$U_{IJ} = 4\varepsilon\left\{(r\sigma^{-1})^{-12} - (r\sigma^{-1})^{-6}\right\} \tag{2}$$

式中,r 为两个分子间的距离;分子特征长度 σ 的意义为 $r = \sigma$ 时 $U_{IJ} = 0$,也有人把它理解为分子直径;ε 是代表分子间相互作用强度的能量特征值。

壁面原子与液体分子的相互作用也可用一个 L－J 势函数描述,不过要以 σ_{wf} 和 ε_{wf} 表示固－液相互作用的特征长度和强度。

模拟压力流动(Poiseuille Flow)时,固体壁面是静止的。通过在流体分子上施加一个水平力 mg 产生压力流动,m 指流体分子的质量,g 具有加速度的量纲。 模拟剪切流动(Couette Flow)时,令上壁面以恒定速度沿 x 方向平移产生剪切流动,通过改变上壁面的速度获得不同的剪切率,进而计算对剪切的响应。

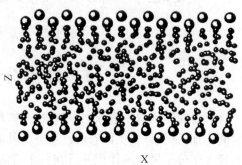

图 1 由固体壁面和流体分子构成的模拟系统

初始时刻流体分子排列成 fcc 结构,分子间距按给定的密度值确定,并根据已知温度确定流体分子的初始速度。流体分子在外力作用下开始运动。从这一初始时刻出发,沿时间轴以一定步长对运动方程进行数值积分,直至到达系统的稳定状态。系统温度和压力的变化将会影响模拟计算结果。 计算时所用参数如下:氩原子的特征长度和能量 $\sigma = 0.34$ nm,$\varepsilon/k = 120$,流体的温度和密度分别取 $T = 1.2\varepsilon/k$ 和 $\rho = 0.80/\sigma^3$,k 是 Boltzman 常数。固液作用的特征长度 $\sigma_{wf} \cdot \sigma^{-1} = 1.0$,作用强度为 $\varepsilon_{wf} \cdot \varepsilon^{-1} = 1.0$ 和 3.5 两种。压力流动中反映水平外力的参数定为 $g = 0.1\varepsilon(m\sigma)^{-1}$。全部计算结果以无量纲参数形式给出,系统温度、粒子数密度、剪切率、等效粘度、系统内能、压力和时间分别为

$$T^* = kT \cdot \varepsilon^{-1} \tag{3}$$

$$\rho^* = \rho\sigma^3 \tag{4}$$

$$\gamma^* = \gamma\left[\sigma(m/\varepsilon)^{1/2}\right] \tag{5}$$

$$\eta^* = \eta\sigma^2(m\varepsilon)^{-1/2} \tag{6}$$

$$E^* = E \cdot (N \cdot \varepsilon)^{-1} \tag{7}$$

$$p^* = p \cdot (\sigma^3 \cdot \varepsilon^{-1}) \tag{8}$$

$$t^* = t \cdot \left[\sigma(m/\varepsilon)^{1/2}\right]^{-1} \tag{9}$$

为表达方便,以下略去无量纲参数中的上标 $*$。

1.2 等效粘度

计算薄膜中液体等效粘度 η_e 有两种方法,压力流动中可先由模拟计算确定薄膜中液体分子的平均速度 v_α,以及分子通过薄膜的流量 $v_\alpha h$,h 是膜厚。然后根据粘性流体理论计算出分子在水平力 mg 作用下的理论流量为 $\rho g h^3/12\eta$,η 表示流体的粘度。调整 η 值,使得理论流量与分子运动实际流量相等,这个 η 可定义为薄膜流体的"流量等效粘度"η_{ef},即

$$\eta_{ef} = \rho g h^2 v_\alpha^{-1}/12 \tag{10}$$

对剪切流动,作用于薄膜液体的平均剪应力为

$$\tau_{xz} = V^{-1} \left[m \sum_{i=1}^{N} (v_i - v_\alpha) w_i + \frac{1}{2} \sum_{i \neq j} \sum (x_j - x_i) F_{ij}^z \right] \tag{11}$$

式中,V 为系统体积;m 是分子质量;x_i 和 x_j 分别为第 i 和 j 粒子的 x 位置坐标;v_i,w_i 是粒子速度的 x,z 向分量;F_{ij}^z 表示粒子 i,j 间作用力的 z 向分量。

剪应力确定后即可按牛顿粘性定律定义薄膜液体的"剪切等效粘度"η_{es},即

$$\eta_{es} = \tau_{xz} \dot{\gamma}^{-1} \tag{12}$$

式中,$\dot{\gamma}$ 是薄膜中的平均剪切率。

图 2 表明,压力流动中 η_{es} 随着 h 减小逐渐增加,当 h 小到某个临界值时急剧增大、呈发散趋势,说明润滑剂的流动性迅速下降。此外,η_e 还受固 - 液界面作用强度的影响。比较图 2 中的曲线 1 和 2,可见当界面作用强度从 $\varepsilon_{wf} \cdot \varepsilon^{-1} = 1.0$ 增加至 3.5 时,η_e 变大,η 随 h 减小而增加的趋势更加显著,并且 η 发散时的临界膜厚也增大。由图 3 可见两种粘度的变化趋势相同,但 η_{es} 明显小于 η_{ef},且 η_{es} 的增加速率也比较平缓。η 随着 h 减小而增加已被许多实验所证实。

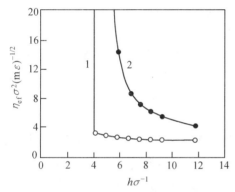
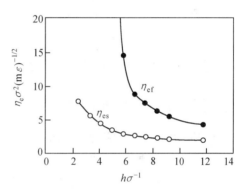

图 2　等效粘度 η_{ef} 随液膜厚度 h 的变化

$(1 - \varepsilon_{wf} \cdot \varepsilon^{-1} = 1.0, 2 - \varepsilon_{wf}) \cdot \varepsilon^{-1} = 3.5$

图 3　两种等效粘度 η_{ef} 与 η_{es} 的比较

$(\varepsilon_{wf} \cdot \varepsilon^{-1} = 3.5)$

体相状态下 η 仅受系统温度和压力影响,而与液体所处的空间尺度无关,即 η 与 h 是相互独立的参量。但在纳米尺度下 η 成为 h 的函数,表现出明显的"尺寸效应",导致薄膜润滑中某些偏离经典理论的特殊规律。

1.3　薄膜中的固 - 液相变

临界膜厚下 η_e 急剧增加,表明薄膜中的液体有可能发生向固态转化的相变。为模拟薄膜中润滑剂的固 - 液相变,在一定的液膜厚度下,保持系统温度恒定并逐渐增大系统压力 p_{zz},同时计算 η_e 和 ρ 等热力学参数,得到系统的等温压缩曲线。对液态 Ar,其固化的形式为结晶,属第一类相变。因此当 p_{zz} 增加到某个临界值,η 和 ρ 等参数发生跳跃性的突变,该点即为相变点,这一压力定义为一定膜厚下固液相变的临界压力 p_{cr}。

图 4 显示了液膜厚度为 11 层流体分子时等温压缩过程的模拟结果。当 $p_{zz} = 5.5$ 时,η 和 ρ 都有明显的突变,标志着相变的发生。每个液膜厚度都有一个对应的 p_{cr},如图 5 所

示。液体在体相状态下 p_{cr} 本应与 h 无关,但当 h 小于 10 层流体分子时,p_{cr} 随着 h 的变薄而减小,当 h 约为 4 层分子时 p_{cr} 趋近于零。这证明润滑剂在薄膜约束状态下的 p_{cr} 同样具有尺寸效应。图 5 中还表明 h 较大时 p_{cr} 变化趋于平缓,说明随着 h 增大液体的 p_{cr} 将趋近其体相状态下的常规值。事实上在 h 为 14 层分子时,计算所得的 $p_{cr}(=6.5)$ 与标准文献中给出的液态 Ar 常规相变压力计算值相当接近。

图 2 还表明 η_e 在 h 小到某个临界值时急剧增大,原因是该膜厚下的 p_{cr} 已低于 p_{zz},从而使薄膜中的液体相变和固化。传统润滑理论认为润滑剂在高压下会发生相变,模拟结果表明,在纳米量级的润滑薄膜中,相变可能在很低的压力下发生,这是对传统观念的重要修正。

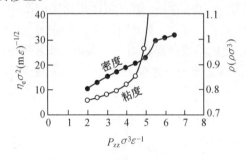

图 4　粘度 η 和密度 ρ 随系统压力的变化

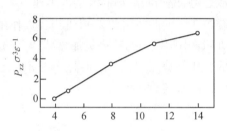

图 5　膜厚 h 对薄膜液体的相变压力 p_{cr} 的影响

1.4　薄膜的剪切响应特性

剪切流动中流体的剪切率 $\dot{\gamma}=v \cdot h^{-1}$,如果 h 不变,增大上壁面的运动速度 v,即可使 $\dot{\gamma}$ 按比例增加,并由此考察它对 η_e 的影响。由图 6(a) 中可见润滑剂的剪切稀化现象:当 h 为 8 层和 11 层分子时,$\dot{\gamma}$ 小时剪切粘度基本不变,符合牛顿粘性定律,称为线性响应;当 $\dot{\gamma}>\dot{\gamma}_c$ 时,η 以一定速率下降,呈现非线性的剪切响应;当 h 为 5 层分子时,看不到 η 为常数的线性区,说明其 $\dot{\gamma}_c$ 小于图中横坐标最小值 0.01,$\eta_{es} \sim \dot{\gamma}^{-2/3}$(图中的直线是斜率为 $-2/3$ 的参考线)。图 6 还表明 $\dot{\gamma}_c$ 随着 h 变薄而减小,意味着液体分子松弛时间(relaxation time,$\dot{\gamma}^{-1}$)增加。上述结果与 Thompson 等人的短链分子模拟结果基本相似,Granick 在约束流体的实验中也观察到同样的规律。

剪切稀化是非牛顿流体特性。大多数润滑剂体相状态的松弛时间约为 0.1ns,故在工程上被认为是牛顿流体,而在薄膜约束状态,由于松弛时间大大增加,因此在很低的剪切率下就表现出明显的非牛顿性。

利用上述计算结果直接考察薄膜中平均剪应力 τ_s 与 $\dot{\gamma}$ 关系,可以观察到润滑剂的极限剪应力。图 6(b) 显示,随着 $\dot{\gamma}$ 增大,τ_s 以线性规律增长,当 $\dot{\gamma}$ 超过某个临界值后 τ_s 大体保持为常数,称为极限剪应力,其数值随着 h 减小而增大。另外在低 $\dot{\gamma}$ 下润滑剂的响应也随 h 而变化,例如当 h 为 11 层和 8 层分子时,随着 $\dot{\gamma}$ 减小,τ_s 趋近于零,说明润滑剂的响应基本上是粘性的,而当 h 为 5 层分子时,即使 $\dot{\gamma}$ 接近于零,τ_s 仍保持非零的有限值,说明这时润滑剂已呈现明显的粘弹性。

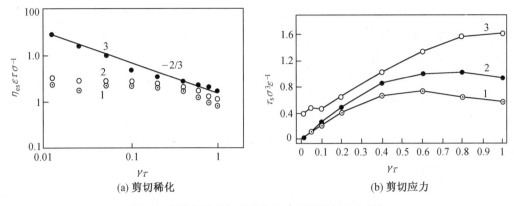

图 6　润滑剂的剪切稀化(a)和极限剪切应力(b)

(τ - 特征时间,1,2,3 三组数据分别对应膜厚为 11、8 和 5 层分子的系统)

1.5　结　论

固体表面之间的润滑剂处于不同于体相液体的特殊约束状态,当表面间距接近纳米量级时,薄膜中润滑剂的性质变化很大,许多特性参数随膜厚而变化,表现出明显的尺寸效应。主要结论如下:

① 薄膜中液体的等效粘度随膜厚减小而增加,当膜厚减小到某个临界值时等效粘度急剧增大,发生向固态的转化。

② 固 - 液相变的临界压力随着膜减薄而减小,表面在纳米级薄膜中润滑剂可能在很低的压力下发生相变,从而表现出固体或类固体的性态。

③ 薄膜中润滑剂分子的松弛时间增加,在较低的剪切率下限出现剪切变稀现象,说明在薄膜约束状态下润滑剂呈现明显的非牛顿性和粘弹性。

2　NiAl 应力诱发马氏体的模拟

用分子动力学方法可在原子层次上直接模拟马氏体相变的动态过程,为研究相变微观机理提供了有效的新方法。20 世纪 80 年代初以来,描述原子间相互作用的多体理论迅速发展,其中基于密度泛函和准原子理论的嵌入原子法(Embedded Atom Method, EAM)既具有良好的物理背景,又适合计算机模拟,被广泛用于研究固态材料性质。Voter 和 Chen 等拟合出 NiAl 合金的 EAM 势,并在 Ni_3Al 和 NiAl 合金性质的研究中取得了较好结果。

2.1　模拟方法

NiAl 热诱发马氏体相变的模拟表明:Ni 原子和 Al 原子振动性质的差异会造成马氏体的不均匀形核。具有四个纯 Al 表面的系统始终未能发生相变。但对有同样表面的 NiAl 单晶进行的应力诱发马氏体相变模拟发现:当拉应力增至临界值时,马氏体通过沿

$(110)[1\overline{1}0]$ 方向切变形核。为进一步研究外界条件对应力诱发马氏体相变的影响,模拟的系统在 y 轴方向具有两个纯 Al 表面, x 和 z 轴方向都具有周期性边界。模拟开始时,系统具有理想的 B2 晶体结构,三个轴分别沿 $[100]$, $[010]$, $[001]$ 晶向,大小为 $30a_0 \times 30a_0 \times 5a_0$ (a_0 为 100 K 时 B2 结构的点阵参数)。原子的初始速度是随机产生的,但符合给定温度下的 Maxwell – Boltzmann 分布。温度维持在 100 K 左右。当偏离该温度时要重新标定所有原子的运动速度,使系统能在较短时间内回到给定温度。时间步长选为 3.5 fs。对靠近表面且垂直于 y 轴的两层原子施加了随时间线性增加的拉应力。

2.2 模拟结果

系统在 z 轴方向具有周期性边界,大小为 $5a_0$,因此将系统沿 z 轴均分为 5 层时,任意一个层的排布都能基本反映原子的空间分布特点。本文给出的都是中间一层的原子分布图。图 7(a) 和(b) 分别为模拟开始时系统的原子分布图和径向分布函数(Radial Distribution Function, RDF),此时所有原子的排列都很规则,两个表面上全部都是 Al 原子;RDF 的每个峰都很尖锐,第一和第二个峰相距很近,具有 bcc 结构 RDF 的谱特征。

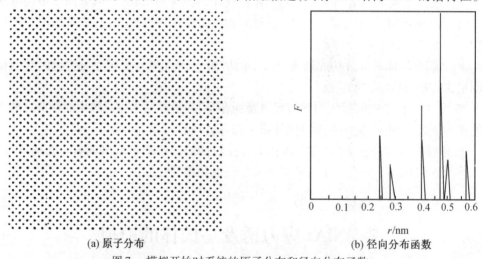

(a) 原子分布　　　　　　　　　　　　(b) 径向分布函数

图 7　模拟开始时系统的原子分布和径向分布函数

对选定系统共进行了 14 000 步模拟。图 8 表明,11 500 和 11 800 步模拟后系统的 RDF 与理想 B2 结构基本类似,只是热扰动使每个峰都发生宽化;但当时间进一步增加时,B2 结构 RDF 的第二个峰逐渐降低,同时 0.355 和 0.385 nm 附近产生两个新峰,其高度逐渐上升。这是由于系统中发生了应力诱发马氏体相变造成的,两个新峰分别是马氏体的第二和第三个峰,马氏体的第一个峰与奥氏体的第一个峰位置相同。随着相变的进行,奥氏体逐渐减少,马氏体逐渐增多,使 RDF 发生了上述变化。图 8 还表明奥氏体中基本没有相距 0.335 ~ 0.385 nm 的原子对。即使由于热扰动产生了该范围内的原子对,数量也非常少,而且是随机分布的。马氏体的第二和第三个峰分别位于 0.355 nm 和 0.385 nm 左右,表明马氏体内存在大量相距 0.335 ~ 0.385 nm 的原子对。如果将所有距离在该范围内的原子对之间加以连线,绝大多数连线将出现在马氏体区域,这有助于了解马氏体的形核和长大过程。

图9(a)～(f)分别给出11 500,11 800, 12 000,12 500,13 000和14 000步模拟后系统的原子分布图,并将所有相距0.335～0.38 nm的原子对间加以连线。11 500步时连线数量很少,分布较均匀,此时没有发生相变。虽然11 800步时RDF保持了B2结构的特征,但系统中下部部分区域已出现很多连线,分布较集中,具有一定的规律性,表明马氏体已开始在该处形核。在12 000步时,马氏体长大后先形成蝶状马氏体,两翼分别沿[$1\bar{1}0$][$\bar{1}10$]方向,翼片内出现转变孪晶。模拟发现,蝶状马氏体首先在两翼相接的部位形核,然后沿一翼方向长大,在自催化作用下另一翼也迅速形成。两翼形成的时间相差极短。在拉应力、热运动和系统内应力等因素共同作用下,

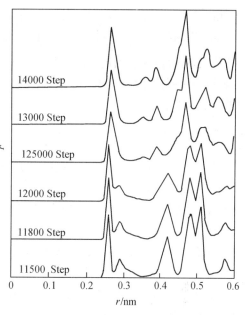

图8　模拟中系统径向分布函数的变化示意图

蝶状马氏体在继续长大过程中的变化很复杂,12 500步时已形成几部分不同取向的马氏体变体,中间被奥氏体或转变孪晶隔开。到13 000步时,系统内大部分区域转变为马氏体。考虑到X轴方向的周期性边界条件,此时系统内共存在两种取向的马氏体变体:形核后长大形成的马氏体和转变孪晶。转变孪晶

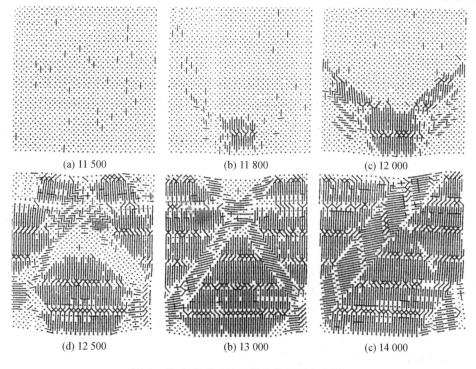

(a) 11 500　　　　　　(b) 11 800　　　　　　(c) 12 000

(d) 12 500　　　　　　(b) 13 000　　　　　　(c) 14 000

图9　68中步时系统的键连线原子分布图

分别沿$[110]$和$[\bar{1}10]$方向。马氏体与奥氏体间以及不同取向的马氏体变体间都形成共格界面,界面附近的原子排列很规则,没有位错等缺陷存在。到 14 000 步模拟结果时,沿$[1\bar{1}0]$方向的转变孪晶进一步长大,沿$[\bar{1}10]$方向的转变孪晶消失,系统中形成不同取向的孪晶马氏体依次排列的结构;孪晶马氏体间仍具有共格界面。相变过程中出现了明显的表面浮突现象。

2.3 讨 论

分析马氏体的径向分布函数和原子的空间分布特征,发现马氏体具有四方 $L1_0$(3R)结构。实验研究并未发现标准化学计量比 NiAl 合金可发生马氏体相变,但在 Ni 含量较高的 NiAl 合金的实验中经常观察到 3R 结构的马氏体。模拟与实验间的偏差主要是原子间相互作用势造成的。NiAl 合金嵌入原子势拟合中采用了较多 Ni_3Al 的实验参数,B2 结构 NiAl 的数据较少。使嵌入原子势描述的标准化学计量比 NiAl 合金性质上更接近于某些 Ni 含量较高的实际合金。高分辨电镜观察发现,$Ni_{62.5}Al_{37.5}$ 马氏体片内有取向不同的孪晶马氏体依次排列的结构,孪晶马氏体间形成共格界面。虽然模拟的时间非常短,系统的粒子数也有限,这些都与实验条件有较大差异,但模拟结束时得到的微观结构却与实验观察基本一致,这充分说明马氏体确实是以非常快的速度形核和长大的。

与奥氏体相比,马氏体沿一个轴伸长,其余两轴缩短。在模拟中,形核后长大的马氏体沿拉应力方向(y 轴)伸长,转变孪晶沿 x 轴伸长。马氏体形核后沿 x 轴缩短,为保持该方向的周期性边界,系统通过自协调产生转变孪晶,转变孪晶沿 x 轴伸长,这样就形成了取向不同的马氏体依次排列的结构。z 轴方向也具有周期性边界,马氏体在该方向的点阵参数比奥氏体小,必须通过一定的点阵不变切变才能保持周期性边界,形成不变平面应变,并使总的形状应变最低。马氏体内垂直于伸长轴方向每隔 3 ~ 4 个原子层就形成有规律的带状结构,这就是通过孪生切变方式完成不变平面应变而形成的孪晶畴亚结构。

为研究应力诱发马氏体相变的机理,图 10 给出了首先形核的中下部部分区域平均应变的变化过程。前 11 500 步模拟中,随着拉应力的增加,应变 ε_2 逐渐增大;其他应变分量基本不受拉应力的影响。11 500 步与 12 500 步之间,应变 ε_2 迅速增加,同时 ε_1 也迅速增大,且 ε_1 和 ε_2 符号相反;应变 ε_4 也逐渐增大,但比 ε_1 和 ε_2 小得多;其余应变分量变化很小。应力诱发马氏体在 11 800 步开始形核,表明应变 ε_1 和 ε_2 可能在形核中具有关键作用。12 500 步以后应变发生波动,此时系统内部的变化很复杂,不同取向的马氏体相互转化和合并,并完成了点阵不变切变。

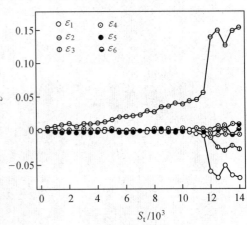

图 10　形核区域原子平均应变 ε 随时间 t_s 变化

上述分析表明,应变 ε_1 和 ε_2 在应力诱发马氏体形核中起了关键作用:拉应力使 ε_2 应变逐渐增加;拉应力增至一定值时,应变能达到临界值,奥氏体克服能垒而转变为马氏体;马氏体形核对应于应变 ε_1 和 ε_2 的迅速增大,而切应变 $(\varepsilon_2 - \varepsilon_1)/2$ 代表沿 $(110)[1\overline{1}0]$ 方向切变量的大小,这说明马氏体可能是通过沿 $(110)[1\overline{1}0]$ 方向的切变形核的。

鉴于 ε_1 和 ε_2 应变在应力诱发马氏体形核中的重要作用,图 11 给出 11 800 步时应变 ε_1 和 ε_2 的空间分布。其中线的长度与应变大小成正比,线位于原子上方表示应变为正,下方为负。马氏体开始形核时,大部分区域 ε_1 较小,ε_1 最大的中下部区域恰好对应于已形核区域,且为负值。左下角和右下角部分正 ε_1 应变区域随后形成转变孪晶;所有区域 ε_2 均为较大的正值。这是沿 y 轴方向施加了拉应力引起的。ε_2 最大的中下部区域恰好是形核区域,左中部和右中部沿对角线方向具有较大 ε_2 的区域随后转变为蝶状马氏体的两翼。这进一步证实了 ε_1 和 ε_2 在形核中的关键作用。

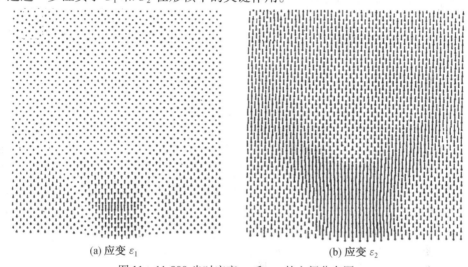

(a) 应变 ε_1　　　　　　　　　　　　　　　(b) 应变 ε_2

图 11　11 800 步时应变 ε_1 和 ε_2 的空间分布图

图 12 给出模拟结束时 ε_1 和 ε_2 的空间分布图。与此时的原子分布图进行比较可知:沿拉应力方向伸长的马氏体区域应变 $\varepsilon_1 < 0$,$\varepsilon_2 > 0$,它们是通过沿 $(110)[1\overline{1}0]$ 方向的切变形核的;沿 x 轴方向伸长的马氏体区域应变 $\varepsilon_1 > 0$,$\varepsilon_2 < 0$,这是通过沿 $(110)[1\overline{1}0]$ 方向的孪生切变形成的转变孪晶。转变孪晶沿与形核产生的马氏体相反的方向切变,可以减少马氏体形核所产生的形态应变和内应力,并有利于保持 x 轴方向的周期性边界。马氏体间的共格界面上 ε_1 和 ε_2 都非常小,构成了正应变和负应变之间的过渡区。

如果假设应力诱发马氏体在 11800 步时开始形核,则可计算出形核的临界应变为,$\varepsilon_1 = -0.018,\varepsilon_2 = 0.079,\varepsilon_3 = -0.010,\varepsilon_4 = 0.003,\varepsilon_5 = -0.001,\varepsilon_6 = -0.010$。立方点阵材料应变能的计算公式为

$$
\begin{aligned}
f(\varepsilon) = & C_{11}(\varepsilon_1^2 + \varepsilon_2^2 + \varepsilon_3^2)/2 + C_{12}(\varepsilon_1\varepsilon_2 + \varepsilon_2\varepsilon_3 + \varepsilon_1\varepsilon_3) + \\
& C_{44}(\varepsilon_4^2 + \varepsilon_5^2 + \varepsilon_6^2)/2 + C_{111}(\varepsilon_1^3 + \varepsilon_2^3 + \varepsilon_3^3)/6 + \\
& C_{112}(\varepsilon_1^2\varepsilon_2 + \varepsilon_2^2\varepsilon_1 + \varepsilon_1^2\varepsilon_3 + \varepsilon_3^2\varepsilon_1 + \varepsilon_2^2\varepsilon_3 + \varepsilon_3^2\varepsilon_2)/2 + \\
& C_{123}\varepsilon_1\varepsilon_2\varepsilon_3 + C_{144}(\varepsilon_1\varepsilon_4^2 + \varepsilon_2\varepsilon_5^2 + \varepsilon_3\varepsilon_6^2)/2 +
\end{aligned}
$$

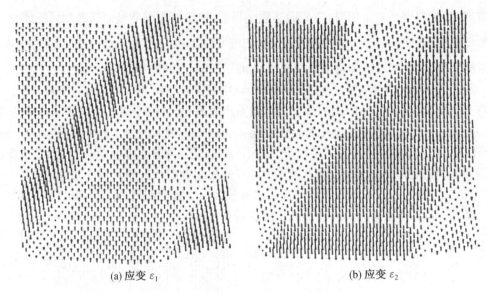

(a) 应变 ε_1　　　　　　　　　　　　　　　(b) 应变 ε_2

图 12　14 000 步时应变 ε_1 和 ε_2 的空间分布图

$$C_{166}(\varepsilon_1\varepsilon_5^2 + \varepsilon_1\varepsilon_6^2 + \varepsilon_2\varepsilon_4^2 + \varepsilon_2\varepsilon_6^2 + \varepsilon_3\varepsilon_4^2 + \varepsilon_3\varepsilon_5^2)/2 +$$
$$C_{456}\varepsilon_4\varepsilon_5\varepsilon_6 + \lambda\, C_{ijkl}\varepsilon^4$$

式中，ε 为六个 Lagrangian 应变分量；C_{ij}，C_{ijk} 和 C_{ijkl} 为代表二阶、三阶和四阶弹性常数。

如果应变较小，则可忽略四阶以上项的影响。Shao 等计算了标准化学计量比 NiAl 的二阶和三阶弹性常数（单位 TN·m^{-2}）：$C_{11} = 0.217$，$C_{12} = 0.161$，$C_{44} = 0.171$，$C_{111} = -4.01$，$C_{112} = -0.622$，$C_{123} = -0.611$，$C_{144} = -0.988$，$C_{166} = -0.871$，$C_{456} = -0.919$，二阶弹性常数与实验符合较好。将弹性常数和形核的临界应变代入上式，则可计算出应力诱发马氏体形核的激活能约为 0.12 GN·m^{-2}。与在具有四个纯 Al 原子表面的系统中进行的应力诱发马氏体模拟研究相比，激活能基本相同，但由于 X 轴方向具有周期性边界，很难在该方向发生变形，因此形核时应变 ε_1 要小得多，ε_2 则大了约一倍，形核的临界拉应力也增加了很多。

2.4　结　论

对应力诱发 B2 结构奥氏体转变为 3R 结构马氏体的模拟表明：

① 拉应力作用使应变 ε_2 逐渐增大。当拉应力增至一定值时，应变达到临界值，马氏体通过沿 $(110)[1\overline{1}0]$ 方向的切变形核。形核的激活能约为 0.12 GN·m^{-2}。

② 马氏体开始长大后先形成蝶状马氏体，两翼以自催化方式先后形成。通过自协调方式产生了与形核切变方向相反的孪生切变，形成转变孪晶。

③ 在拉应力、热扰动和内应力等因素作用下，不同取向的马氏体在长大过程中能够相互转化和合并。模拟结束时得到了不同取向的孪晶马氏体依次排列的微观结构。

3　分子动力学计算在材料科学中的应用

3.1　快速凝固和快速升温过程中的相变

常规的快冷技术能达到的冷却速度一般小于 10^7 K·s^{-1}，无法使 Ni$_3$Al 非晶化。王鲁红用计算方法就能知道在什么情况下能非晶化，弥补了实验的不足。图13 是冷却速度为 4×10^{13} K·s^{-1} 时的全双体分布函数。可以看出，随着温度的下降，前峰变高，而峰谷变低，说明原子排列趋向短程有序。模拟终态为300 K时，第2峰劈裂十分明显，表明非晶形成。从图14(a) 可见，在 $R_{C1}(4 \times 10^{13})$ K·s^{-1} 和 $R_{C2}(1 \times 10^{13})$ K·s^{-1} 两种冷却条件下，代表非晶的 1 551 键对量占优势，相反在 $R_{C3}(2.5 \times 10^{12})$ K·s^{-1} 和 $R_{C4}(4 \times 10^{11})$ K·s^{-1} 冷却条件下，没有 1 551 键对，说明不能形成非晶。

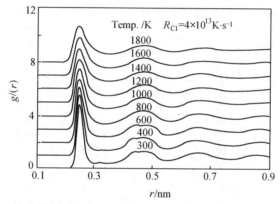

图13　快速凝固过程中 Ni$_3$Al 在不同温度下全双体分布函数 $g(r)$

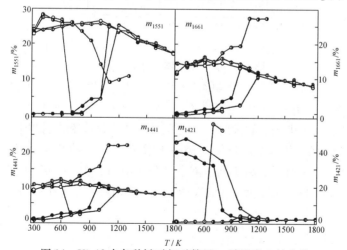

图14　Ni$_3$Al 中各种键对相对数目 m 随温度 T 的变化

冷却速率/(K·s^{-1})：○R_{C1}—4×10^{13}，◔R_{C2}—1×10^{13}，●R_{C3}—2.5×10^{12}，◑R_{C4}—4×10^{11}

加热速率/(K·s^{-1})：◑R_{h1}—2.5×10^{12}，R_{h2}—4×10^{11}

在快速升温的计算研究中，以 $R_{h1}(2.5 \times 10^{12}$ K · s$^{-1})$ 速度升温时，代表 bcc 结构的 1661 和 1441 键对量很快增加，如图 14(b)，(c)，表明非晶 Ni$_3$Al 在上述升温速度下，形成的结构不是 fcc 而是亚稳的 bcc。以 $R_{h2}(4 \times 10^{11}$ K · s$^{-1})$ 速度升温，主要得到代表 fcc 结构的 1421 键对，如图 14(d) 所示。

陈魁英等以同样方法研究过 Al，Cu，Li – In，Li – Tl，Li – Mg，K – Rb 和 Ni$_{80}$P$_{20}$ 过冷液态的局域结构。

3.2 高压相稳定性的预测

高压试验比较困难。但在近自由电子近似下，用赝势理论可以预测高压相稳定性。金朝晖研究了高压下 Mg 的相变。图 15(a) 表示常压 Mg 以 1×10^{12}K · s^{-1} 和 6×10^{12} K · s^{-1} 的速度冷却时获得 hcp 结构，冷却速度为 1.2×10^{13} K · s^{-1} 时，得到非晶结构。图中虚线为常压下液态 Mg 的 $g(r)$ 实验值。在高压（45 GPa）下，Mg 以 8×10^{12} K · s^{-1} 和 5×10^{13} K · s^{-1} 的速度冷却后为 bcc 结构，冷却速度为 1×10^{14} K · s^{-1} 时可得非晶结构，如图 15(b)。

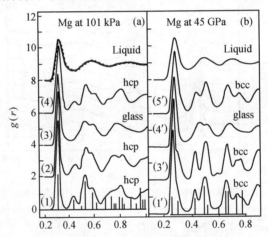

图 15 Mg 的全双体分布函数 $g(r)$

冷却速率/(K · s^{-1})：(1)1×10^{12}；(2)6×10^{12}；(3)1.2×10^{13}；(4)1.2×10^{13}（迅速）

加热速率/(K · s^{-1})：(1)1×10^{12}；(1′)8×10^{12}；(3′)5×10^{3}；(4′)1×10^{14}；(5′)2.5×10^{12}

表 1 中列出了不同状态下的键对数。常压及高压下液态和非晶结构中，1551 键对和 1541 键对较多。增加压力导致 1551 键对进一步增多和 $g(r)$ 第二峰分裂。在常压液态和非晶中，1421 及 1422 键对明显高于高压液态及非晶中的 1421 和 1422 键对数。常压下有大量的 1421 和 1422 键对，相应为 hcp 结构；高压下有大量的 1661 和 1441 键对，相应为 bcc 结构。

表 1　常压和高压下 Mg 金属的液态、非晶态及晶态中的典型局域原子键对的相对数目

p/MPa	状态	1551	1541	1421	1422	1431	1661	1441	N_{ic}
	液态	0.115	0.135	0.039	0.078	0.211	0.04	0.044	0.6
0.101	非晶态	0.178	0.224	0.095	0.116	0.216	0.044	0.026	4.0
	晶态(hcp)	0	0.052	0.459	0.330	0.04	0.002	0.008	0
	液态	0.2133	0.143	0.018	0.036	0.154	0.094	0.080	0.6
45×10^3	非晶态	0.332	0.205	0.032	0.056	0.156	0.109	0.071	6.4
	晶态(bcc)	0.039	0.072	0.011	0.005	0.04	0.458	0.350	0

* N_{ic} 代表 icosahedra 数

3.3　热力学参数的计算

刘洪波利用 EAM 势及等体积 MD 方法可以模拟计算 Cu.Ni 合金的 Gibbs 自由能

$$G_m = G_A^o x_A + G_B^o x_B + RT(x_A \ln x_A + x_B \ln x_B) + G_m^E \qquad (14)$$

其中 G_A^o 和 G_B^o 在是温度 T 时纯 A 和纯 B 组元的摩尔 Gibbs 自由能, G_A^o 是摩尔过剩 Gibbs 自由能; x_A 和 x_B 分别是 A 和 B 在合金中的摩尔分数。图 16 给出了液态 $\text{Cu}_{70}\text{Ni}_{30}$ 合金的混合 Gibbs 自由能, 显示计算的合金混合 Gibbs 自由能与实验值较一致。

刘洪波又计算了 $\text{Ag}_{60}\text{Cu}_{40}$ 液态合金在 1 381 K 时的表面熵为 1 059 J $(\text{m}^2 \cdot \text{K})^{-1}$, 和实验值相差小于 10%, 表面熵为 0.09 J$(\text{m} \cdot \text{K})^{-2}$。金朝晖计算 Na – Cd 液态合金的混合熵, 变化规律和实验值一致, 发现在(30% ~ 50%)Na(原子分数)时, 有序因素对熵的贡献最大。

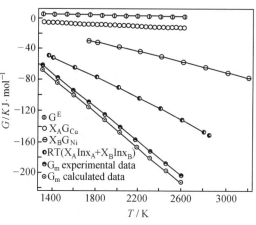

图 16　液态 $\text{Cu}_{70}\text{Ni}_{30}$ 合金的混合 Gibbs 自由能 G

3.4　过冷液态和非晶态结构

李小平计算了 Al 和 Cu 的液态、过冷液态和固态的双体分布函数(图 17)。1 323 K 和 1 023 K 的双体分布函数与实验结果十分接近。双体分布函数的第 2 峰劈裂是逐渐发生的, 在较低温度下完全劈裂为两个峰, 通常认为这是非晶态的固有特征。按照 Abraham 的方法确定非晶态转变温度 T_g(图 18)为 ~ 420 K, 也就是说第 2 峰壁裂甚至在过冷液态就出现了, 因此它并不是非晶形成的唯一判据。T_g 点作为判据更为合理。这也是标志过冷液态与非晶态结构差异的重要特征。快速凝固过程结构变化的主要特点是二十面体序增加, 动力学因素控制结构的演化规律。过冷液态与非晶态结构的主要差别是后者二十面体序更强, 而过冷液态中的局域序分布范围广, 表现出更大的无规律性。

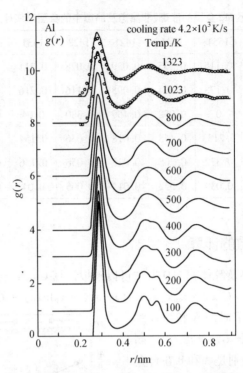

图 17　液态、过冷液态和固态 Al 的双体分布函数。实线为计算值,点线为实验值

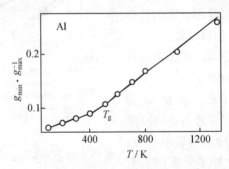

图 18　Al 的双体分布函数的第 1 谷的最小
值 g_{min} 与第 1 峰的最大值 g_{max} 之比

3.5　结束语

　　从电子和原子层次上对材料行为进行计算机模拟是一门新兴的学科,尚需深入发展,在合金设计上是重要的工具。在合金研究中还要凭借积累的经验解决具体问题,只要方向正确,经过不懈的努力,掌握其内在规律,加上计算机的容量和速度的不断提高,一定能更可靠更准确地进行合金设计。

专题 5 人工神经网络在材料设计中的应用

1 人工神经网络简述

随着宇航工业的发展,对材料力学性能提出了更高的要求,超高强高韧钢的研制和应用不断取得新的进展,明显减轻了飞行器的重量,提高了飞行速度。几十年来,国内外先后发展了低合金、中合金和高合金高强度韧钢,典型代表是 18Ni 马氏体时效钢和高 Co-Ni 二次硬化钢,高 Co-Ni 二次硬化钢是在淬火、回火、二次硬化的基础上,利用 Ni,Co 含量调节韧性发展起来的,它综合了低合金超高强度钢和马氏体时效钢的优点,具有良好的强韧性配合。

人工神经网络是近年发展起来的模拟人脑生物过程的具有人工智能的系统,目前在材料设计方面的应用已取得了一定的进展。它无需人们预先给定公式的形式,而是以实验数据为基础,经过有限次迭代计算而获得的一个反映实验数据内在规律的数学模型,因此它特别适合于研究复杂非线性系统的特性。很多作者将材料的合金成分及热处理温度作为网络的输入,材料的力学性能作为网络的输出,来建立反映实验数据内在规律的数学模型,利用各种优化方法实现材料的设计。

合金相图的计算特别是热力学方法的计算已经取得了很大的进展。但是,热力学数据的缺乏往往是合金相图计算的主要障碍。为克服这一障碍,人们曾提出各种不同的模型和方法来研究合金相图。例如,Hume-Rothery 的二元合金系固溶体理论;Miedema 的二参数$(\phi^*, n_{\mathrm{WS}}^{1/3})$模型。陈念贻等利用原子参数-神经网络方法研究了二元合金相的若干热力学性质;最近,Zeng 等也用神经网络方法研究了液态合金的交互作用参数,并计算了含非过渡元素的液相分层体系的二元合金相图。

2 人工神经网络建立模型

采用反向传播算法(BP)建模。网络结构为 $8 \times 16 \times 6$,其中网络的 8 个输入高 Co-Ni 二次硬化钢的五个力学性能指标和部分合金成分(Nb,Ti,Co),分别用 I_1 至 I_8 表示,六个输出分别是合金成分 Ni,C,Cr,Mo 及淬火、时效温度,用 O_1 至 O_6 表示,中间隐层上的 16 个神经元输出为 Y_j,即

$$Y_j = f(\mathrm{net}_j) \tag{1}$$

$$\text{net}_j = \sum_{i=1}^{9} V_{ji}I_i \quad (j = 1, 2, \cdots, 16) \tag{2}$$

$$O_k = f(\text{net}_k) \tag{3}$$

$$\text{net}_k = \sum_{j=1}^{17} W_{jk}Y_j \quad (k = 1, 2, \cdots, 6) \tag{4}$$

$$f(x) = (1 - e^{-x})/(1 + e^x) \tag{5}$$

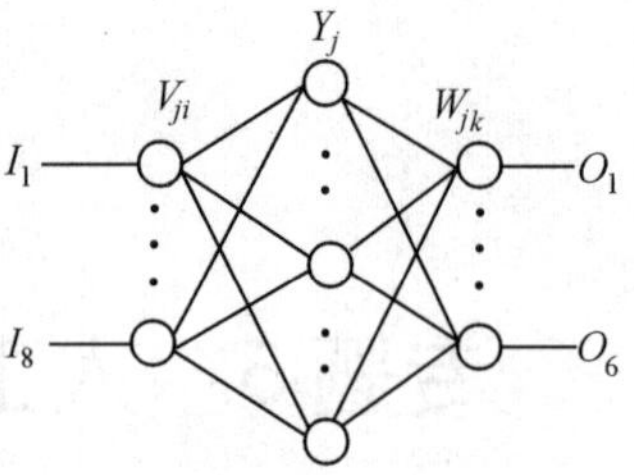

图 1　BP 网络结构

这里 net_j, net_k 分别为隐层第 j 个神经元和输出层第 k 个神经元的输入,V_{ji} 和 W_{jk} 分别表示输入层与隐层,以及隐层与输出层之间的权值。训练一个神经网络就是通过调整权值以实现对复杂非线性对象的建模和估计,训练网络的指标函数为

$$E = \frac{1}{2p} \sum_{k=1}^{6} \sum_{n=1}^{p} (D_{nk} - O_{nk})^2 \tag{6}$$

式中,D_{nk} 为第 n 个学习样本的第 k 个分量,通常称之为导师信号;O_{nk} 为相应网络的实际输出值;p 为训练样本数。

网络学习算法给出的方法,即第 $t + 1$ 次迭代权的修正为

$$W_{jk}(t + 1) = W_{jk}(t) + \eta\delta_k Y_j + \alpha[W_{jk}(t) - W_{jk}(t - 1)] \tag{7}$$

$$V_{ji}(t + 1) = V_{ji}(t) + \eta\delta_j I_j + \alpha[V_{ji}(t) - V_{ji}(t - 1)] \tag{8}$$

式中,η 为学习率;α 为动量项系数;δ_k, δ_j 为学习信号,其表达式为

$$\delta_k = (D_k - O_k)f'(\text{net}_k) \tag{9}$$

$$\delta_j = \sum_{k=1}^{6} W_{jk}\delta_k f'(\text{net}_j) \tag{10}$$

训练网络的样本取自国内外有关资料共 41 个,其中 39 个用于训练网络,2 个用于检验网络的预测能力。为保证收敛,首先对样本数据进行归一化处理,使所有数据在 $[0,1]$ 之间的网络空间变化。具体做法是:令某组数据中最大值为 b,最小值为 a,则归一化前该组数据中的数据 X 在归一化后的值为

$$c = (X - a)/(b - 1) \tag{11}$$

显然,网络的输出结果可经过反归一化后获得其在原物理空间数值为

$$X = a + c \times (b - a) \tag{12}$$

由于输入输出单元较多,在训练网络过程中,为了加快收敛,采用了变步长的方法。初始学习率 $\eta = 0.6$,动量项系数 $\alpha = 0.5$,当网络训练过程出现动荡时减小学习率 η 和动量项系数 α 为

$$\eta_{i+1} = 0.9\eta_i \tag{13}$$

$$\alpha_{i+1} = 0.8\alpha_i \tag{14}$$

经变步长训练 9 000 次,系统学习误差 $E = 0.000\ 894$,最终学习率 $\eta = 0.090$,动量项系数 $\alpha = 0.054$,学习及检验结果见表 1。文中列出部分训练样本及 2 个(带 $*$)检测样本。可见网络输出与实验结果非常接近,这表明正确建立了网络的输入输出关系。

表 1　网络部分学习及检验样本

网络输入变量								实　验　值						网络输出值					
$\sigma_{0.2}$/MPa	σ_b/MPa	k_{ic}/(MPa·m$^{1/2}$)	δ/%	Ψ/%	w(Nb)/%	w(Ti)/%	w(Co)/%	w(C)/%	w(Ni)/%	w(Cr)/%	w(Mo)/%	时效/℃	淬火/℃	w(C)/%	w(Ni)/%	w(Cr)/%	w(Mo)/%	时效/℃	淬火/℃
1 772	1 842	119.4	11.3	61.8	0.000	0.011	15.46	0.16	11.19	2.51	1.65	495	840	0.160	11.190	2.523	1.651	494	840
1 539	1 584	160.4	13.9	68.7	0.000	0.013	13.49	0.18	9.27	2.64	1.39	510	840	0.179	9.276	2.619	1.384	509	839
1 674	1 095	086.2	13.1	65.6	0.000	0.013	13.75	0.16	9.77	2.01	1.1	480	830	0.159	9.793	1.973	1.088	479	829
1 630	1 800	151.0	14.0	68.0	0.023	0.02	9.94	0.24	9.68	1.98	1.08	485	880	0.239	9.671	1.959	1.049	486	881.3
1 687	1 848	104.1	14.2	64.5	0.023	0.000	19.88	0.22	9.52	2.3	1.2	495	840	0.221	9.517	2.306	1.228	495	840
1 640	1 770	126.0	12.0	63.0	0.029	0.047	9.60	0.27	9.48	1.95	0.99	510	840	0.269	9.477	1.959	0.985	509	840 *
1 726	1 933	91.8	14.7	62.8	0.023	0.000	19.88	0.22	9.52	2.3	1.2	480	840	0.219	9.525	2.285	1.193	479	839 *

3　人工神经网络应用

3.1　材料合金成分设计及热处理温度确定

为了获得具备优良力学性能的材料,必须合理设计材料的合金成分及相应的热处理温度,高 Co - Ni 二次硬化钢是一个多元合金系统,其力学性能受合金成分及热处理条件的综合影响,因此其成分设计及热处理制度的确定都必须经过反复实验才能达到预期的目的,为了降低消耗,减少实验次数,提高效率,人们的目光转向了理论辅助的材料设计和预测。人工神经网络是近年发展起来的模拟人脑生物过程的具有人工智能的系统,目前在材料设计方面的应用已取得了一定进展,人们通常将材料的合金成分及热处理温度作为网络的输入,材料的力学性能作为网络的输出,来建立反映实验数据内在规律的数学模型,利用各种优化方法实现材料的设计。然而,无论应用哪种方法,如遗算法、模拟退火算法,都需要计算机进行多次迭代运算,计算量很大,并且容易陷入局部极值区域,往往得不到最优解,只能获得一个次优解。材料的力学性能指标较多,要获得综合性能指标优良的材料,使优化算法非常复杂。在实验的基础上,首次提出将材料的力学性能及部分材料合金成分作为网络的输入量,材料的其他合金成分及热处理温度作为网络的输出,来建立反映实验数据内在规律的数据模型,根据对材料的力学性能要求,直接确定各种合金成分含量和热处理温度,克服了各种优化方法计算量大,难于寻找最优解的缺点,为材料的设计提供了有效的手段。

G99 钢系我国独创的新型高强高韧钢,与国外 AF1410,Aermet100 相比,在动、静态下均具有优异的综合性能,以此钢的力学性能指标为标准,利用上面训练好的网络估计材料应包含量及相应的热处理温度,以获得相应的性能指标。探求降低 Co 含量的途径,降低钢的成本,提高经济效益。网络的计算结果见表2。计算中除 Co 外,其他输入条件同表1

中（带 ##）样本,可见 # 方案与表 1（带 ##）样本非常接近。

表 2　钢中合金元素含量（w/%）及热处理温度

序号	w(Co)/%	w(C)/%	w(Ni)/%	w(Cr)/%	w(Mo)/%	时效温度 /℃	淬火温度 /℃
1	6.884 2	0.252 1	10.614 2	2.885 9	1.436 7	441.5	882.7
2	7.825 5	0.248 0	10.292 4	2.665 5	1.335 6	456.0	882.4
3	8.766 9	0.243 8	9.978 1	2.369 7	1.217 9	471.1	881.9
4	9.708 3	0.240 1	9.722 6	2.041 1	1.084 4	483.6	881.3
5	10.649 7	0.237 5	9.549 4	1.716 2	0.938 1	493.1	880.5
6	11.591 1	0.236 8	9.471 6	1.413 2	0.785 9	500.2	879.2

图 2 给出了不同 Co 含量下,为使钢材具备同 ## 样本相同的力学性能 C,Ni,Cr,Mo 等变化情况,图 3 是时效及淬火温度随 Co 的变化。图 2 中曲线 1 代表 Ni;2,3,4 分别代表 Mo,C,Cr,它们的实际值分别为纵坐标 ×10⁻¹,10⁻²,10⁻¹。图 3 中曲线 1,2 分别代表时效和淬火温度。Co 是一种非常贵重的金属,为降低钢的成本,需要降低钢中 Co 的含量。从图 2 可以发现当 Co 含量下降时,C 的含量增加,这是由于 Co,C 都是强化元素,降低 Co 损失的强度需要用 C 补充。然而 C 的增加会使钢的韧性下降,从图 2 可以看出这一损失由增 Ni 和 Cr/Mo 比调整。由图 3 我们发现淬火温度几乎没有变化,时效温度随 Co 含量降低有所下降。

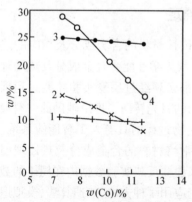

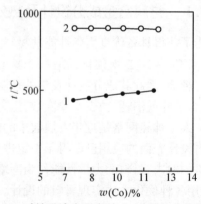

图 2　C,Ni,Cr,Mo 随 Co 含量的变化规律　　图 3　时效及淬火温度随 Co 含量的变化规律

综上所述,将材料的力学性能及部分材料合金成分作为网络的输入,材料的其他合金成分及热处理温度作为网络的输出,来建立反映实验数据内在规律的数学模型,根据对材料的力学性能要求,直接确定各种合金成分含量和热处理温度的新方法,克服了各种优化算法计算量大,难于寻找最优解的缺点,为材料的设计提供了有效的手段,具有重大应用前景。

3.2　二元连续固溶体合金交互作用参数与相图的预报

（1）原理和方法

① 固、液互溶二元合金相交互作用参数的计算。为了计算固、液互溶二元系的交互作用参数,设 A 和 B 组元组成的液相和固相均为规则溶液。二元系溶液相的过剩自由

能$^{ex}G^v$可表示为

$$^{ex}G^v = \Omega_V x_1 x_2 \tag{15}$$

其中,Ω_V为交互作用参数(文中对具体的固相(s)和液相(1)内组元之间的交互作用参数分别以Ω_s和Ω_1代替此处的Ω_V)。体系中各相的 Gibbs 自由能G^v为

$$G^v = x_1^{t0}G_1^v + x_2^{t0}G_2^v + RT(x_1^v \ln x_1^v + x_2^v \ln x_2^v) + {}^{ex}G^v \tag{16}$$

其中,x_i为组元i的成分(克原子分数,%);v代表液相(1)或固相(s);G^v为纯组元i组成的v相时的自由能;T为热力学温度(R);R为气体常数。

当体系达到平衡,组元在各相中化学位相等,即

$$\mu_1^{v_1} = \mu_1^{v_2} \qquad \mu_2^{v_1} = \mu_2^{v_2} \tag{17}$$

当液相与固相平衡时,有

$$\Delta G_A^{s \to 1} + RT\ln[(1 - x_1)/(1 - x_s)] = x_s^2 \Omega_s - x_1^2 \Omega_1 \tag{18}$$

$$\Delta G_B^{s \to 1} + RT\ln(x_1/x_s) = (1 - x_s)^2 \Omega_s - (1 - x_1)^2 \Omega_1 \tag{19}$$

式中,$\Delta G^{s \to 1}$为纯组元的熔化自由能;x_s和x_1分别为$s/(s+1)$和$(s+1)/1$相界的成分(克原子分数,%)。

Kaufman 曾通过金属的蒸发热来估计交互作用参数Ω_s和Ω_1,并认为交互作用参数是由于电子因数引起的对组元间结合能的贡献和由于原子尺寸因数引起的畸变能的贡献。另一方面,为了解释合金中的能量效应,Miedema 曾提出了一种简单的孔状模型,此模型认为:二元合金中两类金属原子的原胞基本上类似于纯金属的原胞,合金效应可视为当纯金属发生原子转移时所引起边界条件的变化,其中有两个重要的变化效应。首先,不同原胞间的电子转移引起的化学势的变化对生成热产生的负贡献,这种电负性效应有利于合金的形成;其次对生成热产生的正贡献不利于合金的形成,这种效应来自两原子间的 Wigner. Seitz 原胞边界的电子密度差(Δn)。

基于以上考虑,表征反映二元系溶液相的过剩自由能$^{ex}G^v$的交互作用参数Ω_V可写成

$$\Omega_V = f(\Delta X, \Delta n_{WS}^{1/3}, \Delta Z, r_a/r_b, \cdots) \tag{20}$$

式中,ΔX为元素电负性差;$\Delta n_{WS}^{1/3}$为 Midedma 模型中元素价电子密度差;ΔZ为元素的价电子差;r为元素的原子半径。

因此,选取$\Delta X, \Delta n_{WS}^{1/3}, \Delta Z$和$r_a/r_b$作为反映影响二元系溶液相的过剩自由能$^{ex}G^v$的交互作用参数$\Omega_V$的因素是合理的。

② 人工神经网络方法。人工神经网络善于从多种因数影响的数据集中总结非线性的数学模型。采用反向误差传递算法(BP),设有m层神经网络,如果输入层加上输入模式P,并在第k层i单元输入的总和为u_i^k,输出为V_i^k,由$k-1$层的第j个神经元到k层的第i个神经元的结合权值为W_{ij},各神经元输入和输出的函数关系为f,则各变量之间的关系为

$$V_i^k = f(u_i^k); \quad u_i^k = \sum W_{ij}V_j^{k-1} \tag{21}$$

如果输出V_j^m与期望值y_j不符,就会产生误差,然后通过下式改变数值

$$\Delta W_{ij} = -\varepsilon d_j^k V_j^{k-1} \tag{22}$$

其中

$$d_j^m = V_j^m(1 - V_j^m)(V_j^m - y_j) \tag{23}$$

$$d_j^k = V_j^k(1 - V_j^k)\sum W_{ij}d_j^{k+1} \tag{24}$$

文中采用的网络结构为三层人工神经网络（图4）：输入层以 $\Delta X, \Delta n_{WS}^{1/3}, \Delta Z$ 和 r_a/r_b 作为输入变量，隐含层有 3 个节点以及一个输出（交互作用参数），以 Sigmoid 函数作为传递函数。

（2）结果与讨论

对 Zr – Pt，W – Pt，Ta – Pt，Ru – Pt，Rh – Pt，Os – Pt，Nb – Pt，Mo – Pt，Ir – Pt 和 Hf – Pt 二元系的 α 相及液相内组元之间的交互作用参数（Ω_s 和 Ω_l）用"留 – 法"作人工神经网络训练并预报，其结果见表3。

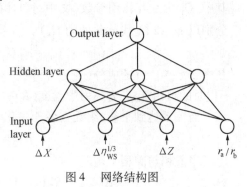

图 4　网络结构图

表3　若干二元系的 α 相及液相内组元之间的交互作用参数的人工神经网络方法计算与 Kaufman 计算结果的对比

No.	$A - B$	Ω_1		Ω_2	
		Kafman's	Prediction	Kafman's	Prediction
1	Zr – Pt	– 71 224	– 74 186	– 68 039	– 69 902
2	W – Pt	– 3 038	– 6 004	– 6 478	– 7 893
3	Ta – Pt	– 37 514	– 44 436	– 40 344	– 41 736
4	Ru – Pt	1 330	1 201	1 377	1 214
5	Rh – Pt	84	638	355	970
6	Os – Pt	1 520	1 866	1 385	1 768
7	Nb – Pt	– 37 904	– 44 122	– 4 086	– 42 569
8	Mo – Pt	– 5 645	– 6 325	– 9 158	– 8 849
9	Ir – Pt	1 039	1 521	1 179	1 714
10	Hf – Pt	– 72 041	– 73 804	– 69 871	– 68 846

图 5 为 Pt – Ir 和 Pt – Rh 二元系连续固溶体合金预报相图与实测相图的比较。从图可以看出，预报相图与实测相图符合得很好。

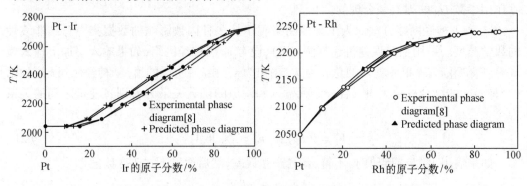

图 5　Pt – Ir 和 Pt – Rh 二元系连续固溶体的预报相图与实测相图的比较

　　综上所述,选择适当的化学键参数,利用人工神经网络方法计算合金相的交互作用参数,可以避免因热力学数据缺乏造成的困难;人工神经网络方法与热力学原理的结合不失为相图计算的一种有效方法。

专题6 梯度功能材料(FGM)设计

1 FGM 的概念

日本科学技术厅航空宇宙研究所和东北大学的材料研究者们于 1987 年提出了"梯度功能材料"(Functionally Gradient Materials,以下简称 FGM)的新概念。其基本思想是为了避免陶瓷/金属复合部件在使用过程中,因陶瓷与金属间在热膨胀系数、热传导系数、弹性模量及强度、韧性等物理性能和力学性能上的巨大差异所产生的过高界面应力而致使陶瓷层开裂及剥落现象,陶瓷与金属不是直接接触连接,而是在陶瓷与金属两者之间形成一个在成分、组织组成及性能上均呈梯度连续变化的过渡区,其典型的用作防热结构的梯度功能材料如图 1 所示,通过控制其成分、微观结构和孔隙率,使外层陶瓷与内层金属的热膨胀系数差得到补偿,使结合部位的界面消失,从而得到热应力缓和的高性能梯度功能材料。这样,一方面避免了两者间因物理及力学性能上的巨大差异所造成的界面应力等问题,另一方面又能充分缓和材料在使用过程中因高温梯度落差所造成的热应力。此外,梯度功能材料另一大优点,是可根据工件的实际服役条件要求,对 FGM 的组成、结构等进行灵活柔性设计而达到预期的要求。

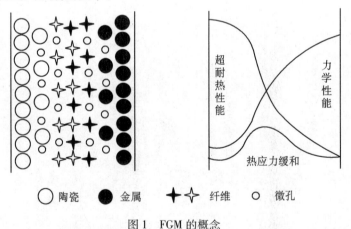

图 1 FGM 的概念

梯度功能材料技术一致被认为是未来航空、航天、核能等国防武器装备的核心关键技术,对武器装置及国防科技发展具有重要作用和意义。高速飞行的战术导弹矢量控制燃气舵,承受高马赫数下的气动加热,要求燃气舵耐高温、耐冲刷并在导弹转弯后分离,使用 FGM 制作燃气舵可提高导弹的机动性,减少消极结构重量,克服现有燃气舵材料密度大、高温强度低、烧蚀率高的弱点。FGM 还在生物医学、化学工程、信息工程、光电工程、民用及建筑方面也有着广阔的应用前景。

2　FGM 的研究方法与设计理论

2.1　FGM 研究方法

FGM 研究开发部门由材料设计、材料合成和性能评价三个部分组成。

研究目标是根据材料使用条件而制定的,包括材料所应达到的耐热温度、耐热温差、导热率、机械强度等。材料设计部门搜集材料的各种性能数据,建立数据库,根据功能目标以及制造成本等因素,选择材料体系,然后将使用条件和材料数据代入进行计算,得到使热应力最小的最佳成分分布。

材料合成部门根据材料体系和成分分布研制材料合成工艺,制备符合最佳成分分布的试样或试件。

性能评价部门对试样或试件进行各种性能测试,如机械性能、热冲击试验、热落差试验,将实测值反馈给材料设计部门,完善数据库,进行成分分布调整达到所需性能,指导材料合成部门制备试样或试件。

2.2　材料设计

功能梯度材料的设计有别于传统的材料研究方法,它主要通过计算机辅助设计系统,根据规定的所要设计的物体的形状和工作要求,选择可能合成的材料组配和恰当的制造方法。进而根据材料的物性参数及控制梯度化的适宜条件,进行温度分布解析和热应力解析,以探索比应力达最小值的组成分布形状或材料组配,最后将有关设计结果提交材料合成部门。

(1)组成分布函数的确定

假定梯度功能材料构成要素为 A(如陶瓷)、B(如金属)和孔隙,各组分体积比分别为 V_A,V_B,V_P,则有下式成立,即

$$V_A + V_B + V_P = 1 \tag{1}$$

为处理简便,令

$$V_B' = V_B/(V_A + V_B) \tag{2}$$

则梯度功能材料成分分布函数可表示为

$$V_B' = f(x) = \begin{cases} f_0 & (0 \leq x < x_0) \\ (f_1 - f_0)\left(\dfrac{x - x_0}{x_1 - x_0}\right)^n & (x_0 \leq x \leq x_1) \\ f_1 & (x_1 < x \leq 1) \end{cases} \tag{3}$$

式中,x 为成分点距表面的距离与总厚度的比率,即相对距离或相对厚度;x_0,x_1 为内、外表面非梯度层的相对厚度;f_0,f_1 为内、外表面上的成分比率;n 为控制梯度成分分布的参数。

图 2 为梯度功能材料成分构成和成分分布函数。

若将孔隙分布单独处理,则有

$$V_A = (1 - V_P)(1 - V_B')$$
$$V_B = (1 - V_P)V_B' \tag{4}$$

当 $V_P = 0$,即材料中无气孔时,式(3)(4) 得到简化,且 f_0, f_1 分别为 0 和 1。

(2)FGM 材料物性值的理论预测

在 FGM 中,物性参数随成分、组织和合成工艺的不同而不同,通常应在实验中测定出这些数据。作为估算,FGM 内物性参数可用混合平均法则求得

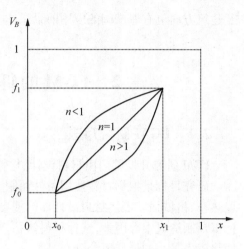

图 2　FGM 成分构成和成分分布函数

$$P_x = V_A(x)P_A + V_B(x)P_B + V_A(x)V_B(x)Q_{AB} \tag{5}$$

式中,P_x 为宏观物性值(弹性模量、泊松比、热导率和热膨胀系数);P_A, P_B 为各组分的基本物性值;Q_{AB} 为 V_A, V_B, P_A, P_B 及 V_P 的函数。

(3)FGM 的热应力解析

超耐热型 FGM 存在两方面的热应力缓和问题。一是材料制造过程中的残余热应力缓和,二是在实际使用环境 —— 温度梯度场合的热应力缓和。由于材料制备和实际工作环境所具有的热、力的初始与边界条件的差异,两类热应力的分布截然不同,所要求的最优组成分布也不一致。因此,在 FGM 设计过程中,必须将两类热应力分布情况综合起来考虑。

值得注意的是,FGM 制备和使用条件所要求的优化组成分布对另一条件下的热应力缓和也是有效的(尽管不是最优的)。以陶瓷 / 金属 FGM 为例,由于陶瓷热膨胀系数一般小于金属,故从制备温度冷却到室温后,FGM 内部形成由陶瓷一侧的拉应力到金属一侧的压应力的分布,见图 3(a),在大温度差环境中使用时,这一应力状态发生反转,即陶瓷一侧由于温度高、膨胀量大形成压应力,金属一侧则形成拉应力,如图 3(b) 所示。可见,使用条件下热应力由于 FGM 制备应力的相消作用而降低。

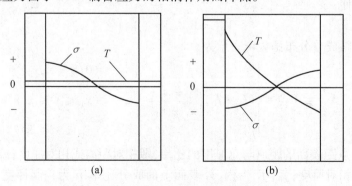

图 3　金属 / 陶瓷 FGM 的温度和热应力分布

因此,热应力缓和型 FGM 的设计也包含制备与使用应力的缓和这两个方面。首先,要合理地调配 FGM 的组成和结构分布,使材料在由烧结温度降到室温的过程中产生一个合理的热应力缓和分布,得到满足要求的结构材料。其次,FGM 在大温度落差条件下缓和热应力所要求的组成分布及制备残余应力的叠加效应,做出最优设计。

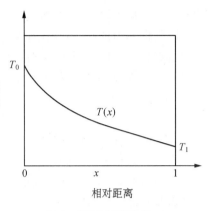

图4 FGM 温度分布

考虑如图3(a)所示无因次厚度 $0 \leqslant x \leqslant 1$ 的无限大 FGM 平板在稳态温度场中的热应力分布,材料受热时内部的温度分布如图4所示。可由热传导和弹性理论求得如下。

热传导方程为

$$\frac{\mathrm{d}}{\mathrm{d}x}\left(\lambda(x)\frac{\mathrm{d}T}{\mathrm{d}x}\right) = 0 \tag{6}$$

对于 A,B 两组分系,温度分布为

$$T(x) = K\int_0^x \frac{\mathrm{d}T}{(\lambda_A - \lambda_B)T^n + \lambda_B} + T_0 \tag{7}$$

式中,λ 为热传导率。

$$K = T_0 \Big/ \int_0^1 \mathrm{d}T \Big/ \big[(\lambda_A - \lambda_B)T^n + \lambda_B\big]$$

材料内部热应力分布为

$$\sigma(x) = -E(x)\alpha(x)\big[T(x) - T_1\big] \tag{8}$$

式中,$E(x)$,$\alpha(x)$ 分别为弹性模量和热膨胀系数在 x 成分点的估算值。

对于非稳态热传导情形,热传导方程用下式描述,即

$$C(x)\rho(x)\frac{\partial T(x,t)}{\partial x} = \frac{\partial}{\partial x}\left(\lambda(x)\frac{\partial T(x,t)}{\partial x}\right) \tag{9}$$

式中,T,t,C,ρ,λ 分别表示温度、时间、比热、密度、热传导率。

根据上式可用数值解法求出材料内温度分布。内应力分布可用下式表示,即

$$\sigma(x) = \frac{E(x)}{1-\nu(x)}\big[C_1 x + C_2 - \alpha(x)\Delta T(x)\big] \tag{10}$$

式中,ν 为泊松比;C_1,C_2 为由边界条件决定的常数;ΔT 为各点温度与基准温度之差,基准温度为消除应力的初始温度变换坐标作类似处理,可解决圆筒或球壳问题。

川崎亮等人对 ZrO_2/SUS304 系从烧结温度 1 350 ℃ 冷却到室温的热应力进行了解析。组成分布函数按(3)式取为 $C = (x/d)^n$,其中 d 为中间梯度层厚度(mm),x 为与纯 ZrO_2 距离(mm),C 为 SUS 体积分数,n 为形状指数。最大轴向应力对 ZrO_2/SUS304 直接接合体($d = 0$)的相应值作了归一化处理。可见,中间梯度层的引入显著降低了热应力;热应力缓和效果强烈依赖于梯度厚度和组成分布形状;最优组成分布形状指数 n 约为 0.7。

虽然从理论上来讲,FGM 从材料到构成都是可设计的,但目前尚难以做到。很重要的一个原因是材料基本物性数据的缺乏。FGM 微观构成的多元化和非均匀性使 FGM 物

性分布与变化规律复杂化,难以准确预测 FGM 物性值。就设计方法本身而言,其发展方向是以数据库为依托,将知识库与模型方法库相结合而形成的网络化智能开发系统,也存在着材料物性数据的积累和建库、模型方法库和知识工程的建立和完善等问题,均有赖于对材料化学成分、组织结构与性能关系及其变化规律的深入研究。

3　TiC/Ni FGM 结构优化与热应力缓和行为的数值计算

金属 – 陶瓷(TiC – Ni) 功能梯度材料是一侧具有高强度、高韧性的金属材料,另一侧是具有耐高温、耐热冲刷特性的陶瓷材料,并且材料的组成从一侧到另一侧连接变化,从而使材料内部产生的热应力得到缓和,减少或消除材料的热应力破坏。

利用 MSC/NASTRAN 结构分析软件对所研究试件实际使用过程中产生残余应力进行模拟,以此为基础对 FGM 组成的分布指数进行理论优化设计,以使热应力得以尽可能地缓和并合理分布。

3.1　梯度材料热应力方程的数值计算方法

(1)用有限元法进行应力分析的基本步骤

工程结构中的有限元单元法,其分析步骤可大致归纳如下。

① 弹性体的离散化。将弹性连续体划分成有限个单元,在单元的边界上设置节点,将相邻单元在节点处连接起来,组成集合体以代替原来的弹性体。

② 选择位移函数。弹性体离散化后,就可以进行单元分析。单元分析时要求用节点位移表示单元内点的位移、应变和应力。而应变和应力又是位移的函数,所以,对单元内的位移做出假设,建立位移函数是有效单元法的关键。一般采用多项式作为位移函数。把位移函数直接表示为各个节点位移乘以插值函数之和,在有限元中,该位移函数通常称为形状函数。

③ 建立单元刚度方程。位移函数确定以后,将位移函数代入弹性力学的几何方程,即可得到单元应变与节点位移的关系式为

$$\{\varepsilon\} = [B]\{\delta\}^e \tag{11}$$

式中,$\{\varepsilon\}$ 为单元的应变列阵;$\{\delta\}^e$ 为单元节点位移;$[B]$ 为单元的应变矩阵。

将上式代入弹性力学的物理方程,得到单元的应力与节点位移的关系式为

$$\{\sigma\} = [D][B]\{\varepsilon\}^e \tag{12}$$

式中,$\{\sigma\}$ 为单元的应力列阵;$[D]$ 为材料的弹性矩阵。

将(11)和(12)代入弹性力学中的虚功方程,得到单元刚度矩阵为

$$[k]^e = \iiint_V [B]^T [D][B] \mathrm{d}x\mathrm{d}y\mathrm{d}z \tag{13}$$

式中,V 为单元体积。

④ 整体刚度矩阵的形式。对每个单元进行上述分析建立了单元刚度矩阵后,可利用节点位移的协调性将各个单元的单元刚度矩阵集合形成弹性体的整体平衡方程,即

$$[K]\{\delta\} = \{R\} \tag{14}$$

式中,$\{\delta\}$ 为整体的节点位移列阵;$[K]$ 为整体刚度矩阵,由单元刚度矩阵集合而成;$\{R\}$ 为整体的等效节点载荷列阵,可由单元等效节点力集合而成。

⑤线性方程组的求解。式(14)是一个矩阵方程,计算时需联立为一个高阶的线性方程组,然后利用迭代法或消去法等数值方法进行求解。

（2）热应力分析的有限元求解式

为进行三维的热应力分析,可采用八节点六面体等参数单元为计算单元。下面分析这种单元的有限元求解列式。

①形状函数和坐标变换式。经等参数变换,可以将八节点正立方体母单元变换映射成相应的空间等参数单元,其变换关系如图 5。

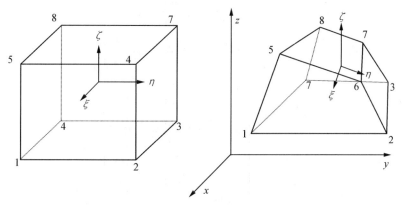

图 5　母单元和等参数单元之间的变换关系

母单元的局部坐标 ξ,η,ζ 的位移函数可表示为

$$u = \sum_{i=1}^{8} N_i u_i$$
$$v = \sum_{i=1}^{8} N_i v_i \tag{15}$$
$$w = \sum_{i=1}^{8} N_i w_i$$

等参数坐标变换式为

$$x = \sum_{i=1}^{8} N_i x_i$$
$$y = \sum_{i=1}^{8} N_i y_i \tag{16}$$
$$z = \sum_{i=1}^{8} N_i z_i$$

$$N_i = \frac{1}{8}(1 + \xi_i\xi)(1 + \eta_i\eta)(1 + \zeta_i\zeta) \qquad (i = 1 \sim 8) \tag{17}$$

②单元的应变和应力。在得出位移函数以后,进行一系列的推导,可得单元的应

力－应变关系

$$\{\sigma\} = \begin{Bmatrix} \sigma_x \\ \sigma_y \\ \sigma_z \\ \tau_{xy} \\ \tau_{yz} \\ \tau_{zx} \end{Bmatrix} = [D][B]\{\delta\}^e = [S]\{\delta\}^e =$$

$$[S_1, S_2, S_3, S_4, S_5, S_6, S_7, S_8]\{\delta\}^e \qquad (18)$$

S_i 的表达式为

$$[S_i] = A_3 \begin{bmatrix} \dfrac{\partial N_i}{\partial x} & A_1 \dfrac{\partial N_i}{\partial y} & A_1 \dfrac{\partial N_i}{\partial z} \\[2mm] A_1 \dfrac{\partial N_i}{\partial x} & \dfrac{\partial N_i}{\partial y} & A_1 \dfrac{\partial N_i}{\partial z} \\[2mm] A_1 \dfrac{\partial N_i}{\partial x} & A_1 \dfrac{\partial N_i}{\partial y} & \dfrac{\partial N_i}{\partial z} \\[2mm] A_2 \dfrac{\partial N_i}{\partial y} & A_2 \dfrac{\partial N_i}{\partial x} & 0 \\[2mm] 0 & A_2 \dfrac{\partial N_i}{\partial z} & A_2 \dfrac{\partial N_i}{\partial y} \\[2mm] A_2 \dfrac{\partial N_i}{\partial z} & 0 & A_2 \dfrac{\partial N_i}{\partial x} \end{bmatrix} \qquad (19)$$

$$A_1 = \frac{\mu}{1-\mu}$$

$$A_2 = \frac{1-2\mu}{2(1-\mu)} \qquad (20)$$

$$A_3 = \frac{(1-\mu)E}{36(1-\mu)(1-2\mu)}$$

③ 单元刚度矩阵。单元刚度矩阵的形式为

$$[K]^e = \int_{-1}^{1}\int_{-1}^{1}\int_{-1}^{1} [B]^T[D][B] \mid J \mid \mathrm{d}\xi \mathrm{d}\eta \mathrm{d}\zeta = \begin{bmatrix} k_{11} & k_{12} & \cdots & k_{18} \\ k_{21} & k_{22} & \cdots & k_{28} \\ \vdots & \vdots & & \vdots \\ k_{81} & k_{82} & \cdots & k_{88} \end{bmatrix} \qquad (21)$$

矩阵 $k_{ij}(i,j=1,2,\cdots,8)$ 为

$$k_{ij} = \int_{-1}^{1}\int_{-1}^{1}\int_{-1}^{1} \begin{bmatrix} a_{11} & a_{12} & a_{13} \\ a_{21} & a_{22} & a_{23} \\ a_{31} & a_{32} & a_{33} \end{bmatrix} \mid J \mid \mathrm{d}\xi \mathrm{d}\eta \mathrm{d}\zeta \qquad (22)$$

式中 $\mid J \mid$ 为雅可比行列式，即

$$|J| = \begin{vmatrix} \dfrac{\partial x}{\partial \xi} & \dfrac{\partial y}{\partial \xi} & \dfrac{\partial z}{\partial \xi} \\[2mm] \dfrac{\partial x}{\partial \eta} & \dfrac{\partial y}{\partial \eta} & \dfrac{\partial z}{\partial \eta} \\[2mm] \dfrac{\partial x}{\partial \zeta} & \dfrac{\partial y}{\partial \zeta} & \dfrac{\partial z}{\partial \zeta} \end{vmatrix} \tag{23}$$

系数矩阵的各值由下式确定,即

$$a_{11} = A_3 \left[\frac{\partial N_i}{\partial x}\frac{\partial N_j}{\partial x} + A_2 \left(\frac{\partial N_i}{\partial y}\frac{\partial N_j}{\partial y} + \frac{\partial N_i}{\partial z}\frac{\partial N_j}{\partial z} \right) \right] \tag{24}$$

$$a_{12} = A_3 \left[A_1 \frac{\partial N_i}{\partial x}\frac{\partial N_j}{\partial y} + A_2 \frac{\partial N_i}{\partial y}\frac{\partial N_j}{\partial x} \right] \tag{25}$$

$$a_{13} = A_3 \left[A_1 \frac{\partial N_i}{\partial x}\frac{\partial N_j}{\partial y} + A_2 \frac{\partial N_i}{\partial z}\frac{\partial N_j}{\partial x} \right] \tag{26}$$

$$a_{21} = A_3 \left[A_1 \frac{\partial N_i}{\partial x}\frac{\partial N_j}{\partial y} + A_2 \frac{\partial N_i}{\partial y}\frac{\partial N_j}{\partial x} \right] \tag{27}$$

$$a_{22} = A_3 \left[\frac{\partial N_i}{\partial y}\frac{\partial N_j}{\partial y} + A_2 \left(\frac{\partial N_i}{\partial z}\frac{\partial N_j}{\partial z} + \frac{\partial N_i}{\partial x}\frac{\partial N_j}{\partial x} \right) \right] \tag{28}$$

$$a_{23} = A_3 \left[A_2 \frac{\partial N_i}{\partial y}\frac{\partial N_j}{\partial z} + A_2 \frac{\partial N_i}{\partial z}\frac{\partial N_j}{\partial y} \right] \tag{29}$$

$$a_{31} = A_3 \left[A_2 \frac{\partial N_i}{\partial z}\frac{\partial N_j}{\partial x} + A_1 \frac{\partial N_i}{\partial x}\frac{\partial N_j}{\partial z} \right] \tag{30}$$

$$a_{32} = A_3 \left[A_1 \frac{\partial N_i}{\partial z}\frac{\partial N_j}{\partial y} + A_1 \frac{\partial N_i}{\partial y}\frac{\partial N_j}{\partial z} \right] \tag{31}$$

$$a_{33} = A_3 \left[\frac{\partial N_i}{\partial z}\frac{\partial N_j}{\partial z} + A_2 \left(\frac{\partial N_i}{\partial x}\frac{\partial N_j}{\partial x} + \frac{\partial N_i}{\partial y}\frac{\partial N_j}{\partial y} \right) \right] \tag{32}$$

④ 单元的等效节点热载荷。在进行梯度材料的热应力分析时,一般假设材料不受外界机械载荷的作用,故单元的节点载荷只有等效节点热载荷,由于变温产生的单元等效节点热载荷为

$$\{R_{\mathrm{T}}\}^e = \iiint\limits_V [B]^{\mathrm{T}}[D]\{\varepsilon_{\mathrm{T}}\}^e \tag{33}$$

式中

$$\{\varepsilon_{\mathrm{T}}\}^e = \begin{bmatrix} \varepsilon_{xT} & \varepsilon_{yT} & \varepsilon_{zT} & \varepsilon_{xT} & \varepsilon_{yT} & \varepsilon_{zT} \end{bmatrix}^{\mathrm{T}} = \\ \alpha\tau \begin{bmatrix} 1 & 1 & 1 & 0 & 0 & 0 \end{bmatrix}^{\mathrm{T}} \tag{34}$$

为由于变温 τ 引起的单元节点应变。

经与式(19)同样的推导后,可求单元的等效节点热载荷为

$$\{R_{\mathrm{T}}\}^e = \iiint\limits_V [N]^{\mathrm{T}} \begin{Bmatrix} f_x \\ f_y \\ f_z \end{Bmatrix} |J| \, \mathrm{d}\xi \mathrm{d}\eta \mathrm{d}\zeta \tag{35}$$

式中 $[N]^{\mathrm{T}}$ 为形状函数矩阵的转置阵,其中

$$f_x = - \frac{E\alpha}{1 - 2\mu} \cdot \frac{\partial \tau}{\partial x}$$

$$f_y = - \frac{E\alpha}{1 - 2\mu} \cdot \frac{\partial \tau}{\partial y} \tag{36}$$

$$f_z = - \frac{E\alpha}{1 - 2\mu} \cdot \frac{\partial \tau}{\partial z}$$

若单元为边界单元,则需增加应力边界条件,假设单元的 $\zeta = + 1$ 面为边界,则其等效节点热载荷为

$$\{R_{\rm T}\}^e = \iiint_V [N]^{\rm T} \begin{Bmatrix} f_x \\ f_y \\ f_z \end{Bmatrix} \mid J \mid {\rm d}\xi {\rm d}\eta {\rm d}\zeta + \int_{-1}^{1}\int_{-1}^{1}\int_{-1}^{1} [N]^{\rm T} \begin{Bmatrix} q_x \\ q_y \\ q_z \end{Bmatrix} \Big[\Big(\frac{\partial z}{\partial \xi} \frac{\partial y}{\partial \eta} - \frac{\partial y}{\partial \xi} \frac{\partial x}{\partial \eta} \Big)^2 +$$

$$\Big(\frac{\partial y}{\partial \xi} \frac{\partial z}{\partial \eta} - \frac{\partial z}{\partial \xi} \frac{\partial y}{\partial \eta} \Big)^2 + \Big(\frac{\partial z}{\partial \xi} \frac{\partial x}{\partial \eta} - \frac{\partial x}{\partial \xi} \frac{\partial z}{\partial \eta} \Big)^2 \Big] {\rm d}\xi {\rm d}\eta \tag{37}$$

式中, q_x, q_y, q_z 为等效分布面力,其表达式为

$$q_x = \frac{E\alpha\tau}{1 - 2\mu} l$$

$$q_y = \frac{E\alpha\tau}{1 - 2\mu} m \tag{38}$$

$$q_z = \frac{E\alpha\tau}{1 - 2\mu} n$$

3.2 分析模型

图6所示为用于优化分析的几何模型,具体尺寸长 × 宽 × 高为 70 mm × 70 mm × 10.5 mm。计算 FGM 时,将模型分为 7 层,最上层为纯金属 Ni(厚度为 1.5 mm),最下层为纯陶瓷材料 TiC(厚度为 1.5 mm),中间为过渡层,厚度为 7.5 mm。计算 TiC – Ni 直接结合的两层结合体时,除去图6的中间层即可。

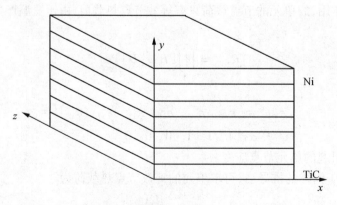

图 6　TiC – Ni 系 FGM 几何模型

FGM 的组成分布采用幂函数为

$$C_1 = \begin{cases} 0 & (0 \leqslant y \leqslant 1.5) \\ \left(\dfrac{y-1}{t}\right)^P & (1.5 < y < 9) \\ 1 & (9 \leqslant y \leqslant 10.5) \end{cases} \tag{39}$$

式中，C_1 为 Ni 的体积分数；P 为过度层的组成分布指数；t 为过度层厚度，为 7.5 mm。

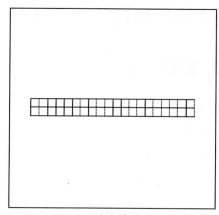
(a) 应变模型

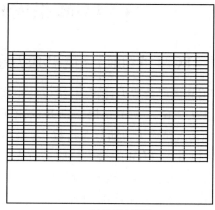
(b) FGM 模型

图 7　TiC-Ni 有限元模型

有限元分析采用矩形六面体八节点单元，图 7(a) 为计算 TiC-Ni 两层结合体热应力模型，取板的一半，水平方向分 100 个单元，垂直方向分 8 个单元，每一单层分 4 个单元。图 7(b) 为计算 TiC-Ni FGM 的模型，取板的一半，水平方向分 100 个单元，垂直方向分 28 个单元，每一单层 4 个单元，左侧限制 x 方向位移。对材料优化设计时，由于试验实测数据不全，计算中所用到的 TiC 和 Ni 的基本物性参数采用理论值，见表 1。

表 1　TiC 和 Ni 的基本物性参数

材　料	杨氏模量 E/GPa	热膨胀系数 $\alpha/10^{-6} \cdot C^{-1}$	泊松比 ν
TiC	320	7.4	0.336
Ni	206	13.3	0.312

不同成分的各梯度层的热膨胀系数 α 和泊松比 ν，用线性混合率计算为

$$\alpha = \alpha_1 C_1 + \alpha_2 C_2 \tag{40}$$
$$\nu = \nu_1 C_1 + \nu_2 C_2 \tag{41}$$

式中，下标 1,2 代表 Ni 和 TiC；C_1 为 Ni 的体积分数；C_2 为 TiC 体积分数，且 $C_1 + C_2 = 1$。

过度层的杨氏模量采用 Tamur 提出的复合材料杨氏模量计算式为

$$E = \left(C_2 E_2 \frac{q+E_1}{q+E_2} + C_1 E_1\right) \Big/ \left(C_2 \frac{q+E_1}{q+E_2} + C_1\right) \tag{42}$$

式中，q 为经验参数，取值大小对最终结果影响不大，此处 $q_1 = 4\,500$ MPa。

取材料制备过程中温度为 1 420 ℃，冷却后为 20 ℃，温度差 $\Delta T = 1\,400$ ℃，且制备过

程中和冷却后材料温度均匀,冷却过程中试样处于弹性状态无塑性变形;高温时材料性能的变化(如蠕变)忽略不计;各梯度层之间界面结合良好;材料的各项物性参数均与温度变化无关且各向同性。

4 FGM 组成分布的优化设计

4.1 FGM 的组成分布与热应力最大值间的关系

在 FGM 的残余应力计算中,组成分布指数的取值从 0.6 ~ 2.0 变化。图 8 给出了 FGM 板内最大拉应力值随分布指数 P 变化的情况。可以看出,FGM 的最大拉应力首先随 P 的增大迅速减小,当降至最低点($P=1.3$ 左右)后,随 P 的增大而逐渐回升。其中 $P=1.3$ 处最大拉应力值为 1 027.8 MPa,为最小值;$P=1.0$ 处应力值为 1 109.9 MPa;$P=1.6$ 处应力值为 1 142 MPa,三者相差不是很大。按照应力最小即缓和程度最大的设计思想,可选取 $P=1.0 ~ 1.6$ 的设计结果。

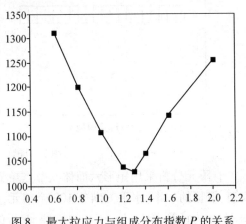

图 8　最大拉应力与组成分布指数 P 的关系

4.2 FGM 的组成分布与最大热应力位置的关系

TiC – Ni 系梯度材料是按不同配比的 TiC 与 Ni 复合梯度层叠加而成的,由于不同梯度层承受应力的能力不同,故材料中产生的最大拉应力所处的中心位置也将影响到梯度材料的制备和实际应用。我们知道金属相承受拉应力的能力远远高于陶瓷相,所以在梯度材料组成的设计时调整组成分布指数 P,使材料的最大拉应力中心位于金属相含量高的梯度层,图 9 给出了最大拉应力中心位置与分布指数 P 的关系。可以看出曲线大致呈台阶状,在 1.0 ~ 2.0 区间内 y 值(厚度方向)几乎都为 9,最大拉应力中心位于金属相,而在 0.6 ~ 0.8 区间内 y 值为 0.5。基于上述原因我们把 $P \geq 1.0$ 作为备选值区间。

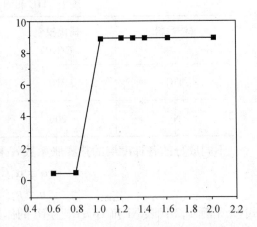

图 9　最大拉应力中心位置与组成分布指数 P 的关系

4.3 FGM 纯陶瓷侧最大拉应力与组成分布的关系

在金属. 陶瓷系梯度功能材料制备和使用过程中,材料强度的薄弱环节往往是抗拉能力较差的纯陶瓷侧。故在考虑最小热应力及其最易发生位置的前提下,进一步考察残余热应力对陶瓷侧的影响是具有实际意义的。图10是TiC侧最大拉应力值随组成分布指数 P 的变化关系。可以看出,纯 TiC 侧的最大拉应力随组成分布指数 P 的变化表现为递增。

综合考虑上述三种因素, $P = 1.0$ 为组成分布指数的最佳值,即沿梯度功能材料厚度方向金属成分含量按体积分数呈线性增加。

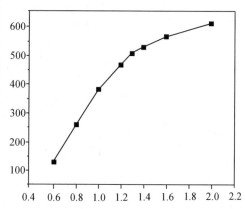

图10 TiC侧最大拉应力值随组成分布指数 P 的变化关系

5 FGM 薄膜的设计原则

在梯度材料设计中,人们通常使用最小热应力准则,即选择在设定热条件下具有最小的热应力极值的组成分布系数,现有的设计大多针对块体材料,厚度小于20 μm的梯度薄膜材料的设计较少。针对梯度薄膜材料膜厚的尺寸远小于薄膜平面方向的尺寸的特殊性,对梯度薄膜材料的设计进行热弹性理论推导,以期得出梯度薄膜材料的设计原则,为制备工艺提供依据。

5.1 设计理论

由于薄膜在膜厚方向的尺寸比平面方向的尺寸小得多,一般可用平面应力模型对薄膜应力进行简化。$\sin^2\Psi$ 法研究表明,只要不靠近薄膜的边缘,平面应力近似是比较符合实际情况的。

由于薄膜热应力及其分布与基体的边界条件有关,所以,要区分基体不变形和变形两种情况。当基体不随温度发生形变,由虎克定律和平面应力近似,薄膜中的热应力为

$$\sigma(x) = -\frac{\alpha E\tau}{1-\nu} \tag{43}$$

式中, ν, E, α 分别为梯度薄膜的泊松比、杨氏模量和热膨胀系数,都是梯度层位置坐标 x 的函数; τ 为梯度薄膜内温度的变化,由于膜很薄,故视温度在膜内均匀分布。

在由陶瓷和金属组成的梯度薄膜中,各梯度层的性质由线性加和法则的通式求出,即

$$P(x) = P_c V + P_m(1-V) = (P_c - P_m)V + P_m \tag{44}$$

式中, P_c, P_m 分别为陶瓷、金属的各物理量(如 α, E, ν),其中 $V = (X/T_f)^n$,为成分体积分布函数, x 为从金属向陶瓷方向各梯度层的厚度位置, T_f 为薄膜总厚度, n 为成分分布系

数,它决定着成分体积分布函数的变化趋势。

将式(44)代入式(43)得沿 x 方向的热应力为

$$\sigma_{(x)} = -\frac{[(\alpha_c - \alpha_m)V + \alpha_m][(E_c - E_m)V + E_m]}{1 - [(\nu_c - \nu_m)V + \nu_m]}\tau =$$

$$-\frac{\left[V - \dfrac{\alpha_m}{\alpha_m - \alpha_c}\right]\left[V - \dfrac{E_m}{E_m - E_c}\right]}{V - \dfrac{\nu_m - 1}{\nu_m - \nu_c}}\frac{(\alpha_m - \alpha_c)(E_m - E_c)}{\nu_m - \nu_c}\tau \tag{45}$$

令 $\alpha' = \dfrac{\alpha_m}{\alpha_m - \alpha_c}, E' = \dfrac{E_m}{E_m - E_c}, \nu' = \dfrac{\nu_m - 1}{\nu_m - \nu_c}, D = -(\alpha_m - \alpha_c)(E_m - E_c)/(\nu_m - \nu_c)$,

经简化为

$$\sigma_{(x)} = \frac{(V - \alpha')(V - E')}{V - \nu'}D\tau \tag{46}$$

对上式求导

$$\frac{d\sigma}{dx} = D\tau\frac{(V - \nu')^2 - (\nu' - \alpha')(\nu' - E')}{(V - \nu')^2} \tag{47}$$

令 $C = (\nu' - \alpha')(\nu' - E')$,显然,梯度体系确定 C 就确定。C 是只与梯度体系有关的物性常数。

当 $C \leqslant 0$,则 $\dfrac{d\sigma}{dx} > 0$ 或 < 0,热应力 σ 在梯度膜内单调变化(变化趋势由 $D\tau$ 决定)。

当 $C > 0$,则有 $\dfrac{d\sigma}{dx} = D\tau\dfrac{(V - \nu' + \sqrt{c})(V - \nu' - \sqrt{c})}{(V - \nu')^2}$。

令 $\dfrac{d\sigma}{dx} = 0$ 得 $V = \nu' \pm \sqrt{c}$。当 $V \in [0,1]$ 时,热应力 σ 在膜内出现极值。否则,热应力仍是单调变化。

由式(47)可知,梯度薄膜的热应力是否出现极值只由组成梯度材料的成分本身的物理性质(E, α, V)决定。同时,由式(46)和(47)可知,当 $C > 0$,且 $V \in [0,1]$ 时,热应力极值为 $\pm\dfrac{(V' \pm \sqrt{C} - \alpha')(V' \pm \sqrt{C} - E')}{\sqrt{C}}D\tau$,否则,热应力极值为 $-\dfrac{\alpha'E'}{\nu'}D\tau(V = 0)$ 或 $\dfrac{(1 - \alpha')(1 - E')}{1 - \nu'}D\tau(V = 1)$,所以,无论热应力分布如何变化,其值大小也都由组成成分本身的物理性质决定,分布系数 n 只影响热应力的分布趋势。

第二种情况,当基体随温度变化发生形变时(只考虑伸缩形变),这里首先假定基体是各向同性的,且梯度膜与基体牢固结合,膜会发生和基体相同的附加伸缩形变。这时,梯度薄膜中总热应力为

$$\sigma_t = \sigma + \sigma'' \tag{48}$$

式中,σ 为基体无变形时薄膜的热应力,即式(43)或(46);σ'' 为由于基体变形引起的膜的附加应力。

由虎克定律和平面应力近似,当基体发生变形时,梯度薄膜的热应力表达式为

$$\sigma_t = \frac{E}{1-\nu}(\alpha_s - \alpha)\tau = \frac{\alpha - \alpha_s}{\alpha} \cdot \sigma \tag{49}$$

式中,α_s 为基体的热膨胀系数,即当基体随温度变化发生伸缩变形时,梯度薄膜的热应力等于基体无变形时的热应力 σ 乘以一个物性常数系数 $\dfrac{\alpha - \alpha_s}{\alpha}$。

将式(44)和式(46)代入式(49)并求导,得

$$\frac{d\sigma_t}{dx} = \frac{D\tau}{(V-\nu')^2}\left[(V-\nu')^2 - (\nu' - E')\left(\nu' - \frac{\alpha_m + \alpha_s}{\alpha_m - \alpha_c}\right)\right] \tag{50}$$

与式(47)讨论方式相同,由讨论分析可知,热应力极值只由梯度材料成分的物性常数决定。

综上所述,在梯度薄膜材料设计中,当以热应力为判据时,可用下式求出

$$C = \left(\frac{\nu_m - 1}{\nu_m - \nu_c} - \frac{E_m}{E_m - E_c}\right)\left(\frac{\nu_m - 1}{\nu_m - \nu_c} - \frac{\alpha_m + \alpha_s}{\alpha_m - \alpha_s}\right) \tag{51}$$

$$V = \frac{\nu_m - 1}{\nu_m - \nu_c} \pm \sqrt{C} \quad (C > 0) \tag{52}$$

当 $C > 0$,且 $V \in [0,1]$ 时,热应力在梯度膜内出现极值;否则,热应力在梯度膜内单调增大或减小,极值大小由组成成分的物性常数和热条件决定,组成分布系数影响热应力极值的分布。所以,在梯度薄膜材料设计中,选择标准是热应力极值分布及变化趋势。

5.2　设计举例

根据热弹性力学推导模型,对类金刚石(diamondlike carbon,DLC)— 不锈钢 (1Cr18Ni9Ti)体系进行热应力计算。基体为不锈钢,梯度涂层由 DLC 和不锈钢组成。各梯度层物性数据由线性加和法则确定,其物性常数见表 2。

表 2　DLC、1Cr18Ni9Ti 物性常数

材料	弹性模量 /GPa	热膨胀系数 /$10^{-6}\mathrm{K}^{-1}$	泊松比
DLC	174	2.3	0.20
1Cr18Ni9Ti	198	16.6	0.30

设计参数:梯度膜厚 10 μm,制备温度 200 ℃,冷却至室温 25 ℃。计算制备残余应力,首先,计算热应力判据,将表 2 数据代入式(51)和(52)得 $C = 142.1 > 0$。

又 $V = +5$ 或 $-19 \notin [0,1]$,故在薄膜内无热应力极值出现,热应力单调变化。计算结果如图 11 所示。

图 11(a)表明,不考虑基体变形时,梯度薄膜的热应力为张应力(其值为正),且沿不锈钢向 DLC 方向单调减小。这是因为当梯度膜由制备温度冷却至室温发生收缩时,富不锈钢区域的收缩会受到富 DLC 区域的限制,所以,富不锈钢侧受拉,且随着不锈钢含量逐渐减小,拉力由不锈钢侧到 DLC 侧逐渐减小。图 11(b)表明,考虑基体变形时,梯度薄膜的热应力为压应力(其值为负),且沿不锈钢向 DLC 方向单调减小(绝对值增大)。这是因为冷却时,梯度薄膜会随不锈钢基体变形而产生一个附加收缩形变,两种热应力叠加,与不锈钢基体接触的 DLC/ 不锈钢梯度层热应力近似为零,沿 DLC 含量增加方向压应力逐

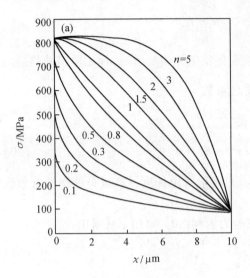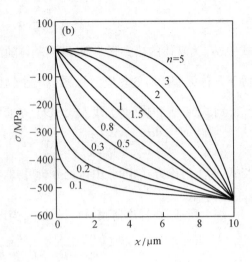

图11　梯度膜热应力分布

渐增大,DLC层的压应力达到最大,由图11知,选择成分分布系数 $n=0.5$,能最佳缓和热应力分布,这时最大压应力在陶瓷侧,压应力变化主要发生在金属侧,可充分利用陶瓷抗压性能好和金属韧性塑性好的优点,而且又照顾了陶瓷脆性大的缺点,不致使薄膜破坏,用有限元方法设计验证平面热应力模型的结果表明,热应力分布趋势一致,热应力数值接近。

5.3 结　论

(1)梯度薄膜的热应力极值由组成梯度材料成分的物性决定,组成分布系数只影响热应力变化趋势。

(2)提出了梯度薄膜材料设计的热应力判据,梯度薄膜材料的设计应依据热应力极值的分布和变化趋势。

专题 7　多层吸波材料的计算和设计

吸波体的整体吸波效果由吸波体的吸收率来评价,而吸收率是由反射系数 R_λ 来决定的。了解掌握各电磁参量对 R_λ 的制约规律才能实现吸波体的最优化设计。因此,在确定各层介质的 ε',ε'',μ',μ'' 及层厚 d 的情况下求出多层吸波体的反射系数 R_λ,是解决问题的关键。这里首先介绍两种计算 R_λ 的计算机数值计算方法。

1　跟踪计算法

1.1　"跟踪计算法"的基本思想

入射电磁波在介质中每遇到一个界面都要发生折反射而分成一折射波和一反射波,
随着电磁波的向前传播,这种折反射过程会不断地进行下去,而在各层介质中造成极复杂的折反射波的叠加,见图 1。由于吸波体是有限介质,而各层介质又存在着对电磁波的损耗吸收,各介质层中不论折反射波多么复杂,只能存在两种前途:

① 波经过多次折反射而折射出吸波体,这类波的集合就是吸波体整体对电磁波的反射波。

② 波经过多次折反射和吸收后已衰减到一个很小的值,如果这个很小的值与预先给定的精度相比可以忽略不计,就认为波已经衰耗殆尽,不再加以考虑。

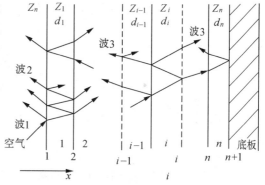

图 1　跟踪计算法示意图

基于此,可以采用计算机数值计算的方法模拟上述电磁波在多层材料中传输的物理机制,其具体方法是,对介质层中的各折反射波都按电磁波的传输规律,随电磁波的向前传播跟踪计算波在下一分界面上的反射与折射波,以及折反射波在介质层中所发生的吸收。并在各介质层中反复进行这个计算过程,直到波全部被损耗殆尽。在计算过程中凡由介质折反射到自由空间(空气)中的波,仅求其总和而不再进行模拟跟踪。显然吸波体反折射回自由空间中,波的总和与入射波的比值就是吸波体的反射系数 R_λ,这种计算 R_λ 的方法称为"跟踪计算法。"图 2 为计算反射系数 R_λ 的程序框图。

1.2 计算公式

对于垂直入射的平面极化波,可以推出吸波体中第 i 个界面上沿 x 轴方向传播的波的反射系数和折射系数为

$$R_{i+} = R'_{i+} - iR''_{i+} \tag{1a}$$

$$R'_{i+} = \frac{Z'^2_i - Z'^2_{i-1} + Z''^2_i - Z''^2_{i-1}}{(Z'_i + Z'_{i-1})^2 + (Z''_i + Z''_{i-1})^2} \tag{1b}$$

$$R''_{i+} = \frac{2(Z'_i Z'_{i-1} - Z''_i Z''_{i-1})}{(Z'_i + Z'_{i-1})^2 + (Z''_i + Z''_{i-1})^2} \tag{1c}$$

$$T_{i+} = T'_{i+} - iT''_{i+} \tag{2a}$$

$$T'_{i+} = \frac{2[Z'_i(Z'_i + Z'_{i-1}) + Z''_i(Z''_i + Z''_{i-1})]}{(Z'_i + Z'_{i-1})^2 + (Z''_i + Z''_{i-1})^2} \tag{2b}$$

$$T''_{i+} = \frac{2(Z''_i Z'_{i-1} - Z''_{i-1} Z'_i)}{(Z'_i + Z'_{i-1})^2 + (Z''_i + Z''_{i-1})^2} \tag{2c}$$

沿 x 轴负方向传播的波的反射系数和折射系数分别为

$$R_{i-} = R'_{i-} - iR''_{i-} \tag{3a}$$

$$R'_{i-} = \frac{Z'^2_{i+1} - Z'^2_i + Z''^2_{i+1} - Z''^2_i}{(Z'_{i+1} + Z'_i)^2 + (Z''_{i+1} + Z''_i)^2} \tag{3b}$$

$$R''_{i-} = \frac{2(Z'_{i+1} Z'_i - Z''_{i+1} Z'_i)}{(Z'_{i+1} + Z'_i)^2 + (Z''_{i+1} + Z''_i)^2} \tag{3c}$$

$$T_{i-} = T'_{i-} - iT''_{i-} \tag{4a}$$

$$T'_{i-} = \frac{2[Z'_{i+1}(Z'_{i+1} + Z'_i) + Z''_{i+1}(Z''_{i+1} + Z''_i)]}{(Z'_{i+1} + Z'_i)^2 + (Z''_{i+1} + Z''_i)^2} \tag{4b}$$

$$T''_{i-} = \frac{2(Z''_{i+1} Z'_i - Z''_i Z'_{i+1})}{(Z'_{i+1} + Z'_i)^2 + (Z''_{i+1} + Z''_i)^2} \tag{4c}$$

式中

$$Z'_i = A\sqrt{\frac{1}{2}[1 + \tan\delta_{ei}\tan\delta_{mi} + \sqrt{(1 + \tan^2\delta_{ei})(1 + \tan^2\delta_{mi})}]} \tag{5a}$$

$$Z''_i = A\sqrt{\frac{1}{2}[-(1 + \tan\delta_{ei}\tan\delta_{mi}) + \sqrt{(1 + \tan^2\delta_{ei})(1 + \tan^2\delta_{mi})}]} \tag{5b}$$

$$A = Z_0\sqrt{\frac{\mu'_i}{\varepsilon'_i}}\frac{1}{\sqrt{1 + \tan^2\delta_{ei}}} \tag{5c}$$

$$\tan\delta_{ei} = \frac{\varepsilon''_i}{\varepsilon'_i}; \quad \tan\delta_{mi} = \frac{\mu''_i}{\mu'_i} \tag{6}$$

其中 $i = 1,2,3,\cdots n, n+1$。

在各层介质中传播的电磁波还要被介质损耗吸收,各层介质的吸收系数为

$$D_i = e^{-k''_i d_i} \tag{7a}$$

不难得到

$$D_i = \exp\{-\frac{\omega}{c}\sqrt{\mu'_i\varepsilon'_i}\sqrt{\frac{1}{2}[\tan\delta_{ei}\tan\delta_{mi} - 1 + \sqrt{(1 + \tan^2\delta_{ei})(1 + \tan^2\delta_{mi})}]}\} \tag{7b}$$

在金属底板表面上有

$$R = -1; \quad T = 0 \tag{8}$$

1.3 基本计算方法和计算步骤

在自由空间中(空气)$k'' = 0$,其电振动可写成如下形式,即

$$E = E_0 e^{i(\omega t - k'x)} \tag{9}$$

波在第一层介质表面 1 上折反射时,其折射波为

$$E_{1+} = E'_{1+} - iE''_{1+}; \quad ET_{1+} = ET'_{1+} - iET''_{1+} \tag{10a}$$

$$E'_{1+} = ET'_{1+}, E''_{1+} = ET''_{1+} \tag{10b}$$

反射波可写成

$$E_0 = ER'_{1+} - iER''_{1+} \tag{11}$$

其折射波在第一层介质中传播到达分界面 2 时,可以写成

$$E'_{1+} = ET'_{1+}D_1; \quad E''_{1+} = ET''_{1+}D_1 \tag{12}$$

在分界面 2 上再一次折反射时,其折射波的表达式为

$$E_{2+} = E_{1+}T_{2+} = ED_1(T'_{1+} - iT''_{1+})(T'_{2+} - iT''_{2+}) \tag{13a}$$

$$E'_{2+} = (E'_{1+}T'_{2+} - E''_{1+}T''_{2+})D_1 \tag{13b}$$

$$E''_{2+} = (E'_{1+}T''_{2+} + E''_{1+}T'_{2+})D_1 \tag{13c}$$

反射波表达式为

$$E'_{1-} = (E'_{1+}R'_{2+} - E''_{1+}R''_{2+})D_1, E''_{1-} = (E'_{1+}R''_{2+} + E''_{1+}R'_{2+})D_1 \tag{14}$$

依次类推,在第 i 个界面上折射波可写成

$$E'_i = (E'_{i-1}T'_i - E''_{i-1}E''_i)D_{i-1}$$
$$E''_i = (E'_{i-1}T''_i + E''_{i-1}T'_i)D_{i-1} \tag{15}$$

反射波的表达式为

$$E'_{i-1} = (E'_{i-1}R'_i - E''_{i-1}R''_i)D_{i-1}$$
$$E''_{i-1} = (E'_{i-1}R''_i + R'_iE'_{i-1})D_{i-1} \tag{16}$$

计算程序见图 2。

2 反射系数的计算公式

2.1 基本计算公式

对于 n 层介质的多层吸波体,其第 i 层阻抗的计算公式为

$$Z_\lambda^{(i)} = Z_i \frac{Z_\lambda^{(i+1)}\cos k_i d_i + iZ_i \sin k_i d_i}{Z_i \cos k_i d_i + iZ_i^{(i+1)}\sin k_i d_i} \tag{17}$$

式中,d_i 为第 i 层介质的厚度;Z_i 为第 i 层介质的本征阻抗。

式(17)为进行迭代计算的阻抗公式。在有损耗的介质中,$k_i = k'_i - ik''_i$ 及 $Z_i = Z'_i - iZ''_i$ 都是复数,出于计算机迭代处理方便考虑,下面将式(17)按 $Z_\lambda^{(i)}$ 的实虚部进行分离,即

$$Z_\lambda^{(i)} = Z'_\lambda{}^{(i)} - iZ''_\lambda{}^{(i)} = Z_i \frac{Z_\lambda^{(i+1)}(e^{i2k_id_i} + 1) + Z_i(e^{i2k_id_i} - 1)}{Z_i(e^{i2k_id_i} + 1) + Z_\lambda^{(i+1)}(e^{i2k_id_i} - 1)} =$$

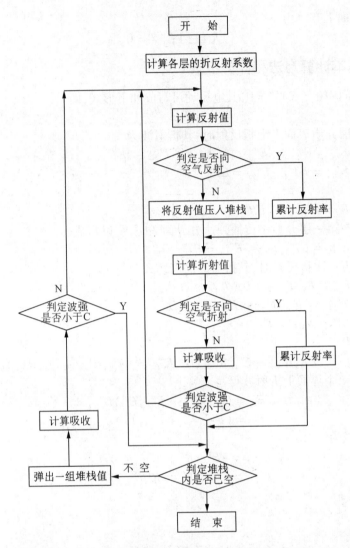

图2 计算反射系数 R_λ 的程序框图

$$Z_i \frac{Z_\lambda^{(i+1)}\left[e^{2k''_i d_i}(\cos2k'_i d_i - i\sin2k'_i d_i) + 1\right] + Z_i\left[e^{2k''_i d_i}(\cos2k'_i d_i - i\sin2k'_i d_i) - 1\right]}{Z_i\left[e^{2k''_i d_i}(\cos2k'_i d_i - i\sin2k'_i d_i) + 1\right] + Z_\lambda^{(i+1)}\left[e^{2k''_i d_i}(\cos2k'_i d_i - i\sin2k'_i d_i) - 1\right]} \tag{18}$$

可以推得

$$Z'^{(i)}_\lambda = \left[Z'_i(a_1 a_2 + b_1 b_2) + Z''_i(a_1 b_2 - a_2 b_1)\right]/(a_2^2 + b_2^2) \tag{19a}$$

$$Z''^{(i)}_\lambda = \left[Z'_i(a_1 b_2 - a_2 b_1) + Z''_i(a_1 a_2 - b_1 b_2)\right]/(a_2^2 + b_2^2) \tag{19b}$$

式中 a_1, b_1, a_2, b_2 分别为

$$a_1 = (Z'^{(i+1)}_\lambda + Z'_i)e^{2k''_i d_i}\cos2k'_i d_i - (Z''^{(i+1)}_\lambda + Z''_i)e^{2k''_i d_i}\sin2k'_i d_i + (Z'^{(i+1)}_\lambda + Z'_i) \tag{20a}$$

$$b_1 = (Z''^{(i+1)}_\lambda + Z''_i)e^{2k''_i d_i}\cos2k'_i d_i + (Z'^{(i+1)}_\lambda + Z'_i)e^{2k''_i d_i}\sin2k'_i d_i + (Z''^{(i+1)}_\lambda + Z''_i) \tag{20b}$$

$$a_2 = (Z'^{(i+1)}_\lambda + Z'_i)e^{2k''_i d_i}\cos2k'_i d_i - (Z''^{(i+1)}_\lambda + Z''_i)e^{2k''_i d_i}\sin2k'_i d_i - (Z'_i + Z'^{(i+1)}_\lambda) \tag{20c}$$

$$b_2 = (Z''^{(i+1)}_\lambda + Z''_i)e^{2k''_i d_i}\cos2k'_i d_i + (Z'^{(i+1)}_\lambda + Z'_i)e^{2k''_i d_i}\sin2k'_i d_i - (Z''_i - Z''^{(i+1)}_\lambda) \tag{20d}$$

$$k'_i = \frac{\omega}{c}\sqrt{\mu'_i \varepsilon'_i} \times \sqrt{\frac{1}{2}\left[1 - \tan\delta e_i \tan\delta m_i + \sqrt{(1 + \tan^2\delta e_i)(1 + \tan^2\delta m_i)}\right]} \tag{21a}$$

$$k''_i = \frac{\omega}{c}\sqrt{\mu'_i \varepsilon'_i} \times \sqrt{\frac{1}{2}\left[\tan\delta e_i \tan\delta m_i - 1 + \sqrt{(1 + \tan^2\delta e_i)(1 + \tan^2\delta m_i)}\right]} \tag{21b}$$

2.2 迭代计算方法和步骤

对于 n 层介质的吸波体,要进行 $n-1$ 次迭代。首先计算其最后一层,即第 n 层的波阻抗,由于第 $n+1$ 层是金属底板,其本征阻抗 $Z_{n+1} = 0$ 代入到式(19)和(20)中得第 n 层的阻抗

$$Z'^{(n)}_\lambda = \frac{Z'_n(e^{4k''_n d_n} - 1) - 2Z''_1 e^{2k''_n d_n}\sin 2k'_n d_n}{e^{4k''_n d_n} + 2e^{2k''_n d_n}\cos 2k'_n d_n + 1} \tag{22a}$$

$$Z''^{(n)}_\lambda = \frac{2Z'_n e^{2k''_n d_n}\sin 2k'_n d_n + Z''_n(e^{4k''_n d_n} - 1)}{e^{4k''_n d_n} + 2e^{2k''_n d_n}\cos 2k'_n d_n + 1} \tag{22b}$$

再将式(22)代入式(19)及式(20)中,即可得到 $n-1$ 波阻抗 $Z'^{(n-1)}_\lambda$ 及 $Z''^{(n-1)}_\lambda$ 的值,这样反复迭代 $n-1$ 次,即可得到 $Z'^{(1)}_\lambda$ 及 $Z''^{(1)}_\lambda$ 的值。其多层吸波体的反射系数为

$$R_\lambda = \frac{Z_\lambda - Z_0}{Z_\lambda + Z_0} = \frac{Z^{(1)}_\lambda - Z_0}{Z^{(1)}_\lambda + Z_0} = \frac{(Z'^{(1)}_\lambda - Z_0) + iZ''^{(1)}_\lambda}{(Z'^{(1)}_\lambda + Z_0) + iZ''^{(1)}_\lambda} \tag{23a}$$

最后可推出

$$R_\lambda = R'_\lambda - iR''_\lambda \tag{23b}$$

$$R'_\lambda = \frac{(Z'^{(1)}_\lambda)^2 + (Z''^{(1)}_\lambda)^2 - Z_0^2}{(Z'^{(1)}_\lambda + Z_0)^2 + (Z''^{(1)}_\lambda)^2}, R''_\lambda = \frac{-2Z''^{(1)}_\lambda Z_0}{(Z'^{(1)}_\lambda + Z_0)^2 + (Z''^{(1)}_\lambda)^2} \tag{24}$$

3 多层吸波材料的分层组配

3.1 多层吸波材料的分层组配

在各层材料厚度一定的情况下,利用计算机在几种材料的 $n!$ 种组配方案中搜索最优组配方案的方法和步骤。对于 n 种电磁参数已知的现有材料,事先对材料进行编号,并按编号建立一个包括全部材料电磁参量的矩阵。并使相应每一行的数据都等于多层吸波材料对应层介质的电磁参量,这样的矩阵,称之为电磁参量矩阵。根据矩阵 A 提供的基础数据,通过 1 或 2 求 R_λ 算法,可以计算出材料在该种分层组合情况下的反射系数 R_λ。搜索最优组配方案的方法为一个循环过程,其主要步骤如下

$$A^{(1)} = \begin{bmatrix} \varepsilon'_1 & \varepsilon''_1 & \mu'_1 & \mu''_1 & d_1 \\ \varepsilon'_2 & \varepsilon''_2 & \mu'_2 & \mu''_2 & d_2 \\ \cdots & \cdots & \cdots & \cdots & \cdots \\ \varepsilon'_i & \varepsilon''_i & \mu'_i & \mu''_i & d_i \\ \cdots & \cdots & \cdots & \cdots & \cdots \\ \varepsilon'_n & \varepsilon''_n & \mu'_n & \mu''_n & d_n \end{bmatrix} \tag{25}$$

(1)根据事先建立的电磁参量矩阵数值求出初始分层组合的反射系数 $R_{\lambda 1}$。

(2)将电磁量矩阵 $A^{(1)}$ 中的某两行元素按排列规律进行相互替换,例如第1行与第3行相互替换,$A^{(1)}$ 变为

$$A^{(2)} = \begin{bmatrix} \varepsilon_3' & \varepsilon_3'' & \mu_3' & \mu_3'' & d_3 \\ \varepsilon_2' & \varepsilon_2'' & \mu_2' & \mu_2'' & d_2 \\ \varepsilon_1' & \varepsilon_1'' & \mu_1' & \mu_1'' & d_1 \\ \cdots & \cdots & \cdots & \cdots & \cdots \\ \cdots & \cdots & \cdots & \cdots & \cdots \\ \varepsilon_n' & \varepsilon_n'' & \mu_n' & \mu_n'' & d_n \end{bmatrix} \tag{26}$$

这种替换过程等价于吸波体某两层之间置换位置。

(3) 根据 $A^{(2)}$ 的数据计算此分层组合情况下的反射系数 $R_{\lambda2}$。

(4) 比较 $|R_{\lambda2}|$ 与 $|R_{\lambda1}|$ 的大小，将 $|R_\lambda|$ 较小的反射系数值 R_λ 及电磁参量矩阵保存起来，保存后的 R_λ 值作为下一次比较之用。

(5) 返回到(2)操作，再一次按顺序作(2)~(4)操作。

这样反复作(2)~(4)操作，循环操作 $n!-1$ 次后便可在 $n!$ 分层组配方案中选出最优组配方案。利用这种计算方法也可优选出多个较优组配方案，或找出多个达到某一吸波指标的组配方案。

3.2 电磁参量对吸收率影响

吸波体的反射系数 R_λ 是材料电磁参数的函数，即可写成

$$R_\lambda = R_\lambda(\varepsilon_1', \varepsilon_1'', \mu_1' \cdots) \tag{27}$$

反射系数 R_λ 依赖于电磁参量的变化而变化，弄清这类依赖关系对吸波材料的设计与研究都有重要意义。

利用多层吸波体的电磁参量矩阵 A 可以计算出吸波体的反射系数 R_λ，如"连续"改变矩阵 A 中某一元素(某个电磁参量)的值就可以得到"连续"变化的 R_λ 值，也就得到了 R_λ 对该电磁参量的依赖关系。这种关系反映了该电磁参量对吸波体吸收性能的影响。为研究电磁参量对吸收的影响程度，可以把吸波体的吸收率同电磁参量之间关系绘一个关系图。习惯上用分贝为单位的能量反射系数 $R_{\text{分贝}} = 20\lg|R|$ 作为关系图的纵坐标；也可以用其负值，即吸收率 $= -20\lg|R|$ 作为关系图的纵坐标(本文中将采用后者)，用电磁参量作为横坐标，这样所描绘出的曲线称为吸收曲线。通过对各种吸收曲线的分析与研究，可以了解吸波体的吸收对电磁参量的依赖关系，并在一定程度上掌握电磁参量对吸收率的影响程度。

4 多层吸波材料的优化设计

4.1 频点优化设计法

所谓频点设计法，即要求电磁吸波材料应在某一特定频点附近有高吸收，就必须要优化出一组在频点上匹配最佳的电磁参量。

实践表明，一维搜索法是对多层材料电磁参量进行优化设计的有效方法之一。该方法通过多层材料各电磁参量的逐项优化，以达到最佳吸收效果。图3是频点优化法的程序框图。其优化的主要思想是：按设计要求，在拟设计的电磁参量范围内改变各电磁参量

的值,每改变一次都与前一次吸收率 R_λ 的值进行比较,控制各参量值向 R_λ 高的方向变化,直到找到一个较高的吸收峰。其 R 值的计算使用多层材料传输线理论迭代公式(17) ~ (18)。

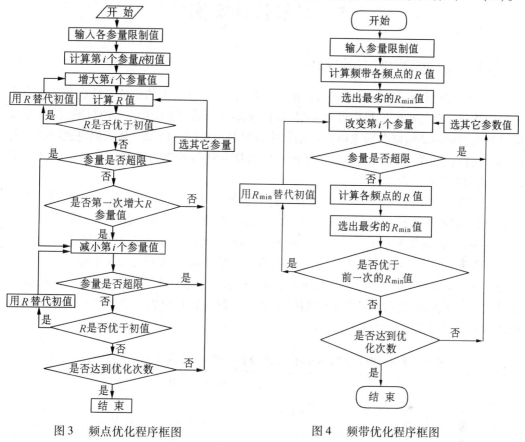

图 3　频点优化程序框图　　　图 4　频带优化程序框图

4.2　频带优化设计法

　　频带优化法是指在设计要求的一定带宽内优化出一组在全频带上都具有较高吸收的电磁参量组配。

　　在隐身技术中,常常希望吸波材料能在一个较宽的频带内有较好的吸收。计算机模拟表明:多层吸波材料有利于频带的展宽,在同一带宽指标下,层数越多,对材料的电磁参量限制就越小,实际选材的范围就越广泛。所以从实用的角度看,多层材料的频带优化法比频点优化法更重要。

　　图 4 频带优化法程序的基本思想是:计算出在设计要求的频带内各频点的吸收率 R_λ 值,并找出最劣(即最低) R_{min} 值作为比较判据。逐个改变材料的电磁参量,并计算各频点的 R_λ 值,将最低的 R_λ 值与判据值 R_{min} 比较,舍去劣值,保留优质的电磁参量,并用优质的 R_λ 替代 R_{min}。这个过程反复进行,直到优选出一组满足设计要求的电磁参量。该方法的优点是,可以保证在全频带内各频点的吸收率均不会低于 R_{min}。

5　计算设计实例

5.1　单层吸波材料设计举例

单层吸波材料是吸波材料的一种,由于它具有经济实用、工艺简单等特点而日益引起人们的注意。单层吸波材料可以是涂层、板材或随机介质,但不论哪一种材料,其电磁性质总是由材料的诸电磁参数来决定。指导吸波材料设计的一般原则是依据电磁波在介质层内传输损耗特性,选择合适电磁参数的材料以使介质层的输入阻抗和自由空间波阻抗匹配,达到最佳吸波效果。

从理论上对不同厚度的单层吸波材料进行设计,得到在不同角频率,不同损耗角情况下,单层吸波材料无反射回波时的各电磁参量的取值,见表1～4。表1为介质层厚度 $d = 3$ mm 时的数据,表2,3,4分别为 $d = 2$ mm, $d = 1$ mm, $d = 0.5$ mm 时计算机计算出的数据。

由表1～4可以考察电磁损耗角正切值 $\tan\delta$ 对材料电磁参量选取的影响。对同一频率来讲,$\tan\delta$ 取值大时,实现无反射回波所要求的 μ' 较大,ε' 较小,$\tan\delta$ 取值小时,实现无反射回波所要的途径即是研制低损耗、高介电常数的复合材料。这一结论在研制轻型吸波材料的过程中已经得到了验证。

表1　单层材料无反射回波时电磁参量的取值　（介质层厚度:3.0 mm）

项　目		频　率　/GHz								
$\tan\delta$	电磁参量	4	5	6	7	8	9	10	12	13
0.10	ε'	40.12	32.09	26.74	22.92	20.06	17.83	16.05	14.59	13.37
	μ'	0.97	0.78	0.65	0.56	0.49	0.43	0.39	0.35	0.32
0.20	ε'	20.54	16.44	13.70	11.74	10.27	9.13	8.22	7.47	6.85
	μ'	1.90	1.52	1.27	1.09	0.95	0.85	0.76	0.69	0.63
0.30	ε'	14.23	11.38	9.49	8.13	7.12	6.32	5.69	5.17	4.74
	μ'	2.74	2.20	1.83	1.57	1.37	1.22	1.10	1.00	0.91
0.40	ε'	11.22	8.98	7.48	6.41	5.61	4.99	4.49	4.08	3.74
	μ'	3.48	2.78	2.32	1.99	1.74	1.55	1.39	1.27	1.16
0.50	ε'	9.53	7.62	6.35	5.45	4.77	4.24	3.81	3.47	3.18
	μ'	4.10	3.28	2.73	2.34	2.05	1.82	1.64	1.49	1.37
0.60	ε'	8.49	6.79	5.66	4.85	4.24	3.77	3.40	3.09	2.83
	μ'	4.60	3.68	3.07	2.63	2.30	2.05	1.84	1.67	1.53
0.70	ε'	7.81	6.25	5.21	4.46	3.90	3.47	3.12	2.84	2.60
	μ'	5.00	4.00	3.33	2.86	2.50	2.22	2.00	1.82	1.67
0.80	ε'	7.35	5.88	4.90	4.20	3.68	3.27	2.94	2.67	2.45
	μ'	5.31	4.25	3.54	3.04	2.66	2.36	2.13	1.93	1.77
0.90	ε'	7.04	5.63	4.69	4.02	3.52	3.13	2.81	2.56	2.35
	μ'	5.55	4.44	3.70	3.17	2.78	2.47	2.22	2.02	1.85

表 2　单层材料无反射回波时电磁参量的取值　（介质层厚度：2.0 mm）

项 目		频　率　/GHz								
tanδ	电磁参量	4	5	6	7	8	9	10	12	13
0.10	ε'	60.17	48.14	40.12	34.38	30.09	26.74	24.07	21.88	20.6
	μ'	1.46	1.17	0.97	0.83	0.73	0.65	0.58	0.53	0.49
0.20	ε'	30.82	24.65	20.54	17.61	15.41	13.70	12.33	11.21	10.27
	μ'	2.85	2.28	1.90	1.63	1.43	1.27	1.14	1.04	0.95
0.30	ε'	21.35	17.08	14.23	12.20	10.67	9.49	8.54	7.76	7.12
	μ'	4.12	3.29	2.74	2.35	2.06	1.83	1.65	1.50	1.37
0.40	ε'	16.83	13.47	11.22	9.62	8.42	7.48	6.73	6.12	5.61
	μ'	5.22	4.18	3.48	2.98	2.61	2.32	2.09	1.90	1.74
0.50	ε'	14.30	11.44	9.53	8.17	7.15	6.35	5.72	5.20	4.77
	μ'	6.15	4.92	4.10	3.51	3.07	2.73	2.46	2.24	2.05
0.60	ε'	12.73	10.19	8.49	7.28	4.37	5.66	5.09	4.63	4.24
	μ'	6.90	5.52	4.60	3.94	3.45	3.07	2.76	2.51	2.30
0.70	ε'	11.71	9.37	7.81	6.69	5.86	5.21	4.69	4.26	3.90
	μ'	7.50	6.00	5.00	4.29	3.75	3.33	3.00	2.73	2.50
0.80	ε'	11.03	8.82	7.35	6.30	5.51	4.90	4.41	4.01	3.68
	μ'	7.97	6.38	5.31	4.55	3.99	3.54	3.19	2.90	2.66
0.90	ε'	10.55	8.44	7.04	6.03	5.28	4.69	4.22	3.34	3.52
	μ'	8.33	6.66	5.55	4.76	4.16	3.70	3.33	3.03	2.78

表 3　单层材料无反射回波时电磁参量的取值　（介质层厚度：1.0 mm）

项 目		频　率　/GHz								
tanδ	电磁参量	4	5	6	7	8	9	10	12	13
0.10	ε'	120.35	96.28	80.23	68.77	60.17	53.49	48.14	43.76	40.12
	μ'	2.92	2.34	1.95	1.67	1.46	1.30	1.17	1.06	0.97
0.20	ε'	61.63	49.31	41.09	35.22	30.82	27.39	24.65	22.41	20.54
	μ'	5.70	4.56	3.80	3.26	2.85	2.54	2.28	2.07	1.90
0.30	ε'	42.69	34.15	28.46	24.40	21.35	18.97	17.08	15.52	14.23
	μ'	8.23	6.59	5.49	4.71	4.12	3.66	3.29	2.99	2.74
0.40	ε'	33.37	26.94	22.45	19.24	16.83	14.96	13.47	12.24	11.22
	μ'	10.44	8.35	6.96	5.97	5.22	4.64	4.18	3.80	3.48
0.50	ε'	28.59	22.87	19.06	16.34	14.30	12.71	11.44	10.40	9.53
	μ'	12.30	9.84	8.20	7.03	6.15	5.46	4.92	4.47	4.10
0.60	ε'	25.46	20.37	16.98	14.55	12.37	11.32	10.19	9.26	8.49
	μ'	13.81	11.05	9.20	7.89	6.90	6.14	5.52	5.02	4.60
0.70	ε'	23.43	18.74	15.62	13.39	11.71	10.41	9.37	8.52	7.81
	μ'	15.01	12.01	10.00	8.58	7.50	6.67	6.00	5.46	5.00
0.80	ε'	22.06	17.64	14.70	12.60	11.03	9.80	8.82	8.02	7.35
	μ'	15.94	12.75	10.63	9.11	7.97	7.08	6.38	5.80	5.31
0.90	ε'	21.11	16.89	14.07	12.06	10.55	9.38	8.44	7.68	7.04
	μ'	16.66	13.32	11.10	9.52	8.33	7.40	6.66	6.06	5.55

表4　单层材料无反射回波时电磁参量的取值 （介质层厚度:0.5 mm）

项　目		频　率　/GHz								
tanδ	电磁参量	4	5	6	7	8	9	10	12	13
0.10	ε'	240.67	192.55	160.46	137.54	120.35	106.97	96.28	87.52	80.23
	μ'	5.84	4.67	3.90	3.34	2.92	2.60	2.34	2.12	1.95
0.20	ε'	123.27	98.61	82.18	70.44	61.63	54.79	49.31	44.82	41.09
	μ'	11.41	9.13	7.61	6.52	5.70	5.07	4.56	4.15	3.80
0.30	ε'	85.38	68.31	56.92	48.79	42.69	37.95	34.15	31.05	28.46
	μ'	16.47	13.18	10.98	9.41	8.23	7.32	6.59	5.99	5.49
0.40	ε'	67.34	53.87	44.89	38.48	33.67	29.93	26.94	24.29	22.45
	μ'	20.88	16.71	13.92	11.93	10.44	9.28	8.35	7.59	6.96
0.50	ε'	57.18	45.75	38.12	32.68	28.59	25.41	22.87	20.79	19.06
	μ'	24.59	19.67	16.39	14.05	12.30	10.93	9.84	8.94	8.20
0.60	ε'	50.93	40.74	33.95	29.10	25.46	22.63	20.37	18.52	16.98
	μ'	27.61	22.09	18.41	15.78	13.81	12.27	11.05	10.04	9.20
0.70	ε'	46.86	37.48	31.24	26.77	23.43	20.82	18.74	17.04	15.62
	μ'	30.01	24.01	20.01	17.15	15.01	13.34	12.01	10.91	10.00
0.80	ε'	44.11	35.29	29.41	25.21	22.06	19.60	17.64	16.04	14.70
	μ'	31.88	25.50	21.25	18.22	15.94	14.17	12.75	11.59	10.63
0.90	ε'	42.22	33.77	28.14	24.12	21.11	18.76	16.89	15.35	14.07
	μ'	33.1	26.65	22.21	19.03	16.66	14.80	13.32	12.11	11.10

　　应该说明的是,使单层材料对垂直入射波无反射的条件并不要求单层材料的电磁参数在各个频率上都具有相同的电磁损耗角。例如,当 $d = 2.0$ mm 时,对频率为 10 GHz 的垂直入射波来讲,不同的电磁损耗角正切值为 $\tan\delta = 0.2$ 时,对应的 $\varepsilon = 12.33 - i2.47$, $\mu = 1.14 - i0.23$,而当 $\tan\delta = 0.4$ 时,对应的 $\varepsilon = 6.73 - i2.69, \mu = 2.09 - i0.84$。它们都能实现无反射回波(见表2)。也就是说有无限多组电磁参数值(取决于 $\tan\delta$)满足给定的吸波性能的要求。这一特点为在较广泛的范围内选择材料提供了理论依据。

　　现在再来考虑层厚 d 对单层材料的选择所产生的影响。这里只考虑无反射回波的情况,其他情况类同。从表 1 ~ 4 可见 $\varepsilon', \varepsilon'', \mu', \mu''$ 的取值都与介质层厚度 d 成反比关系,增加介质层厚度 d 可相应降低电磁参数的取值。因而适当地增加介质层的厚度,可相应地降低对单层吸波材料的选材要求。但对于厚度有要求的实用场合,增加材料厚度是有限度的,单层材料往往难以适应设计要求。

　　可以看出,频点设计在寻找匹配条件下高吸收要求时的电磁参量及相应的层厚参数时非常有效。然而,考虑到吸波材料的实际要求,在较宽的频率范围内,材料对电磁波的均匀强吸收为材料设计的关键性技术指标。因此,需要采用频带设计法进行宽频带优化设计。表5为采用单纯形法对单层吸波材料的频带优化设计结果,根据频带优化结果,可以设计典型的单层吸波设计材料,并对其性能进行预报和解剖分析。

表5 单纯形法吸波材料优化数据

层数	ε'	μ'	$\tan\delta_e$	$\tan\delta_m$	层厚/mm
1	6.90	1.20	.021 5	.850	0.002 0
0	0.00	0.00	.000 0	.000 0	0.000 00
0	0.00	0.00	.000 0	.000 0	0.000 00
0	0.00	0.00	.000 0	.000 0	0.000 00
0	0.00	0.00	.000 0	.000 0	0.000 00
0	0.00	0.00	.000 0	.000 0	0.000 00

吸波体吸收率:3.368 dB;入射波频率:6.00 ~ 30.000 00 GHz

　　根据上述频带优化设计结果,可以进一步预报在一定的电磁参量范围内的单层吸波材料整体吸波性能,从理论上设计吸波材料的实施方式。图5是在频带优化设计基础上构造的单层吸波材料,它预报了电磁参量 ε' 变化时,材料的三维吸波性能,相应的频带解剖如图6所示。

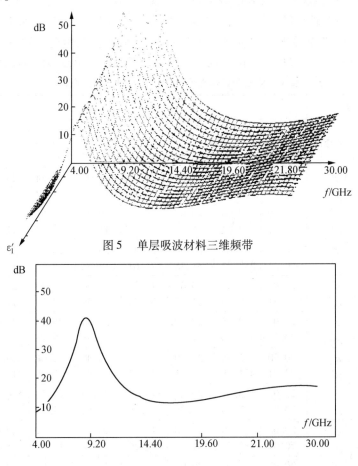

图5 单层吸波材料三维频带

图6 三维频带解剖

比较图 5 和图 6 可以看出,按频点计算数据及频带优化设计,可以得到宽带、强吸收的单层吸波材料,近年来许多设计及从事实际材料制备的研究人员也证实了这一点。

5.2　双层吸波材料设计举例

在双层吸波体两层介质厚度相等情况下,对固定频点利用计算机进行辅助设计,所得到的各种条件下双层吸波体无反射回波时的电磁参量取值列于表 6 ~ 10 中。

表 6 ~ 10 中给出了频率在 4 ~ 10 GHz 范围内,不同厚度双层吸波体两层介质电磁参量的取值。可以看出电磁参量的取值与吸波体的厚度有关,厚度较薄的吸波体电磁参量取值较大。第一层介质的 ε'_1 值确定后,不论介质层的厚度如何,其第一层的 μ'_1 值及第二层的 μ'_2 值总是随频率的变大而减小;而第二层的 ε'_2 值随频率的增大而增大。

从表 6 ~ 10 还可以看出两层介质损耗角正切 $\tan\delta_1$ 及 $\tan\delta_2$ 对电磁参量的影响。当第一层介质的 $\tan\delta_1$ 取固定值时,第二层介质的 ε'_2 值随 $\tan\delta_2$ 的增大而变小;μ'_2 值随 $\tan\delta_2$ 的增大而变大。比较表 7 与表 8 的数据可以发现,在第一层介质的 ε'_1 值固定后不同的 $\tan\delta_1$ 值所对应的电磁参量取值不同。当第一层介质的损耗角正切 $\tan\delta_1$ 取较大值时,其第二层介质 ε'_2,μ'_2 随频率变化的变化量均大于 $\tan\delta_1$ 取小值的情况。这一点可能预示着在双层吸波体设计中第一层介质的 $\tan\delta_1$ 不宜选的过大,以避免影响吸收峰的展宽。

表 6　双层吸波体无反射回波时电磁参量的取值

项目		频　率　/GHz							
第二层损耗角正切 $\tan\delta$	电磁参量	4		6		7		10	
		第一层	第二层	第一层	第二层	第一层	第二层	第一层	第二层
0.10	ε'	20.00	15.78	20.00	71.40	20.00	151.54	20.00	276.98
	μ'	70.31	89.11	31.25	8.75	17.58	2.32	11.25	0.81
0.20	ε'	20.00	8.08	20.00	36.57	20.00	77.61	20.00	141.85
	μ'	70.31	174.01	31.25	17.09	17.58	4.53	11.25	1.59
0.30	ε'	20.00	5.60	20.00	25.33	20.00	53.76	20.00	98.25
	μ'	70.31	251.21	31.25	24.67	17.58	6.54	11.25	2.29
0.40	ε'	20.00	4.41	20.00	19.98	20.00	42.40	20.00	77.49
	μ'	70.31	318.53	31.25	31.29	17.58	8.29	11.25	2.90
0.50	ε'	20.00	3.75	20.00	16.96	20.00	36.00	20.00	65.80
	μ'	70.31	375.10	31.25	36.84	17.58	9.76	11.25	3.42
0.60	ε'	20.00	3.34	20.00	15.11	20.00	32.06	20.00	58.60
	μ'	70.31	421.18	31.25	41.37	17.58	10.96	11.25	3.84
0.70	ε'	20.00	3.07	20.00	13.90	20.00	29.50	20.00	53.92
	μ'	70.31	457.78	31.25	44.96	17.58	11.92	11.25	4.17
0.80	ε'	20.00	2.89	20.00	13.09	20.00	27.77	20.00	50.76
	μ'	70.31	486.26	31.25	47.76	17.58	12.66	11.25	4.43
0.90	ε'	20.00	2.77	20.00	12.52	20.00	26.58	20.00	48.58
	μ'	70.31	508.08	31.25	49.90	17.58	13.23	11.25	4.63

第一层厚度:0.50 mm;第二层厚度:0.50 mm;第一层介质损耗角正切:0.30。

表7 双层吸波体无反射回波时电磁参量的取值

项 目		频 率 /GHz							
第二层损耗角正切 tanδ	电磁参量	4		6		7		10	
		第一层	第二层	第一层	第二层	第一层	第二层	第一层	第二层
0.10	ε'	10.00	7.89	10.00	35.70	10.00	75.77	10.00	138.49
	μ'	35.16	44.56	15.63	4.38	8.79	1.16	5.63	0.41
0.20	ε'	10.00	4.04	10.00	18.28	10.00	38.81	10.00	70.93
	μ'	35.16	87.00	15.63	8.55	8.79	2.26	5.63	0.79
0.30	ε'	10.00	2.80	10.00	12.66	10.00	26.88	10.00	49.13
	μ'	35.16	125.61	15.63	12.34	8.79	3.27	5.63	1.14
0.40	ε'	10.00	2.21	10.00	9.99	10.00	21.20	10.00	38.74
	μ'	35.16	159.27	15.63	15.64	8.79	4.15	5.63	1.45
0.50	ε'	10.00	1.89	10.00	8.48	10.00	18.00	10.00	32.90
	μ'	35.16	187.55	15.63	18.42	8.79	4.88	5.63	1.71
0.60	ε'	10.00	1.67	10.00	7.55	10.00	16.03	10.00	29.30
	μ'	35.16	210.59	15.63	20.68	8.79	5.48	5.63	1.92
0.70	ε'	10.00	1.54	10.00	6.95	10.00	14.75	10.00	26.96
	μ'	35.16	228.89	15.63	22.48	8.79	5.96	5.63	2.09
0.80	ε'	10.00	1.45	10.00	6.54	10.00	13.89	10.00	25.38
	μ'	35.16	243.13	15.63	23.88	8.79	6.33	5.63	2.22
0.90	ε'	10.00	1.38	10.00	6.26	10.00	13.29	10.00	24.29
	μ'	35.16	254.04	15.63	24.95	8.79	6.61	5.63	2.32

第一层厚度:1.00 mm;第二层厚度:1.00 mm;第一层介质损耗角正切:0.30。

表8 双层吸波体无反射回波时电磁参量的取值

项 目		频 率 /GHz							
第二层损耗角正切 tanδ	电磁参量	4		6		7		10	
		第一层	第二层	第一层	第二层	第一层	第二层	第一层	第二层
0.10	ε'	10.00	26.43	10.00	47.24	10.00	70.12	10.00	95.40
	μ'	35.16	13.30	15.63	3.31	8.79	1.25	5.63	0.59
0.20	ε'	10.00	13.53	10.00	24.19	10.00	35.91	10.00	48.86
	μ'	35.16	25.97	15.63	6.46	8.79	2.45	5.63	1.15
0.30	ε'	10.00	9.37	10.00	16.76	10.00	24.87	10.00	33.84
	μ'	35.16	37.50	15.63	9.32	8.79	3.53	5.63	1.66
0.40	ε'	10.00	7.39	10.00	13.21	10.00	19.62	10.00	26.69
	μ'	35.16	47.55	15.63	11.82	8.79	4.48	5.63	2.11
0.50	ε'	10.00	6.28	10.00	11.22	10.00	14.84	10.00	22.66
	μ'	35.16	55.99	15.63	13.92	8.79	5.92	5.63	2.48
0.60	ε'	10.00	5.59	10.00	9.99	10.00	14.84	10.00	20.18
	μ'	35.16	62.87	15.63	15.63	8.79	5.92	5.63	2.97
0.70	ε'	10.00	5.14	10.00	9.20	10.00	13.65	10.00	18.57
	μ'	35.16	68.34	15.63	16.99	8.79	6.44	5.63	3.03
0.80	ε'	10.00	4.84	10.00	8.66	10.00	12.85	10.00	17.48
	μ'	35.16	72.59	15.63	18.05	8.79	6.84	5.63	3.22
0.90	ε'	10.00	4.64	10.00	8.28	10.00	12.30	10.00	16.73
	μ'	35.16	75.84	15.63	18.86	8.79	7.15	5.63	3.36

第一层厚度:1.00 mm;第二层厚度:1.00 mm;第一层介质损耗角正切:0.10。

表9　双层吸波体无反射回波时电磁参量的取值

项　目		频　率　/GHz							
第二层损耗角正切 $\tan\delta$	电磁参量	4		6		7		10	
		第一层	第二层	第一层	第二层	第一层	第二层	第一层	第二层
0.10	ε'	5.00	3.71	5.00	8.36	5.00	13.21	5.00	18.30
	μ'	70.31	94.70	31.25	18.70	17.58	6.65	11.25	3.07
0.20	ε'	5.00	1.90	5.00	4.28	5.00	6.77	5.00	9.37
	μ'	70.31	184.92	31.25	36.50	17.58	12.99	11.25	6.00
0.30	ε'	5.00	1.32	5.00	2.96	5.00	4.69	5.00	6.49
	μ'	70.31	266.97	31.25	52.70	17.58	18.75	11.25	8.67
0.40	ε'	5.00	1.04	5.00	2.34	5.00	3.70	5.00	5.12
	μ'	70.31	338.51	31.25	66.82	17.58	23.77	11.25	10.99
0.50	ε'	5.00	0.88	5.00	1.99	5.00	3.14	5.00	4.35
	μ'	70.31	398.63	31.25	78.69	17.58	28.00	11.25	12.94
0.60	ε'	5.00	0.79	5.00	1.77	5.00	2.80	5.00	3.87
	μ'	70.31	447.60	31.25	88.36	17.58	31.44	11.25	14.53
0.70	ε'	5.00	0.72	5.00	1.63	5.00	2.57	5.00	3.56
	μ'	70.31	486.49	31.25	96.04	17.58	34.17	11.25	15.79
0.80	ε'	5.00	0.68	5.00	1.53	5.00	2.42	5.00	3.35
	μ'	70.31	516.76	31.25	102.01	17.58	36.29	11.25	16.78
0.90	ε'	5.00	0.65	5.00	1.47	5.00	2.32	5.00	3.21
	μ'	70.31	539.95	31.25	106.59	17.58	37.92	11.25	17.53

第一层厚度:1.00 mm;第二层厚度:1.00 mm;第一层介质损耗角正切:0.10。

表10　双层吸波体无反射回波时电磁参量的取值

项　目		频　率　/GHz							
第二层损耗角正切 $\tan\delta$	电磁参量	4		6		7		10	
		第一层	第二层	第一层	第二层	第一层	第二层	第一层	第二层
0.10	ε'	6.00	20.71	6.00	36.42	6.00	54.08	6.00	74.09
	μ'	14.65	4.24	6.51	1.07	3.66	0.41	2.34	0.19
0.20	ε'	6.00	10.61	6.00	18.65	6.00	27.70	6.00	37.94
	μ'	14.65	8.29	6.51	2.09	3.66	0.79	2.34	0.37
0.30	ε'	6.00	7.35	6.00	12.92	6.00	19.18	6.00	26.28
	μ'	14.65	11.96	6.51	3.02	3.66	1.15	2.34	0.54
0.40	ε'	6.00	5.79	6.00	10.19	6.00	15.13	6.00	20.73
	μ'	14.65	15.17	6.51	3.83	3.66	1.45	2.34	0.68
0.50	ε'	6.00	4.92	6.00	8.65	6.00	12.85	6.00	17.60
	μ'	14.65	17.86	6.51	4.51	3.66	1.71	2.34	0.80
0.60	ε'	6.00	4.38	6.00	7.71	6.00	11.44	6.00	15.68
	μ'	14.65	20.06	6.51	5.07	3.66	1.92	2.34	0.90
0.70	ε'	6.00	4.03	6.00	7.09	6.00	10.53	6.00	14.42
	μ'	14.65	21.80	6.51	5.51	3.66	2.09	2.34	0.98
0.80	ε'	6.00	3.80	6.00	6.67	6.00	9.91	6.00	13.58
	μ'	14.65	23.15	6.51	5.85	3.66	2.22	2.34	1.04
0.90	ε'	6.00	3.63	6.00	6.39	6.00	9.49	6.00	12.99
	μ'	14.65	24.19	6.51	6.12	3.66	2.32	2.34	1.08

第一层厚度:2.00 mm;第二层厚度:2.00 mm;第一层介质损耗角正切:0.10。

表 11　双层吸波体无反射回波时电磁参量的取值

项目		频　率　/GHz							
第二层损耗角正切 tanδ	电磁参量	4		6		7		10	
		第一层	第二层	第一层	第二层	第一层	第二层	第一层	第二层
0.10	ε'	100.00	26.43	100.00	47.24	100.00	70.12	100.00	95.40
	μ'	351.56	13.30	156.25	3.31	87.89	1.25	56.25	0.59
0.20	ε'	100.00	13.53	100.00	24.19	100.00	35.91	100.00	48.86
	μ'	351.56	25.97	156.25	6.46	87.89	2.45	56.25	1.15
0.30	ε'	100.00	9.37	100.00	16.76	100.00	24.87	100.00	33.84
	μ'	351.56	37.50	156.25	9.32	87.89	3.53	56.25	1.66
0.40	ε'	100.00	7.39	100.00	13.21	100.00	19.62	100.00	26.69
	μ'	351.56	47.55	156.25	11.82	87.89	4.48	56.25	2.11
0.50	ε'	100.00	6.28	100.00	11.22	100.00	16.66	100.00	22.66
	μ'	351.56	55.99	156.25	13.92	87.89	5.28	56.25	2.48
0.60	ε'	100.00	5.59	100.00	9.99	100.00	14.84	100.00	20.18
	μ'	351.56	62.87	156.25	15.63	87.89	5.92	56.25	2.79
0.70	ε'	100.00	5.14	100.00	9.20	100.00	13.56	100.00	18.57
	μ'	351.56	68.34	156.25	16.99	87.89	6.44	56.25	3.03
0.80	ε'	100.00	4.84	100.00	8.66	100.00	12.85	100.00	17.48
	μ'	351.56	72.59	156.25	18.05	87.89	6.84	56.25	3.22
0.90	ε'	100.00	4.64	100.00	8.28	100.00	12.30	100.00	16.73
	μ'	351.56	75.84	156.25	18.86	87.89	7.15	56.25	3.36

第一层厚度:0.10 mm;第二层厚度:1.00 mm;第一层介质损耗角正切:0.10。

表 12　双层吸波体无反射回波时电磁参量的取值

项目		频　率　/GHz							
第二层损耗角正切 tanδ	电磁参量	4		6		8		10	
		第一层	第二层	第一层	第二层	第一层	第二层	第一层	第二层
0.10	ε'	10.00	264.28	10.00	472.35	10.00	701.16	10.00	953.97
	μ'	35.16	133.03	15.63	33.08	8.79	12.54	5.63	5.90
0.20	ε'	10.00	135.35	10.00	241.91	10.00	359.09	10.00	488.56
	μ'	35.16	259.75	15.63	64.59	8.79	24.48	5.63	11.51
0.30	ε'	10.00	93.75	10.00	167.56	10.00	248.73	10.00	338.41
	μ'	35.16	375.00	15.63	93.25	8.79	35.34	5.63	16.62
0.40	ε'	10.00	73.94	10.00	132.15	10.00	196.16	10.00	266.89
	μ'	35.16	475.49	15.63	118.24	8.79	44.81	5.63	21.06
0.50	ε'	10.00	62.79	10.00	112.22	10.00	166.58	10.00	226.64
	μ'	35.16	559.94	15.63	139.24	8.79	52.76	5.63	24.82
0.60	ε'	10.00	55.92	10.00	99.94	10.00	148.35	10.00	201.84
	μ'	35.16	628.73	15.63	156.34	8.79	59.24	5.63	27.87
0.70	ε'	10.00	51.46	10.00	91.95	10.00	136.49	10.00	185.71
	μ'	35.16	683.36	15.63	169.93	8.79	64.39	5.63	30.29
0.80	ε'	10.00	48.43	10.00	86.57	10.00	128.50	10.00	174.83
	μ'	35.16	725.87	15.63	180.50	8.79	68.40	5.63	32.17
0.90	ε'	10.00	46.35	10.00	82.85	10.00	122.98	10.00	167.32
	μ'	35.16	758.44	15.63	188.60	8.79	71.47	5.63	33.62

第一层厚度:1.00 mm;第二层厚度:0.10 mm;第一层介质损耗角正切:0.10。

  表 8 和表 9 是两组第一层介质 ε'_1 不等(表 8 中 $\varepsilon'_1 = 10$,表 9 中 $\varepsilon'_1 = 5$),而两层介质厚度 d_1 和 d_2 及 $\tan\delta_1$ 均相等情况下电磁参量的两组计算结果。与单层吸波材料不同的是,双层吸波体在同等条件下,第一层介质的 ε'_1 在一定范围内取值不同时存在有多组满足吸波体无反射回波的电磁参量取值,这一点说明双层材料具有更宽的选材范围,比单层材料更具有优势。

  表 11 及表 12 给出了双层吸波体两层介质厚度不等情况下的计算机计算结果。其中表 11 中第一层介质 $d_1 = 0.1$ mm,第二层介质 $d_2 = 1.0$ mm,即第一层介质较薄,第二层较厚;表 12 中第一层介质 $d_1 = 1.0$ mm,第二层介质厚度 $d_2 = 0.1$ mm,与表 11 相反,即第一层较厚,第二层较薄。它们的第一层的损耗角正切均为 $\tan\delta_1 = 0.1$。比较两表的数据看出,当双层吸波体无反射回波时,第一层介质较薄,第二层较厚的情况下,要求其第一层介质电磁参量 ε'_1, μ'_1 的值均较大,而第二层介质电磁参量 ε'_2, μ'_2 的值均较小;反之,第一层较厚第二层较薄的情况下,则要求其第一层介质的电磁参量 ε'_1, μ'_1 的值应较小,第二层介质参量 ε'_2, μ'_2 的值应较大。两层介质的电磁参量与厚度成反比关系。例如,在 $\tan\delta_1 = 0.1, \tan\delta_2 = 0.1$,入射波频等于 4GHz 情况下,第一层厚度 $d_1 = 0.1$ mm 时,其第一层介质的 $\varepsilon'_1 = 100, \mu'_1 = 351.56$,而 $d_1 = 1.0$ mm 时,其 $\varepsilon'_1 = 10, \mu'_1 = 35.16$;第二层介质厚度 $d_2 = 0.1$ mm 时,其第二层的 $\varepsilon'_2 = 264.3, \mu'_2 = 133.0$,而 $d_2 = 1.0$ mm 时,其 $\varepsilon'_2 = 26.43, \mu'_2 = 13.30$。

  一般而言,与单层吸波材料相比较,双层吸波材料可设计自由度相对大一些。即双层吸波材料更容易实现宽带强吸收,双层吸波材料频带优化设计结果也证实了这一点,见表 13。可以看出,优化得到的吸收率可以达到 20 dB,并且相应的带宽在 25 GHz 以上。

  根据频带优化计算表 13,可以构造和预报双层吸波材料的三维吸收曲线和相应的三维频带解剖曲线,如图 7 和 8 所示。

表 13 双层吸波材料频带优化结果(双层)

层　　数	ε'	μ'	$\tan\delta_e$	$\tan\delta_m$	层厚 /mm
1	6.90	2.60	0.007 2	0.380 8	0.001 00
2	31.40	1.40	0.000 0	0.707 1	0.000 99
0	0.00	0.00	0.000 0	0.000 0	0.000 00

吸波体吸收率:19.556 dB;入射波频率:6.00 GHz。

  比较图 7 和图 8 可以看出,按频带优化设计双层吸波材料,可以得到宽频强吸收的理想吸波体。这一结论已被证实。

5.3 多层吸波材料设计举例

1. 分层组配设计

  多层介质吸波体的介质层前后排列顺序不同,则吸波性能不同。在各层介质电磁参量不变的情况下,仅是颠倒一下某两层介质的排列次序,往往会引起吸波体整体吸波效果的很大差异。这说明多层吸波体各层介质之间电磁参量的匹配对整体吸波性能有很大影响。同时表明可以从若干种现有实际材料的分层组合方案中寻找匹配最好的分层组合方案,以达到吸波体具有较好的整体吸波性能。

  采用计算机数值计算及自动优选的方法可以解决多层吸波体的分层组配问题,这里给出利用该方法得到的两个具体设计实例,参见图 9、图 10 及表 14 和 15。

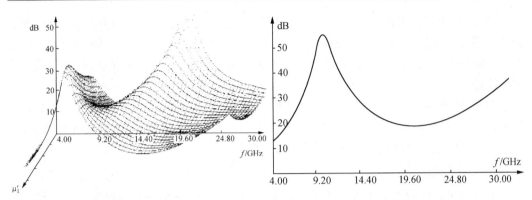

图 7 双层吸波材料三维吸波性能预报　　图 8 双层吸波材料三维吸波性能解剖分析

$\varepsilon'_1 = 6.900\ \mu'_1 = 2.000\ \tan\delta_{e_1} = 0.007\ 2\ \tan\delta_{m_1} = 0.380\ 8\ d_1 = 1.000\ \text{mm}$　　$\varepsilon'_1 = 6.900\ \mu'_1 = 5.000\ \tan\delta_{e_1} = 0.007\ 2\ \tan\delta_{m_1} = 0.380\ 8\ d_1 = 1.000\ \text{mm}$

$\varepsilon'_2 = 31.400\ \mu'_2 = 1.400\ \tan\delta_{e_2} = 0.000\ 0\ \tan\delta_{m_2} = 0.707\ 1\ d_2 = 1.000\ \text{mm}$　　$\varepsilon'_2 = 31.400\ \mu'_2 = 1.400\ \tan\delta_{e_2} = 0.000\ 0\ \tan\delta_{m_2} = 0.707\ 1\ d_2 = 1.000\ \text{mm}$

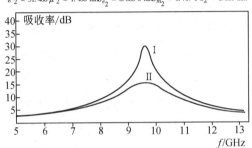

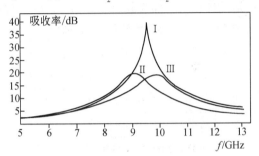

图 9 不同介质层组合的吸收曲线（双层）　　图 10 不同介质层组合的吸收曲线（三层）

表 14 双层介质不同介质层组合方案的电磁参量

曲线 参数 层 序 号	曲线 1					曲线 2				
	ε'	ε''	μ'	μ''	d/mm	ε'	ε''	μ'	μ''	d/mm
1	26.5	0.99	3.2	0.9	0.5	17	0.99	2	0.99	0.5
2	17	0.99	2	0.99	0.5	26.5	0.99	3.2	0.9	0.5

表 15 三层介质不同介质层组合方案的电磁参量

曲线 参数 层 序 号	曲线 Ⅰ					曲线 Ⅱ				
	ε'	ε''	μ'	μ''	d/mm	ε'	ε''	μ'	μ''	d/mm
1	24.2	0.99	3.25	0.93	0.3	30.0	0.99	2.60	0.95	0.3
2	30.0	0.99	2.60	0.95	0.3	24.2	0.99	3.25	0.93	0.3
3	16.4	0.99	2.00	0.99	0.4	16.4	0.99	2.00	0.99	0.4

曲线 Ⅲ				
ε'	ε''	μ'	μ''	d/mm
16.4	0.99	2.00	0.99	0.4
24.2	0.99	3.25	0.93	0.3
30.0	0.99	2.60	0.95	0.3

表14列出了入射波频率在 5～12 GHz 范围内双层吸波体两介质层取不同组合方案时的电磁参量取值,两种组合方案的整体吸收效果由图9给出。很明显,第一种方案吸收曲线(图9中的曲线1)的吸收峰比第二种方案的吸收峰更宽,综合指标更好,是两种方案中最优的。

表15给出的是入射波频率在 5～12 GHz 范围内三层吸波体取不同组合方案时的电磁参量值。由图10可以看出,三种组合方案中第一种方案(曲线1)的吸收峰最宽大,说明该方案的电磁参量匹配最佳,是最优设计方案。

2. 频带优化设计

为了满足强吸收宽频带和超薄等实际要求,作者对 3～6 层吸波材料进行了频带优化设计,基本优化目标为:吸收率 > 25 dB,层厚 < 2 mm,通过计算机辅助计算,得到表16～19给出的优化设计表。可以看出,对于预先给定的优化技术指标,多层吸波体更容易满足设计要求。即吸收率均超过 25 dB,带宽大于 20 GHz,层厚基本小于 2 mm。

表16　单纯形法吸波材料优化数据(三层)

层数	ε'	μ'	$\tan\delta_e$	$\tan\delta_m$	层厚/mm
1	2.00	3.10	0.490	0.0160	0.59
2	16.70	4.15	0.0534	0.2386	0.68
3	26.50	1.35	0.318	0.7333	0.67
0	0.00	0.00	0.0000	0.0000	0.00
0	0.00	0.00	0.0000	0.0000	0.00
0	0.00	0.00	0.0000	0.0000	0.00
0	0.00	0.00	0.0000	0.0000	0.00

吸波体吸收率:25.675 dB;入射波频率:6.00 GHz

表17　单纯形法吸波材料优化数据(四层)

层数	ε'	μ'	$\tan\delta_e$	$\tan\delta_m$	层厚/mm
1	2.00	3.80	0.4950	0.0000	0.50
2	16.70	5.00	0.0207	0.1980	0.48
3	31.40	1.80	0.0315	0.3575	0.48
4	60.80	1.60	0.0000	0.5569	0.45
0	0.00	0.00	0.0000	0.0000	0.00
0	0.00	0.00	0.0000	0.0000	0.00
0	0.00	0.00	0.0000	0.0000	0.00

吸波体吸收率:27.343 dB;入射波频率:6.00 GHz

表18　单纯形法吸波材料优化数据(五层)

层数	ε'	μ'	$\tan\delta_e$	$\tan\delta_m$	层厚/m
1	2.00	4.00	0.4950	0.0000	0.38
2	2.00	4.20	0.4455	0.0000	0.40
3	21.60	3.60	0.0344	0.2063	0.40
4	46.10	1.80	0.0215	0.3575	0.32
5	2.00	1.80	0.3713	0.1925	0.36
0	0.00	0.00	0.0000	0.0000	0.00
0	0.00	0.00	0.0000	0.0000	0.00

吸波体吸收率:30.008 dB;入射波频率:6.00 GHz

表19　单纯形法吸波材料优化数据(六层)

层数	ε'	μ'	$\tan\delta_e$	$\tan\delta_m$	层厚/mm
1	2.00	4.15	0.4950	0.0000	0.30
2	6.90	4.50	0.0000	0.1210	0.30
3	11.80	3.80	0.0	0.2605	0.30
4	6.90	2.75	0.0717	0.3420	0.36
5	70.60	2.05	0.0140	0.2173	0.38
6	100.00	1.00	0.0005	0.5445	0.37
0	0.00	0.00	0.0000	0.0000	0.00
0	0.00	0.00	0.0000	0.0000	0.00

吸波体吸收率:31.191 dB;入射波频率:6.00 GHz

3. 三维性能预报及频带解剖

根据频带优化设计表及优化设计曲线,可以任意构造多层吸波体分层组配方案,并预报相应的三维吸波曲线,图 11 ~ 14 给出了典型的设计结果,从中可以看出多层吸波材料性能的整体走向。事实上,按照频带优化设计给出的方向可以得到强吸收、宽频带、超薄型的理想吸波材料。

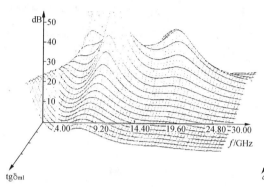

入射波频率:4 ~ 30 GHz;第 1 层 $\tan\delta_m = 0.010 ~ 4.000$

图 11 三层吸波材料三维吸波性能预报

第 1 层 $\varepsilon' = 2.000$ $\mu' = 3.100$ $\tan\delta_e = 0.495\,0$ $\tan\delta_m = 0.010\,0$ 厚度 $= 0.590$mm
第 2 层 $\varepsilon' = 16.700$ $\mu' = 4.150$ $\tan\delta_e = 0.053\,4$ $\tan\delta_m = 0.238\,6$ 厚度 $= 0.680$mm
第 3 层 $\varepsilon' = 26.500$ $\mu' = 1.350$ $\tan\delta_e = 0.031\,8$ $\tan\delta_m = 0.733\,3$ 厚度 $= 0.670$mm

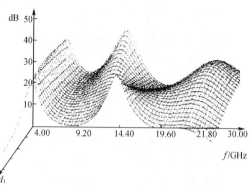

入射波频率:4 ~ 30 GHz;第 1 层层厚 0.300 ~ 0.800

图 12 四层吸波材料三维吸波性能解剖

第 1 层 $\varepsilon' = 2.000$ $\mu' = 3.800$ $\tan\delta_e = 0.495\,0$ $\tan\delta_m = 0.000\,0$ 厚度 $= 0.300$mm
第 2 层 $\varepsilon' = 16.700$ $\mu' = 5.000$ $\tan\delta_e = 0.020\,7$ $\tan\delta_m = 0.198\,0$ 厚度 $= 0.480$mm
第 3 层 $\varepsilon' = 81.400$ $\mu' = 1.800$ $\tan\delta_e = 0.031\,5$ $\tan\delta_m = 0.357\,5$ 厚度 $= 0.480$mm
第 4 层 $\varepsilon' = 60.800$ $\mu' = 1.600$ $\tan\delta_e = 0.000\,0$ $\tan\delta_m = 0.5569$ 厚度 $= 0.450$mm

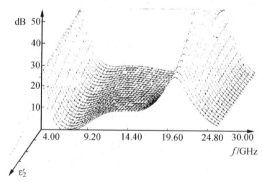

入射波频率:4 ~ 30 GHz;第 2 层 $\varepsilon' = 1.000 ~ 4.000$

图 13 五层吸波材料三维吸波性能解剖

第 1 层 $\varepsilon' = 2.000$ $\mu' = 4.000$ $\tan\delta_e = 0.495\,0$ $\tan\delta_m = 0.000\,0$ 厚度 $= 0.380$mm
第 2 层 $\varepsilon' = 1.000$ $\mu' = 4.200$ $\tan\delta_e = 0.445\,5$ $\tan\delta_m = 0.000\,0$ 厚度 $= 0.400$mm
第 3 层 $\varepsilon' = 21.600$ $\mu' = 3.600$ $\tan\delta_e = 0.034\,4$ $\tan\delta_m = 0.206\,3$ 厚度 $= 0.400$mm
第 4 层 $\varepsilon' = 46.100$ $\mu' = 1.800$ $\tan\delta_e = 0.0215$ $\tan\delta_m = 0.3575$ 厚度 $= 0.320$(mm)
第 5 层 $\varepsilon' = 2.000$ $\mu' = 1.800$ $\tan\delta_e = 0.371\,3$ $\tan\delta_m = 0.192\,5$ 厚度 $= 0.360$mm

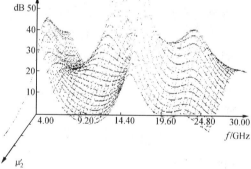

入射波频率:4 ~ 30 GHz;第 2 层 $\mu' = 2.000 ~ 0.000$

图 14 六层吸波材料三维吸波性能解剖

第 1 层 $\varepsilon' = 2.000$ $\mu' = 4.150$ $\tan\delta_e = 0.495\,0$ $\tan\delta_m = 0.000\,0$ 厚度 $= 0.300$mm
第 2 层 $\varepsilon' = 6.900$ $\mu' = 2.300$ $\tan\delta_e = 0.000$ $\tan\delta_m = 0.121\,0$ 厚度 $= 0.300$mm
第 3 层 $\varepsilon' = 11.800$ $\mu' = 0.000$ $\tan\delta_e = 0.000\,0$ $\tan\delta_m = 0.260\,5$ 厚度 $= 0.900$mm
第 4 层 $\varepsilon' = 6.900$ $\mu' = 2.750$ $\tan\delta_e = 0.000$ $\tan\delta_m = 0.342\,0$ 厚度 $= 0.360$mm
第 5 层 $\varepsilon' = 70.000$ $\mu' = 2.050$ $\tan\delta_e = 0.014\,0$ $\tan\delta_m = 0.217\,3$ 厚度 $= 0.380$mm
第 6 层 $\varepsilon' = 100.000$ $\mu' = 1.000$ $\tan\delta_e = 0.000\,5$ $\tan\delta_m = 0.544\,5$ 厚度 $= 0.370$mm

5.4 设计结果验证及偏差分析

为了验证本文的设计理论,作者根据理论设计结果,选取了几个典型试样进行比较分析,比较分析指标主要有:多薄层材料电磁参量 ε,μ,d、吸收率、吸收带宽、吸收峰值等。

1. 试样说明

针对层状吸波材料的应用要求和理论设计结果,选择几类典型试样。试样为树脂基掺杂纤维、混合颗粒的复合材料。即将混合介质颗粒以一定配方混入基体中制成涂料,涂覆于尼龙绸上形成 RAM 薄片。由于组分材料涉及到颗粒、纤维、树脂等,喷涂工艺不易进行。

为了便于与给出的典型设计结果对比分析,制作过程中介质层的总厚度控制在2 mm左右。薄层的平均厚度随不同材料变化范围为 0.1 ~ 0.6 mm,在此厚度范围内,由于起伏造成的表面不平整度可能会增大。为了便于对厚度描述,一般用薄片的质量变化来表示其厚度变化。

实验中材料的种类包括电介质、磁介质、导电纤维、强散射材料等,基质树脂为复合型,其介电性质也随加入的各类增韧剂、固化剂的不同而有差异。由于组成材料的电磁物性和混合介质颗粒的形态、组分、不均匀性、基质材料等都有关,并且工艺配方涉及到保密性,故不能提供足够详细的各薄层材料的具体组分信息和各组分的物性参数,而一律采用标号表示不同组分层,用等效参数代替混合介质的电磁参数。

2. 设计结果与试验结果对比分析

图15 ~ 17 分别为单、双、三层吸波材料理论设计曲线和典型试样测试结果。可以看出,理论与实验结果基本符合。特别在吸收峰位和吸收带宽等指标大体趋势完全相同。图18 为典型的多层吸波材料设计曲线和相应的试样试验曲线。试验结果证实,多层吸波材料设计系统可以得到比较理想的多层吸波材料,实现宽频带强吸收。

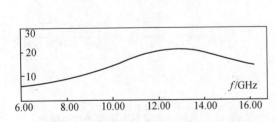 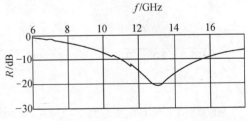

图15 单层复合吸波材料理论设计曲线与实验曲线比较

$\varepsilon_1 = 5.36 \quad \mu_1 = 1.36 \quad \tan\varepsilon_1 = 0.03 \quad \tan\mu_1 = 0.31 \quad$ 厚度 = 2.10 mm

理论和实验结果都表明,寻求高 μ 值的材料有助于提高材料的吸波性能;对多层结构吸波材料,采用阻抗渐变结构也有助于提高吸波性能。此外,从理论和实验测试结果还可以看出,单层与多层结构均能实现较好的吸波效果,但单层结构对材料的要求比较苛刻,而多层结构材料参数选择自由度相对灵活,并且多层结构综合技术指标比较理想。

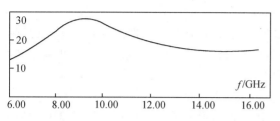 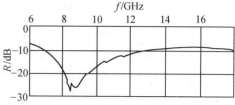

图 16 双层复合吸波材料理论设计曲线与实验曲线比较

第 1 层 $\varepsilon' = 5.270$ $\mu' = 1.000$ $\tan\delta_e = 0.2000$ $\tan\delta_m = 0.2000$ 厚度 $= 1.800$ mm

第 2 层 $\varepsilon' = 20.000$ $\mu' = 1.300$ $\tan\delta_e = 0.3000$ $\tan\delta_m = 0.7000$ 厚度 $= 1.000$ mm

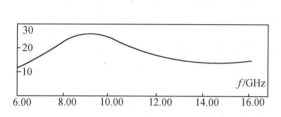 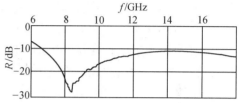

图 17 三层复合吸波材料理论设计曲线与实验曲线比较

第 1 层 $\varepsilon' = 5.360$ $\mu' = 1.000$ $\tan\delta_e = 0.3000$ $\tan\delta_m = 0.3000$ 厚度 $= 1.600$ mm

第 2 层 $\varepsilon' = 5.740$ $\mu' = 1.040$ $\tan\delta_e = 0.3800$ $\tan\delta_m = 0.0400$ 厚度 $= 0.500$ mm

第 3 层 $\varepsilon' = 20.500$ $\mu' = 1.000$ $\tan\delta e = 0.1100$ $\tan\delta m = 0.7400$ 厚度 $= 1.000$ mm

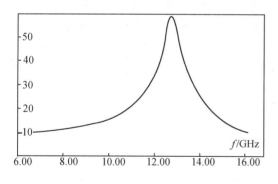 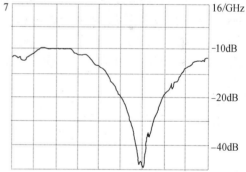

图 18 多层复合吸波材料理论设计曲线与实验曲线比较

第 1 层 $\varepsilon' = 13.500$ $\mu' = 1.200$ $\tan\delta_e = 0.0001$ $\tan\delta_m = 0.0001$ 厚度 $= 0.500$ mm

第 2 层 $\varepsilon' = 10.000$ $\mu' = 1.200$ $\tan\delta_e = 0.0001$ $\tan\delta_m = 0.0001$ 厚度 $= 0.500$ mm

第 3 层 $\varepsilon' = 10.000$ $\mu' = 1.200$ $\tan\delta_e = 0.0000$ $\tan\delta_m = 0.0000$ 厚度 $= 0.500$ mm

第 4 层 $\varepsilon' = 15.000$ $\mu' = 1.170$ $\tan\delta_e = 0.0000$ $\tan\delta_m = 0.0000$ 厚度 $= 0.500$ mm

第 5 层 $\varepsilon' = 20.000$ $\mu' = 1.000$ $\tan\delta_e = 0.0000$ $\tan\delta_m = 0.9900$ 厚度 $= 0.400$ mm

第 6 层 $\varepsilon' = 20.000$ $\mu' = 1.000$ $\tan\delta_e = 0.0000$ $\tan\delta_m = 0.9900$ 厚度 $= 0.400$ mm

第 7 层 $\varepsilon' = 20.000$ $\mu' = 1.160$ $\tan\delta_e = 0.0000$ $\tan\delta_m = 0.8354$ 厚度 $= 0.500$ mm

3. 理论设计与实验偏差分析

从上述实际材料的吸波性能曲线可以看出,理论设计与实验曲线尚存在不同程度的偏差,特别在吸波材料曲线的低频和高频端部,偏差明显增大。一般而言,这些偏差来源比较复杂,这里,作者分析几类主要的影响因素。

① 偏差的物理原因分析。所谓偏差的物理原因是指实际材料的电磁参量 ε,μ,$\tan\delta_e,\tan\delta_m$ 等随着入射电磁波频率和环境温度的变化而变化,形成电磁参量的频散效应,因而导致在宽广的频带内不同频点处的电磁参量取值变化较大,从而使理论设计曲线在两端处明显偏离实验曲线。

② 偏差的工艺原因分析。工艺因素是导致理论设计与实验测量产生偏差的重要原因。由于多薄层吸波材料由树脂、不均匀颗粒、导电纤维等基本组元构成,工艺成型过程比较复杂,影响因素很多。例如,组成介质颗粒的粒径不同,强散射纤维体积分数不同,都会形成宏观不均匀层,使涂层的平均厚度发生变化;吸收剂的浓度及体积分布不同,将导致涂层有效厚度变化,直接影响吸收强度,并使吸波带发生不均匀频移;材料成型过程中,手工涂刷造成的材料表面起伏及层厚变化等工艺因素,都将影响材料的吸波性能。此外,粘接剂、固化剂等工艺配方方面的差异,也会影响试样的最终强度指标。

③ 测量误差导致的偏差。电磁参量 $\varepsilon,\mu,\tan\delta,\tan\delta$ 及涂层厚度的测量也存在很大误差。对大多数实际材料,由于含有高损耗介质、不均匀介质和导电介质等成分,并且薄层材料的电磁参量相对体材料也存在一定差异,因而相应的电磁物性参量的测量误差较大,特别当涂层内部含有强散射颗粒及层厚变薄时,上述误差将变得更大。已经证实,当入射电磁波频率和环境温度变化时,电磁参量对多薄层材料吸波性能的影响相当复杂,若假设电磁参量是随机变化的,则可用统计方法来分析。即实际中通过测量来了解各参量的变化范围,并使其对吸波性能的影响限制在允许的偏差范围之内。此外,不同测量环境和不同测量方法,以及薄层的不均匀性引起的测量误差也是理论与实验结果产生偏差的影响因素。

专题8　三维编织复合材料性能预报

1　三维机织复合材料设计基础

1.1　三维机织物拓扑结构的表征

欲借助计算机研究任意结构机织复合材料的弹性性能,最为关键的一步乃是"量化"三维织物的结构。为此引入"纱态"这一概念。纱态,即纱线的形态,分为经态与纬态,用于描述单胞内纱线的空间走向,它用一个广义的五维向量表示。其中,第一维代表纱线的类别,经、纬纱分别以 W、F 表示;第二维代表纱线段的升降,上升段和下降段分别用+和-表示,水平段用0表示;第三维代表纱线段在织物厚度方向上的跨度(纵跨层数);第四维则代表一根纱线横向交织另一类纱线的列数(横跨列数);第五维代表同态纱线在单胞内的根数。因为第三维的大小对纱线的卷曲形状起决定性作用,所以将第三维为 n 的纱线称为 n 态纱线。

现以角联锁组织为例,说明三维织物结构的"量化"过程。图 1 为角联锁组织经纬纱交织状态示意图,经态是显而易见的:经纱 1,5 均为 1 态,在单胞内的升降段各一,经纱 2,3,4 均为 2 态,在单胞内的升降段亦各一。纬态虽不甚直观,但极易判断:纬纱 3,7 不与经纱交织,故不发生卷曲,为 0 态(视为 4 段);其余纬纱均发生卷曲,但仅

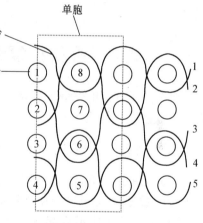

图 1　角联锁组织

限于单层内,故均为 1 态,且上升段与下降段均为 6 段。由此可见,该种组织的一个单胞内有四种形态的经纱和三种形态的纬纱,见表 1。

表 1　单胞内代表性纱线

纱线类别	单调升降	纵跨层数	横跨列数	根数	备注
W	+	1	2	2	经纱 1,5 上升段
W	−	1	2	2	经纱 1,5 下降段
W	+	2	2	3	经纱 2,3,4 上升段
W	−	2	2	3	经纱 2,3,4 下降段
F	0	0	2	4	纬纱 3,7 共 4 小段水平段
F	+	1	2	6	纬纱 1,2,4,5,6,8 上升段
F	−	1	2	6	纬纱 1,2,4,5,6,8 下降段

一旦采用上述方法将三维结构"量化"为二维表格并存入数据库,便可由计算机构造单胞模型,拟合纱芯曲线,进行刚度计算。

1.2 三维机织物的单胞/巨胞模型

早期学者大都忽略纱线的卷曲,将机织复合材料的单胞视为多个相互交叉的理想单向板,此即"单向板组合模型"。这种模型虽然简单,但误差较大。在考虑纱线的卷曲后,提出交叉等效曲面板模型。

为便于叙述,不妨将纬纱方向上若干个连续单胞的集合体称为巨胞。巨胞内有多条形态完全相同的纱线,这些同态纱线可视为一块等效曲面板。当三维织物层数较多时,其单胞内的纱线数目非常之多,但代表性纱线的数目甚为有限。单胞内有几根代表性纱线,巨胞内就有几块等效曲面板。这些等效曲面板在空间相互交叉,构成交叉等效曲面板模型,如图2所示(为作图方便,图中仅画出经纬两方向的曲面板各一块)。

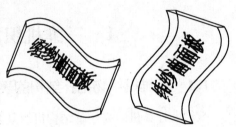

图2 交叉等效曲面板模型

2 三维机织复合材料力学分析模型及验证

计算力学性能的关键是计算巨胞内每块等效曲面板的力学性能,亦即单胞内每根代表性纱线的力学性能。为此须首先考虑如何拟合纱芯曲线。

2.1 纱芯曲线的拟合

以正弦曲线拟合纱芯曲线似乎更为精确,但织物复合成型时,模具挤压使纱线形状发生了改变,规则的正弦曲线不复存在,但纱芯曲线仍是一个连续函数。任何连续函数,至少在一个比较小的邻域内可以用多项式任意逼近。权衡计算精度与稳定性,以三次插值多项式拟合为宜。现以经纱为例简述其拟合过程。

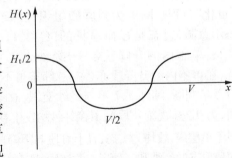

图3 纱线卷曲示意图

某根经纱在一个循环内的卷曲形状示于图3。设单胞长度为V(由工艺参数决定),经纱的波峰、波谷间距(峰谷值)为

$$H_t = 经态 \times 材料厚度 / 纬纱层数$$

曲线应经过四个点:$(0, H_t/2)$,$(V/4, 0)$,$(3V/4, 0)$ 和 $(V, H_t/2)$,如图3所示。

设三次插值多项式为$H(x) = a_0 + a_1 x + a_2 x^2 + a_3 x^3$,由四点坐标通过 Vandermonde 行列式可求得各系数。在平面直角坐标系中,它代表一条曲线,而在空间直角坐标系中,它代表一块曲面板。纬纱纱芯曲线插值多项式可按类似方法求得。

2.2 单块曲面板刚度的计算

巨胞内单块曲面板刚度的计算,也就是单胞内单个纱线刚度的计算。前面已求得某纱线的纱芯曲线函数,可通过计算定积分的方法计算其刚度。其方法是,把卷曲的纱线理想化为许多纱线段微元,视每个微元为复合材料单向板,求出每个微元的刚度矩阵并进行叠加,即可得到该纱线的刚度。现以 j 态代表性经纱为例详述其计算过程。设单胞中此类经纱段有 n_j 根,所拟合的纱芯曲线函数为 $H(x)$。

第 1 步,微分。将纱线沿 x 向分成 n 等份,每一份长度为 $\Delta = V/n$。

第 2 步,积分。进行 n 次循环求和运算,每次在 $x_i = (i-1)\Delta$ 位置取纱线第 i 段微元,其取向角为 $\theta_i = \arctan[\mathrm{d}H(x)/\mathrm{d}x]\big|_{x=x_i}$,方位角为 0,纱线段微元长度 $L_i = \sqrt{1 + [H(x)]^2}\,\Delta$,微元体积 $V_i = AL_in_j$,其中 A 为纱线截面面积。

前面已设 V 为单胞的长度(单胞在经向上的跨度),现设 U 为单胞宽度(单胞在纬向上的跨度),并设 W 为单胞高度(材料厚度)。这样,微元单向板纤维体积含量和各弹性常数为

$$
\left.
\begin{aligned}
&V_\mathrm{f}(x_i) = AL_in_j/(UVW) \\
&E_{11}(x_i) = V_\mathrm{f}(x_i)E_\mathrm{f} + (1 - V_\mathrm{f}(x_i))E_\mathrm{m} \\
&E_{22}(x_i) = E_\mathrm{m}E_\mathrm{f}/[V_\mathrm{f}(x_i)E_\mathrm{m} + (1 - V_\mathrm{f}(x_i))E_\mathrm{f}] \\
&G_{12}(x_i) = G_{13}(x_i) = G_\mathrm{m}G_\mathrm{f}/[V_\mathrm{f}(x_i)G_\mathrm{m} + (1 - V_\mathrm{f}(x_i))G_\mathrm{f}] \\
&G_{23}(x_i) = G_\mathrm{m}/[1 - V_\mathrm{f}^{1/2}(x_i)(1 - G_\mathrm{m}/G_\mathrm{f})] \\
&v_{12}(x_i) = V_\mathrm{f}(x_i)v_\mathrm{f} + (1 - V_\mathrm{f}(x_i))v_\mathrm{m} \\
&v_{21}(x_i) = v_{12}(x_i)E_{22}(x_i)/E_{11}(x_i) \\
&v_{23}(x_i) = V_\mathrm{f}(x_i)v_\mathrm{f} + V_\mathrm{m}(x_i)(2v_\mathrm{m} - v_{21}(x_i))
\end{aligned}
\right\}
\tag{1}
$$

单向板的正轴刚度矩阵(每一元素均为 x_i 的函数)为

$$
[\boldsymbol{C}(x_i)] =
\begin{bmatrix}
C_{11} & C_{12} & C_{13} & 0 & 0 & 0 \\
C_{12} & C_{22} & C_{23} & 0 & 0 & 0 \\
C_{13} & C_{23} & C_{33} & 0 & 0 & 0 \\
0 & 0 & 0 & C_{44} & 0 & 0 \\
0 & 0 & 0 & 0 & C_{55} & 0 \\
0 & 0 & 0 & 0 & 0 & C_{66}
\end{bmatrix}
\tag{2}
$$

式中

$$C_{11}(x_i) = (1 - v_{23}^2(x_i))E_{11}(x_i)/K(x_i)$$

$$C_{22}(x_i) = C_{33}(x_i) = (1 - v_{12}(x_i)v_{21}(x_i))E_{22}(x_i)/K(x_i)$$

$$C_{23}(x_i) = (v_{23}(x_i) + v_{12}(x_i)v_{21}(x_i))E_{22}(x_i)/K(x_i)$$

$$C_{12}(x_i) = C_{13}(x_i) = (1 + v_{23}(x_i))v_{21}(x_i)E_{11}(x_i)/K(x_i)$$

$$C_{44}(x_i) = C_{23}(x_i)$$

$$C_{55}(x_i) = C_{13}(x_i)$$

$$C_{66}(x_i) = C_{12}(x_i)$$

$$K(x_i) = 1 - 2v_{12}(x_i)v_{21}(x_i)(1 + v_{23}(x_i)) - v_{23}^2(x_i)$$

由式（1）得单向板微元偏轴刚度矩阵

$$[\overline{C}(x_i)] = [T_\sigma]_i[C(x_i)][T_\sigma]_i^{-1} \tag{3}$$

式中 $[T_\sigma]_i$ 为 Hamiltonian 张量转换矩阵。其中 $l_1, l_2, l_3, m_1, m_2, m_3, n_1, n_2, n_3$ 分别为新坐标轴对原坐标轴的方向余弦，计算方法为

$$[T_\sigma]_i = \begin{bmatrix} l_1^2 & m_1^2 & n_1^2 & 2m_1n_1 & 2n_1l_1 & 2l_1m_1 \\ l_2^2 & m_2^2 & n_2^2 & 2m_2n_2 & 2n_2l_2 & 2l_2m_2 \\ l_3^2 & m_3^2 & n_3^2 & 2m_3n_3 & 2n_3l_3 & 2l_3m_3 \\ l_2l_3 & m_2m_3 & n_2n_3 & m_2n_3 + m_3n_2 & n_2l_3 + n_3l_2 & l_2m_3 + l_3m_2 \\ l_3l_1 & m_3m_1 & n_3n_1 & m_3n_1 + m_1n_3 & n_3l_1 + n_1l_3 & l_3m_1 + l_1m_3 \\ l_1l_2 & m_1m_2 & n_1n_2 & m_1n_2 + m_2n_1 & n_1l_2 + n_2l_1 & l_1m_2 + l_2m_1 \end{bmatrix}$$

其中 $l_1 = \sin\theta\cos\beta, m_1 = -\sin\beta, n_1 = -\cos\theta\cos\beta$

$l_2 = \sin\theta\sin\beta, m_2 = \cos\beta, n_2 = -\cos\theta\sin\beta$

$l_3 = \cos\theta, m_3 = 0, n_3 = \sin\theta$

微元刚度贡献系数 $k_i = AL_in_j/(UVWV_f)$，其中 V_f 为单胞纤维体积分数。

重复第 2 步 n 次，则求得单胞中 j 态代表性经纱的刚度矩阵，即

$$[C]_{wj} = \sum_{i=1}^{n} k_i[\overline{C}(x_i)]$$

第 3 步求代表性经纱刚度贡献系数。这一系数等于该类经纱的体积与单胞内纤维的总体积之比，即 $k_j = AL_jn_j/(UVWV_f)$，其中

$$L_j = \int_0^V \sqrt{1 + [H(x)]^2}\,\mathrm{d}x$$

为 j 态代表性经纱的长度。

至此已求得单胞内一根代表性经纱的刚度矩阵 $[C]_{wj}$，以及它对单胞的刚度贡献系数 k_j。从巨胞的角度看，$[C]_{wj}$ 和 k_j 分别是等效曲面板的刚度矩阵和刚度贡献系数，因而最为关键的问题已迎刃而解。

2.3   复合材料整体刚度的计算

设单胞内有 m 根代表性经纱段，它们对单胞的刚度贡献系数分别为 $k_j(j = 1, \cdots, m)$，则经纱总体刚度矩阵为

$$[C]_{wz} = \sum_{j=1}^{m} k_j[C]w_j$$

经纱对单胞的刚度贡献系数为

$$k_w = \sum_{j=1}^{m} AL_jn_j/(UVWV_f)$$

类似地，可求得纬纱总体刚度矩阵 $[C]_{fz}$ 及对单胞的刚度贡献系数 k_f。依刚度叠加原

理、复合材料总体刚度矩阵为

$$\left[\boldsymbol{C}\right]_z = k_w \left[\boldsymbol{C}\right]_{wz} + k_f \left[\boldsymbol{C}\right]_{fz}$$

2.4 复合材料工程弹性常数的计算

设已求得的复合材料总体刚度矩阵及求逆之后的总体柔度矩阵分别为

$$\left[\boldsymbol{C}\right]_z = \begin{bmatrix} W_{11} & W_{12} & W_{13} & 0 & 0 & 0 \\ W_{12} & W_{22} & W_{23} & 0 & 0 & 0 \\ W_{13} & W_{23} & W_{33} & 0 & 0 & 0 \\ 0 & 0 & 0 & W_{44} & 0 & 0 \\ 0 & 0 & 0 & 0 & W_{55} & 0 \\ 0 & 0 & 0 & 0 & 0 & W_{66} \end{bmatrix}$$

$$\left[\boldsymbol{S}\right]_z = \left[\boldsymbol{C}\right]_z^{-1} = \begin{bmatrix} S_{11} & S_{12} & S_{13} & 0 & 0 & 0 \\ S_{12} & S_{22} & S_{23} & 0 & 0 & 0 \\ S_{13} & S_{23} & S_{33} & 0 & 0 & 0 \\ 0 & 0 & 0 & S_{44} & 0 & 0 \\ 0 & 0 & 0 & 0 & S_{55} & 0 \\ 0 & 0 & 0 & 0 & 0 & S_{66} \end{bmatrix}$$

其中

$$S_{11} = \left[W_{22}W_{33} - \left(W_{23}\right)^2 \right]/K^*$$

$$S_{12} = \left(W_{13}W_{23} - W_{12}W_{33} \right)/K^*$$

$$S_{22} = \left[W_{33}W_{11} - \left(W_{13}\right)^2 \right]/K^*$$

$$S_{13} = \left(W_{12}W_{23} - W_{13}W_{22} \right)/K^*$$

$$S_{33} = \left[W_{22}W_{11} - \left(W_{12}\right)^2 \right]/K^*$$

$$S_{23} = \left(W_{13}W_{12} - W_{23}W_{11} \right)/K^*$$

$$S_{44} = 1/W_{44}, S_{55} = 1/W_{55}, S_{66} = 1/W_{66}$$

$$K^* = W_{11}W_{12}W_{33} + 2W_{12}W_{23}W_{13} - W_{11}\left(W_{23}\right)^2 - W_{22}\left(w_{13}\right)^2 - W_{33}\left(W_{12}\right)^2$$

于是,复合材料的九个工程弹性常数分别为

$$E_x = 1/S_{11}; E_y = 1/S_{22}; E_z = 1/S_{33}$$

$$G_{yz} = 1/S_{44}; G_{zz} = 1/S_{55}; G_{xy} = 1/S_{66}$$

$$v_{12} = -S_{12}/S_{11}; v_{13} = -S_{13}/S_{11}; v_{23} = -S_{23}/S_{22}$$

2.5 试验验证

为了验证理论模型的正确性,笔者采用 1200 tex 中碱玻璃纤维无捻粗纱作增强材料,织造了三种不同结构的三维预制件,以 306s 不饱和聚酯树脂作基体材料,采用 RTM 工艺进行复合,制得复合材料,并在岛津试验机上测试了最重要的弹性参数 —— 拉伸弹性模量,测试执行标准为 GB1447—83。三种结构的织物设计参数、E_x 理论计算值与测试结果分别列于表2、表3和表4。

可以看出，E_x 的测试结果与理论计算值吻合得很好，这说明交叉等效曲面板模型在一定程度上反映了三维机织复合材料的本质特征。

表2　预报结果与实验结果的比较（三向正交）

| 工艺参数／根·10(cm,tex)⁻¹ | | | | 测试模量/GPa | 理论模量/GPa | 偏差/% |
经密	纬密	经纱特数	纬纱特数			
45	40	1 200	1 200	5.88	6.24	6.12
45	47	1 200	1 200	5.83	6.17	5.83
22.5	47	1 200	1 200	4.22	4.58	8.53

表3　预报结果与实验结果的比较（角联锁）

| 工艺参数／根·10(cm,tex)⁻¹ | | | | 测试模量/GPa | 理论模量/GPa | 偏差/% |
经密	纬密	经纱特数	纬纱特数			
45	47	1 200	1 200	4.84	5.01	5.70
45	49	1 200	1 200	4.81	5.00	3.95
22.5	40	1 200	1 200	3.80	4.04	6.32

表4　预报结果与实验结果的比较（角联锁经纱夹层）

| 工艺参数／根·10(cm,tex)⁻¹ | | | | 测试模量/GPa | 理论模量/GPa | 偏差/% |
经密	纬密	经纱特数	纬纱特数			
45	47	1 200	1 200	5.69	5.87	3.16
45	50	1 200	1 200	5.47	5.84	6.76
22.5	50	1 200	1 200	4.50	4.42	-1.78

进一步分析表明，理论值与计算值的偏差主要来源于：

① 预制件在复合过程中，模具压力导致部分纤维断裂。

② 树脂中的杂质在复合材料内部产生少量气泡。

③ 模型本身亦带来误差，例如，0 态纱线并非完全处于伸直状态，视为直纱线来处理势必带来偏差。

④ 纱线之间相互交织、相互挤压，也是引起误差的原因之一。

3　三维编织复合材料弹性性能预报

3.1　设计理论

常用三维编织复合材料的纤维轨迹如图4所示。针对三维编织复合材料的结构特点，可以假设任何一种编织复合材料都是由这些代表性体积单元周期性排列而成，因此，每个单胞的力学性能就代表着整个编织复合材料的总体性能。下面用改进的刚度平均化方法计算三维编织复合材料的弹性系数。这种方法是将三维编织复合材料看做是体平均意义下的单向模型的叠加。在计算之前，有如下几点假设：

① 纤维束呈圆截面直线排列。

② 基体和纤维均是线弹性的。

③ 在不同层的纤维的叠加过程中,在纤维的交点处,纤维由于相互作用而产生的互锁与弯曲被忽略。

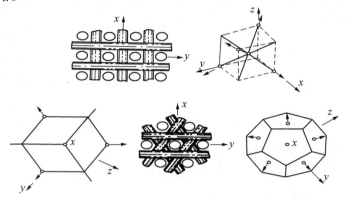

图4　三维编织复合材料的纤维轨迹

设三维编织复合材料由 N 类单向纤维增强复合材料组成,每类单向纤维增强复合材料中纤维的取向为 (α_n, β_n),如图5所示,其体积为 V_n;局部坐标系下各层复合材料的弹性常数为 $T_{ijkl}^{(n)}$,下标 $\alpha, \beta, \gamma, \delta \in \{x, y, z\}$;局部坐标系与整体坐标系的关系如图6,变换的夹角余弦为 $l_{i\alpha}, l_{j\delta}, l_{k\gamma}, l_{l\delta}$,具体形式如表5;不同纤维轨迹下纤维束与整体坐标系之间的夹角 (α_n, β_n),如图5所示。

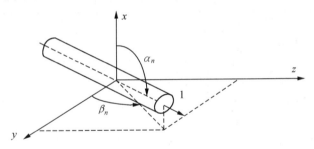

图5　纤维取向

推广经典的层合板理论建立计算三维编织复合材料弹性性能的公式为

$$T_{\alpha\beta\gamma\delta} = \frac{1}{V_f} \sum_{n=1}^{N} V_{fn} T_{ijkl}^{(n)} \, l_{i\alpha} \, l_{j\beta} \, l_{k\gamma} \, l_{l\delta} \qquad (4)$$

$$\sum_{n=1}^{N} V_{fn} = V_f \qquad (5)$$

式中,V_f 为该三维编织复合材料中纤维的总体积;V_{fn} 为第 N 类纤维取向中纤维的体积。

$T_{ijkl}^{(n)}$ 考虑了纤维和纤维以及纤维和基体间的相互作用。可以看出,三维编织复合材料的弹性性能与纤维的取向、纤维的体积分数等有关,且还可以得到另外一个结论,即如果所有的纤维取向角都相同的话,那么三维编织复合材料就演变为层合板。所以该公式不仅可以计算三维编织复合材料

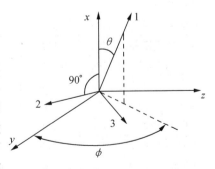

图6　复合材料整体坐标系与局部坐标系的关系

的弹性模量,而且还可以计算层合板的弹性模量。

表5　整体坐标系和局部坐标系坐标转换夹角余弦

坐标轴	1	2	3
x	$\cos\theta$	0	$-\sin\theta$
y	$\sin\theta\cos\varphi$	$\sin\varphi$	$\cos\theta\cos\varphi$
z	$\sin\theta\sin\varphi$	$-\cos\varphi$	$\cos\theta\sin\varphi$

3.2　算　例

（1）单向纤维增强复合材料算例

以碳／环氧单向增强复合材料为例,其组分材料性能见表6。经过计算,这两种材料在不同的纤维体积含量下,其弹性模量见表7。

表6　组分材料性能参数

	杨氏模量／GPa	泊松比	纤维尺寸	
			长／mm	直径／μm
碳纤维	230	0.019 6		
环氧树脂	2.8	0.35	30	7

表7　弹性模量预报结果

体积分数／%	0	10	20	30	40	50
纵向杨氏模量 11／GPa	2.8	26.1	48.9	71.6	94.3	117
横向杨氏模量 22／GPa	2.8	21.8	41.1	61.2	82.1	104
横向杨氏模量 33／GPa	2.8	4.49	5.29	6.15	7.22	8.67
纵向剪切模量 12／GPa	1.04	11.97	22.9	34	45.1	56.2
纵向剪切模量 13／GPa	1.04	1.15	1.29	1.48	1.72	2.06
横向剪切模量 23／GPa	1.04	1.15	1.29	1.48	1.72	2.06
纵向泊松比 12	−0.35	0.17	0.18	0.17	0.15	0.12
纵向泊松比 13	0.35	0.57	0.51	0.45	0.38	0.31
横向泊松比 23	0.35	0.13	0.078	0.058	0.047	0.04
体积分数／%	60	70	80	90	100	
纵向杨氏模量 11／GPa	139.6	162.2	184.9	207.4	230	
横向杨氏模量 22／GPa	127	150.9	184.2	202.3	230	
横向杨氏模量 33／GPa	10.78	14.2	20.7	38.1	230	
纵向剪切模量 12／GPa	67.4	78.7	86.2	101.4	112.8	
纵向剪切模量 13／GPa	2.56	3.39	5	9.58	112.8	
横向剪切模量 23／GPa	2.56	3.39	5	9.58	112.8	
纵向泊松比 12	0.09	0.066	0.073	0.009	−0.02	
纵向泊松比 13	0.25	0.19	0.13	0.07	0.02	
横向泊松比 23	0.035	0.031	0.028	0.026	0.02	

单向增强碳／环氧复合材料的杨氏模量、剪切模量和泊松比随体积变化的关系,如图7～9所示。

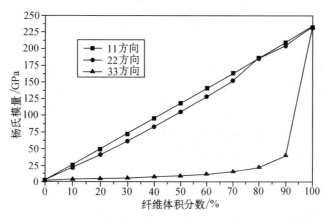

图7 杨氏模量随纤维体积分数变化关系

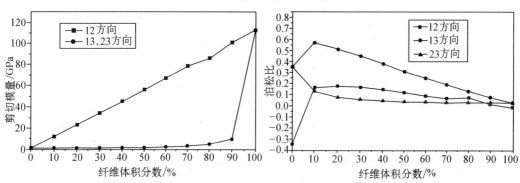

图8 单向增强碳／环氧复合材料剪切模量随纤维体积分数变化关系

图9 单向增强碳／环氧复合材料泊松比随纤维体积分数变化关系

（2）三维编织复合材料算例

以三向正交碳／环氧复合材料为例,其组分性能为:

碳纤维泊松比	0.019 6
环氧树脂泊松比	0.35
碳纤维弹性模量	73.1 GPa
环氧树脂弹性模量	3.3 GPa
纤维取向角	$(0,90°)$,$(90,0°)$,$(90,90°)$
纤维体积分数	$V_{fx} = 0.235$,$V_{fy} = 0.324$,$V_{fz} = 0.031$
纤维长度	30 mm
纤维直径	7 μm

经过计算其预报值见表8。

虽然没有试验结果来验证上面的数据准确与否,但可以肯定的是这些量的变化趋势是对的,还可以从另一方面间接验证,那就是利用经典的混合定律。

表8　三向正交碳／环氧弹性性能预报值

三向正交碳／环氧	弹性模量/GPa			剪切模量/GPa			泊松比		
	E_{11}	E_{22}	E_{33}	G_{12}	G_{13}	G_{23}	ν_{12}	ν_{13}	ν_{23}
	24.1	23.4	18.3	3.71	3.63	3.63	0.16	0.14	0.13

① 对于杨氏模量和剪切模量,因为纤维的杨氏模量和剪切模量一般要大于基体的杨氏模量和剪切模量。根据混合定律,随着纤维体积分数的不断增加,杨氏模量和剪切模量呈上升趋势,并且基本上线性增加。当复合材料中不含纤维或者全部为纤维时,则复合材料就变为纯基体或纯纤维,那么复合材料的杨氏模量和剪切模量就应当是基体或纤维的杨氏模量和剪切模量,这一点和从上面图中所看到的相吻合。实际计算结果和利用混合定律得到的结果很相似。

② 对于泊松比,因为一般纤维的泊松比要比基体的泊松比小,基于上面同样的道理,复合材料的泊松比应当随纤维体积分数的增加而呈下降趋势。

4　三维编织复合材料的强度预报

4.1　引　言

准确地预报复合材料的强度性能必须考虑到如下两方面的主要因素:一是复合材料组分材料性能的随机性,如纤维的强度往往具有很大的分散性;二是在外载的作用下,较弱的纤维将首先发生破坏,伴随这种破坏的一个重要的事实就是复合材料内部应力场的分布情况将发生较大的变化,这个载荷传递特性决定了复合材料的整个损伤破坏过程。目前单向复合材料的强度估算值在工程实用上主要还靠实验测定,但这并不否定理论分析的重要性,因为通过理论分析可以估算纤维和基体的各种参数对单向纤维复合材料强度的影响,从而为进一步改善材料性能、进行材料设计提供指导性的意见。

4.2　纤维的强度统计理论

纤维束的强度,初看起来很容易认为是每根单一纤维强度的平均值,但事实并非如此。Daniels首先计算了从精确的统计理论确定出单纤维的强度分布和纤维束的强度分布之间的关系。

现在研究单根纤维的强度。所给的单根纤维条件为:

① 纤维的长度 l 较大;

② 纤维的横截面积 A 都相等;

③ 假设纤维的强度与拉伸速度无关。

在这种长度为 l 的纤维上,如果以较快的速度施加静载荷时(应力为 σ),其拉伸断裂的概率为 $G_1(\sigma)$。这是拉伸强度 σ 的概率分布函数的累计分布函数。如果缓慢地施加静载荷,则 $G_1(\sigma)$ 代表的是应力达到 σ 时的概率。若把 $G_1(\sigma)$ 取为 l 和 σ 的连续函数,就可

以推测出该函数的形式。从下面的事实出发:

① 纤维在拉伸时,在最弱的断面上破裂;

② 纤维的强度与它的长度无关;

③ $G_l(\sigma)$ 是 σ 的单调递增函数。

把长度为 l 的纤维看成是由 l 个单位长度的纤维组成,设它的各段拉伸强度为 $x_1, \cdots,$ $x_i, \cdots, x_l, x_i$ 具有相同的累积分布函数为

$$P_r\{x_i < \sigma\} = G_l(\sigma) \tag{6}$$

这里的符号 $P_r\{\ \}$ 表示 $\{\ \}$ 的概率,下标 1 代表单位长度的微段的分布函数。显然纤维的拉伸强度是 $x_1, \cdots, x_i, \cdots, x_l$ 各段中最低强度,因此,在纤维长度为 l 的纤维中,具有比 σ 更大的强度时的概率可表示为

$$1 - G_l(\sigma) = P_r\{\min(x_1, x_2, \cdots, x_1 > \sigma)\} \tag{7}$$

而且,这个概率等于 l 个微段都具有大于 σ 的强度概率,即

$$1 - G_l(\sigma) = (1 - G_l(\sigma))^l \tag{8}$$

当 $\sigma \to 0$ 时,$G_l(\sigma)$ 被表示为 σ 的正幂函数,即

$$G_l(\sigma) = \alpha\sigma^\beta + 0(\sigma^\beta) \tag{9}$$

式中,α, β 是正的常数,β 不一定是整数。另外,一般地设 t 为任意的正数,对于全部的 $X > 0$。假定下式成立,即

$$\lim_{t \to 0} \frac{G_l(tX)}{G_l(t)} = X^\beta \tag{10}$$

此时,若以下式确定 t_l 的量,则当 $l \to \infty$ 时,$t_l \to 0$,即

$$G_l(t_l) = \frac{1}{l} \tag{11}$$

当引入下面的新的无序变量 Z_l,即

$$Z_l = t_l \min(x_1, \cdots, x_l) \tag{12}$$

则可写成

$$P_r\{Z_l > X\} = (1 - G_l(tX))^l \tag{13}$$

另外,在此对于大的 l,讨论上式的右端,即

$$\lim_{l \to \infty} P_r\{Z_l > X\} = \lim(1 - G_l(t_l)X^\beta)^l = \lim_{l \to \infty}\left[1 - \frac{X^\beta}{l}\right] = \exp\{-X^\beta\} \tag{14}$$

这里,设 $\sigma = X/t_l$,则对任意函数 X 可写成

$$P_r\{Z_l > X\} = P_r\{\min(x_1, \cdots x_l) \rangle \sigma\} = 1 - G_l(\sigma) \tag{15}$$

根据上式,对于长纤维可表达为

$$G_l(\sigma) = 1 - \exp\left\{-\left(\frac{\sigma}{t_l}\right)^\beta\right\} \tag{16}$$

若使用式(9),从式(11)变为 $t_l \sim (\alpha l)^{-1/\beta}$,因此可得

$$G_l(\sigma) = 1 - \exp\{-l\alpha\sigma^\beta\} \tag{17}$$

上式就是描述单根纤维统计强度分布特性的累积函数。

4.3 单向纤维增强复合材料的强度预报

（1）沿纤维方向的拉伸强度

沿纤维方向的拉伸强度是复合材料最重要的性能。由上节得到的 Weibull 分布函数就可以计算拉伸强度。

应用概率统计分析，得到下面的公式为

$$\sigma_{cmax} = \sigma_{ref} V_f \left(\frac{1 - V_f^{\frac{1}{2}}}{V_f^{\frac{1}{2}}} \right)^{\frac{-1}{2\beta}} \tag{18}$$

式中 σ_{ref} 为参考应力，它是纤维和基体性能的函数，其物理意义为：本质上就是纤维的拉伸强度，但具有某种统计的含义，其中 β 是纤维强度的 Weibull 分布参数，而 σ_{cmax} 就是要求的沿纤维方向上的拉伸强度。从中可以看出，要提高单向纤维复合材料的纵向抗拉强度，主要途径有二：一是加大纤维含量，不过在复合材料中纤维体积含量一般不高于75%；二是采用高强度纤维。

（2）沿纤维方向的压缩强度

本节根据纤维屈曲理论计算沿纤维方向的压缩强度。该屈曲理论假设纤维在压缩载荷 P 作用下的屈曲变形为正弦函数，即

$$f(x) = \sum_{n=1}^{\infty} a_n \sin \frac{n\pi x}{l} \tag{19}$$

式中，l 为纤维的长度。

在该理论的分析模型中，纤维的屈曲有两种不同的形式，它们是拉压型屈曲和剪切型屈曲，分析结果也不同。

① 拉压型屈曲。这种屈曲形式认为，相邻两根纤维的屈曲是对称的，纤维间的基体交替地产生横向拉伸和压缩变形。

利用能量法，假设 $\varepsilon_y = f(x)/c$ 与 y 无关，$2c$ 为纤维间的基体的宽度，ε_y 为垂直纤维方向上的应变，$\sigma_y = E_m \varepsilon_y$，基体应变能变化 ΔU_m 由横向应力 σ_y 造成，积分后得

$$\Delta U_m = \frac{1}{2} \int_V \sigma_y \varepsilon_y dV = \frac{E_m l}{2c} \sum_{n=1}^{\infty} a_n^2 \tag{20}$$

纤维应变能 ΔU_f 为

$$\Delta U_f = \frac{\pi^4 E_f h^3}{48 l^3} \sum_{n=1}^{\infty} n^4 a_n^2 \tag{21}$$

式中，h 为纤维的宽度。

外力所做的功为 $\Delta W = P\lambda$。式中 λ 为纤维在外力作用下两端缩短的距离，因此有

$$\Delta W = \frac{P\pi^2}{4l} \sum_{n=1}^{\infty} n^2 a_n^2 \tag{22}$$

$P = \sigma_f h$ 为垂直于平面单位宽度上纤维的载荷，代入 U 的表达式，得

$$P = \frac{\pi^2 E_f h^3}{12 l^2} \left[\frac{\displaystyle\sum_{n=1}^{\infty} n^4 a_n^2 + \frac{24 l^4 E_m}{\pi^4 c h^3 E_f} \sum_{n=1}^{\infty} a_n^2}{\displaystyle\sum_{n=1}^{\infty} n^2 a_n^2} \right] \tag{23}$$

假设对某个正弦波(第 m 个) P 取极小值,即

$$\sigma_{fcr} = \frac{P_m}{h} = \frac{\pi^2 E_f h^2}{12 l^2} \left[m^2 + \frac{24 l^4 E_m}{\pi^4 c h^3 E_f} \left(\frac{1}{m^2} \right) \right] \tag{24}$$

实验表明, m 是个很大的数,由

$$\frac{\partial \sigma_{fcr}}{\partial m} = 0 \qquad \text{且} \frac{\partial^2 \sigma_{fcr}}{\partial m^2} > 0 \tag{25}$$

得到 σ_{fcr} 的极小值为

$$\sigma_{fmin} = 2 \sqrt{\frac{E_f h E_m}{6c}} \tag{26}$$

由纤维的体积分数 $V_f = \dfrac{h}{2c + h}$,得 $\dfrac{h}{6c} = \dfrac{V_f}{3(1 - V_f)}$,代入前式,得

$$\sigma_{fcr} = 2 \sqrt{\frac{E_f E_m V_f}{3(1 - V_f)}} \tag{27}$$

考虑到复合材料代表性体积单元上的屈曲载荷是由纤维和基体共同承担的。因此还应叠加基体所承受的压力(假定基体在纤维方向承受着和纤维相同的应变)。最后,导出复合材料的临界压力为

$$\sigma_{c,cr} = 2 \left[V_f + (1 - V_f) \frac{E_m}{E_f} \right] \sqrt{\frac{E_m E_f V_f}{3(1 - V_f)}} \tag{28}$$

这就是复合材料拉压型屈曲压缩强度的表达式。

② 剪切型屈曲。这种屈曲形式认为,相邻的两根纤维的屈曲是反对称的,基体的剪切应变是构成基体应变能的主要来源。

根据能量原理,当屈曲波长 l/m 远大于纤维的直径时, $(mh/l)^2$ 是微量,可以略去。假设 u, v 分别是 x, y 方向上的位移,基体剪应变 $\gamma_{xy} = \left(\dfrac{\partial u}{\partial x} + \dfrac{\partial v}{\partial y} \right)_m$,因为横向位移与 y 无关,有

$$\frac{\mathrm{d} v}{\mathrm{d} x} \bigg|_m = \frac{\mathrm{d} v}{\mathrm{d} x} \bigg|_f \tag{29}$$

又因为剪应变与 y 无关,则

$$\frac{\partial u}{\partial y} = \frac{1}{2c} \left[u(x) - u(-x) \right] \tag{30}$$

纤维剪应变可忽略,则

$$u(c) = \frac{h}{2} \frac{\mathrm{d} v}{\mathrm{d} x} \bigg|_f \tag{31}$$

由以上几式得

$$\gamma_{xy} = \left(1 + \frac{h}{2c}\right)\frac{\mathrm{d}v}{\mathrm{d}x}\bigg|_{\mathrm{f}} \tag{32}$$

代入 ΔU_{m} 式,有

$$\Delta U_{\mathrm{m}} = G_{\mathrm{m}}c\left(1 + \frac{h}{2c}\right)^2 \frac{\pi^2}{2l}\sum_{n=1}^{\infty} n^2 a_n^2 \tag{33}$$

有

$$\Delta U_{\mathrm{f}} = \frac{\pi^4 E_{\mathrm{f}} h^3}{48l^3}\sum_{n=1}^{\infty} n^4 a_n^2 \tag{34}$$

$$\Delta W = P \frac{\pi^2}{4l}\sum_{n=1}^{\infty} n^2 a_n^2 \tag{35}$$

由能量平衡条件

$$\Delta U_{\mathrm{m}} + \Delta U_{\mathrm{f}} = \Delta W \tag{36}$$

得纤维的临界应力为

$$\sigma_{fcr} = \frac{P_{cr}}{h} = \frac{2cG_{\mathrm{m}}}{h}\left(1 + \frac{h}{2c}\right)^2 + \frac{\pi^2 E_{\mathrm{f}} h^2}{12l^2}m^2 \tag{37}$$

由于上式第二项较小,可忽略,又因为

$$V_{\mathrm{f}} = \frac{h}{2c + h} \tag{38}$$

代入式(37),得

$$\sigma_{fcr} = \frac{G_{\mathrm{m}}}{V_{\mathrm{f}}(1 - V_{\mathrm{f}})} \tag{39}$$

这里 G_{m} 是基体的剪切模量。

由于复合材料代表性体积单元上的屈曲临界载荷是由纤维和基体共同承担的,并考虑基体在纤维方向承受和纤维相同的应变,得复合材料受压时的剪切型屈曲临界应力为

$$\sigma_{c,cr} = V_{\mathrm{f}}\sigma_{fcr} = \frac{G_{\mathrm{m}}}{1 - V_{\mathrm{f}}} \tag{40}$$

这就是对应于剪切型屈曲的压缩强度。

4.4 三维编织复合材料的强度预报

将三维编织复合材料看成是单向增强纤维复合材料的等效体积叠加。针对三维编织复合材料的结构特点,可以假设任何一种编织复合材料都是由这些代表性体积单元周期性排列而成,因此,每个单胞的力学性能都代表着整个编织复合材料的总体性能。在计算之前,仍然假设:

①纤维束呈圆截面直线排列;

②基体和纤维均是线弹性的;

③单根纤维断裂后,所加载荷均匀地分布到剩下的未断裂的纤维上;

④在不同层的纤维的叠加过程中,在纤维的交点处,纤维由于相互作用而产生的互锁与弯曲被忽略。

用改进的刚度平均化方法得到三维编织复合材料三个主方向上的拉伸和压缩强度为

$$P = \frac{1}{V_f} \sum_{n=1}^{N} V_{fn} P^{(n)} l_{i\alpha} l_{j\beta} l_{k\gamma} l_{l\delta} \tag{41}$$

式中，P 为整体坐标系下的强度；$P^{(n)}$ 为局部坐标系下的强度；N 为纤维取向数；$l_{i\alpha} l_{j\beta} l_{k\gamma} l_{l\delta}$ 为整体坐标系与局部坐标系的夹角余弦；V_f 为复合材料中纤维的体积分数；V_{fn} 为 n 方向上纤维的体积分数。

4.5　算　例

（1）单向纤维增强复合材料强度预报算例

以单向碳／环氧和碳／镍增强复合材料为例，计算复合材料的强度。其组分的性能见表 9。

表 9　组分材料性能参数

	杨氏模量/GPa	剪切模量/GPa	纤维强度 Weibull 参数
碳纤维	230	42	4.95
环氧树脂	2.8	1.037	纤维拉伸强度/GPa
镍	200	76.92	2.5

经过计算，这两种材料在不同的纤维体积分数下，其强度见表 10 和表 11。

表 10　碳／环氧在不同体积分数下的强度

体积分数/%	0	10	20	30	40	50
纵向拉伸强度/GPa	0	0.23	0.49	0.76	1.06	1.37
纵向压缩（拉压型）/GPa	0	1.08	3.07	5.9	9.7	14.8
纵向压缩（剪切型）/GPa	1.037	1.15	1.3	1.48	1.73	2.07
体积分数/%	60	70	80	90	100	
纵向拉伸强度/GPa	1.7	2.06	2.48	3.02	5.38	
纵向压缩（拉压型）/GPa	21.7	31.5	47	79.2	925.3	
纵向压缩（剪切型）/GPa	2.59	3.46	5.19	10.37	10.37	

表 11　碳／镍在不同体积分数下的强度

体积分数/%	0	10	20	30	40
纵向拉伸强度/GPa	0	0.23	0.49	0.76	1.06
纵向压缩（拉压型）/GPa	0	76.9	111	147.3	186.4
纵向压缩（剪切型）/GPa	76.92	85.5	96.2	109.8	128.2
体积分数/%	50	60	70	80	90
纵向拉伸强度/GPa	1.37	1.7	2.06	2.48	3.02
纵向压缩（拉压型）/GPa	231.5	287.5	363.5	482.4	733.3
纵向压缩（剪切型）/GPa	153.9	192.3	256.4	384.6	769.2

　　不同体积分数下单向增强碳／环氧压缩强度随体积分数的变化,如图 10 所示;单向增强碳／镍压缩强度随体积分数的变化如图 11 所示,碳／环氧和碳／镍沿纤维方向的拉伸强度随体积分数的变化,如图 12 所示。

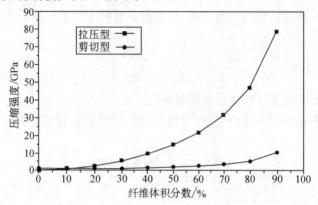

图 10　单向增强碳／环氧复合材料压缩强度随纤维体积分数的关系

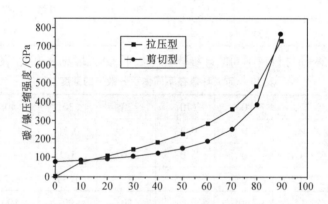

图 11　单向增强碳／镍压缩强度随体积分数的关系

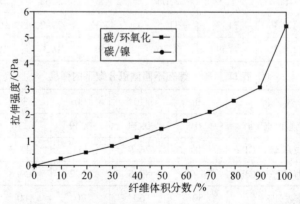

图 12　单向增强碳／环氧、碳／镍复合材料拉伸强度随纤维体积分数的关系

（2）三维编织复合材料强度预报算例

以三向正交碳／环氧复合材料为例,其组分性能参数如下:

碳纤维泊松比　　　　　　　　0.019 6

环氧树脂泊松比	0.35
碳纤维弹性模量	73.1 GPa
环氧树脂弹性模量	3.3 GPa
碳纤维拉伸强度	2.5 GPa
碳纤维强度分布参数	4.95
基体剪切模量	1.037 GPa
纤维取向角	$(0,90°),(90,0°),(90,90°)$
纤维体积分数	$V_{fx}=0.235,V_{fy}=0.324,V_{fz}=0.031$

经过计算,该三向正交碳／环氧编织复合材料在 11,22 和 33 方向的拉伸强度和压缩强度见表 12。

表 12　三向正交碳／环氧编织复合材料强度预报

	11 方向	22 方向	33 方向
拉伸强度 /GPa	1.15	0.24	0.69
压缩强度(拉压型)/GPa	5.9	1.08	3.5
压缩强度(剪切型)/GPa	2.28	0.6	1.44

5　三维编织复合材料热膨胀系数预报

5.1　单向纤维增强复合材料的热膨胀系数预报

(1) 纵向热膨胀系数预报

对于单向复合材料,在无外载的作用下,由于温度的均匀变化引起的纵向变形分析,属于静不定问题。

经过分析我们可以得到以下几个方程:

① 平衡方程为

$$\sigma_f A_f + \sigma_m A_m = 0$$
$$\sigma_f V_f + \sigma_m V_m = 0 \tag{42}$$

式中,σ_f,σ_m 分别是考虑温度的变化 ΔT 以及纤维与基体的相互约束而引起的纤维应力和基体应力;V_f,V_m 分别是纤维和基体的体积分数;A_f,A_m 分别是纤维束和基体的横截面积。

② 几何方程。设由于温度的变化而引起的复合材料、纤维和基体的纵向应变分别为 $\varepsilon_1,\varepsilon_f$ 和 ε_m。因为纤维和基体是粘结在一起的,故而在变形下有

$$\varepsilon_1 = \varepsilon_m = \varepsilon_f \tag{43}$$

③ 物理方程。从复合材料本身来看有

$$\varepsilon_1 = \alpha_1(T - T_0) = \alpha_1 \Delta T \tag{44}$$

从纤维来看有

$$\varepsilon_f = \alpha_f (T - T_0) + \frac{\sigma_f}{E_f} = \alpha_f \Delta T + \frac{\sigma_f}{\sigma_f} \tag{45}$$

从基体来看有

$$\varepsilon_m = \alpha_f (T - T_0) + \frac{\sigma_m}{E_m} = \alpha_m \Delta T + \frac{\sigma_m}{\sigma_m} \tag{46}$$

式中，α_1，α_f 和 α_m 分别为复合材料、纤维和基体的纵向热膨胀系数。其计算公式为

$$\alpha_m \Delta T + \frac{\sigma_m}{E_m} = \alpha_f \Delta T + \frac{\sigma_m}{E_f} \tag{47}$$

由式(44)和式(42)得

$$\sigma_f = E_f E_m V_m \frac{\alpha_m - \alpha_f}{E_f V_f + E_m V_m} \Delta T \tag{48}$$

$$\sigma_m = E_f E_m V_f \frac{\alpha_f - \alpha_m}{E_f V_f + E_m V_m} \Delta T \tag{49}$$

将式(48)、式(49)代入式(45)或者式(46)，得

$$\varepsilon_f = \varepsilon_m = \frac{\alpha_f E_f V_f + \alpha_m E_m V_m}{E_f V_f + E_m V_m} \tag{50}$$

由式(43)和式(44)得

$$\alpha_1 = \frac{\alpha_f E_f V_f + \alpha_m E_m V_m}{E_f V_f + E_m V_m} \tag{51}$$

上式即为单向纤维增强复合材料纵向热膨胀系数 α_1 的计算式。

（2）横向热膨胀系数预报

从图13可以看出，从单向层合板来看，单向复合材料的横向变形量为

$$\Delta W = \varepsilon_2 W \tag{52}$$

式中，ε_2 为由于温度的变化引起的复合材料横向的应变；W 为复合材料的宽度。

从细观来看，有

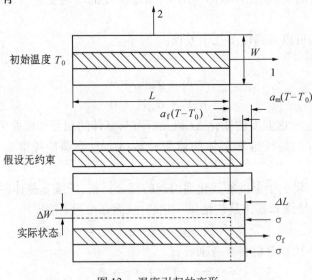

图13 温度引起的变形

$$\Delta W = \varepsilon'_{\mathrm{f}} W_{\mathrm{f}} + \varepsilon'_{\mathrm{m}} W_{\mathrm{m}} \tag{53}$$

式中, $\varepsilon'_{\mathrm{f}}$ 和 $\varepsilon'_{\mathrm{m}}$ 分别为纤维和基体的横向应变。由式(52)和式(53)可以得到

$$\varepsilon_2 = \varepsilon'_{\mathrm{f}} V_{\mathrm{f}} + \varepsilon'_{\mathrm{m}} V_{\mathrm{m}} \tag{54}$$

$$\varepsilon'_{\mathrm{f}} = \alpha_{\mathrm{f}} \Delta T - \nu_{\mathrm{f}} \frac{\sigma_{\mathrm{f}}}{E_{\mathrm{f}}} \tag{55}$$

$$\varepsilon'_{\mathrm{m}} = \alpha_{\mathrm{m}} \Delta T - \nu_{\mathrm{m}} \frac{\sigma_{\mathrm{m}}}{E_{\mathrm{m}}} \tag{56}$$

式中, ν_{f} 和 ν_{m} 分别为纤维和基体的泊松比, σ_{f} 和 σ_{m} 已由上一节给出。由式(48)和式(55)得

$$\varepsilon'_{\mathrm{f}} = \big[(1 + \nu_{\mathrm{f}})\alpha_{\mathrm{f}} - \nu_{\mathrm{f}}\alpha_1\big]\Delta T \tag{57}$$

$$\varepsilon'_{\mathrm{m}} = \big[(1 + \nu_{\mathrm{m}})\alpha_{\mathrm{m}} - \nu_{\mathrm{m}}\alpha_1\big]\Delta T \tag{58}$$

又因为

$$\varepsilon_2 = \alpha_2 \Delta T \tag{59}$$

所以由以上几式很容易解得

$$\alpha_2 = V_{\mathrm{f}}(1 + \nu_{\mathrm{f}})\alpha_{\mathrm{f}} + V_{\mathrm{m}}(1 + \nu_{\mathrm{m}})\alpha_{\mathrm{m}} - (\nu_{\mathrm{f}} V_{\mathrm{f}} + \nu_{\mathrm{m}} V_{\mathrm{m}})\alpha_1 \tag{60}$$

上式即为复合材料横向热膨胀系数 α_2 的计算公式。

5.2　三维编织复合材料热膨胀系数预报

将三维编织复合材料看做是体平均意义下的单向模型的等效叠加,从而就可以很方便地计算出三维编织复合材料的热膨胀系数。在计算模型中假设:

① 纤维呈圆截面直线排列,它的方向角为 (α_n, β_n) ;

② 基体和纤维组分均是线弹性的;

③ 基体有各向同性的性质。

设三维编织复合材料由 N 类不同取向的纤维组成;局部坐标与整体坐标的转换矩阵为 $\boldsymbol{T}(\alpha_n, \beta_n)$;第 n 类复合材料中纤维的体积分数为 V_{fn} ,纤维的总体积分数为 V_{f} ;局部坐标系下单向复合材料的热膨胀系数为 $\alpha^{(n)}$,计算三维编织复合材料的热膨胀系数公式为

$$\alpha = \frac{1}{V_{\mathrm{f}}} \sum_{n=1}^{N} V_{fn} \boldsymbol{T} \alpha^{(n)} \tag{61}$$

该公式考虑了纤维与纤维、纤维与基体的相互作用。可以看出,编织复合材料的热膨胀系数不仅与组分材料的性能有关,还与纤维的体积分数和纤维的取向有关。

局部坐标与整体坐标的转换矩阵 $\boldsymbol{T}$ 的表达式为

$$
[\boldsymbol{T}] = \begin{bmatrix}
l_1^2 & m_1^2 & n_1^2 & 2m_1 n_1 & 2n_1 l_1 & 2l_1 m_1 \\
l_2^2 & m_2^2 & n_2^2 & 2m_2 n_2 & 2n_2 l_2 & 2l_2 m_2 \\
l_3^2 & m_3^2 & n_3^2 & 2m_3 n_3 & 2n_3 l_3 & 2l_3 m_3 \\
l_3 l_2 & m_2 m_3 & n_2 n_3 & m_2 n_3 + n_2 m_3 & l_3 n_2 + n_3 l_2 & m_3 l_2 + m_2 l_3 \\
l_1 l_3 & m_1 m_3 & n_1 n_3 & m_3 n_1 + n_3 m_1 & l_1 n_3 + n_1 l_3 & m_1 l_3 + m_3 l_1 \\
l_1 l_2 & m_1 m_2 & n_1 n_2 & m_2 n_1 + n_2 m_1 & l_1 n_2 + n_1 l_2 & m_1 l_2 + m_2 l_1
\end{bmatrix} \tag{62}
$$

其中 l_i, m_i, n_i 为局部坐标和整体坐标转换的夹角余弦,具体形式见表5。

5.3 算 例

（1）单向纤维增强复合材料热膨胀系数预报算例

以单向碳纤维增强复合材料碳／环氧和碳／镍为对象进行数值计算。组分性能参数见表13。

表13 组分材料性能参数

	杨氏模量／GPa	泊松比	热膨胀系数／$10^{-6} \cdot \text{℃}^{-1}$
碳纤维	230	0.0196	−0.4
环氧树脂	2.8	0.35	57.8
镍	200	0.3	13.3

经过计算,这两种材料在不同的纤维体积分数下,其热膨胀系数见表15和表16。

不同体积分数下单向碳／环氧和碳／镍的热膨胀系数变化,如图14和图15所示。

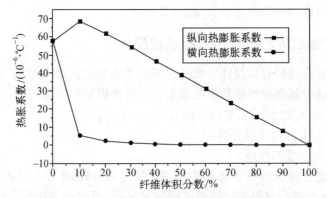

图14 单向碳／环氧增强复合材料热膨胀系数与纤维体积分数关系

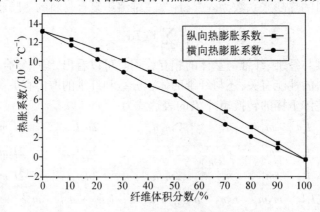

图15 单向碳／镍增强复合材料热膨胀系数与纤维体积分数的关系

（2）三维编织复合材料热膨胀系数预报算例

以三向正交碳／环氧编织复合材料作为算例,组分性能为:

碳纤维泊松比	0.019 6
环氧树脂泊松比	0.35
碳纤维弹性模量	73.1 GPa
环氧树脂弹性模量	3.3 GPa
碳纤维热膨胀系数／$(10^{-6} \cdot \text{℃}^{-1})$	-0.4
环氧基体热膨胀系数／$(10^{-6} \cdot \text{℃}^{-1})$	57.8
纤维取向角	$(0,90°),(90,0°),(90,90°)$
纤维体积分数	$V_{fx} = 0.235, V_{fy} = 0.324, V_{fz} = 0.031$

经过计算,该编织复合材料的热膨胀系数,见表16。

表14　不同体积分数下碳／环氧的热膨胀系数

体积分数／%	0	10	20	30	40	50
横向热膨胀系数／$10^{-6} \cdot \text{℃}^{-1}$	57.8	68.5	61.7	54.2	46.5	38.8
纵向热膨胀系数／$10^{-6} \cdot \text{℃}^{-1}$	57.8	5.3	2.3	1.2	0.64	0.3
体积分数／%	60	70	80	90	100	
横向热膨胀系数／$10^{-6} \cdot \text{℃}^{-1}$	31	23.1	15.3	7.5	-0.4	
纵向热膨胀系数／$10^{-6} \cdot \text{℃}^{-1}$	0.069	-0.1	-0.22	-0.32	-0.4	

表15　不同体积分数下碳／镍的热膨胀系数

体积分数／%	0	10	20	30	40	50
横向热膨胀系数／$10^{-6} \cdot \text{℃}^{-1}$	13.3	12.3	11.3	10.1	8.8	7.8
纵向热膨胀系数／$10^{-6} \cdot \text{℃}^{-1}$	13.3	11.7	10.2	8.8	7.4	6.4
体积分数／%	60	70	80	90	100	
横向热膨胀系数／$10^{-6} \cdot \text{℃}^{-1}$	6.1	4.6	3	1.3	-0.4	
纵向热膨胀系数／$10^{-6} \cdot \text{℃}^{-1}$	4.6	3.3	2	0.81	-0.4	

表16　三向正交碳／环氧编织复合材料热膨胀系数预报结果

	11 方向	22 方向	33 方向
热膨胀系数／$10^{-6} \cdot \text{℃}^{-1}$	22.97	32.86	45.9

由于没有做试验,也没有查到在不考虑裂纹作用下三向正交碳／环氧编织复合材料

的热膨胀系数试验结果,但有在同样参数条件下的理论预报结果,见表17。

表17 相同条件下的预报结果

	11 方向	22 方向	33 方向
热膨胀系数 /$10^{-6} \cdot \text{°C}^{-1}$	22.516	30.305	48.156

6 三维编织复合材料湿膨胀系数预报

6.1 单向纤维增强复合材料湿膨胀系数预报

(1)纵向湿膨胀系数预报

由图16给出的代表性体积单元,在无外应力作用下,由湿度均匀变化引起的纵向变形分析,属于一次静不定问题。因此需要利用静力、几何和物理等三方面的材料力学基本方法来解决,如图16所示。

① 静力平衡方程为

$$\sigma_{f1}^h V_f + \sigma_{m1}^h V_m = 0 \tag{63}$$

式中,σ_{f1}^h 和 σ_{m1}^h 分别是考虑了温度的变化和纤维与基体间的相互作用而引起的纤维应力和基体应力。

② 几何方程。设由于水分的影响引起的复合材料、基体和纤维的纵向应变分别为 $\delta_1^h, \delta_{m1}^h$ 和 δ_{f1}^h。因为基体和纤维是固结在一起的,所以有变形方程为

$$\delta_1^h = \delta_{m1}^h = \delta_{f1}^h \tag{64}$$

③ 物理方程为

$$\delta_1^h = \beta_1 Cl \tag{65}$$

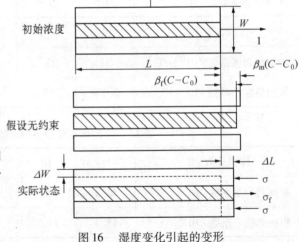

图16 湿度变化引起的变形

$$\delta_{f1}^h = \frac{\sigma_{f1}^h}{E_f}l + \beta_f C_f l \tag{66}$$

$$\delta_{m1}^h = \frac{\sigma_{m1}^h}{E_m}l + \beta_m C_m l \tag{67}$$

式中,β_1,β_f 和 β_m 分别是单向增强纤维复合材料、纤维和基体的纵向湿膨胀系数;C,C_f 和 C_m 分别是单向增强纤维复合材料、纤维和基体的吸水浓度。

根据复合法,则有

$$\rho = \rho_f V_f + \rho_m V_m \tag{68}$$

式中,ρ,ρ_f 和 ρ_m 分别是复合材料、纤维和基体的密度。

由上面的式子很容易解得纵向湿膨胀系数为

$$\beta_1 = \frac{E_f V_f \beta_f C_{fm} + E_m V_m \beta_m}{(E_f V_f + E_m V_m)(V_m \rho_m + V_f \rho_f C_{fm})}(\rho_f V_f + \rho_m V_m) \tag{69}$$

$$C_{fm} = C_f / C_m$$

（2）横向湿膨胀系数预报

从单向层合板来看，单元的变形量 ΔW 为

$$\Delta W = \varepsilon_2 W \tag{70}$$

而从细观来看，则

$$\Delta W = \varepsilon_{f2}^h W_f + \varepsilon_{m2}^h W_m \tag{71}$$

所以由式（70）和式（71）可得

$$\varepsilon_2 = \varepsilon_{f2}^h V_f + \varepsilon_{m2}^h V_m \tag{72}$$

其中

$$\varepsilon_{f2}^h = -V_f \frac{\sigma_{f1}^h}{E_f} l + \beta_f C_f \tag{73}$$

$$\varepsilon_{m2}^h = -v_m \frac{\sigma_{m1}^h}{E_m} l + \beta_m C_m \tag{74}$$

又由于

$$\varepsilon_2 = \beta_2 C \tag{75}$$

由此解得单向纤维增强复合材料的横向湿膨胀系数为

$$\beta_2 = \frac{V_f(1 + V_f)\beta_f C_{fm} + V_m(1 + v_m)\beta_m}{V_m \rho_m + V_f \rho_f C_{fm}}\rho - (V_f V_f + v_m V_m)\beta_1 \tag{76}$$

6.2　三维编织复合材料湿膨胀系数预报

将三维编织复合材料看做是体平均意义下的单向模型的等效叠加，从而可以很方便地计算出三维编织复合材料的湿膨胀系数。在计算模型中假设：

① 纤维呈圆截面直线排列，它的方向角为 (α_n, β_n)；

② 基体和纤维组分均是线弹性的；

③ 基体有各向同性的性质。

设三维编织复合材料由 N 类不同取向的纤维组成；局部坐标与整体坐标的转换矩阵为 $T(\alpha_n, \beta_n)$；第 n 类复合材料的体积比为 v_n；局部坐标系下单向复合材料的湿膨胀系数为 $\alpha^{(n)}$，计算三维编织复合材料的湿膨胀系数用下面的公式，即

$$\beta = \frac{1}{v} \sum_{n=1}^{N} v_n T \beta^{(n)} \tag{77}$$

该公式考虑了纤维与纤维、纤维与基体的相互作用。可以看出，编织复合材料的湿膨胀系数不仅与组分材料的性能有关，还与纤维的体积分数和纤维的取向有关。

式（62）为转换矩阵的表达式

6.3　算　　例

以单向碳／环氧增强复合材料为算例，其组分性能如下：

碳纤维弹性模量　　　　　　　　230 GPa

碳纤维泊松比　　　　　　　　　0.019 6

碳纤维密度　　　　　　　　　　1.77 g/cm³

碳纤维吸水量(质量分数)　　　　1%

碳纤维湿膨胀系数　　　　　　　0.4

环氧树脂弹性模量　　　　　　　3.3 GPa

环氧树脂泊松比　　　　　　　　0.35

环氧树脂密度　　　　　　　　　1.20 g/cm³

环氧树脂吸水量(质量分数)　　　2%

环氧树脂湿膨胀系数　　　　　　25

经过计算,不同纤维体积分数下该复合材料的纵、横向湿膨胀系数,见表18。

表18　碳/环氧复合材料在不同体积下的湿膨胀系数

体积分数/%	0	10	20	30	40	50
横向湿膨胀系数	25	31.8	30.8	29.1	26.9	24.1
纵向湿膨胀系数	25	2.9	1.62	1.16	0.92	0.78
体积分数/%	60	70	80	90	100	
横向湿膨胀系数	20.7	16.7	12.1	6.71	0.5	
纵向湿膨胀系数	0.69	0.62	0.57	0.53	0.5	

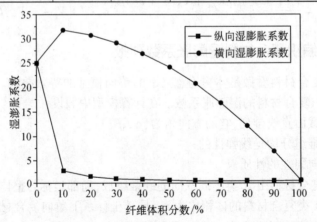

图17　碳/环氧单向复合材料湿膨胀系数与纤维体积分数的关系

专题 9　材料科学中的第一性原理计算

第一性原理又称为"第一性原理计算"（First-principles Calculations），即从量子力学出发，从电子层面上计算凝聚态和孤立个体中原子和电子的行为。原子之间的成键方式可由量子力学描述并给出合理的量化解释，直接决定材料的内部结构，从而影响材料的各方面性能。因此，从理论上来说，任何材料的性能都可以通过第一性原理进行合理预测，而无需任何经验参数的选取，仅通过求解薛定谔方程来得到。但这种描述只是一种理想化状态，实际上，多体物质中原子与电子之间存在着强烈的相互作用，会造成求解薛定谔方程时出现一定程度的偏差，对此，需引入近似或假设的方法来修正计算结果，使其在误差范围内精确可信。

第一性原理的计算软件有 ABINIT，MS，VASP，SIESTA，Wien2k，ATAT 等，其中应用较为广泛的是 VASP 软件。VASP 采用平面波基组，利用投影缀加波（Projector-augmented wave，PAW）或者超软赝势描述核和电子的相互作用。PAW 方法或超软赝势的应用使得计算所需的平面波基组数大大减小，同时，由于采用了高效的矩阵对角化算法和 Pulay/Broyden 电荷密度混合方法，计算效率和收敛情况一般好于其他采用平面波基组的软件包。ATAT 计算程序包则能够与 VASP 等几种国际主流计算程序结合使用。ATAT 是合金理论研究工具的集合体，有 MIT Ab-initioPhase Stability（MAPS），Easy Monte CarloCode（EMC2），Constituent Strain Extension（CSE）和 gensqs 几个主要子代码。在无序合金中的应用较为广泛，在准简谐模型、可转移力常数、晶格动力学第一性原理研究、热力学性质、电子激发态计算、部分化合物的预测、多元合金相中寻找新强化相、尤其在相图计算方面有着很大的应用优势。本专题以 TiC 作为铁素体异致形核核心和以 $Fe_{7-x}Cr_xC_3$ 多组元碳化物为例，介绍材料科学中的第一性原理计算。

1　TiC 作为铁素体异致形核核心的第一性原理计算

1.1. 计算方法

采用基于第一性原理的赝势平面波方法和密度泛函理论中的 CASTEP 模块，进行模拟计算；采用 LDA-CAPZ 和 GGA-PBE 函数作为交换关联函数，计算电子交互关联势能。为了检验方法的正确性，同时估计保持体相性能所需的足够层数 N，深入研究构型的块体和表面性质，计算结果与文献报道的试验和计算结果进行了比较。TiC 构型是由一个 Ti 和一个 C 原子构成最小的单胞，属于空间群 FM-3M，晶格常数是 0.4315 μm。截断能（E_c）和 K 点数分别决定了平面波数和布里渊区的不可约采样点。这里 E_c 最终设置为

350 eV,对于块体来说 K 设置为 8×8×8,表面构型为 8×8×1,收敛标准是能量为 $1.0×10^{-5}$ eV/原子,最大力为 0.003 eV/μm,最大位移为 $1×10^{-4}$ μm。

铁是典型的铁磁性元素,具有充分的极性电子组态。一个 Fe 原子具有 6 个向上和 2 个向下的电子,将会产生 0.5 的极性。磁性系统可以通过 CASTEP 中自旋极化的 DFT 算法进行计算。自旋磁矩的初始值在自旋极化计算中很重要,设置为接近预期值。对于 TiC 来说,因为内部电子对其成键作用不大,因此在计算中只明确考虑 Ti 的 3d 和 4s 轨道电子,以及 C 的 2s 和 2p 轨道电子。

1.2 体相及表面相的计算

铁素体和 TiC 晶体分别具有体心立方和面心立方晶体结构,空间群结构分别为 IM-3M 和 FM-3M。铁素体每个晶胞含有两个单胞($Z=2$),TiC 每个晶胞含有 4 个单胞($Z=4$),两者的晶体结构如图 1 所示。

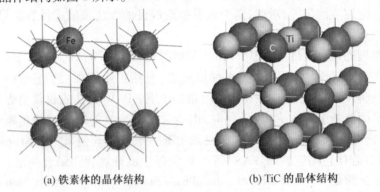

(a) 铁素体的晶体结构　　　　　　(b) TiC 的晶体结构

图 1　铁素体与 TiC 的晶体结构

（1）体相性能

为了验证计算结果的准确性,通过 LDA-CAPZ 和 GGA-PBE 算法对 TiC 的体相性能进行了计算,包括 TiC 的晶格常数、体积模量和结合能,并且通过与文献报道的计算值及实验值对比,验证所采用参数的可靠性。

计算得到的 TiC 体相性能及其他文献计算和实验结果见表 1(a,b,c,d,e 为文献报道)。比较可知,通过 GGA-PBE 算法所计算出的晶格常数 $a=0.4.37$ nm ,与实验值 $a=0.433$ nm 相比,其相对误差为 1.13%,而此时 LDA-CAPZ 计算出 $a=0.4.30$ nm ,其相对误差仅为 0.785%。通过 GGA-PBE 算法所计算出的体积模量为 2.00 Mbar,与实验值 2.42 Mbar 相比,相对误差为 17.3%,而 LDA-CAPZ 计算出的体积模量为 2.58 Mbar,与实验值的相对误差为 6.6%;GGA-PBE 所计算结合能为 6.48 eV,与实验值 7.04 eV 的相对误差为 8.64%,而 LDA-CAPZ 计算的结合能为 7.25 eV,与实验值相比,相对误差仅为 2.9%。从表 1 中可以看出,与 GGA 相比,采用 LDA 的计算结果与其他文献中的计算结果以及实验数据更加吻合,证明所选参数通过 LDA-CAPZ 算法计算,可以保证计算结果具有足够的精度。因此,选取 LDA-CAPZ 作为交互关联函数。

表1　计算得到 TiC 的晶格常数、体积模量和结合能及其文献结果

System	Method	a/nm	$B/(Mbar)$	$E_{coh}/(eV)$
TiC	LDA[This work]	0.430	2.58	7.25
	GGA[This work]	0.437	2.00	6.48
	GGA–PWPP[a]	0.433	2.52	7.30
	GGA–PWPP[b]	0.435	2.47	7.74
	GGA–FP–LMTO[c]	0.432	2.20	—
	Expt	0.433[d]	2.42[e]	7.04[e]

图2为体相 TiC 的分波态密度图。如图2所示,TiC 费米能级附近态密度不为零,证明内部具有一定的金属键。费米面附近,在–5 eV 至费米面范围内,C 的 2p 轨道与 Ti 的 3d 轨道峰型基本一致,并且前者完全 over lap 后者,说明 C 的 2p 电子和 Ti 的 3d 电子的相互作用,存在相当强度的共价键。同时,在–12 eV 到–8 eV 的范围内,C 的 2s 电子与 Ti 的 3d 电子相结合,同样生成一定的共价键。因此,TiC 体相的成键为混合键,由小部分的金属键和大部分的共价键组成。

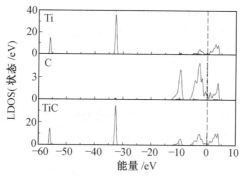

图2　体相 TiC 的分波态密度图

（2）表相性能

建立的表面模型其内部必须具有与体相相同的性能,因此必须具有足够的厚度来保证这一特征。同时,为了既满足体相特征又能节省计算成本,一旦表面能收敛即可确定该层数为所计算层数。考虑到表面构型所需厚度,首先采用 Botteger 公式,对 TiC（100）和铁素体（100）的表面能 σ 随着构型厚度增加的变化趋势进行了计算

$$\sigma = \frac{1}{2}(E_{slab}^N - N\Delta E)$$

$$\Delta E = (E_{slab}^N - E_{slab}^{N-2})/2 \tag{1}$$

式中,N 为表面构造模型的原子层数;E_{slab}^N,E_{slab}^{N-2} 为含有 N 层和 $N-2$ 层原子的体系总能量。同时,为了避免周期性表面构型之间的相互作用,在单元构型表层原子之间加上 0.12 nm 的真空层。

表2给出了 TiC 和铁素体表面能随着厚度增加的收敛性判定。随着原子层数的增加,TiC 和铁素体的表面能均快速下降且趋于稳定。对于 TiC 体相,当原子层数大于5层时,表面能趋于收敛,本次模拟计算结果为 2.18 J/m²,文献计算结果为 2.25 J/m²,二者符合良好。

表2 表面能随着厚度增加的收敛性判定

层数/n	表面能/$(\mathrm{J \cdot m^{-2}})$	
	铁素体(100)	TiC(100)
3	3.87	2.93
5	3.51	2.25
7	3.45	2.18
9	3.45	2.18
11	3.45	2.18

计算表相性能除了考虑表面能的收敛性,同时还要考虑表面弛豫与构型厚度之间的关系。本文计算表明,当原子层数为5时,所有弛豫均≤2%。对于铁素体(100),其第一层原子向表面扩展了2%;对于TiC(100),其第一层原子向内部收缩了1.5%。由此获得了TiC表面弛豫结构为Ti原子向内移动0.0081 nm,而C原子向外移动0.036。此外,Ti原子和C原子位移方向的不同,使其表面出现了0.0117 nm的表面浮凸,这同样与文献报道的计算结果和试验结果吻合良好。

按照上述分析结果,所计算的铁素体的体相性能和TiC的体相与表相性能,均与文献计算结果以及试验结果相吻合,从而验证了用该种计算方式来研究界面性能的可行性。

1.3 界面的计算

(1)铁素体/TiC界面模型的建立

基于上述表面能计算结果,为了保证界面两侧构型内部具有体相性能特征,采用含5层原子的铁素体(100)和含5层原子的TiC(100)构型,按照位相关系,$(100)_{铁素体}$ $[100]_{铁素体}$ // $(100)_{TiC}$ $[100]_{TiC}$,构造铁素体/TiC界面模型。同时,在铁素体(100)自由表面上加1.2 nm真空层,消除表面原子间的相互作用。文献报道,铁素体与TiC之间的错配度为2.11%,为了弥补该错配度,采用共格界面近似,将较软的铁素体侧晶格长度拉伸以适应TiC。

在界面构建时,考虑到两种界面的堆垛情况,即Fe原子堆垛在Ti原子正上方和Fe原子堆垛在C原子正上方,如图3所示。原始界面间距根据TiC表面构型中的原子间距而适当调整,以减少结构优化时间,按照上述构造方式,界面计算中总共考察了两种界面构型。

(2)铁素体/TiC界面结构及结合能

界面处原子间结合的强弱可以用界面理想结合能W_{ad}定性描述,界面理想结合能W_{ad}在数值上等于把一个界面分离为两个自由表面所需要的可逆功,可由下列公式进行计算

$$W_{\mathrm{ad}} = (E_{\mathrm{Ferrite}}^{\mathrm{Total}} + E_{\mathrm{TiC}}^{\mathrm{Total}} - E_{\mathrm{Ferrite/TiC}}^{\mathrm{Total}}) / A_{\mathrm{interface}} \tag{2}$$

式中,$E_{\mathrm{Ferrite}}^{\mathrm{Total}}$,$E_{\mathrm{TiC}}^{\mathrm{Total}}$和$E_{\mathrm{Ferrite/TiC}}^{\mathrm{Total}}$分别为充分弛豫后铁素体、TiC层及界面体系的总能量;$A_{\mathrm{interface}}$为界面面积。

结构经过弛豫后,计算得到的理想界面结合能W_{ad}和界面间距d_0,见表3。这里OT说明界面Fe原子是直接放置在表面Ti或C原子上的。终止型铁素体/TiC界面的界面结合能较大,界面间距较小,即该界面原子结合力较强,界面稳定性较好,就能量而言是最稳

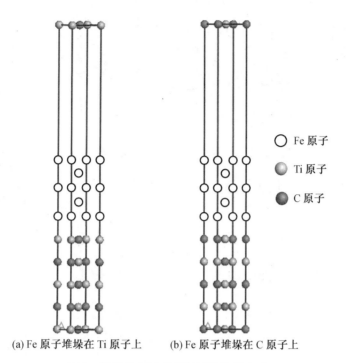

(a) Fe 原子堆垛在 Ti 原子上　　(b) Fe 原子堆垛在 C 原子上

图 3　铁素体/TiC 界面的两种堆垛方式

定的。同时,当界面 Fe 原子在 TiC 表面外延生长时,Fe 原子倾向按照持续 TiC 体相原子排布方式进行堆垛。最终稳定构型中,C 终止界面处 Fe,C 原子之间比 Ti 终止界面处 Fe,Ti 之间更容易形成界面化学键,最终结构示意图如图 4 所示。可以看出充分结构驰豫后界面各原子与初始界面原子位置相比,仅在垂直界面方向上下移动,而在界面水平横截面内的相对位置变化很小。Fe-Ti 终止型界面间距与原始间距相比,具有增加的趋势,Fe-C 终止型界面间距与原始间距相比,则明显减小。

表 3　铁素体/TiC 界面理想结合能 W_{ad} 及界面间距 d_0(OT 是顶位堆垛)

终止类型	堆垛方式	$W_{ad}/(J \cdot m^{-2})$	d_0/nm
C	OT	2.69	0.183
Ti		2.07	0.254
			2.07

表 4　Fe/TiC 界面附近原子层间距 d_1/nm

界面	原子层间距	
	Ti-OT	C-OT
Fe-23	0.136(+2.26%)	0.145(+9.02%)
Fe-12	0.102(-19.04%)	0.129(+2.38%)
Interface	0.254	0.183
TiC-12	0.203(-0.98%)	0.218(+6.34%)
TiC-23	0.216(+1.40%)	0.218(+2.35%)

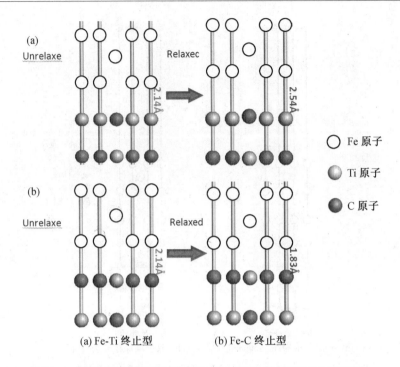

图 1.4　两种界面弛豫前后铁素体/TiC 界面原子位置变化示意图

结构弛豫前,经过计算可知,铁素体自由表面处前两层,原子层面间距 Fe-12,Fe-23 依次为 0.126 nm 和 0.133 nm;TiC 自由表面处前两层,原子层面间距 TiC-12,TiC-23 依次为 0.205 nm 和 0.213 nm。结构弛豫后,两类终止型铁素体/TiC 界面附近原子层间距及其相对于优化后的自由表面原子层间距的增减,见表 4,括号内为层间距增减与自由表面层间距的百分比。

由表 4 中可见,对于两种界面的 Fe 原子侧,由于构造模型时被拉伸了晶格来匹配 TiC 相,相对于 Fe 的自由表面来说,晶格间距变化较大,而 TiC 侧晶格间距变化幅度明显较弱,两侧原子位置起伏基本只发生在表层 3 层原子之间。比较两种界面结构发现,Fe-C 终止型界面两侧 1,2 层的 Fe 原子层和 TiC 原子层的原子层间距与自由表面相比都有显著增加,说明两侧原子位置互相靠近,缩小界面间距,而 Fe-Ti 终止型界面,靠近界面两侧 1,2 层的 Fe 原子层和 TiC 原子层的原子层间距与自由表面相比均有减少,说明两侧原子各自向体内收缩,增大了界面间距,进一步反映了 Fe-C 终止型界面原子之间发生了更为强烈的化学键耦合,表 3 中两者结合能的大小也能反映出来。

(3)铁素体/TiC 界面电子结构及键合

界面原子间的结合取决于界面原子的电子结构及键合状态,而界面电子结构可以用电荷密度分布图及弛豫前后的差分电荷密度进行表征。本节分析了 Fe/TiC 界面原子的电荷密度分布以及差电荷密度。体系电荷密度分布可由计算直接给出,差电荷密度 $\triangle\rho$ 计算公式如下

$$\Delta\rho = \rho_{\text{total}} - \rho_{\text{Ferrite}(100)} - \rho_{\text{TiC}(100)} \tag{3}$$

式中,ρ_{total} 为弛豫后界面的电荷密度;$\rho_{\text{Ferrite}(100)}$ 和 $\rho_{\text{TiC}(100)}$ 分别为界面构型中两侧铁素体

（100），TiC（100）构型的电荷密度。

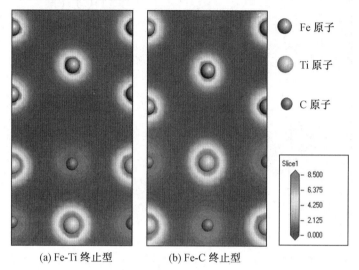

(a) Fe-Ti 终止型　　　(b) Fe-C 终止型

图5　Ti 原子终止及 C 原子终止型铁素体/TiC 界面的电荷密度分布

　　Fe-Ti 终止型及 Fe-C 终止型铁素体/TiC 界面的电荷密度分布如图5所示。由图5(a)与图5(b)可以看出，两类界面原子 Fe-Ti 和 Fe-C 间均形成了化学键，且 Fe-C 化学键界面处电荷密度值明显高于 Fe-Ti 化学键界面处电荷密度值。

　　结构弛豫完成后，两类界面处均发生电荷再分布，其差分电荷密度分布如图6所示。可以看出，电荷转移呈现局域化特征，基本分布在界面及附近原子层内；在两界面处 Fe 侧的第一层 Fe 原子面内，存在大范围的电荷耗尽区，失去的电荷转移至界面处，有利于界面化学键的形成。对比图6(a)与图6(b)可知，对于 Fe-Ti 终止型 铁素体/TiC 界面，TiC 侧第一层 Ti 原子面内也存在电荷耗尽现象，这些失掉的电荷同时也被转移至界面处与从 Fe 原子失去而转移来的电荷混合，在界面处生成电荷积累，从而在界面处形成了明显的共价/金属混合键。而在 Fe-C 终止型界面构型中，铁素体侧原子失去的电荷更多被转移到界面，由于 C 的电负性较强即得电子能力较强，界面处的电子向 C 原子侧发生偏移，界面处同时存在电荷耗尽及累积区，形成明显的极性共价键。

　　界面第一层 C，Ti 与 Fe 原子以及自由表面的 C，Ti 与 Fe 原子的 Mulliken 电荷得失，见表5。形成界面后，Ti 终止型界面处，TiC 侧第一层 Ti 原子及铁素体侧第一层 Fe 原子与 TiC 自由表面处第一层 Ti 原子和铁素体自由表面处第一层 Fe 原子相比，均发生电荷丢失，说明界面形成前后 Fe-Ti 原子之间没有明显的电荷转移；与 TiC 自由表面处第一层 Ti 原子和铁素体自由表面处第一层 Fe 原子相比，C 终止型界面处，TiC 侧第一层 C 原子发生了电荷获取而铁素体侧第一层 Fe 原子发生了电荷丢失，说明形成界面后产生由 Fe 原子向 C 原子出现了明显的电荷转移。由此可见，界面形成后，与 Ti 终止型界面处的 Fe-Ti 原子相比，C 终止型界面处 Fe-C 原子之间的耦合作用较强。

　　自旋磁矩是由磁作用力的大小决定的。自旋磁矩越大，交换作用力越强，从而导致键长越短，键能越大。表6中与自由表面处 Fe 原子相比，Ti 终止型界面处和 C 终止型界面处 Fe 原子的自旋磁矩均明显增强，且 C 终止型界面处 Fe 原子的自旋磁矩 3.00 μ_B/原子

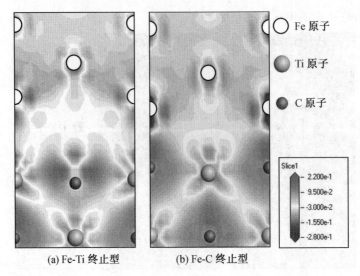

(a) Fe-Ti 终止型   (b) Fe-C 终止型

图 6   Ti 原子顶位堆垛终止及 C 原子堆垛铁素体/TiC 界面的差分电荷密度分布

大于 Ti 终止型界面处 Fe 原子的自旋磁矩 $2.38\mu_B$/原子,说明与 Ti 终止型界面处 Fe-Ti 相比,C 终止型界面处 Fe-C 之间的键长较短,键能较大。

如上所述,C 终止型铁素体/TiC 界面处的 Fe-C 化学键为具有部分离子键性质的极性共价键,并且其键能要高于 Ti 终止型终止界面处的 Fe-Ti 化学键(共价/金属混合键),从而导致 C 终止型界面的界面结合强度明显强于 Fe-Ti 终止界面,这一点也可由表 3 中的界面结合能看出。

表 5   铁素体/TiC 界面、TiC 及铁素体自由表面第一层原子 Mulliken 电荷/eV

	Fe_1	Ti_1	C_1	Fe	Ti	C
Ti-OT 界面	+0.10	+0.72				
C-OT 界面	+0.12		−0.73			
Fe 自由表面				+0.01		
Ti-OTTiC 自由表面					+0.70	
C-OTTiC 自由表面						−0.67

表 6   Fe 原子自旋磁矩(μ_B/原子)

Ti-OT 界面	C-OT 界面	Fe 自由表面
2.38	3.00	1.52

(4)铁素体/TiC 界面稳定性

一般来说,界面结构越稳定,其界面能越低。在计算机模拟中,界面能 γ_i 值一般被定义为

$$\gamma_i = [E_{AB} - (E_{bulkA} + E_{bulkB})]/A_i \tag{4}$$

式中,E_{AB} 代表界面区域的总能量,其不同于界面构型 $E_{A/B}$ 的总能量。

公式(4)中 γ_i 代表界面金属铁素体和 TiC 的总能量减去相应块体材料的总能量,被称作界面能。把表面能和结合功带入公式,结果见表7。

表7　两种堆垛情况下铁素体/TiC 的 界面能(J/m²)

终止类型	堆垛方式	界面能 $W_{ad}(J \cdot cm^{-2})$
Ti	OT	3.56
C		2.94

从表7中可以看出,Fe-C 终止型铁素体/TiC 界面结构的界面能更低。因此,从热力学角度来说,稳定状态下铁素体形核过程中的铁素体/TiC 界面为 Fe-C 终止型结构。

(5)TiC 促进铁素体异质形核能力分析

通过向堆焊熔池中添加 Ti 元素形成 TiC 粒子时,根据粒子的化学组成不同,所加入每个 TiC 粒子的(100)表面状态将不尽相同。对于界面构型为 Fe-C 原子的 TiC 粒子而言,如果铁素体在 TiC 粒子表面上异质形核,所形成的铁素体/TiC 界面能为 2.94 J/m²;对界面构型为 Fe-Ti 原子的 TiC 粒子而言,铁素体在其表面上异质形核所形成的铁素体/TiC 界面能为 3.56 J/m²。因此,与 Fe-Ti 原子界面构型相比,Fe-C 型原子界面构型 TiC 促进铁素体在其表面异质形核,进而细化铁素体晶粒的能力更强。

同时,在用 TiC 颗粒对铁素体进行细化处理时,一定的 C 含量可以保证 C 原子在 TiC 粒子表面富集,可以提供足够高的界面化学势出现更多的 Fe-C 终止型界面,而这种构型界面的增加利于 TiC 粒子与其周围铁素体相界面能的降低,从而更有效的激发 TiC 粒子的形核潜能,使铁素体产生有效异质形核。

1.4. 结论

1. TiC 体相的成键主要由 C 的 2p 电子和 Ti 的 3d 电子以及 C 的 2s 电子与 Ti 的 3d 电子相结合,由小部分的金属键和大部分的共价键组成,呈现出高的共价性。

2. TiC(100)和铁素体(100)表面的结构驰豫仅局限在表面 3 层原子内。随着原子层数的增加,TiC、铁素体的表面能均快速下降且趋于稳定,且其每层弛豫均小于2%。

3. 在将 TiC 加入到铁熔体中,与铁素体形成界面时,有两种结合方式,即 Fe 原子堆垛在 Ti 原子正上方和 Fe 原子堆垛在 C 原子正上方。计算表明,Ti 终止型界面的理想结合功小于 C 终止型界面理想结合功,而其界面间距大于 C 终止型界面的界面间距,说明 Fe-C 终止型界面从热力学角度来说更加稳定。同时 Fe-C 终止型界面的界面能小于 Fe-Ti 终止型界面能,说明 Fe 原子堆垛在 C 原子的情况下,TiC 促进铁素体在其表面异质形核,进而细化铁素体晶粒的能力更强。

2 $Fe_{7-x}Cr_xC_3$ 多组元碳化物结构的稳定性、弹性及电性能的第一性原理研究

2.1 计算方法

采用基于第一性原理的赝势平面波方法和密度泛函理论的 CASTEP 模块对六方晶系 $Fe_{7-x}Cr_xC_3$ 多组元碳化物进行模拟计算。计算中使用广义梯度近似 GGA 函数计算电子交互关联势能。经过收敛性测试,截断能设置为 350 eV,布里渊区设置为 $4×6×K$ 网格。每一个计算过程都在以下条件时收敛:即作用在每一个原子上的最大力低于 0.001 eV/nm,在设定的循环次数内最大位移小于 $0.5.0×10^{-4}$ nm,用来表征弹性模量应变能的应变在 0.3% 范围之内。采用密度混合机制的共轭梯度方法对原子位置进行了弛豫和晶胞优化,晶胞优化完成后,体系达到相对稳定状态,然后计算体系的弹性常数、能带态密度和空间电荷分布。计算中 Fe 原子具有磁性,勾选电子自旋极化选项。

直接计算得到的晶胞总能通常不能直接用来比较晶体结构的稳定性,实际上,结构的稳定性应该与它的形成能有关。一种衡量复合碳化物的结构相对稳定性的有效方法就是计算形成能,即

$$\Delta E_{for}(Fe_{7-x}Cr_xC_3) = E_{tot}(Fe_{7-x}Cr_xC_3) - xE_{tot}(Fe) - (7-x)E_{tot}(Cr) - 3E_{tot}(C) \qquad (5)$$

式中,$E_{for}(Fe_{7-x}Cr_xC_3)$ 代表 $Fe_{7-x}Cr_xC_3$ 形成能,可被定义为以晶体性形态存在的纯铁、纯铬、碳(石墨)生成碳化物时所需要的能量;$E_{tot}(Fe)$,$E_{tot}(Cr)$,$E_{tot}(C)$ 分别代表铁、铬、碳稳定单质的能量,此处计算得到的能量值忽略了零点震动能,各个优化后的碳化物的能量计算通过设置能量和电荷收敛阈值为 $5×10^{-7}$ 得到,当 x 取不同值的时候,计算碳化物的结合能,并用形成能比较结构稳定性。

为了得到 $Fe_{7-x}Cr_xC_3$ 的弹性性能,通过 CASTEP 模块的应力–应变方法,计算 x 取不同值且优化完成后晶体结构的弹性常数,由于该结构属于六方晶系,对称性增加从而减少了弹性常数的个数,六方晶系晶体具有五个弹性常数(C_{11},C_{33},C_{44},C_{12},C_{13})。

体积模量是作用在物体上压力的变化与物体相应体积变化的比值,它反映了材料的不可压缩性,对于六方晶系的晶体,其体积模量可采用多晶材料的理论估算公式,Voigt 和 Reuss 模型计算结果分别是弹性常数的上下限,计算公式如下

$$B_V = \frac{1}{2}[(2C_{11}+C_{22})+C_{33}+4C_{13}] \qquad (6)$$

$$B_R = \frac{(C_{11}+C_{12})C_{13}-2C_{13}^2}{(C_{11}+C_{22}+2C_{33})-4C_{13}}$$

$$B_R = \frac{(C_{11}+C_{12})C_{13}-2C_{13}^2}{(C_{11}+C_{22}+2C_{33})-4C_{13}} \qquad (7)$$

$$B_H = \frac{1}{2}(B_V+B_R) \qquad (8)$$

式中,B_V 为 Voigt 体积模量;B_R 为 Reuss 体积模量;B_H 为 Hill 体积模量。

剪切模量被定义为剪切应力和应变的比值,计算公式如下

$$G_V = \frac{1}{15} \left[(C_{11}+C_{33}) - 2\,C_{13} + 6\,C_{44} + 5\,C_{66} \right] \tag{9}$$

$$G_R = \frac{5}{2} \times \frac{\left[(C_{11}+C_{12})\,C_{33} - 2\,C_{13}^2 \right]^2 C_{44}\,C_{66}}{3\,K_V\,C_{44}\,C_{66} + \left[(C_{11}+C_{12})\,C_{33} - 2\,C_{13}^2 \right]^2 (C_{44}+C_{66})} \tag{10}$$

$$G_H = \frac{1}{2} (G_V + G_R) \tag{11}$$

式中,G_V 为 Voigt 剪切模量;G_R 为 Reuss 剪切模量;G_H 为 Hill 剪切模量。

2.2　相结构和能量稳定性

碳化物中 Fe 原子具有 3 种原子位置,对这几种原子位置依次进行替换,分别取 x 为 0,1,3,4,7,得到的晶体结构如图 7 所示。

对 $Fe_{7-x}Cr_xC_3$ 多组元碳化物晶格常数进行几何优化,得到平衡晶格常数,在此基础上计算弹性常数、剪切模量和体积模量,Fe_7C_3 的平衡晶格常数和弹性常数,见表 8。可以看出,计算得到的平衡晶格常数为 $a = 0.679\,6$ nm,$c = 0.445\,5$ nm 与文献中的计算值 $a = 0.718\,7$ nm,$c = 0.423\,5$ nm,实验值 $a = 0.688\,2$ nm,$c = 0.454\,0$ nm 吻合的很好(误差小于 1.2%)。其他 $Fe_{7-x}Cr_xC_3$ 计算的平衡晶格常数和弹性常数,见表 9。

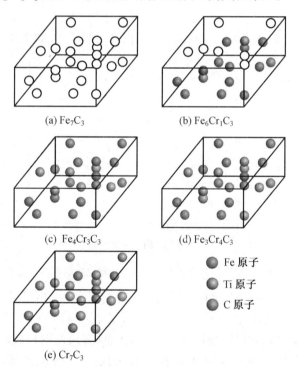

(a) Fe_7C_3　　　(b) $Fe_6Cr_1C_3$

(c) $Fe_4Cr_3C_3$　　　(d) $Fe_3Cr_4C_3$

● Fe 原子
● Ti 原子
● C 原子

(e) Cr_7C_3

图 7　参杂不同 Cr 含量的 $Fe_{7-x}Cr_xC_3$ 多晶体结构

表8　Fe_7C_3的平衡晶格常数和弹性常数

Fe_7C_3	$a=b$/nm	c/nm	C_{11}	C_{33}	C_{44}	C_{12}	C_{13}
本文计算值	0.6796	0.4455	304.1	286.0	74.7	145.0	126.2
文献实验值	0.6882[3]	0.4540[3]	-	-	-	-	-
文献计算值	0.7187[4]	0.4235[4]	-	-	-	-	-

表9　$Fe_{7-x}Cr_xC_3$平衡晶格常数和弹性常数($x\neq0$)

常数	$a=b$/nm	c/nm	C_{11}	C_{33}	C_{44}	C_{12}	C_{13}
$Fe_6Cr_1C_3$	0.6845	0.4396	396.0	349.7	97.8	173.3	162.5
$Fe_4Cr_3C_3$	0.6746	0.4521	530.8	495.0	149.0	174.8	200.2
$Fe_3Cr_4C_3$	0.6833	0.4492	467.6	386.1	109.4	183.7	151.2
Cr_7C_3	0.6962	0.4467	489.8	360.6	124.6	179.3	247.1

　　一种晶体要保证机械稳定性,其应变能必须为正值。对于六方晶系晶体来说,弹性常数 C_{ij}需满足下面的公式,即

$$C_{11}>0,C_{11}-C_{12}>0,C_{44}>0,(C_{11}+C_{12})C_{33}-2C_{13}^2>0 \qquad (12)$$

　　由表8和表9可知,铬掺杂前后的 $Fe_{7-x}Cr_xC_3$晶体结构因其符合上述公式,故满足机械稳定性。

　　由公式(5)计算了铬掺杂前后 $Fe_{7-x}Cr_xC_3$碳化物的形成能,如图8所示。

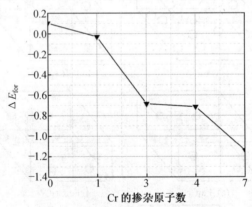

图8　$Fe_{7-x}Cr_xC_3$铬掺杂前后 $Fe_{7-x}Cr_xC_3$碳化物的形成能 ΔE_{for}

　　如果形成能$\Delta E_{for}>0$,说明碳化物能量的相对稳定性较差;相反,如果形成能$\Delta E_{for}<0$,说明碳化物容易形成且结构相对稳定。从图8中看出,除纯 Fe_7C_3外,所有结果均小于零,说明这些含 Cr 碳化物均可以稳定存在,而 Cr_7C_3具有最低的形成能,说明在相同外界条件下,Cr 的加入使 $Fe_{7-x}Cr_xC_3$多组元碳化物趋向稳定。同时在适当条件下,各个碳化物会倾向于转化为 Cr 含量高的多组元碳化物,这与实验结果一致。

2.3 弹性性能

计算得到 $Fe_{7-x}Cr_xC_3$ 的体积模量(B)、剪切模量(G)以及相关参数,如图 9(a)所示。一般来说,弹性模量数值越大,材料的硬度越高。从计算得到的曲线 B 和 G 中可以看出,$Fe_{7-x}Cr_xC_3$ 的 B 和 G 值($0 \leqslant x \leqslant 7$)都要比纯的 Fe_7C_3 值高,这说明 Cr 的加入可以提高 Fe_7C_3 的硬度。而且对于过渡族金属碳化物来说,存在不等式 $B>C_{44}>G$。然而,计算结果显示 $B>G>C_{44}$,说明剪切模量值 C_{44} 是稳定性的主要限制因素。从图 9(a)可以看出,$Fe_4Cr_3C_3$ 的值最大,说明 $Fe_4Cr_3C_3$ 硬度要比纯 Fe_7C_3 的硬度大很多。由高发明等人的硬度计算公式可知

$$H_V(Gpa) = 556 \frac{N_a e^{-1.191f_i}}{d^{2.5}} = 350 \frac{N_e^{2/3} e^{-1.191f_i}}{d^{2.5}} \tag{13}$$

式中,H_v 为维氏硬度;d 为键长,nm;N_a 为单位面积上的键数,$1/2$;N_e 为价电子密度,单位是 $1/3$;f_i 为键的离子性。

式(13)说明固体的硬度与价电子密度、键长和键的离子性密切相关,而且当材料的硬度较高时,可以采用徐波提出的硬度的半经验公式,即

$$H_V = 0.92 K^{1.137} G^{0.708}, K = \frac{G}{B} \tag{14}$$

计算得到不同碳化物的硬度,图 9(b)显示,随着 Cr 含量的升高,硬度先升高后减小,当 $Fe_4Cr_3C_3$ 取到最大显微硬度值时,与图 9(a)所得结果进行对比,发现所得规律一致,而且与实验所得结果符合得很好。

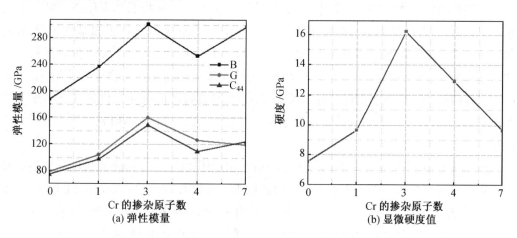

图 9 不同 Cr 加入量 $Fe_{7-x}Cr_xC_3$ 的弹性模量和显微硬度值

碳化物的脆性也是衡量硬质相机械性能的重要指标之一。目前存在两种经验公式来衡量材料的韧脆性,一个是 Pugh's 标准,另一个是柯西压力标准。Pugh's 标准涉及到 G/B,当比值小于 0.5 时,材料显示出延展性;当大于 0.5 时,则显示出脆性。柯西压力标准涉及到柯西压力值即 $C_{12}-C_{44}$,该标准认为两项差值越负,材料的脆性越大。图 10 建立

了不同铬掺杂下 $Fe_{7-x}Cr_xC_3$ 两项标准的函数值。可以看出 G/B 从 Fe_7C_3 的 0.420 增加到 $Fe_4Cr_3C_3$ 的 0.530，但是当 Cr 含量超过 3 后，G/B 值降低，说明当 Cr 填充量 $x<3$ 时，Cr 的加入略微提高了碳化物的脆性。这一结果从柯西压力判定标准 $C_{12}-C_{44}$ 中也可以反映出来，Fe_7C_3 和 $Fe_4Cr_3C_3$ 的 $C_{12}-C_{44}$ 值为 70.311 和 25.821，。说明当 Cr 掺杂量 $x<3$ 时，增加 Cr 的含量将会提高碳化物的硬度，同时脆性也会增加。

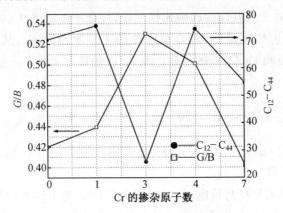

图 10　不同 Cr 加入量 $Fe_{7-x}Cr_xC_3$ 的 G/B 值和柯西压力值（$C_{12}-C_{44}$）

2.4　电学性能

自旋极化使上下旋电子之间交换能量，原本近乎重合的能带劈裂成不对称的形式，占多数的自旋向上的电子向低能量方向移动，占少数的自旋向下的电子向能量高方向移动。分析达到热力学平衡状态碳化物电子结构，计算了位置和自旋投影态密度图，如图 11 所示。可以看出，对于纯 Fe_7C_3 来说，如图 12(a) 所示，图中包含 3 个区域：最低的价带，较高的价带和非占有导电态。当铬加入以后，如图 12(b)~(e) 所示，多了 2 个价带区域。对比上下态密度发现，纯的 Cr_7C_3 具有对称性，而其他碳化物的上下态密度皆不对称，说明 Cr_7C_3 不具有磁性，其他碳化物具有磁性。实际上，具有磁性的碳化物价带处态密度几乎是对称的，只有在费米面附近的态密度才发生明显的不同。因此，本研究将重点分析较高能量处的态密度。

图 12 为计算不同碳化物全部位置的分波态密度图，各个原子的不同价电子轨道的自旋投影态密度图分别在图中表示出来。对比图 11(a) 和图 12(a) 可以看出，纯 Fe_7C_3 的最低价带区域分布在 -14 到 -11.5 eV 区间，主要由 C 的 2s 轨道和一小部分 Fe 的 s,p,d 轨道的电子贡献，较高的价带可以被分为两部分：第一部分位于 -8 到 -4.5 eV 之间，主要由 C 的 2p 轨道和 Fe 的 3d 轨道杂化所贡献，还有一少部分 Fe 的 s,p 轨道的作用；第二部分位于 -4.5 eV 和费米能级之间，主要由 Fe 的 3d 轨道所贡献。文献研究了 Fe_7C_3 两种结构的电学和磁学性能，得到与本研究相近的结果。反键区域主要由 Fe 的 3d 轨道和 C 的 2p 轨道组成，其他轨道的作用基本可忽略。加入 Cr 以后，对比图 11(b)~(e) 和图 12(b)~(e) 可知，在低能量处多了两个价带，分布在 -72 eV 和 -43 eV，主要由 Cr 的 s,p 轨道贡献

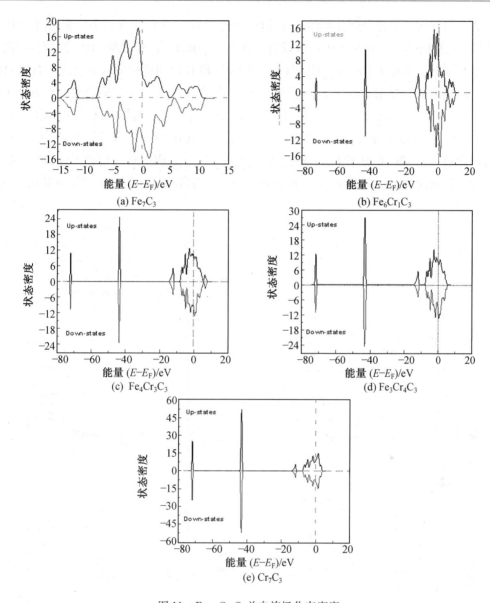

图 11 $Fe_{7-x}Cr_xC_3$ 总自旋极化态密度

（图 12 上未标出，对费米态密度基本无贡献），最低的价带主要由 C 的 2s 轨道和一小部分 Fe，Cr 的 s，p，d 轨道的电子贡献。较高的价带同样也可分为两部分：第一部分位于-8 到-4.5 eV 之间，主要由 C 的 2p 轨道和 Fe 的 3d 轨道杂化所贡献，还有一少部分 Cr 的 3d 轨道的作用，随着 Cr 掺杂量的增加，Cr 的 3d 轨道贡献增强，而 Fe 的 3d 轨道的贡献减弱；第二部分位于-4.5 eV 和费米能级之间，主要由 Fe 的 3d 轨道和 Cr 的 3d 轨道联合贡献，反键区域主要由 Fe，Cr 的 3d 轨道和 C 的 2p 轨道组成。碳化物的分波态密度向低能级方向移动，说明碳化物稳定性增强，与前面的形成能一致。在费米能级附近没有能带间隙，说明各个碳化物具有金属键的性质。

为了更好的理解各个碳化物的成键特性,计算了 $Fe_{7-x}Cr_xC_3$ 碳化物不同面的电荷密度分布图,如图 13 所示。从图 13(a)可以看出在 Fe_7C_3 中,Fe 和 C 之间的成键呈现明显的方向性共价键。当加入 Cr 之后,图 13(b)~(e)Cr 和 C 之间成键同样具有方向性,Cr,C 之间电荷密度分布要稍微高于 Fe 和 C 之间的电荷分布,这与 C–Cr 成键键能要强于 C–Fe 键一致,随着 Cr 含量的升高,C,Cr 成键增加,相应电荷密度增加。从密里根布局分析来看,Fe,Cr,C 的电荷分布各自为 0.26 到 0.32,0.11 到 0.28,−0.52 到 −0.67,表明电荷从金属阳离子转移到 C 原子上,即 Fe 和 C 之间,Cr 和 C 之间呈现一定离子性,可以说明碳化物之间的成键具有金属键、离子键和共价键的混合性质,且随着 Cr 原子的增加,共价键性增强。

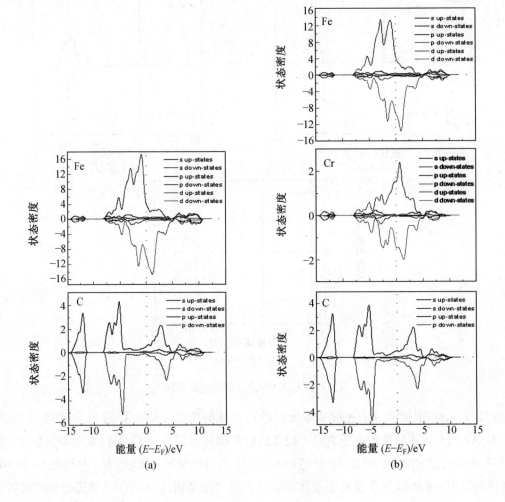

(a)　　　　　　　　　　　　　　(b)

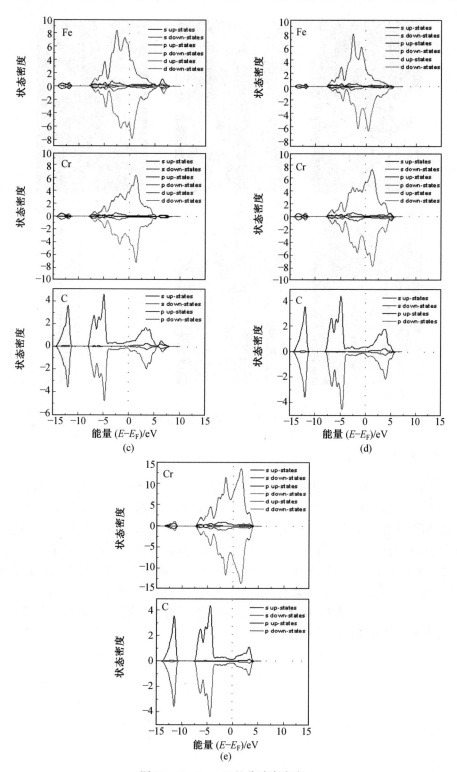

图 12 FexCr$_7$-xC$_3$的分波态密度

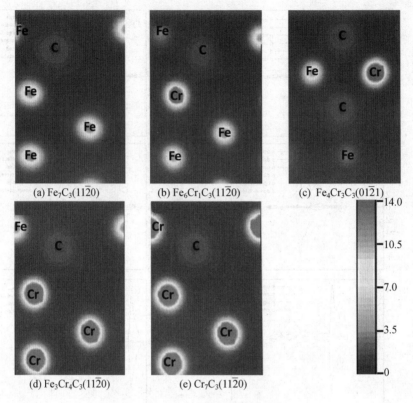

(a) $Fe_7C_3(11\bar{2}0)$ (b) $Fe_6Cr_1C_3(11\bar{2}0)$ (c) $Fe_4Cr_3C_3(01\bar{2}1)$

(d) $Fe_3Cr_4C_3(11\bar{2}0)$ (e) $Cr_7C_3(11\bar{2}0)$

图 13 $Fe_{7-x}Cr_xC_3$ 价电子密度

2.5 结论

通过基于密度泛函理论的第一性原理计算,研究了不同 Cr 含量的多组元碳化物的相结构、弹性性能以及电学性能。计算的平衡结构的晶格参数与实验结果相一致。计算结果表明,晶格常数 a 随着 Cr 含量的增加先减小后增大,在 x 等于 3 时取得最小值。各碳化物均可以稳定存在,但在相同外界条件下,含 Cr 的多组元碳化物低于纯 Fe_7C_3,多组元碳化物优先生成,且 Cr_7C_3 的形成能最小,具有最低的形成能,比其他碳化物具有更强的机械稳定性。Cr 的加入提高了碳化物的硬度,同时也提高了其脆性,在 $Fe_4Cr_3C_3$ 处各自都达到极值。电子结构表明,碳化物之间的的成键具有金属键、离子键和共价键的混合性质,且随着 Cr 原子的增加,共价键性增强。

参 考 文 献

[1] 刘利民. 材料基因工程:材料设计与模拟[J]. 新型工业化, 2015, 5(12):71-78.

[2] 苗强, 吴德伟, 何晶, 等. 基于第一性原理反演的介电材料设计方法研究[J]. 材料导报, 2015, 10(10):24-27.

[3] 曹先凡, 刘书田. 基于拓扑描述函数的特定性能材料设计方法[J]. 固体力学学报, 2006, 3(9):217-222.

[4] 鲁晓刚, 王卓, CUI YUWEN, 等. 计算热力学、计算动力学与材料设计[J]. 科学通报, 2013, 35:3656-3664.

[5] 周怀营, 倪成员, 王仲民, 等. 金属储氢材料与材料设计研究进展[J]. 桂林电子科技大学学报, 2010, 5(10):363-373.

[6] 刘书田, 曹先凡. 零膨胀材料设计与模拟验证[J]. 复合材料学报, 2005, 1(2):126-132.

[7] 王端宜, 张肖宁, 王绍怀. 水泥混凝土路面沥青加铺层材料的设计[J]. 华南理工大学学报, 2005, 12(12):18-83.

[8] 刘世民. 新型玻璃薄膜材料设计、制备技术进展[J]. 燕山大学学报, 2012, 6(11):471-481.

[9] 丁三元. 功能化共价有机框架材料:设计合成、表征及应用[D]. 兰州:兰州大学, 2014.

[10] 黄玲. 新型框架纳米材料的模拟设计及性能研究[D]. 北京:北京化工大学, 2014.

[11] http://www.nature.com/nature/jou…1.html#contrib-auth.

[12] H W LI, ORIMO S., NAKAMORI Y., et al. Materials designing of metal borohydrides: Viewpoints from thermodynamical stabilities[J]. Journal of Alloys and Compounds, 2007, 446-447(5):315 – 318.

[13] YOSHIYUKI, KAWAZOE. Paradigm shift of materials design by computer simulation – From explanation to prediction[J]. Computational Materials Science, 2010, 49(4):S158-S160.

[14] KNOROWSKI C., TRAVESSET A.. Materials design by DNA programmed self-assembly[J]. Current Opinion in Solid State and Materials Science, 2011, 15(6):262-270.

[15] AKITAKA NAKANISHI, HIROSHI K Y. Computational materials design for superconductivity in hole – doped delafossite $CuAlO_2$: Transparent superconductors[J]. Solid State Communications, 2012, 152(1):24-27.

[16] 熊家炯. 材料设计[M]. 天津:天津大学出版社, 2000.

[17] 刘静. 微米/纳米尺度传热学[M]. 北京:科学出版社, 2000.

[18] 杜善义,王彪.复合材料细观力学[M].北京:科学出版社,1998.

[19] 马文淦.计算物理学[M].合肥:中国科学技术大学出版社,2001.

[20] 杨尚林,张宇,桂太龙.材料物理导论[M].哈尔滨:哈尔滨工业大学出版社,1999.

[21] 张庆德,张东兴,刘立柱.高分子材料科学导论[M].哈尔滨:哈尔滨工业大学出版社,1999.

[22] 赵振业.合金钢设计[M].北京:国防工业出版社,1999.

[23] 郑贤淑,李治,金俊泽.基于凝固工程数值模拟的铸件裂纹预测方法[J].材料研究学报,2000,14(增):173-176.

[24] 陈慧玲,刘建生,郭会光.Mn18Cr18N 钢热成形晶粒变化的模拟研究[J].金属学报,1999,35(1):53-56.

[25] 冉均国,杨云志,郑昌琼.梯度薄膜材料设计原则[J].材料研究学报,1999,13(3):309-312.

[26] 沙宪伟,张修睦,李依依.NiAl 应力诱发马氏体的分子动力学模拟[J].材料研究学报,1997,11(3):224-228.

[27] 郭戈,乔俊飞,王伟.铸坯凝固过程计算机模拟[J].中国有色金属学报,1999,9(2):339-344.

[28] 郭进.二元连续固溶体合金交互作用参数与相图的计算机预报[J].金属学报,2001,35(4):427-429.

[29] 李殿中,杜强,胡志勇,等.金属成形过程中组织演变的 Cellular Automation 模拟技术[J].金属学报,1999,11:1201-1205.

[30] 徐利华,黄勇,李建保.多元系复相陶瓷的组分优化设计[J].应用基础与工程科学学报,1997,3:262-267.

[31] 郭海,汪长安,黄勇,等.晶须增韧补强陶瓷基复合材料的若干关键技术研究(Ⅲ):纤维独石结构和层状结构的设计[J].高技术通讯,1997,7:10-14.

[32] 张国英,刘贵立,曾梅光,等.人工神经网络在材料设计中的应用[J].材料科学与工艺,1999,3:93-96.

[33] 袁建君,刘智恩,王春生.专家系统及其在无机材料中的应用[J].材料科学与工程,1999,14(2):21-26.

[34] 方岱宁.先进复合材料的宏微观力学与强韧化设计[J].挑战与发展,2000,17(2):1-7.

[35] 杨合情,张良莹,姚熹.膜模拟化学在纳米材料中的应用研究[J].材料研究学报,1999,6:561-568.

[36] 林云,段跃新,梁志勇,等.RTM 专用双马来酰亚胺树脂体系流变特性及模拟分析研究[J].航空学报,2000,21(增):76-80.

[37] 杨连贺,邱冠雄,黄故.任意结构三维机织复合材料强性性能的计算机模拟[J].复合材料学报,2000,17(2):79-83.

[38] 钟晓征,陈伟元,王豪才,等.多晶材料晶粒生长的 Monte Carlo 计算机模拟方法 Ⅰ模拟正常晶粒生长[J].功能材料,1999,17(3):232-235.

[39] 宋桂明,周玉.复相陶瓷设计进展[J].宇航材料工艺,1999,29(1):12-16.

[40] 张国英,刘贵立,曾梅光,等.一种设计高强韧性钢材的新方法[J].宇航材料工艺,2000,30(2):51-54.

[41] 张幸红.自蔓延高温燃烧合成 TiC. Ni 梯度功能材料的研究[D].哈尔滨:哈尔滨工业大学,1997.

[42] 彭贤海.三维编织复合材料力学性能预报[D].哈尔滨:哈尔滨工业大学,1999.

[43] 曹茂盛.多层复合隐身材料设计及性能预报[D].哈尔滨:哈尔滨工业大学,1998.

[44] 曹茂盛.结构型复合隐身材料设计、制备及力学性能研究[D].哈尔滨:哈尔滨工程大学,2000.

[45] 李顺林,王兴业.复合材料结构设计基础[M].武汉:武汉工业大学出版社,1993.

[46] 王荣国,武卫莉,谷万里.复合材料概论[M].哈尔滨:哈尔滨工业大学出版社,1999.

[47] 沃丁柱.复合材料大全[M].北京:化学工业出版社,2000.

[48] 陆关兴,王耀先.复合材料结构设计[M].上海:华东理工大学出版社,1991.

[49] 刘锡礼,王秉权.复合材料力学基础[M].北京:中国建筑工业出版社,1984.

[50] 王震鸣,杜善义,张桓,等.复合材料及其结构的力学·设计·应用和评价[M].第2集.哈尔滨:哈尔滨工业大学出版社,1999.

[51] 刘锡礼.玻璃钢产品设计[M].哈尔滨:黑龙江科学技术出版社,1985.

[52] 徐芝纶.弹性力学[M].北京:高等教育出版社,1978.

[53] 安智珠.聚合物分子设计原理[M].长沙:湖南科学技术出版社,1985.

[54] 施良和,胡汉杰.高分子的今天与明天[M].北京:化学工业出版社,1994.

[55] 林尚安,陆耘,梁兆熙.高分子化学[M].北京:科学出版社,1982.

[56] 熊家炯.材料设计[M].天津:天津大学出版社,2000.

[57] 曹茂盛,徐国忠.物理学与现代工程技术[M].哈尔滨:哈尔滨工业大学出版社,1997.

[58] 曹茂盛,殷景华,张宇.物理学与高科技[M].哈尔滨:哈尔滨工业大学出版社,1998.

[59] CAO MAOCHENG, WANG BIAO. Towards an intelligent CAD system for maltilayer electromagnatic absorber design[J]. Malterials and Design,1998,19(3):84-87.

[60] 曹茂盛,房晓勇.多层吸波体优化设计[J].燕山大学学报,2001,25(1):9-13.

[61] 袁杰,李颖慧.多层吸波材料的计算机辅助优化设计[J].哈尔滨工程大学学报,2000,21(2):51-54.

[62] 杜善义,沃丁柱,章怡宁,等.复合材料的力学·设计·应用和评价[M].第3集.哈尔滨:哈尔滨工业大学出版社,2000.

[63] 王震鸣,杜善义,张恒,等.复合材料的力学·设计·应用和评价[M].第1集.北京:北京大学出版社,1998.

[64] 张铁夫,曹茂盛,袁杰.多层吸波材料计算机设计方法研究[J].航空材料学报,2001,21(4):46-49.

[65] 黄龙男,王正平,李辰砂.复合材料固化过程的智能化监控及智能生产系统[J].复合材料学报,2002,19(2):1-12.

[66] JIAN YANG, PENGFEI ZHANG, YEFEI ZHOU, et al. First-Principles study on ferrite/ TiC heterogeneous nucleation interface [J]. Journal of Alloys and Compounds, 2013, 556:160-161.

[67] PENGFEI ZHANG, YEFEI ZHOU, JIAN YANG, et al. Optimization on mechanical properties of $Fe_{7x}Cr_xC_3$ carbides by first-principles investigation [J]. Journal of Alloys and Compounds, 2013, 560:49-53.